osteuropa

72. JAHRGANG / HEFT 11 / 2022

Mit Mord und Tat
Russlands Geheimdienste

Mit Mord und Tat

Russlands Geheimdienste sind mehr als Nachrichtendienste, die Informationen für politische Entscheidungsträger sammeln. Sie sind Instrumente der politischen Führung, Exekutivorgane im Kampf gegen vermeintliche Feinde im Inneren und Feinde im Ausland. Subversion, Desorientierung, Demoralisierung lautet ihr Auftrag. Zugleich sind diese Repressionsapparate eigenständige Machtfaktoren und kämpfen untereinander um Einfluss. Der wichtigste dieser Gewaltapparate ist der Föderale Sicherheitsdienst (FSB). An ihm zeigt sich diese Doppelrolle besonders deutlich. Der FSB dient dem Präsidenten zur Durchsetzung seiner uneingeschränkten Macht. Und während er es Vladimir Putin ermöglicht hat, immer mehr Kontrollinstanzen auszuschalten, ist er selbst immer mächtiger geworden.

Putin stammt selbst aus dem Geheimdienst. Er wurde auf dem Höhepunkt der sowjetischen Machtentfaltung in den 1970er Jahren im KGB politisch sozialisiert und hat dort das Weltbild vom ewigen Kampf gegen Feinde, Verschwörungen, den Westen im Allgemeinen und die USA im Besonderen verinnerlicht. Heute beginnt dieser Präsident jeden Arbeitstag mit der Lektüre der Dossiers von drei Geheimdiensten: des FSB über die Lage in Russland, der Auslandsaufklärung SVR über internationale Entwicklungen sowie des Föderalen Schutzdienstes über die Vorgänge in Russlands Elite. Die Dienste werden von Vertrauten geleitet, Männern seiner Alterskohorte, die wie er aus dem KGB stammen.

Diese Repressionsapparate sind Nachfolgeorganisationen der von den Bolschewiki 1917 gegründeten Tscheka (VČK), aus der über mehrere Stationen – OGPU, NKVD, NKGB, MGB und MVD – der sowjetische KGB hervorging. Deren Aufgabe war es, reale oder vermeintliche Gegner des sowjetischen Staats und Kritiker der kommunistischen Ordnung mit allen Methoden zu schwächen und auszuschalten. Unter Stalin ermordeten die Männer der Dienste Hunderttausende Menschen und deportierten Millionen in Lager, aus denen sehr viele nie zurückkehrten. Jede Regung abweichenden Denkens und gesellschaftlicher Autonomie galt ihnen als gefährlicher Verrat. Nach Stalins Tod wurden die Methoden weniger grausam, das Denken änderte sich nicht. Und genau diesem Denken sind auch die heutigen Geheimdienstler in Russland verpflichtet. Sie verteidigen den „starken Staat“ und erweitern ihre eigene politische und wirtschaftliche Macht. Sie begreifen Russland als Nachfolger des zarischen und sowjetischen Imperiums und leiten daraus imperiale Herrschaftsansprüche in Russlands Nachbarschaft ab. Sie sehen ihr eigenes Land als belagerte Festung, welche die USA und die NATO angeblich zerstören wollen. Der Krieg gegen die Ukraine ist der aggressivste Ausdruck dieses Denkens.

Wie konnte es geschehen, dass die Repressions- und Gewaltapparate in Russland wieder solchen Einfluss haben? Die Antwort lautet: Die Pfeiler des autoritären, militarisierten Staates – neben den Diensten auch die Armee, die Polizei, die Justiz, die Staatsanwaltschaft – wurden nach dem Ende der Sowjetunion nie abgetragen. Der mächtige Geheimdienst KGB war geschwächt, er wurde umbenannt, umstrukturiert, entflochten, aber die Handlungslogik sowie die formalen und informellen Praktiken blieben dieselben. Bereits der politische Konflikt zwischen Präsident El'cin und dem Obersten Sowjet im Jahr 1993 ließ ihre Bedeutung wieder wachsen, ebenso der erste Tschetschenienkrieg 1994–1996. Die entscheidende Wende kam 1999. Im August wurde FSB-Chef Vladimir Putin zum Ministerpräsidenten ernannt, im September starben über 200 Menschen bei zwei Anschlägen auf Wohnhäuser in Moskau, am 1. Oktober marschierte

Russlands Armee erneut in Tschetschenien ein, und am 31. Dezember hält Putin bereits als eingesetzter Interimsnachfolger El'cins die Neujahrsansprache.
Der Fortbestand informeller Netzwerke sowie die Bedeutung der Geheimdienste im politischen Kampf der Eliten hatten die Voraussetzung dafür geschaffen, dass ein „Mann ohne Eigenschaften“ wie Vladimir Putin zum Präsidenten Russlands werden konnte. Dort angelangt, ließ er den FSB systematisch unabhängige Unternehmer und Medienbesitzer sowie regionale Eliten ausschalten. Mit all den neuen Aufgaben wurde der Dienst immer mächtiger.
Doch die Machtkonzentration führte nicht zum Ende des Kampfs gegen die eigene Gesellschaft. Im Gegenteil. Seit mehr als einem Jahrzehnt wähnen sich Russlands Dienste im Krieg. Im Winter 2011 protestierten Hunderttausende Menschen gegen die Fälschung der Dumawahlen, im Frühjahr 2012 gegen Vladimir Putins Rückkehr in das Präsidentenamt. Durch diesen gesellschaftlichen Aufbruch und die Forderung nach Demokratie und Recht sah sich das Regime in seiner Existenz bedroht. Seitdem haben die Repressionsorgane Russland nach autoritärer Manier und mit tschekistischen Methoden „gesäubert“: NGOs und Individuen wurden als „ausländische Agenten“ diffamiert, unabhängige Medien schikaniert, geschlossen, ins Exil getrieben, herausragende Oppositionelle erschossen oder vergiftet, Menschenrechtsorganisationen wie *Memorial*, die Soldatenmütter oder das *Sacharov-Zentrum* kujoniert, kriminalisiert, verboten und enteignet.
Damit wurden Menschen und Organisationen ausgeschaltet, die organisierten Widerstand gegen den massiven Krieg hätten leisten können, den Russland am 24. Februar 2022 begann. Das Putin-Regime hat in Russland eine Kriegsdiktatur errichtet. Der FSB und der SVR haben mit ihren Vorlagen und Empfehlungen mutmaßlich erheblich zu Putins Entscheidung beigetragen, den Krieg gegen die Ukraine zu beginnen.
Frappierend sind die Fehlleistungen der russländischen Geheimdienste. Sie haben die politische Stimmung in der Ukraine verkannt, den Widerstandswillen der ukrainischen Gesellschaft unterschätzt, die Kampffähigkeit der Verteidiger falsch eingeschätzt und die Bereitschaft des Westens zu Solidarität mit den Angegriffenen, zu finanzieller und militärischer Unterstützung nicht erwartet.
Die eigene Gesellschaft zu atomisieren ist das Eine. Das haben Russlands Dienste geschafft. Das war auch dem sowjetischen KGB gelungen. Aber den Zusammenbruch der Sowjetunion konnte er nicht verhindern, weil die strukturellen sozioökonomischen Modernisierungsdefizite und die nationale Frage ungelöst blieben.
Die Freiheit und Selbstbestimmung eines Nachbarlands zu brechen, ist das Andere. Das war der Sowjetunion nicht einmal in Afghanistan gelungen. Das Scheitern am Hindukusch hatte erhebliche Rückwirkungen auf die Heimat. Das von den Geheimdiensten mit zu verantwortende militärische Debakel in der Ukraine hat erhebliche Rückwirkungen auf Russlands Machtgefüge und die Gesellschaft – ungeachtet der Unterdrückung abweichender Meinungen und Propaganda in der Kriegsdiktatur. Der Krieg ist ein Katalysator. Hunderttausende Soldaten sind tot oder verletzt nach Russland zurückgekehrt. Hunderttausende Menschen haben das Land verlassen. Und zwischen der Armee, den Geheimdiensten und Pseudo-Privatarmeen wie der Wagner-Truppe sind offene Konflikte zutage getreten. Gut möglich, dass der Krieg die Pfeiler der Macht in Russland unterspült und die Legitimität des Führers erodiert.

Berlin, im Februar 2023 *Manfred Sapper, Volker Weichsel*

Margarete Klein, Nils Holger Schreiber

Gewaltzirkel

Militarisierung und Krieg in Russland

Russlands Überfall auf die Ukraine im Februar 2022 ist das Ergebnis einer seit 2008 zu beobachtenden Militarisierung der Außenpolitik. Diese war von einer inneren Militarisierung begleitet, die sich im Laufe des Jahres massiv verstärkt hat. Seit der Plan eines schnellen Eroberungsfeldzugs gescheitert ist, wird die gesamte Gesellschaft auf den Krieg ausgerichtet. Gleichwohl bleiben die Kapazitäten zum Ausgleich der hohen Verluste begrenzt. Das bisherige Scheitern in der Ukraine reduziert nicht nur Russlands Fähigkeiten zur Machtprojektion in anderen Konflikten im postsowjetischen Raum und über diesen hinaus. Es untergräbt auch die Legitimität des Regimes. Doch dies führt nicht dazu, dass Russland den Krieg gegen die Ukraine beendet. Vielmehr ist das Überleben des Regimes von Erfolgen im Krieg abhängig. Es wird alle zur Verfügung stehenden Mittel konventioneller und hybrider Kriegsführung einsetzen, um diesen zu gewinnen.

In Russlands außenpolitischem Instrumentenkasten haben militärische Mittel seit 2008 an Bedeutung gewonnen. Moskau setzte seine nationalen Interessen immer häufiger mit der Androhung („Zwangsdiplomatie") oder dem Einsatz militärischer Gewalt durch. Davon zeugen der Krieg gegen Georgien (2008), die Besetzung und Annexion der Krim sowie die Destabilisierung des Donbass (2014), die Intervention in Syrien (2015) und der Einsatz von Söldnergruppen in Libyen, Mali und der Zentralafrikanischen Republik. Russland konnte mit diesen Operationen nicht nur seine Interessen in den betroffenen Ländern durchsetzen, sondern auch seinen Einfluss im Nahen Osten und in Afrika ausweiten. Ferner diente die Drohung mit militärischer Eskalation der Abschreckung. Auf diese Weise wurde etwa der von Georgien und der Ukraine angestrebte Beitritt zur NATO verhindert.

Die Militarisierung der Außenpolitik zeigt sich auch daran, dass der Anteil von Verteidigungs- und Rüstungsausgaben am Bruttoinlandsprodukt von 3,1 Prozent im Jahr 2008 auf 4,1 Prozent im Jahr 2021 gestiegen ist.[1] Mit einem Anteil von 10,6 Prozent am

---

Margarete Klein (1973), Dr. phil., Politikwissenschaftlerin, Wissenschaftliche Mitarbeiterin an der Stiftung Wissenschaft und Politik, Berlin

Von Margarete Klein erschien zuletzt in OSTEUROPA: Machtpolitik und selektive Kooperation. Russland und Israel im Zeichen des Syrienkriegs, in: OE, 9–11/2019, S. 317–332. – Russlands neue Nationalgarde. Stärkung der Machtvertikale des Putin-Regimes, in: OE, 5/2016, S. 19–32. – Ambitioniert, aber ambivalent. Russlands Sicherheitspolitik in Nordostasien, in: OE, 5–6/2015, S. 67–84.

Nils Holger Schreiber (1996), M.A., Politikwissenschaftler, MSc-Student an der LSE, London

Bei dem vorliegenden Aufsatz handelt es sich um eine erweiterte und aktualisierte Version des SWP-Aktuell 76/2022: „Der Angriff auf die Ukraine und die Militarisierung der russischen Außen- und Innenpolitik".

[1] SIPRI Military Expenditure Database, <https://milex.sipri.org/sipri>.

Staatshaushalt (2020) genießt die militärische Modernisierung eindeutig Priorität vor Sozialausgaben, etwa für Bildung und Gesundheit.[2] Gleichzeitig hat der Staat seit 2008 mit einer gezielten Bildungs- und Geschichtspolitik das Prestige der Streitkräfte in der Bevölkerung gehoben. Dies spielt eine wichtige Rolle bei der Legitimation des autoritären Systems.[3] Die innen- und die außenpolitische Dimension der Militarisierung sind eng miteinander verwoben.

Militärreform im Realitätscheck

Die großflächige Invasion Russlands im Februar 2022 setzte den Trend zur Militarisierung der Außenpolitik auf einer qualitativ neuen Stufe fort. Zuvor waren alle Militärinterventionen Russlands begrenzt gewesen – entweder zeitlich wie der Fünf-Tage-Krieg gegen Georgien oder funktional wie die Intervention in Syrien, die sich auf Luftwaffe und Militärpolizei sowie Söldnergruppen beschränkte. Dagegen handelte es sich beim Angriff auf die Ukraine vom Februar 2022 um den ersten vollumfänglichen Kriegseinsatz Russlands gegen ein großes Land.

Daher ist dieser der erste Realitätscheck für Russlands militärisches Modernisierungsprogramm. Bei diesem haben sich nicht nur Defizite bei Planung und Durchführung der Invasion offenbart, sondern auch strukturelle Schwächen des Programms.[4] Dieses war 2008 nach dem Georgienkrieg gestartet worden und zielte darauf ab, Russlands Streitkräfte von einer Mobilisierungsarmee in eine moderne Einsatzarmee umzuwandeln.[5] Diese sollte die gesamte Bandbreite möglicher Militäroperationen erfüllen können, von der Bekämpfung transnationaler Bedrohungen bis zur regionalen Kriegsführung.

Die Reform war eingebettet in eine seit den frühen 2000er Jahren geführte Debatte über die Frage, wodurch sich Kriege im 21. Jahrhundert auszeichnen und auf welche Art von Kriegsführung sich Russland vorbereiten müsse. In dieser standen, vereinfacht gesprochen, zwei miteinander verbundene Leitbilder moderner Kriegsführung im Vordergrund. Die Überlegungen zu einem „Krieg neuen Typs“ basieren auf einem holistischen Verständnis von Krieg.[6] In den frühen, nichtmilitärischen Phasen gehe es darum, den Gegner durch „aktive Maßnahmen“ wie Desinformation und Subversion im Sinne „mentaler Kriegsführung“ zu schwächen. Sobald der Krieg in die militärische Phase übergehe, würden nicht nur reguläre Soldaten eingesetzt, sondern auch irreguläre Gewaltakteure, die in enger Koordination mit der Militärführung agieren. Aufbauend auf solchen Überlegungen baute Moskau den Pool seiner sogenannten „Proxys“ beträchtlich aus. Zu ihnen gehören neben Freiwilligenverbänden wie der rechtsextremen Gruppe *Rusič* oder Kosakengruppierungen auch die bis heute nach russländischer Rechtsprechung verbotenen privaten Militärfirmen wie *Wagner* oder *Redut*.[7]

---

2 Ebd. – Ivan Tkachev: Russia's new budget: are there any development incentives? <https://ridl.io/russia-s-new-budget-are-there-any-development-incentives/>.

3 Susan Stewart: Geschichte als Instrument der Innen- und Außenpolitik am Beispiel Russlands. Berlin 2020 [= SWP-Studie 11/2020].

4 Why Russia's Military Reforms Failed in Ukraine. The National Interest, 15.10.2022.

5 Margarete Klein: Russlands Militärpotential zwischen Großmachtanspruch und Wirklichkeit Berlin 2009 [= SWP-Studie 24/2009], S. 14.

6 Valerij Gerasimov: Cennost' nauki v predvidenii. Voenno-promyšlennyj kur'er, 27.2.2013.

7 Nach § 359 des Russländischen Strafgesetzbuches stehen auf die Rekrutierung, Finanzierung und den Einsatz von Söldnergruppierungen vier bis acht Jahre Haft. – Tor Bukkvoll, Åse G. Østensen: The Emergence of Russian Private Military Companies: A New Tool of Clandestine

Das zweite Leitbild der russländischen Militärreform war der „Krieg der 6. Generation", auch „kontaktlose Kriegsführung" genannt, das auch die Debatte zu den militärischen Endphasen des Krieges neuen Typs dominierte.[8] Dahinter steht die Vorstellung, dass militärische Operationen – wie schon die US-Intervention im Irak 2003 – künftig über lange Distanzen unter besonderer Nutzung modernster, vor allem luft- und weltraumbasierter Systeme ausgetragen werden.

Im Sinne des Leitbilds vom „Krieg neuen Typs" lässt sich der Einmarsch in die Ukraine am 24. Februar 2022 als Folge des Scheiterns nichtmilitärischer Mittel der Einflussnahme im Vorfeld begreifen. Die Versuche, Teile der ukrainischen Streitkräfte und Bevölkerung mit Desinformation und Subversion auf Russlands Seite zu ziehen, waren weitgehend erfolglos geblieben. Als die Entscheidung zum erneuten, diesmal offenen und massiven militärischen Eingreifen getroffen wurde, beruhten die Planungen offensichtlich auf einer fehlerhaften strategischen Aufklärung. Putin und seine Berater gingen davon aus, dass die ukrainischen Streitkräfte schwach seien und die politische Führung in Kiew rasch kollabieren werde.[9]

Im Verlauf des Krieges zeigte sich, dass Russlands Streitkräfte enorme Schwierigkeiten haben, Kernelemente des „Krieges der 6. Generation" umzusetzen. Zwar waren auf Rüstungsmessen und Paraden medienwirksam Modernisierungserfolge präsentiert worden, und der Anteil „moderner" Waffen am Gesamtarsenal war 2020 offiziell mit über 70 Prozent angegeben worden.[10] Doch nicht wenige der neuen Systeme, etwa der T-14-Armata-Kampfpanzer und das Su-57-Kampfflugzeug, werden noch nicht in Massenfertigung produziert.[11] Schwerer als Verzögerungen bei der Produktion einzelner Systeme wog die geringe Digitalisierung von Führungs-, Aufklärungs- und Kommunikationssystemen in Russlands Streitkräften.[12] Berichte von der Front zeigen, dass russländische Soldaten anstelle digitaler Karten Straßenatlanten aus der Sowjetzeit benutzten oder mangels verschlüsselter Nachrichtensysteme auf offene Handyverbindungen zurückgreifen mussten.[13] In verlassenen Panzern fehlten wichtige elektronische Komponenten.[14] Das dürfte auch eine Folge der endemischen Korruption in den Streitkräften sein.

Die geringe digitale Vernetzung in den russländischen Streitkräften erschwert das koordinierte Zusammenwirken von Luftwaffe, Luftabwehr, Artillerie- und Infanterieeinheiten. Auch deshalb gelang es Russlands Streitkräften nicht, den Luftraum in der Ukraine zu

---

Warfare, in: Special Operations Journal, 1/2020, S. 1–17. – Michael Sheldon: Meet the Irregular Troops Backing up Russia's Army in the Kharkiv Region, <www.bellingcat.com/news/2022/06/17/meet-the-irregular-troops-backing-up-russias-army-in-the-donbas/>.

[8] Vladimir Slipchenko: Vojny šestogo pokolenija: Oružie i voennoe iskusstvo buduščego. Moskva 2002.

[9] Georgiy Kasianov: From Historical Fallacy to Tragic, Criminal Loss: Putin's Case for Invading Ukraine. Washington DC 2022.

[10] Kakoe oružie polučila rossijskaja armija v 2020 godu. TASS, 29.12.2020.

[11] The Military Balance, 1/2022, S. 164–217, hier S. 168–169.

[12] Sam Cranny-Evans, Thomas Withington: Russian Comms in Ukraine: A World of Hertz. London 2022, <https://rusi.org/explore-our-research/publications/commentary/russian-comms-ukraine-world-hertz>.

[13] Ben Wallace: Speech by Defence Secretary on Russia's invasion of Ukraine, <www.gov.uk/ government/speeches/speech-by-defence-secretary-on-russias-invasion-of-ukraine>. – „Putin Is a Fool": Intercepted Calls Reveal Russian Army in Disarray. The New York Times, 28.9.2022.

[14] Military and Political Situation in Ukraine. Morning of March 27h, 2022. Interfax-Ukraine, 27.3.2022. – Sanctions forcing Russia to use appliance parts in military gear, U.S. says. The Washington Post, 11.5.2022.

kontrollieren, wie es das Konzept des „Krieges der 6. Generation“ vorsieht, zumal die Ukraine anders als die Rebellen oder die Kämpfer des „Islamischen Staates“ in Syrien über Luftabwehrsysteme verfügt.[15] Dazu kommen Koordinationsprobleme zwischen den regulären Streitkräften und den Proxys. Da es den nur zu 75 Prozent bemannten Bataillonskampfgruppen vor allem an Infanterieeinheiten fehlte, übernahmen oftmals Söldnergruppen und Nationalgardisten deren Aufgabe.[16] Zu Letzteren gehören die sogenannten *Kadyrovcy*. Zwar sind diese zum Großteil formal der Nationalgarde – sowie zu einem kleinen Teil den regulären Streitkräften – unterstellt; de facto handelt es sich bei ihnen aber um eine Privatarmee des tschetschenischen Machthabers Ramzan Kadyrov.[17] Der Krieg offenbarte zudem, dass der reale Trainings- und Professionalisierungsstand der russländischen Streitkräfte deutlich geringer war, als es offizielle Dokumente auswiesen.[18] Zwar hatten Russlands Streitkräfte seit 2008 Zahl, Frequenz, Umfang und Komplexität größerer Militärübungen massiv ausgeweitet.[19] In der Ukraine eingesetzte Soldaten berichten jedoch, dass besonders in den Bataillonskampfgruppen zu wenig, zu kurz oder manchmal nur für Fotozwecke trainiert wurde.[20] Dies wirft auch ein anderes Licht auf die auf den ersten Blick erfolgreichen Professionalisierungsbemühungen der Streitkräfte. Hatte das Verteidigungsministerium 2009 mit 175 000 Vertragssoldaten, *Kontraktniki*, geplant, waren es nach offiziellen Angaben 2020 bereits 405 000.[21] Die bloße Zahl besagt aber wenig darüber, wie groß der Pool an gut ausgebildeten, einsetzbaren Zeitsoldaten tatsächlich ist, die nicht nur komplexe Waffensysteme bedienen können, sondern wie in westlichen Armeen als Unteroffiziere auch für die Aufrechterhaltung der Disziplin sorgen können. Das Programm zur Ausbildung professioneller Unteroffiziere scheiterte aufgrund der Beharrungskraft einer Militärkultur, in der das Delegieren militärischer Führungsaufgaben an Personen außerhalb des Offizierskorps nicht vorgesehen ist. Entsprechend war die Invasion in der Ukraine oftmals mehr durch Chaos (bardak) und Schludrigkeit (razgil’djajstvo) gekennzeichnet als durch die effiziente Umsetzung moderner Konzepte der Kriegsführung.[22]

---

[15] Justin Bronk: Is the Russian Air Force Actually Incapable of Complex Air Operations? London 2022, <https://rusi.org/explore-our-research/publications/rusi-defence-systems/russian-air-force-actually-incapable-complex-air-operations>.

[16] Michael Kofman, Rob Lee: Not Built for Purpose: The Russian Military’s Ill-Fated Force Design. Warontherocks.com, 2.6.2022.

[17] Tomáš Šmíd, Miroslav Mareš: „Kadyrovtsy“: Russia’s Counterinsurgency Strategy and the Wars of Paramilitary Clans, in: Journal of Strategic Studies, 5/2015, S. 650–677, hier S. 671.

[18] Jack Watling: Just How Tall Are Russian Soldiers? London 2022. Rusi.org, 11.3.2022.

[19] Anton Lavrov: Russian Military Reforms from Georgia to Syria. Washington DC 2018 [= CSIS Russia and Eurasia Program Reports, 11/2018], S. 4.

[20] Soldier’s diary of Ukraine campaign exposes a Russian army in disarray. France 24, 25.8.2022. – Pavel Filatyev: ZOV. Lies and Corruption within Putin’s War in Ukraine. New York 2023.

[21] Vystuplenie načal’nika General’nogo štaba Vooružennych Sil Rossijskoj Federacii na zasedanii Obščestvennoj palaty Rossii, <https://function.mil.ru/for_media/ press_conferences /detail.htm?id=10804648>. – V rossijskoj armii budet polmilliona kontraktnikov. Interfax, 21.12.2022.

[22] Roger N. McDermott: The Brain of the Russian Army: Futuristic Visions Tethered by the Past, in: The Journal of Slavic Military Studies, 1/2014, S. 4–35, hier S. 6. – Dmitry Adamsky: Russian campaign in Syria – change and continuity in strategic culture, in: Journal of Strategic Studies, 1/2020, S. 104–125, hier S. 110.

Materielle Verluste und Kompensationsversuche

Ob Russland zur Durchsetzung außenpolitischer Interessen auch künftig militärische Drohungen einsetzen kann, hängt davon ab, ob es den Streitkräften des Landes gelingt, die materiellen und personellen Verluste im Krieg gegen die Ukraine auszugleichen. Dies gilt umso mehr, als sich dieser zu einem langen Abnutzungskrieg entwickelt.

Nach Angaben von *Oryx*, einer von ehemaligen *Bellingcat*-Mitarbeitern gegründeten Recherchegruppe, die mit offenen Daten arbeitet und die mit Bildmaterial dokumentierbaren Verluste bei schweren Waffenkategorien zählt, haben Russlands Streitkräfte bis zum 20. Dezember 2022 1585 Kampfpanzer, 1869 Schützenpanzer, 67 Kampfflugzeuge, 72 Helikopter und zwölf Schiffe verloren.[23] Das ukrainische Verteidigungsministerium nannte am 4. Dezember 2022 für die vorhergehenden neun Monate deutlich höhere Zahlen.[24]

Die materiellen Verluste wiegen unterschiedlich schwer. Artilleriesysteme, Munition und gepanzerte Fahrzeuge lassen sich rasch ersetzen, da für deren Produktion keine Importe aus westlichen Ländern benötigt werden. Zudem gibt es hier teils große Lagerbestände.[25] Schwieriger sind moderne Systeme zu ersetzen, für deren Produktion und Wartung Komponenten erforderlich sind, deren Einfuhr durch die Sanktionen der EU und der USA unterbunden ist.[26] Moskaus Führung setzt nun auf Importsubstitution, ökonomische Mobilisierung und Sanktionsumgehung.[27] Importsubstitution gelingt jedoch aufgrund der wenig innovationsfreundlichen Industriebasis kaum. In den acht Jahren seit der Einführung erster Sanktionen im Jahr 2014 konnte nur bei sieben von 127 Gütern der Import durch die Produktion in Russland selbst ersetzt werden.[28] Mittlerweile erhalten zwar Rüstungsunternehmen Vorrang beim Zugriff auf knappe Güter. Doch dies ändert die Situation nicht grundlegend. Die Möglichkeiten, aus dem Ausland Rüstungsgüter oder Komponenten für solche zu beziehen, sind durch die westlichen Sanktionen und die Zurückhaltung möglicher Lieferländer wie etwa China begrenzt. Ausnahmen bilden bislang Belarus und der Iran, der Russland Drohnen liefert.[29]

---

[23] Attack On Europe: Documenting Russian Equipment Losses During The 2022 Russian Invasion Of Ukraine. Oryx, 24.2.2022, <www.oryxspioenkop.com/2022/02/attack-on-europe-documenting-equipment.html>.

[24] <www.facebook.com/MinistryofDefence.UA/posts/pfbid026yUTFkgnuURwojySNS4u6u LivZrGH9sbjb884hPEkVeaPzNwLXTSnYQ7WaULq2zVl>.

[25] Michael Kofman u.a.: Assessing Russian State Capacity to Develop and Deploy Advanced Military Technology. Washington DC 2022 [= CNAS Reports, 10/2022], S. 7f.

[26] James Byrne u.a.: Silicon Lifeline: Western Electronics at the Heart of Russia's War Machine. London 2022 [= Special Resources, 8/2022], S. 15.

[27] Emily Ferris: Decoupling Russia: Kremlin Reshuffle Reveals Focus on Self-Reliance. London 2022, <https://rusi.org/explore-our-research/publications/commentary/decoupling-russia-kremlin-reshuffle-reveals-focus-self-reliance>. – International Institute for Strategic Studies: Russia and sanctions evasion, in: Strategic Comments, 4/2022, S. vii–ix.

[28] Sidharth Kaushal: Can Russia Continue to Fight a Long War? London 2022, <https://rusi.org/explore-our-research/publications/commentary/can-russia-continue-fight-long-war>.

[29] Soobščestvo železnodorožnikov Belarusi: Informacija po količestvu vyvezennyh boepripasov iz Belarusi za mart-sentjabr' 2022 goda. 28.10.2022, <https://t.me/belzhd_live/1960?single>. – Iran agrees to ship missiles, more drones to Russia. Reuters Media, 19.10.2022.

Von der „stillen Mobilisierung" zur Teilmobilmachung

Auch die „personellen Verluste" der russländischen Streitkräfte sind hoch. Verteidigungsminister Sergej Šojgu gab am 21. September 2022 bekannt, es seien 5937 Soldaten gefallen.[30] *BBC Russia* und *Mediazona* haben 9311 russländische Soldaten namentlich identifiziert, die zwischen dem 22. Februar und dem 6. Dezember 2022 umgekommen sind.[31] Sie gehen davon aus, dass die Zahl der tatsächlich gefallenen Soldaten doppelt so hoch ist, also etwa 20 000, und insgesamt 90 000 russländische Soldaten gefallen sind, schwer verwundet wurden oder sich in Kriegsgefangenschaft befinden.[32] Das entspräche einer Ausfallquote von 44 Prozent der Invasionstruppe, die im Februar 2022 rund 190 000 Soldaten umfasste, oder ungefähr zehn Prozent der gesamten russländischen Streitkräfte.[33]
Um die Lücken zu füllen, versuchte Russlands Führung ab dem späten Frühjahr 2022 zunächst „still" zu mobilisieren, das heißt Soldaten und Söldner über kurzfristige, gut bezahlte Zeitverträge anzuwerben.[34] Dazu bediente sich der Kreml sowohl der regionalen Führungen als auch der Proxys. Die Exekutive jedes Föderationssubjekts wurde angewiesen, jeweils ein regionales „Freiwilligenbataillon" aus ungefähr 400 Mann aufzustellen.[35] Darüber hinaus rekrutierten private Militärfirmen wie *Wagner* oder *Redut* gezielt Männer mit Kampferfahrung.[36] In manchen Stellenanzeigen, die sich über Telegram-Kanäle verbreiteten, wurde das Mehrfache des regulären Soldes geboten. Wie hoch der Personalbedarf in Russlands Streitkräften ist, lässt sich an einigen Indizien ablesen. So wurde im Sommer 2022 die Altersgrenze für Zeitsoldaten über das bis dahin geltende Höchstalter von 40 Jahren bis zum Ende des Erwerbsalters auf 65 Jahre erhöht.[37] Ferner wurde im September 2022 für ausländische Vertragssoldaten, die mindestens ein Jahr in den russländischen Streitkräften dienen, die Möglichkeit eines beschleunigten Erwerbs der russländischen Staatsbürgerschaft geschaffen.[38]

---

[30] Rossija poterjala 5937 čelovek v specoperacii, zajavil Šojgu. RIA Novosti, 21.12.2022.

[31] 10 000 imen: čto izvestno o poterjach Rossii v Ukraine k dekabrja. BBC News Russkaja služba, 9.12.2022.

[32] Ebd.

[33] U.S. Mission to the OSCE: U.S. Statement for the Vienna Document Joint PC-FSC Chapter III Meeting, <https://osce.usmission.gov/u-s-statement-for-the-vienna-document-joint-pc-fsc-chapter-iii-meeting-2/>. – David Vergun: Defense Official Says Russians Reportedly Recruiting Syrian Mercenaries 7.3.2022, <www.defense.gov/News/News-Stories/Article/Article/2958107/defense-official-says-russians-reportedly-recruiting-syrian-mercenaries/>.

[34] Russia is conducting covert mobilisation campaign, Ukraine spy chief says. Reuters Media, 25.6.2022.

[35] Kateryna Stepanenko u.a.: Russian Volunteer Units and Batallions. 16.7.2022, <www.understandingwar.org/backgrounder/russian-volunteer-units-and-battalions>.

[36] A mercenaries' war. How Russia's invasion of Ukraine led to a „secret mobilization" that allowed oligarch Evgeny Prigozhin to win back Putin's favor. Meduza, 14.7.2022. – Shrouded in secrecy for years, Russia's Wagner Group opens up. Al Jazeera, 10.8.2022. – Russia is recruiting thousands of volunteers to replenish its ranks in Ukraine. Prior experience isn't always required. CNN, 30.7.2022.

[37] Gosduma otmenila predel'nyj vozrast voennoj služby po kontraktu. Radio Svoboda, 25.5.2022.

[38] Foreign Citizens servings in the Russian Army under contract to be able to obtain citizenship of Russia under simplified procedure, <http://duma.gov.ru/en/news/55276/>.

„Ladung 200". Mit dem Z-Symbol der russländischen Invasionstruppen in der Ukraine markierter Leichentransporter

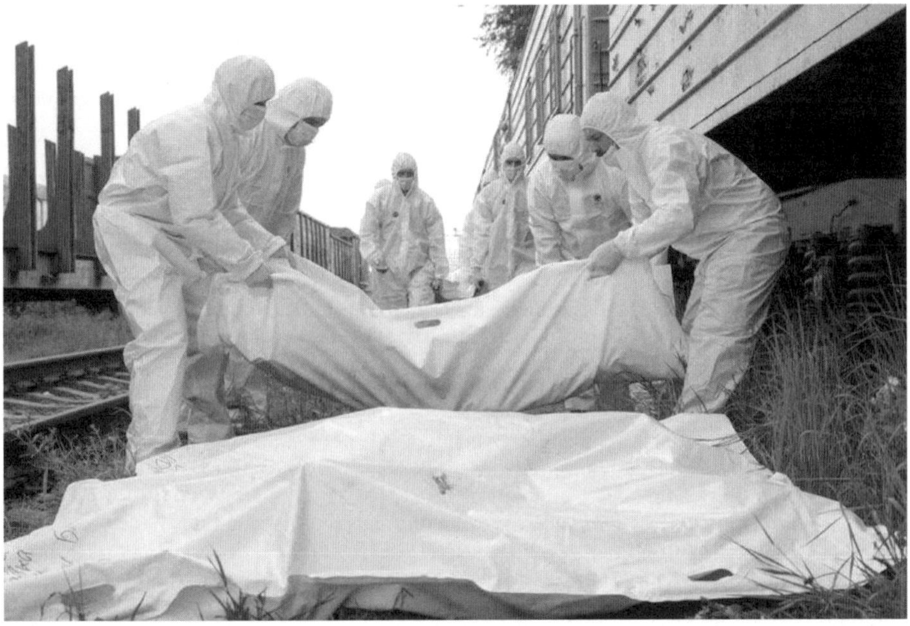

Mai 2022: Ukrainische Armeeangehörige laden die Leichen russländischer Soldaten, die beim Versuch der Einnahme von Kiew umgekommen sind, für den Transport nach Russland in Kühlwaggons

Angeworben werden sollen damit vor allem Männer aus Zentralasien.[39] Darüber hinaus wurden verstärkt Freiwillige aus Kosakengruppierungen eingesetzt, um personelle Lücken in den Streitkräften zu füllen.[40] Auf den Personalmangel verweist auch, dass es dem Unternehmen *Wagner* erlaubt wurde, in Gefängnissen „Freiwillige" anzuwerben.[41] Wie viele Kämpfer auf diese Weise angeworben werden konnten, ist unklar. *Mediazona* berichtet, dass in den beiden Monaten September und Oktober 2022 die Zahl der in den russländischen Gefängnissen einsitzenden Verurteilten um 23 000 Personen gesunken sei.[42]

Die erfolgreiche ukrainische Gegenoffensive im Nordosten bei Charkiv im August 2022 demonstrierte eindrücklich, dass die stille Mobilisierung allein nicht ausreichte, um die Personallücken zu füllen. In der Folge verkündete Präsident Putin am 21. September 2022 eine Teilmobilmachung.[43] Nach offiziellen Angaben wurden 318 000 Reservisten eingezogen, ehe das Dekret am 31. Oktober 2022 wieder aufgehoben wurde.[44] Die seit dem 4. Oktober 2022 in Russland rechtskräftige Annexion der vier ukrainischen Gebiete Donec'k, Luhans'k, Zaporižžja und Cherson erlaubt es Moskau nun auch, zu deren „Verteidigung" Wehrpflichtige in der Ukraine einzusetzen.[45] „Verteidigung" umfasst sowohl die Abwehr ukrainischer Angriffe zur Befreiung der besetzten Gebiete als auch Offensiven zur Einnahme der noch nicht von Russland eroberten Teile der vier Gebiete. Weder der nun mögliche Einsatz von Wehrpflichtigen noch die Mobilisierung von Reservisten werden kurzfristig die Kampfkraft der russländischen Streitkräfte erhöhen. Zwar steht diesen theoretisch ein Reservoir von rund 1,6 Millionen Männern zur Verfügung, die in den vergangenen fünf Jahren als Wehrpflichtige und Zeitsoldaten gedient haben oder über „militärische Erfahrung" verfügen, da sie etwa paramilitärische Kurse absolviert haben.[46] Doch dies ist nicht mit einer aktiven Reserve gleichzusetzen, da die meisten dieser Männer nicht regelmäßig an Übungen teilnehmen. In den fünf Jahren nach ihrem Ausscheiden aus den Streitkräften erhalten nur zehn Prozent der vormaligen Wehrpflichtigen ein Auffrischungstraining.[47] Für die ab September 2022 eingezogenen

---

39 Russian Military Eyes Central Asian Recruits Amid Mobilization Drive. Radio Free Europe, 23.9.2022.

40 Richard Arnold: Cossacks and the Battle for Donbas, in: Eurasia Daily Monitor, 59/2022. – Ders: Russia's Increasing Use of Cossack Reservists Highlights Manpower Shortage, in: Eurasia Daily Monitor, 112/2022.

41 „We thieves and killers are now fighting Russia's war": how Moscow recruits from its prisons: The Guardian, 20.9.2022.

42 Za dva mesjaca čislo zakljačennyh v mužskich kolonijach sokratilos' na rekordnye 23 tysjači čelovek. Èto proischodit na fone verbovki v „ČVK Vagnera". Mediazona, 18.11.2022.

43 Vladimir Putin: Erklärung der Teilmobilmachung, 21.9.2022, in: OSTEUROPA, 9–10/2022, S. 213–218. Im Original Russisch: <http://kremlin.ru/events/president/news/69390>.

44 TASS, 4.11.2022, <https://t.me/tass_agency/164451>.

45 „Forcing Ukrainians to take up arms against their country is a war crime." How Russia is mobilizing Ukrainians in occupied territories. The Insider, 12.11.2022. – Operational update regarding Russian invasion as of 18.00, Nov. 17, 2022 <www.kmu.gov.ua/en/news/ operativna-informaciya-generalnogo-shtabu-zbrojnih-sil-ukrayini-stanom-na-1800-17112022-shchodo-rosijskogo-vtorgnennya>.

46 Kateryna Stepanenko, u.a.: Explainer On Russian Conscription, Reserve, and Mobilization. Institute for the Study of War Report, 3/2022, <www.understandingwar.org/backgrounder/ explainer-russian-conscription-reserve-and-mobilization>.

47 Ebd.

Reservisten war offenbar nur ein dreiwöchiger Kurs vorgesehen, der nicht selten viel kürzer ausfiel.[48]
Nach dem Rückzug aus Cherson war Russlands Militärführung zunächst vor allem bestrebt, unabhängig vom Ausbildungsstand möglichst viele Männer an die Front zu bringen, damit die eigenen Streitkräfte in der Ukraine nicht weiter zurückgedrängt werden. Eine solche Notmaßnahme ist auch das im Teilmobilmachungs-Dekret verankerte Verbot für Vertragssoldaten, ihren Vertrag vor Vollendung der „militärischen Spezialoperation" zu kündigen.[49] Zwar wird so sichergestellt, dass genau jene Soldaten, die als Spezialisten für das Bedienen komplexer Waffensysteme nur schwer zu ersetzen sind, nicht die Armee verlassen. Nach Monaten im Einsatz dürfte ihre Kampfbereitschaft aber erheblich gesunken sein. Dies verweist auf die Folgekosten der Teil-Mobilmachung. So dürfte es künftig deutlich schwerer werden, neue Zeitsoldaten zu rekrutieren oder die in Dienst stehenden zur Verlängerung ihres Vertrags zu bewegen. Auch dürften Moral, Kohäsion und Einsatzbereitschaft der durch Reservisten verstärkten Einheiten gering bleiben. Es ist fraglich, ob sich bei einer möglichen neuen Einberufungswelle die Probleme der hastig und vielfach improvisierten ersten Mobilmachungsrunde überwinden ließen.[50] Zwar dürften die bislang noch nicht in den Kampfeinsatz geschickten ca. 150 000 Reservisten der ersten Mobilisierungsrunde besser ausgebildet sein als die unmittelbar im Herbst 2022 an die Front gesandten „Mobiks". Dennoch fehlt es auch weiterhin an Trainingseinrichtungen und Ausbildern für eine Schulung der Reservisten. Viele Ausbilder sind durch den Kriegseinsatz gebunden.[51] Die Mitte Oktober 2022 vereinbarte Nutzung belarussischer Trainingseinrichtungen reicht nicht aus, um die eingezogenen Reservisten ausreichend zu trainieren.[52] Vor diesem Hintergrund würde eine neue Mobilisierungswelle noch stärker als bisher dazu führen, dass die Invasion in der Ukraine mit veralteten, hauptsächlich auf Masse beruhenden Konzepten von Kriegsführung fortgesetzt wird. Damit verlöre das Reformprojekt von 2008 weiter an praktischer Relevanz.

Begrenzter militärischer Handlungsspielraum nach außen

Die materiellen und personellen Verluste Russlands und die Schwierigkeiten, diese auszugleichen, begrenzen kurz- bis mittelfristig die Fähigkeiten des Kreml, außenpolitische Interessen wie bisher durch die Drohung mit militärischer Gewalt, durch den Einsatz regulärer Streitkräfte oder durch Militärkooperation mit anderen Staaten durchzusetzen. Probleme dürfte Moskau vor allem damit haben, Einsätze durchzuführen, die personal-

---

48 Anger Mounts as Russian Draftees Thrown Into Battle Without Training, Equipment. The Moscow Times, 18.10.2022.

49 Ukaz 647, 21.9.2022: „Ob ob"javlenii častičnoj mobilizacii v Rossijskoj Federacii", in: Sobranie Zakonodatel'stva Rossijskoj Federacii 39/2022, Pos. 6590.

50 Generalstab der Ukrainischen Streitkräfte, 30.11.2022, <www.facebook.com/GeneralStaff.ua/postspfbid02xkfBrGn1Ax9NKUEfnVgcrwACLuQPWpmfYbyFfxPoBU8nx4pWfKwSZhTZLnYDBJWl>.

51 Anger on the front lines and anxiety at home as Russia's mobilization is mired in problems. CNN, 17.11.2022. – Ksenia Kirillova: Mobilization and Annexation Will Create More Problems for Moscow, in: Eurasia Daily Monitor, 150/2022.

52 Two joint Russia-Belarus military training centers now operate, says Belarusian top brass. TASS, 1.11.2022.

und materialintensiv sind, sowie mit Operationen, die auf schnell einsatzbereite Einheiten oder die Schwarzmeerflotte angewiesen sind. Nach amerikanischen Angaben sind mittlerweile mehr als 85 Prozent der einsatzbereiten Einheiten in der Ukraine gebunden. Vor allem Luftlandetruppen und Marineinfanterie hatten überproportional hohe Verluste zu verzeichnen.[53] Die Schwarzmeerflotte wiederum hat mehrere Schiffe, darunter den Raketenkreuzer *Moskva*, verloren, und wegen des beschränkten Zugangs durch die Dardanellen hat sie kaum mehr Manövrierraum außerhalb des Schwarzen Meeres.[54]
Dies dürfte Moskaus Machtprojektionsfähigkeiten im Nahen Osten und in Nordafrika reduzieren. Zwar ist zu erwarten, dass Russland seinen Einsatz in Syrien fortführt. Zugleich muss es versuchen, eine Eskalation zu vermeiden und mit reduziertem Personal, die Präsenz aufrechtzuerhalten. Der Krieg unterminiert zudem Moskaus Bemühungen, über Ausbildungshilfe und Rüstungsverkäufe im Nahen Osten, in Afrika und Asien seinen politischen Einfluss auszubauen. Nicht nur das Vertrauen in die Effektivität russländischer Waffensysteme sinkt, sondern angesichts des hohen Eigenbedarfs auch das in die Verlässlichkeit der Lieferungen.[55] Davon zeugt, dass Russlands Waffenexporte von 2021 auf 2022 um geschätzt 40 Prozent schrumpfen dürften.[56] Zugleich ist durch den Krieg aber eine verstärkte „Proxysierung" der russländischen Militärpolitik im Nahen Osten, vor allem aber in Afrika zu erwarten. Private Militärfirmen wie *Wagner* gewinnen an Präsenz in Konfliktgebieten wie Mali, Burkina Faso, der Zentralafrikanischen Republik und Sudan.
Auch im postsowjetischen Raum gerät das reguläre Militär als Pfeiler russländischer Hegemonialpolitik unter Druck. Dabei war dieses aufgrund der zurückgegangenen ökonomischen Abhängigkeit vieler Länder von Russland in den vergangenen Jahren für den Kreml immer wichtiger geworden. Moskau kann seine Truppenpräsenz in Armenien, Kyrgyzstan und Tadschikistan sowie den abtrünnigen Gebieten Abchasien, Südossetien, Transnistrien und Bergkarabach nicht verringern, ohne den eigenen Anspruch zu unterminieren, an den jeweiligen Orten als „Sicherheitsgarant" zu wirken. Zugleich vermindern sich die Kapazitäten, um auf Krisen zu reagieren. Noch im Januar 2022 hatte Moskau unter dem Dach der Organisation des Vertrags über kollektive Sicherheit (OVKS) in Kasachstan interveniert.[57] Als aber im September 2022 die Kämpfe zwischen Armenien und Aserbaidschan wieder aufflammten und kurz darauf die Spannungen zwischen Kyrgyzstan und Tadschikistan eskalierten, vermied der Kreml weiteres militärisches

---

[53] Russia using 85 % of fighting force in Ukraine: senior US defense official. Fox News, 22.7.2022. – Kofman, Not Built for Purpose [Fn. 16]. – Elitnye specialisty. Kogo imenno poterjala rossijskaja armija v Ukraine: BBC News Russkaja služba, 1.9.2022.

[54] Daniel Fiott: Relative Dominance: Russian Naval Power in the Black Sea – War on the Rocks. 9.11.2022.

[55] Russia Can't Fight a War and Still Arm the World: How the Country's Shrinking Weapons Exports Could Change the Middle East, in: Foreign Affairs Magazine, 12.8.2022. – Southeast Asia is a case study in Russia's declining prospects as an arms exporter. The New York Times, 6.11.2022.

[56] Pavel Baev: Russian Influence Fades in the Middle East, in: Eurasia Daily Monitor, 176/2022.

[57] Margarete Klein, Andrea Schmitz: Präzedenzfall Kasachstan. Berlin 2022 [= SWP Kurzgesagt 1/2022].

Engagement.[58] Daher verliert die von Moskau dominierte OVKS rapide an Bedeutung.[59] Lediglich mit Belarus ist die militärische Kooperation 2022 enger geworden.[60] Hatte sich Machthaber Aljaksandr Lukašenka zuvor stets geweigert, eine substantielle russländische Truppenpräsenz in seinem Land zuzulassen, kommen nun schleichend immer mehr Soldaten aus Russland nach Belarus. Am 10. Oktober 2022 gab Lukašenka bekannt, dass eine sogenannte „gemeinsame regionale Streitkräftegruppierung“ aus russländischen und belarussischen Soldaten aufgestellt worden sei.[61] Dies sieht der Unionsvertrag von 1999 im Fall einer gemeinsamen Bedrohung vor. Lukašenka verwies zur Begründung auf eine angebliche Gefahr, die von der NATO ausgehe. Der belarussische Verteidigungsminister geht davon aus, dass im Rahmen der gemeinsamen Gruppierung 9000 russländische Soldaten in Belarus stationiert werden sollen.[62] Dies lässt sich nicht nur als Vorbereitung auf eine neue Offensive Richtung Kiew deuten, sondern auch als Versuch Moskaus, die Kontrolle über Belarus zu festigen.

Verschiebungen im militärischen Machtgefüge

Der Verlauf des Krieges gegen die Ukraine wirkt sich nicht nur auf den außenpolitischen Handlungsspielraum Russlands, sondern auch auf die Legitimation des Putinschen Regimes aus. Auch führt er zu Verschiebungen im militärischen Machtgefüge.
Die hohen Verluste und militärischen Rückschläge setzen insbesondere die Führung der regulären Streitkräfte unter Druck. Dies zeigen Medienauftritte ehemaliger Militärs, Militärblogger und nationalistischer Hardliner sowie von solchen betriebene Telegram-Kanäle.[63] Zu Beginn des Krieges waren die gescheiterte Einnahme von Kiew oder der Rückzug aus dem Norden von Charkiv noch wohlwollend gerechtfertigt worden. Diese Niederlagen wurden mit einer angeblichen Humanität der russländischen Kriegsführung, einem vorgeblich besonders brutalen Vorgehen der ukrainischen Streitkräfte sowie mit der Involvierung westlicher Akteure erklärt.[64] Der russländische Vormarsch zur

---

[58] Pashinyan refuses to sign CSTO document on joint assistance measures for Armenia. Interfax, 23.11.2022. – Kyrgyzstan Cancels CSTO „Indestructible Brotherhood“ Military Exercises. The Diplomat, 11.10.2022.

[59] Paul Goble: Will the CSTO Go the Way of the Warsaw Pact, in: Eurasia Daily Monitor, 156/2022.

[60] Pavel Slunkin: Putin's last ally: Why the Belarusian army cannot help Russia in Ukraine – European Council on Foreign Relations, <https://ecfr.eu/article/putins-last-ally-why-the-belarusian-army-cannot-help-russia-in-ukraine/>.

[61] Belarus's Lukashenko warns Ukraine, deploys troops with Russia. Reuters Media, 10.10.2022.

[62] Artyom Shraibman: What's Behind Russia's New Deployment of Troops to Belarus? 25.10.2022, <https://carnegieendowment.org/politika/88249>.

[63] Die Fallselektion der Militärblogger erfolgte auf Basis ihrer gesellschaftlichen Reichweite. Diese wurde annähernd ermittelt durch die Anzahl ihrer Abonnements auf Telegram und auch den Zuwachs an Abonnements der jeweiligen Kanäle seit dem 24. Februar 2022. Die Fallselektion der Ex-Militärangehörigen mittleren und höheren Ranges erfolgte auf der Basis der Reichweite ihrer Aktivitäten auf Telegram, als auch durch „zielgerichtetes sampling“ auf der Grundlage ihrer Auffälligkeit und Eigentümlichkeit. Zu diesem Zweck erfolgte die Sichtung und Analyse zahlreicher militärwissenschaftlichen Fachzeitschriften, Zeitungen, Telegram-Kanälen sowie den Publikationen von Veteranenorganisationen in Russland.

[64] Evgenij P. Bužinskij: Čto sderživaet rossijskie vojska na Ukraine, <https://russiancouncil.ru/analytics-and-comments/comments/chto-sderzhivaet-rossiyskie-voyska-na-ukraine/>. –

„Befreiung" der Ukraine sei durch den Versuch verlangsamt worden, Opfer unter der ukrainischen Zivilbevölkerung zu vermeiden. Zudem sei die Widerstandsfähigkeit der ukrainischen Streitkräfte unterschätzt worden, die so stark durch westliche Staaten unterstützt worden seien, dass Moskaus Truppen eigentlich nicht gegen die ukrainischen Streitkräfte, sondern gegen die westliche Militärallianz kämpfen würden.[65] Die als Demütigung wahrgenommenen Niederlagen bei Charkiv und Izjum, der erzwungene Rückzug aus der Stadt Cherson und deren Umland sowie die Angriffe der ukrainischen Streitkräfte auf wichtige Symbole des russländischen Großmachtanspruchs wie die 2018 eröffnete Brücke über die Meerenge von Kerč lösten eine Radikalisierung aus. An die Stelle von Durchhalteparolen rückte zunehmend die Forderung nach einer Ausweitung und Verschärfung der russländischen Kriegsführung. Ehemalige Militärs verloren an Bedeutung im medialen Raum, nationalistische Hardliner und Militärblogger wie Igor' Girkin, „Rybar" und Semen Pegov („WarGonzo") wurden wichtiger.[66] Sie greifen die Armeeführung Russlands scharf an, indem sie ihr „militärische Inkompetenz" und Unfähigkeit, aus Fehlern zu lernen, vorwerfen.[67] So behauptete der Militärblogger Jurij Podoljaka (2,77 Millionen Telegram-Follower) nach dem Rückzug aus Izjum im September 2022, dass „wir Reserven hatten, aber irgendjemand [. . .] sie falsch verteilt hat".[68] Aleksandr Koc (675 000 Telegram-Follower) kritisierte zur selben Zeit, dass im Militär „niemand schlechte Neuigkeiten überbringen wolle", weshalb diese nicht von den Untergebenen an die übergeordneten Stellen weitergeleitet würden.[69] Auch wenn Generalstabschef Valerij Gerasimov oder Verteidigungsminister Sergej Šojgu kaum explizit beschuldigt werden, zielt die Kritik der enttäuschten nationalistischen Kräfte doch zunehmend scharf gegen die oberste Militärführung. So sprach Igor' Girkin („Strelkov", 740 000 Abonnenten) von einer „vom Kopf her verrottenden Militärführung".[70]

Eine neue Qualität gewannen diese Angriffe im November 2022, als der tschetschenische Präsident Ramzan Kadyrov sowie der Finanzier der Söldnergruppierung *Wagner*, Evgenij Prigožin, den damaligen Oberkommandierenden der russländischen Streitkräfte in der Ukraine, General Lapin, offen angingen.[71] Prigožin und Kadyrov nutzen bewusst

---

Eks-komandujaščij VDV Georgij Špak: Aeroport „Gostomel'" pod Kievom brali 200 desantnikov: Komsomol'skaja pravda, 30.3.2022. – Skol'ko ešče proderžitsja Ukraina: ob"jasnjaem, čto pokazal mesjac voennoj operacii. Komsomol'skaja pravda, 23.3.2022.

[65] Taktika vybrana vernaja, no ona ne predusmatrivaet bystrych pobed: general-polkovnik Georgij Špak o chode specoperacii. RT, 28.5.2022. – Vladimir S. Krjažev: Pričiny i povod voennoj operacii Rossii na Ukraine. Reakcija mira, <http://clubadmiral.ru/ ?cat=8&subcat=1250>. – Vladimir Šamanov: O konflikte na Ukraine, o vojne v Čečne, ob Azove, ob Armii Rossii, sila odnogo; <https://youtu.be/Pe_Qwzd7y8U>, hier 1:02:00-1:03:05. – General-lejtenant SVR Leonid Rešetnikov proanaliziroval chod operacii na Ukraine. Rossijskaja gazeta, 26.4.2022.

[66] So hatten Posts der Obščerossijskoe Oficerskoe Sobranie (OOS) im Mai 2022 eine Reichweite von 16 000 Aufrufen, im Herbst und Winter 2022 nur knapp über 100. Zajavlenie Soveta Obščerossijskogo Oficerskogo Sobranija, <www.ooc.su/news/zajavlenie_soveta_obshheros-sijskogo_oficerskogo_sobranija/2022-05-20-120>.

[67] Girkin prjamo obvinil ministra oborony RF Šojgu v chalatnosti. Twitter, 13.5.2022. <https://twitter.com/i/status/1525035974429970432>. – Igor' V. Girkin: Interview mit Princip Kovaleva, <https://youtu.be/K9P1_YsX17U>, hier 00:53:30–00:58:00.

[68] Jurij Podoljaka, 10.9.2022, <https://t.me/yurasumy/4833>.

[69] Aleksandr I. Koc, 7.9.2022, <https://t.me/sashakots/35397>.

[70] Igor' Strelkov: Obstanovka na fronte, 8.12.2022, <https://youtu.be/LBFFz7PsVK8>.

[71] Ramzan Kadyrov, 1.10.2022, <https://t.me/RKadyrov_95/2911>. – Press-služba kompanii „Konkord": VKontakte, 1.10.2022, <https://vk.com/concordgroup_official?w=wall-177427428_1219>.

die ideologischen Topoi der nationalistischen Kräfte zur Verbrämung ihrer Partikularinteressen. Primär geht es ihnen darum, einen größtmöglichen Anteil des stark wachsenden Budgets für Verteidigung und innere Sicherheit abzuschöpfen sowie ihre politische Position innerhalb der *Siloviki* auszubauen. Beide konkurrieren mit den regulären Streitkräften. Dass Söldner und die *Kadyrovcy* in zunehmendem Maße originäre Aufgaben der Armee übernehmen – seien es Kampfeinsätze oder sei es die Ausbildung von Reservisten –, ist einerseits als Investition vor den anstehenden Verteilungskämpfen um Kompetenzen und Finanzmittel zu werten, andererseits spiegelt sich darin auch ein Machtgewinn der Proxys gegenüber den regulären Streitkräften wider.[72] Die Ernennung von Generalstabchef Valerij Gerasimov zum Oberkommandierenden der Ukraine-Invasion im Januar 2023 lässt sich als ein Versuch von Verteidigungsminister Sergej Šojgu lesen, die „Wagner-Gruppe" und die *Kadyrovcy* wieder stärker unter die Kontrolle der regulären Streitkräfte zu bringen.

Parallel zum Schulterschluss der nationalistischen Kräfte mit „Kriegsunternehmern" wie Prigožin und Kadyrov geraten die regulären Streitkräfte sowie Verteidigungsminister Sergej Šojgu noch aus einer anderen Ecke unter Druck. Am 19. Oktober 2022 gründete Präsident Putin ein neues Organ, den „Koordinationsrat".[73] Dieser soll sich um „jeden Bedarf, der im Rahmen der militärischen Spezialoperation entsteht", kümmern, vor allem um die Beschaffung von Waffensystemen und militärischer Ausrüstung, Logistik, medizinischer Versorgung, Wartungs- und Konstruktionsarbeiten für die Streitkräfte.[74] Im neuen Gremium ist der Verteidigungsminister nicht in führender Funktion, sondern nur als einfaches Mitglied vertreten. Geleitet wird der Koordinationsrat von Ministerpräsident Michail Mišustin. Außerdem gehören ihm dessen Stellvertreter, Vertreter der Machtministerien und -behörden sowie die mit sozioökonomischen Fragen befassten Ministerien, Vertreter der Präsidialadministration und des Staatsrats an. Dass die sogenannten „Technokraten" damit eine Schlüsselposition bei der Verteilung der für den Kriegseinsatz bereitgestellten Mittel erhalten, lässt sich als Kritik Putins an der Militärführung und Verteidigungsminister Šojgu interpretieren. Zugleich passt die Zusammensetzung des Gremiums zur Herrschaftsstrategie „Teile und herrsche", mit der Putin die verschiedenen informellen Elitengruppierungen kontrolliert.

Krieg und Regimelegitimierung

Eine mögliche Machtverschiebung zwischen regulären Streitkräften und Proxys sowie „Technokraten" ist kein Indikator für eine Destabilisierung des Putin-Regimes. Eine größere Herausforderung für das System ist dagegen, dass die militärischen Rückschläge einen wichtigen Pfeiler der Regimelegitimierung unter Druck setzen. In den ersten beiden Amtszeiten Putins beruhte der ungeschriebene Gesellschaftsvertrag auf dem Versprechen von Stabilität und wirtschaftlicher Prosperität im Austausch für politische Loyalität oder Apathie. Als dieses Modell mit der Wirtschafts- und Finanzkrise

---

[72] Defence Intelligence Update on the situation in Ukraine. 29.7.22 <https://twitter.com/defencehq/status/1552875325754941440?lang=ca>. – Russia's Wagner Mercenary Group Announces Border Militia Plan. The Moscow Times, 11.11.2022.

[73] Putin orders creation of special council for military operation needs. TASS, 19.10.2022.

[74] Ebd.

von 2009 ins Wanken geriet, schwenkte der Kreml auf die Inszenierung einer Großmachtpolitik Russlands in Geschichte und Gegenwart um. Eine Schlüsselrolle nahm die Demonstration militärischer Erfolge ein. Die Effekte zeigten sich eindrücklich nach der Krim-Annexion, als die Zustimmungswerte für Präsident Putin von 61 Prozent im November 2013 auf 88 Prozent im Oktober 2014 kletterten.[75]

Gleichzeitig wuchs das Prestige der Streitkräfte in der Bevölkerung, das in den 1990er Jahren aufgrund ausbleibender Soldzahlungen, materiellen Verfalls und hoher Verluste gerade unter Wehrpflichtigen im Tschetschenienkrieg massiv gelitten hatte.[76] So stieg der Anteil jener, die den Dienst eines Verwandten oder Freundes in den Streitkräften positiv beurteilen, von 20 Prozent im Jahr 2002 auf 52 Prozent im Jahr 2020.[77] In der letzten Dekade gehörten die Streitkräfte neben dem Präsidenten und der orthodoxen Kirche stets zu den drei Institutionen, von denen bei Umfragen die meisten Befragten sagten, sie würden ihnen vertrauen.[78] Der Popularitätszuwachs der Streitkräfte ist Teil eines breiteren Trends zur „Militarisierung des Bewusstseins" in Russlands Gesellschaft.[79] Abzulesen ist das an der Einbindung militärisch-patriotischer Elemente in die Bildungs- und Geschichtspolitik sowie am breiten Raum, den militärische Siege im staatlichen Feiertagskalender genießen.[80] So wurde 2016 zur militärisch-patriotischen Schwerpunktsetzung in der Jugenderziehung die Organisation *Junarmija* gegründet, die sich darum bemüht, Kinder und Jugendliche zwischen acht und 17 Jahren möglichst früh mit militärischen Sachverhalten und dem richtigen Verhalten in Hierarchien vertraut zu machen.[81] Die Organisation, die nach eigenen Angaben über 1,2 Millionen Mitglieder zählt, ist eingebettet in größere staatliche Initiativen, die darauf zielen, die gesetzlich vorgeschriebene militärisch-patriotische Erziehung wieder an Russlands öffentlichen Schulen zu verankern.[82]

Vor diesem Hintergrund birgt die Möglichkeit einer Niederlage im Krieg in der Ukraine das Risiko, dass ein zentraler Pfeiler von Putins Legitimationsstrategie unterminiert wird. Zwar ist angesichts der seit Februar 2022 verschärften Repressionen und der Ausschaltung der Pressefreiheit die Aussagekraft von Meinungsumfragen beschränkt, doch lassen sich Trends erkennen. Bei Umfragen erklären zwar im November 2022 weiterhin 74 Prozent der Befragten, sie würden die Aktivitäten der russländischen Streitkräfte in

---

75 Levada-Centr: Nojabr"skie rejtingi odobrenija i doverija, <www.levada.ru/2014/11/26/noyabrskie-rejtingi-odobreniya-i-doveriya-2/>.

76 Dmitri Trenin: The Revival of the Russian Military: How Moscow Reloaded, in: Foreign Affairs, 3/2016, S. 23–29, hier S. 23.

77 VCIOM: Daten einer Umfrage zum Verhältnis der Bevölkerung und Armee 2000–2015, <https://wciom.ru/fileadmin/user_upload/table/table_2779.html>. – VCIOM: bolee poloviny rossijan choteli by, čtoby rodstvenniki služili v armii. TASS, 26.2.2021.

78 Levada-Centr: Doverie obščestvennym Institutam, 20.9.2022, <www.levada.ru/2022/09/20/doverie-obshhestvennym-institutam-2/>.

79 Dlja čego proischodit i čem opasna militarizacija soznanija Rossijan. Otkrytye Media, 19.2.2019. – Aleksej Levinson: Virus kak vojna, <www.levada.ru/2021/11/01/virus-kak-vojna/>.

80 Stewart, Geschichte [Fn. 3], S. 23. – Elisabeth Sieca-Kozlowski: Russian military patriotic education: a control tool against the arbitrariness of veterans, in: Nationalities Papers, 1/2010, S. 73–85.

81 Jonna Alava: Russia's Young Army: Raising New Generations into Militarized Patriots, in: Katri Pynnöniemi (Hg.): Nexus of Patriotism and Militarism in Russia. Helsinki 2021, S. 249–284.

82 Next-Generation Fighters: Youth Military-Patriotic Upbringing Bolsters the Russian Military's Manning and Mobilization Potential. 22.9.2020, <www.csis.org/blogs/post-soviet-post/next-generation-fighters-youth-military-patriotic-upbringing-bolsters-russian>. – O dviženii „Junarmija", <https://yunarmy.ru/headquarters/about/>.

der Ukraine unterstützen, doch im März 2022 waren es noch 80 Prozent.[83] Vor allem glauben immer weniger Befragte an einen erfolgreichen Abschluss der „militärischen Spezialoperation". Im April 2022 erklärten dies 68 Prozent, im November 2022 nur noch 54 Prozent.[84] Besonders auffällig ist, dass seit der Teilmobilmachung im September 2022 negative Gefühle und individuelle Betroffenheit deutlich zugenommen haben. Lediglich 23 Prozent der Befragten sahen im Oktober 2022 mit Stolz auf die Entwicklung des letzten Monats, während 47 Prozent der Befragten Angst, Furcht und Schrecken, 23 Prozent einen Schock und 13 Prozent Wut und Empörung äußerten.[85] Dies trifft vor allem auf die jüngeren Befragten zu. 58 Prozent der 18- bis 24-Jährigen lehnen die Teilmobilmachung ab.[86]

Daraus ergibt sich noch keine unmittelbare Gefahr für die Stabilität des Putin-Regimes. Anfängliche Proteste nach der Teilmobilmachung wurden von den Sicherheitsdiensten niedergeschlagen.[87] Die Flucht von bis zu 700 000 Männern erschwerte zwar die Einberufung von Reservisten, bedeutet aber auch, dass potentiell protestbereite Personen das Land verlassen.[88]

Dennoch geraten wesentliche Elemente der bisherigen Legitimationsstrategie des Kreml unter Druck. Die hohen Verluste und militärischen Rückschläge kratzen am Nimbus der erfolgreichen Wiedererrichtung der Großmacht Russland. Und mit der Einberufung von Reservisten bricht der Kreml den ungeschriebenen Gesellschaftsvertrag, wonach sich militärische Abenteuer nicht negativ auf das Alltagsleben der Bevölkerung auswirken.

Zugleich kann Putin die Legitimationsdefizite nicht durch Rückkehr zum Status quo ante überwinden – ganz im Gegenteil. Die westlichen Sanktionen und der Einbruch des Öl- und Gasexports nach Europa verschlechtern die wirtschaftliche Lage. Daher wächst für den Kreml der Anreiz, den Krieg gegen die Ukraine fortzusetzen. Dies bietet die Möglichkeit, sozioökonomische Härten und verschärfte Repression unter Verweis auf Erfordernisse des Krieges zu rechtfertigen. Aus der Forschung über autoritäre Systeme ist bekannt, dass diese selbst lange Kriege überstehen können; nur desaströse Niederlagen wirken regimegefährdend.[89] Dass sich Russland auf einen längeren Krieg gegen die Ukraine vorbereitet, offenbart der Haushaltsentwurf für 2023 und 2024.[90]

---

83 Levada-Centr: Konflikt s Ukrainoj: nojabr' 2022 goda, <www.levada.ru/2022/12/02/konflikt-s-ukrainoj-noyabr-2022-goda/>.

84 Ebd.

85 Levada-Centr: Konflikt s Ukrainoj: oktjabr' 2022 goda, <www.levada.ru/2022/10/27/konflikt-s-ukrainoj-oktyabr-2022-goda/>.

86 Levada-Centr: Konflikt s Ukrainoj: sentjabr' 2022 goda, <www.levada.ru/2022/09/29/konflikt-s-ukrainoj-sentyabr-2022-goda/>.

87 Russian Crackdown On Anti-Mobilization Protests Continues. More Than 800 Detained. Radio Free Europe, 25.9.2022.

88 Rossija posle 21 sentjabrja pokinuli okolo 700 000 graždan. Forbes.ru, 4.10.2022.

89 Bruce B. de Mesquita, Randolph M. Siverson: War and the Survival of Political Leaders: A Comparative Study of Regime Types and Political Accountability, in: American Political Science Review, 4/1995, S. 841–855, hier S. 852. – Hein E. Goemans: War and Punishment. The Causes of War Termination and the First World War. Princeton 2012, S. 70f. – Jessica L.P. Weeks: Dictators at War and Peace. Ithaca, London 2014, S. 73.

90 Prinjat zakon o federal'nom bjudžete na 2023–2025 gody, <http://duma.gov.ru/news/55836>.

Junarmija – die Jugendarmee. Oben: Parade auf dem Roten Platz im Mai 2020. Unten: Betreutes Schreiben. Jungarmisten schreiben Briefe an die Front.

Er sieht vor, die Ausgaben für Verteidigung und innere Sicherheit massiv, nämlich um 50 Prozent zu steigern.[91] Darüber hinaus werden Vorbereitungen getroffen, die Wirtschaft für Kriegszwecke zu mobilisieren.[92] Ukrainische Medien berichten, dass in Russland eine möglicherweise weit umfangreichere zweite Mobilisierung von Reservisten in Planung sei.[93] Um die mit einem längeren Krieg verbundenen Kosten zu rechtfertigen und die Risiken für die Regimestabilität zu reduzieren, baut der Kreml den Repressionsapparat aus. Der Präsident, der Verteidigungsminister und die staatlich gelenkten Medien stellen den Krieg gegen die Ukraine zunehmend als existentielle und zugleich schicksalhafte Auseinandersetzung mit einem wesentlich größeren Gegner – dem „kollektiven Westen" – dar.[94] Auf diese Weise werden die bisherigen militärischen Schwierigkeiten erklärt und die Bevölkerung wird auf die Notwendigkeit eines langen, kostspieligen Krieges eingeschworen.

Schlussfolgerungen

Die enge Wechselwirkung zwischen innerer und äußerer Militarisierung hat nicht nur Konsequenzen für Russlands Krieg gegen die Ukraine. Sie birgt auch Risiken und Gefahren für die deutsche und europäische Politik. Anders als frühere Militäreinsätze wirkt sich der massive Krieg gegen die Ukraine auf die Stabilität des politischen Regimes in Moskau aus. Verliert Russland den Krieg, stehen nicht nur seine außenpolitische Rolle als Großmacht und sein Anspruch auf Hegemonie über eine spezifische Einflusszone im postsowjetischen Raum zur Disposition, sondern auch die bisherige Legitimation der Herrschaft des Putin-Systems im Inneren.

Daher ist davon auszugehen, dass der Kreml nur dann zu ernsthaften Verhandlungen bereit sein wird, wenn er entweder eine desaströse Niederlage seiner Streitkräfte vermeiden muss. Andernfalls dienen Verhandlungen nur dazu, der Ukraine einen Kapitulationsfrieden zu oktroyieren. Verhandlungen, bei denen Moskau ohne militärische Not substantielle Zugeständnisse macht, ergeben nach der Logik des russländischen Regimes keinen Sinn. Allenfalls macht Moskau Verhandlungsangebote, die taktisch motiviert sind und dazu dienen, den personell und materiell erschöpften Streitkräften Zeit zur Umgruppierung und Verstärkung zu verschaffen.

Zu erwarten ist, dass Russland seine Kriegsführung nicht nur fortsetzt, sondern sie brutaler wird, um den Druck auf die Ukraine zu erhöhen. Diesem Ziel dienen die seit dem Spätherbst 2022 massiv verstärkten Angriffe auf die ukrainische zivile Infrastruktur. Flächenbombardierungen wie in Syrien wären ein weiterer Schritt. Auch die wachsende Rolle der Proxys und der hinter ihnen stehenden „Kriegsunternehmer" machen eine Brutalisierung des Krieges wahrscheinlicher. Die Rekrutierung von Häftlingen und die grausamen Maßnahmen zur internen Disziplinierung, die bis zur Hinrichtung desertie-

[91] Surge in Russia' defence and security spending means cuts for schools and hospitals in 2023. Reuters Media, 22.11.2022.

[92] Russian parliament passes first vote on war economy measures. Reuters Media, 5.7.2022. Russia prepares to mobilise economy for longer war in Ukraine. Financial Times, 7.7.2022.

[93] New wave of mobilization in Russia to begin in January, intelligence says. The New Voice of Ukraine, 6.12.2022.

[94] Vystuplenie ministra oborony Šojgu. RIA Novosti, 21.9.2022.

render Kämpfer mit Vorschlaghämmern reichen, sind Anzeichen für eine interne Verrohung, die sich auch im Umgang mit ukrainischen Soldaten und Zivilisten widerspiegelt.[95] Zugleich prägen Kriegsunternehmer wie Kadyrov und Prigožin ihr Image als Vertreter einer besonders rücksichtslosen und brutalen Kriegsführung zur „Markenbildung" für das eigene „Unternehmen".

Zudem warnt Moskau vor einer Eskalation des Krieges über die Grenzen der Ukraine hinaus und droht auf diese Weise den EU- und NATO-Staaten.[96] Auf diese Weise will der Kreml verhindern, dass diese ihre politische, wirtschaftliche, finanzielle und militärische Unterstützung für die Ukraine erweitern. Der Einsatz von Nuklearwaffen ist aufgrund hoher Folgekosten für Russland eher unwahrscheinlich. Anders sieht es mit Cyberangriffen, Täuschungsmanövern unter falscher Identität („false flag attacks") und verstärkter Subversion aus. Darüber hinaus bestehen Anreize für Russland, Konflikte planvoll anzuheizen, deren Eskalation sich auch auf EU-Länder auswirken würde, so etwa die in Bosnien-Hercegovina, Libyen, Syrien oder Mali. Zwar ist der Kreml in internationalen Konflikten derzeit eher an einer Erhaltung des Status quo interessiert, doch um bewusst Öl ins Feuer schwelender Konflikte zu gießen, ist meist kein großes militärisches Engagement nötig.

In Anbetracht dieser Lage müssen die europäischen Staaten ihre Widerstandsfähigkeit gegen hybride Bedrohungen aus Russland stärken sowie in glaubhafte Abschreckung und damit in Kapazitäten für eine militärische Rückversicherung investieren. Darüber hinaus sollten sie die Unterstützung der Ukraine wirtschaftlich, finanziell und militärisch langfristig sichern. Da Russlands Führung an ihren Maximalzielen in der Ukraine festhält, ist ein langer Abnutzungskrieg zu befürchten. In diesem können sich Phasen intensiver Kriegsführung mit solchen reduzierter Kämpfe abwechseln, wenn Russlands Streitkräfte eine Pause zur Umgruppierung oder zur Konsolidierung ihrer Besatzungsherrschaft benötigen. Deswegen sind für die Ukraine Hilfen zur Aufrechterhaltung staatlicher Funktionen ebenso essentiell wie verlässliches sicherheitspolitisches und militärisches Engagement. Erforderlich sind die weitere Lieferung von Waffensystemen und Ausrüstung sowie militärische Ausbildungsprogramme. Da sich der Kreml ohnehin im Krieg gegen den „kollektiven Westen" sieht, sollten sich Umfang und Qualität der Waffenlieferungen weniger an Moskaus Drohungen mit Gegenmaßnahmen orientieren, sondern an den Erfordernissen der ukrainischen Streitkräfte bei ihrem Bestreben, Russlands militärische Aggression abzuwehren. Letztlich entscheidet sich in der Ukraine, ob die Militarisierung der Außenpolitik Russlands gestärkt oder gebrochen wird.

Stand 1.2.2023

Schlagwörter:
Russland, Ukraine, Russischer Angriffskrieg, Innenpolitik, Außen- und Sicherheitspolitik, Militarisierung, Militärreform, Streitkräfte

---

[95] Video show's sledgehammer execution of Russian mercenary. Reuters, 13.11.22, <www.reuters.com/world/europe/sledgehammer-execution-russian-mercenary-who-defected-ukraine-shown-video-2022-11-13/>.

[96] Russia's Shoigu warns of „uncontrolled escalation" in Ukraine conflict. Reuters Media, 23.10.2022.

Hans-Henning Schröder

Krieg und Verhandlungen

Voraussetzungen für Frieden in der Ukraine

Russlands Krieg setzt seinen Krieg gegen die Ukraine auch ein Jahr nach dem Überfall unvermindert fort. Keine der beiden Seiten kann nach heutigem Stand ihre Kriegsziele erreichen. Gleichwohl hat weder Kiew noch Moskau diese aufgegeben. Verhandlungen sind daher aktuell unwahrscheinlich. Nur wenn die Ukraine durch ihre Verbündeten militärisch so gestärkt wird, dass sie die geplante Frühjahrsoffensive Russlands zurückschlagen kann, wird sich Raum für Verhandlungen öffnen. Bei diesen muss es zunächst um einen Waffenstillstand und dessen Kontrolle gehen, später auch um die Zugehörigkeit der besetzten Gebiete in der Ukraine. Ziel ist die Wiederherstellung der territorialen Integrität der Ukraine im Rahmen einer neuen europäischen Sicherheitsordnung. Dazu bedarf es der Vertrauensbildung, Verhandlungen auf mehreren Ebenen sowie der Einbindung der mittelbaren Kriegsparteien wie der USA, der EU-Staaten, der Türkei und China.

Jeder Krieg muss eines Tages beendet werden. Das geschieht entweder, wenn eine der beiden Seiten die andere militärisch besiegt und ihre Ziele erreicht hat, oder wenn beide Seiten einsehen, dass weitere Kampfhandlungen keine Vorteile bringen. Der erste Schritt ist dann eine Vereinbarung über die Einstellung der Kampfhandlungen. Im zweiten Schritt geht es um die Nachkriegsordnung, die zwischen den interessierten Parteien ausgehandelt werden muss. Deren Gestaltung hängt vom Kriegsverlauf ab. Die Frage, ob die Ukraine nach dem Krieg ein unabhängiger Staat sein wird und ob es eine stabile europäische Ordnung geben wird, in der Konflikte nicht durch Einsatz militärischer Gewalt entschieden werden, wird am Konferenztisch entschieden. Doch die Voraussetzungen für die Durchsetzung solcher politischen Ziele werden auf dem Gefechtsfeld geschaffen. Insofern dürfen Deutschland, die europäischen Staaten und die EU in ihrer Politik gegenüber Russland und der Ukraine ihre Vorstellungen für eine Nachkriegsordnung nicht aus dem Blick verlieren. Vielmehr sollen sie ihr Handeln so ausrichten, dass eine stabile Sicherheitsarchitektur entsteht, in der Regeln gelten und nicht das Recht des Stärkeren.

Militärisch kann die Ukraine den Krieg gegen Russland nicht gewinnen. Ihre Streitkräfte sind zu schwach, um die russländische Militärmacht zu vernichten und Moskau den Frieden zu diktieren. Ohne die finanzielle, technische und militärische Unterstützung

---

Hans-Henning Schröder (1949), Historiker, Bremen

Von Hans-Henning Schröder erschien zuletzt in OSTEUROPA: Wiedervorlage: Osteuropaexpertise. Niedergang, Neuanfang, offene Erwartungen, in: OE, 6/2020, S. 121–146. – Politikberatung und ihre Grenzen. Lehren aus drei Jahrzehnten Osteuropaforschung, in: OE, 1–2/2020, S. 141–164. – Russland in Europa. Randbemerkungen zur deutschen Russlanddebatte, in: OE, 8/2013, S. 107–114.

OSTEUROPA, 72. Jg., 11/2022, S. 23–34 **doi: 10.35998/oe-2022-194**

durch die USA und einige NATO-Staaten wäre die Ukraine nicht einmal in der Lage, Russlands Aggression über einen längeren Zeitraum abzuwehren.
Russland wiederum hatte ursprünglich durchaus über das militärische Potential verfügt, um die Ukraine zu besiegen. Zu Beginn der Aggression im Februar 2022 hatte das Land die Mittel, um die ukrainischen Streitkräfte zu zerschlagen, die großen Städte zu besetzen, die ukrainische Führung auszuschalten und dem Land eine Marionettenregierung aufzuzwingen. Doch Planung und Durchführung der militärischen Intervention waren dilettantisch. Der Enthauptungsschlag scheiterte, und die Reaktion der USA, der NATO und der europäischen Staaten, die Sanktionen verhängten und Waffen lieferten, glich das Kräfteverhältnis aus. Ein Sieg Russlands ist in weite Ferne gerückt.
Um den Krieg dennoch zu gewinnen, müsste Russlands Führung Wirtschaft und Gesellschaft auf Kriegsbedingungen ausrichten. Ein solcher Schritt ist nicht ohne innenpolitische Risiken. Deshalb scheut die Putinsche Führung bisher davor zurück und hat im September 2022 nur eine Teilmobilmachung in Form der Einberufung von Reservisten durchgeführt.
Der Krieg wird also voraussichtlich nicht durch einen militärischen Sieg einer Seite beendet, sondern am Verhandlungstisch. Der weitere Verlauf der Kriegshandlungen wird aber unmittelbare Auswirkungen auf den Ablauf der Gespräche und deren Ergebnis haben. Insofern versuchen beide Seiten auf dem Schlachtfeld Vorteile zu erzielen, die sich politisch ummünzen lassen. Für die ukrainische Seite gibt es keinen anderen Weg. Sie kämpft um das Überleben ihres Staates. Ihre Verteidigungserfolge schaffen erst die Voraussetzungen für Verhandlungen. Auf der anderen Seite kann man fragen, was Russland durch einen militärischen Sieg eigentlich gewinnen würde. Russland müsste – durch den Krieg und die Sanktionen wirtschaftlich geschwächt – auf dem Territorium der Ukraine eine Besatzungsverwaltung aufbauen, die zerstörte Infrastruktur wiederherstellen, die Wirtschaft in Gang bringen und möglicherweise einen lang andauernden Guerillakrieg führen. In den Nachbarstaaten wird die Sorge groß sein, eine ähnliche Behandlung zu erfahren wie die Ukraine. Die USA, die NATO und die EU-Staaten werden sich angesichts der militärischen Bedrohung fester zusammenschließen und ihre Verteidigungsfähigkeit stärken. Selbst wenn Russland in der Ukraine gewinnt, hat es verloren.

Verhandlungen über Waffenstillstand: Ansätze 2022 und Gerüchte 2023

Beide Seiten sind im Februar 2023 nicht bereit, Gespräche über eine Einstellung der Kampfhandlungen wiederaufzunehmen. Erste Kontakte hatte es Ende Februar 2022 gegeben, wenige Tage nach Beginn der russländischen Aggression. Sie fanden im belarussischen Gomel' statt, anschließend wurden die Gespräche in Istanbul fortgesetzt. Drei Themen wurden behandelt: militärische Fragen, humanitäre Fragen und insbesondere die Frage der künftigen politischen Ordnung.[1] An der Spitze der russländischen Delegation stand mit Vladimir Medinskij ein Kulturpolitiker von geringem politischen Gewicht, der zwar im Apparat des Präsidenten die Rolle eines Beraters gespielt hatte, aber nie mit sicherheits- oder militärpolitischen Fragen befasst war. Diese Personalie deutete darauf hin, dass Russlands Führung den Verhandlungen keine wirkliche Bedeutung beimaß. Die Gespräche zogen sich bis Ende März 2022 hin. Beide Seiten zeigten

---

[1] Predstaviteli Rossii i Ukrainy dogovorilis' prodolžit' peregovornyj process. Rossijskaja gazeta, 28.2.2022. – Rossija i Ukraina opredeljat mechanizm organizacii gumanitarnych koridorov. Rossijskaja gazeta, 3.3.2022.

eine gewisse Kompromissbereitschaft. U.a. wurde diskutiert, ob die Ukraine in Zukunft einen neutralen Status nach schwedischem und österreichischem Modell erhalten sollte.[2] Bei der Frage der Rückgabe des besetzten ukrainischen Territoriums an die Ukraine gab es jedoch keine Einigung. Am 17. Mai wurden die Gespräche vorläufig eingestellt[3] – und bis Februar 2023 nicht wieder aufgenommen.

Allerdings wurde der Gedanke möglicher „Friedensverhandlungen“ in den letzten Monaten mehrfach thematisiert. Ende Dezember 2022 brachte der ukrainische Außenminister Dmytro Kuleba die Idee auf, Gespräche im Rahmen der UNO zu beginnen.[4] Moskau reagierte darauf mit bloßem Hohn.[5] Anfang Februar veröffentlichte die *Neue Zürcher Zeitung* einen Artikel, in dem sie unter Berufung auf ein Gespräch mit „zwei einflussreichen Außenpolitikern“ in Berlin behauptete, CIA-Chef Burns habe im Januar mit Kiew und Moskau ausgelotet, ob Russland bereit sei, gegen Abtretung von 20 Prozent des ukrainischen Territoriums einen Frieden zu schließen. In Washington und Moskau wurde diese Meldung dementiert. Dmitrij Peskov, Pressesprecher von Präsident Putin sprach von einer „Ente“.[6] Allerdings dachte man in den USA offen darüber nach, wie man den Krieg Russlands in der Ukraine zu einem Ende bringen könnte. Die RAND-Stiftung veröffentlichte eine Studie, in der die Gefahr einer Eskalation des Konflikts diskutiert und die Frage gestellt wurde, ob den USA wirklich an einem langen Krieg gelegen sein könnte.[7] Die Sprecherin des französischen Außenministeriums, Anne-Claire Legendre, wiederum erklärte, der Zeitpunkt für Gespräche sei noch nicht gekommen.[8]

Auch Russlands Führung beschäftigt sich mit dieser Frage. Die Bemerkungen Präsident Putins und seines Außenministers Lavrov, man wolle ja Verhandlungen, nur die andere Seite verweigere das, deuten zumindest darauf hin, dass man in Moskau zu begreifen beginnt, dass die „militärische Spezialoperation“ – die Aggression gegen die Ukraine – nicht zu einem raschen, billigen und siegreichen Ende geführt werden kann.[9]

---

2 V Kremle ocenili vozmožnye varianty demilitarizacii Ukrainy. Izvestija, 16.3.2022>. – V Stambule sostojalis' rossijsko-ukrainskie konsul'tacii. Rossijskaja gazeta 29.3.2022.

3 Odno dlja dialoga: mogut li Moskva i Kiev vernut'sja k mirnym peregovoram. Izvestija, 23.5.2022.

4 The AP Interview: Ukraine FM aims for February peace summit. By E. Eduardo Castillo and Hanna Arhirova December 27, 2022 <https://apnews.com/article/russia-ukraine-zelenskyy-business-eb86ba6fe45717c11edaa1390fe70307>.

5 Briefing by Foreign Ministry Spokeswoman Maria Zakharova, Moscow, Dezember 29, 2022 <https://mid.ru/en/foreign_policy/news/1846048/, 6. Februar 2023>.

6 Olaf Scholz verkaufte seine Panzerwende als wohlüberlegte Entscheidung – tatsächlich aber wurde er wohl überrumpelt. Neue Zürcher Zeitung, 1.2.2023. – SMI: CRU predlagalo Rossii 20 % territorii Ukrainy v obmen na prekraščenie SVO. Vedomosti, 3.2.2023. – White House Denies Joe Biden Offered to Give Ukrainian Territory to Putin. Newsweek, 2.2.2023. – Peskov nazval utkoj soobščenie o jakoby predloženii CRU mirnogo plana po Ukraine. Izvestija, 3.2.2023.

7 Samuel Charap, Miranda Priebe: Avoiding a Long War. U.S. Policy and the Trajectory of the Russia-Ukraine Conflict. The RAND Corporation. Perspective PE-A2510-1, January 2023. <www.rand.org/pubs/perspectives/PEA2510-1.html, 27. Januar 2023.

8 Anton Konev, Jurij Kukin: „Moment dlja peregovorov ne nastupil“: press-sekretar' MID Francii o kontaktach s Rossiej, podderžke Ukrainy i dejatel'nosti ČVK „Vagner“ v Afrike. RTVI, 4.2.2023.

9 Novogodnee obraščenie k graždanam Rossii. 31 dekabrja 2022 goda, <http://kremlin.ru/events/president/news/70315>. Deutsch: Neujahrsansprache von Vladimir Putin. 31.12.2022, <https://zeitschrift-osteuropa.de/blog/neujahrsansprache-von-vladimir-putin>. – Zwei Tage zuvor hatte sich Außenminister Sergej Lavrov in einem Interview mit RIA-Novosti zu Verhandlungen geäußert. Die „russophobe Clique“ in Kiew sei zu Verhandlungen nicht bereit: Sergej Lavrov: složno skazat', ostalis' li na Ukraine adekvatnye politiki. RIA Novosti, 29.12.2022.

Dass die Frage nach dem Ende des Krieges auch in Russlands Öffentlichkeit ein relevantes Thema war, macht ein Interview deutlich, das Dmitrij Kiselev am 2. Februar 2023 mit Außenminister Sergej Lavrov führte. Kiselev, Generaldirektor der staatlichen Nachrichtenagentur *Rossija Segodnja*, ein Hardliner und Fernsehpropagandist, der in seinen Sendungen vor Tatsachenverdrehungen und glatten Lügen nicht zurückschreckt, eröffnete das Interview mit einer Frage, die, so Kiselev, „Millionen, wenn nicht Milliarden Menschen beschäftigt": „Wann wird das alles enden?"[10] Lavrov wich einer direkten Antwort aus und unterstellte den USA, sie wollten den Krieg möglichst lange hinziehen. Übersetzt bedeutet das: Offenbar ist Russlands Führung Anfang Februar 2023 noch nicht bereit, in ernsthafte Verhandlungen einzutreten.

Die Gründe sind erkennbar. Innenpolitisch ist ihre Situation prekär. Nachdem im Februar 2022 der Versuch gescheitert war, Kiew einzunehmen und die ukrainische Führung auszuschalten, die Ukraine seitdem unerwartet heftigen Widerstand leistet und die USA, NATO und EU die Ukraine massiv unterstützen, steht die Putinsche Führung vor einem Scherbenhaufen. Sprecher rechtsnationaler Eliten wie Ramzan Kadyrov, das Oberhaupt Tschetscheniens, oder Evgenij Prigožin, Unternehmer und Söldnerführer, fordern ein radikaleres Vorgehen, ursprünglich liberale Wirtschaftsmanager versuchen, ein volkswirtschaftliches Desaster zu verhindern, die Bevölkerung verhält sich apathisch. Die Putinsche Führung kann der Ukraine kaum Zugeständnisse machen, ohne die Stabilität des politischen Systems zu gefährden. Daher wird sich der Beginn von Verhandlungen hinauszögern. Wahrscheinlich hofft der Moskauer Führungszirkel auf einen Erfolg bei einer Offensive im Frühjahr 2023. Russland wird die 300 000 Reservisten, die im September 2022 mobilisiert wurden und aus denen im Winter neue Kampfverbände zusammengestellt worden sind, die ab März 2023 halbwegs einsatzfähig sein könnten, in den nächsten Monaten ins Gefecht werfen, um seine Verhandlungsposition stärker zu machen.

Verhandlungen werden langwierig und schwierig

Gleichgültig, wann die Konfliktparteien geneigt sein werden, die Verhandlungen wieder aufzunehmen, die Politiker in Kiew, Washington, Brüssel und Berlin müssen sich darauf vorbereiten, diese effizient und zielbewusst zu führen. Es geht in diesen Gesprächen nicht bloß um die Beendigung der militärischen Auseinandersetzung, sondern darum, eine gerechte Friedensordnung zu finden und ein Regelsystem zu etablieren, das langfristig Sicherheit in Europa gewährleistet.

Für dieses Ziel müssen die Ukraine, die USA, die EU und die anderen interessierten Staaten Verhandlungspositionen und Gesprächsstrategien entwickeln. Dabei müssen sie sich auf einen langen und komplexen Verhandlungsprozess vorbereiten. Es dauerte nach dem Mauerbau 1961 und der Kubakrise 1962 mehr als zehn Jahre, ehe 1972 in Moskau der ABM-Vertrag und das SALT-1-Abkommen unterzeichnet werden konnten, die die strategische nukleare Rüstung begrenzten. Bis zur Schlussakte von Helsinki 1975, mit der ein stabiles europäisches Regelsystem vereinbart wurde, vergingen weitere drei

---

[10] Interv'ju Ministra inostrannych del Rossijskoj Federacii S.V. Lavrova telekanalu „Rossija 24" i agentstvu RIA Novosti, 2.2.2023. Ministerstvo inostrannych del Rossijskoj Federacii. № 175-02-02-2023, <https://mid.ru/ru/foreign_policy/news/1852042/>.

Jahre. Auf Rüstungsbegrenzungen bei konventionellen Waffen (verhandelt im Rahmen der MBFR-Verhandlungen[11]) konnten sich die Blöcke nicht einigen.
Vor einer ähnlich schwierigen Aufgabe steht die Politik heute. Denn es geht nicht allein um Frieden für die Ukraine. Dieser wäre nicht haltbar, wenn nicht ein funktionierendes Sicherheitsumfeld geschaffen wird. Es geht um mehr: um die Sicherheit aller europäischen Staaten einschließlich Russlands sowie die der Großmächte USA und China.
Ein System europäischer Sicherheit verlangt Abrüstungs- und Rüstungskontrollvereinbarungen für nukleare und konventionelle Waffen. Das gestörte Vertrauen zwischen Staaten und Gesellschaften muss wiederhergestellt werden, die Kriegsschäden müssen beseitigt, der europäische Markt muss wieder in Gang gebracht werden. Um das zu erreichen, müssen eine Reihe von Verhandlungsprozessen parallel geführt werden:

- Im ersten Schritt muss eine Vereinbarung über die Einstellung der Kampfhandlungen zwischen Russland und der Ukraine getroffen werden. Eine wirkliche Beendigung des Krieges, der Russlands Rückzug vom Territorium der Ukraine umfassen muss, wird kurzfristig nicht durchsetzbar sein. Dies kann nur im Rahmen einer neuen europäischen Sicherheitsordnung geregelt werden. Doch weitere sinnlose Opfer müssen verhindert werden. Daher muss eine Feuereinstellung verabredet werden, für die eine Reihe technischer Fragen zu lösen sind, etwa die Festlegung der Frontlinien, die Kontrolle des Waffenstillstands, die Organisation des Gefangenenaustauschs und die Frage der Freizügigkeit der Zivilbevölkerung. Diese Aufgabenstellung gleicht den zwei Minsk-Abkommen, die von beiden Seiten nicht erfüllt wurden. Deshalb sollte man diesen Gesprächsprozess nicht überlasten und die Lösung von Territorialfragen und die Frage der Friedensordnung nicht in diesem Format verhandeln. Für die Anbahnung eines Waffenstillstandes sollte man die Gesprächskanäle nach Russland nutzen – die Ukraine spricht seit einiger Zeit über Gefangenenaustausch und Getreideexport, die USA sind mit Russland in Kontakt zu Fragen nuklearer Abrüstung, die französische, die deutsche und andere europäische Regierungen versuchen über Telefongespräche, die Verbindung zu Russlands Führung nicht abreißen zu lassen. Aber auch die Vermittlung durch Drittstaaten wie die Türkei, China oder Brasilien wäre willkommen.
- Russland und die USA sollten sich ernsthaft um ein neues Abkommen über die Begrenzung strategischer Nuklearwaffen bemühen. Sie können an frühere Verhandlungsformate (START) anknüpfen. Wünschenswert wäre die Einbeziehung Chinas, doch dies ist wohl kaum umsetzbar. Ein Abkommen über strategische Nuklearwaffen muss Absprachen über die Begrenzung von Raketenabwehrsystemen und über das Verbot der Militarisierung des Weltraums einschließen. Das ist ein eingespielter Gesprächsprozess, der – den politischen Willen auf beiden Seiten vorausgesetzt – zügig vorangetrieben werden kann.

---

[11] Mutual and Balanced Force Reductions – Beiderseitige, ausgewogene Truppenreduzierung. Die Verhandlungen begannen 1973 und zogen sich bis 1989 hin. Am 2.2.1989 wurden sie abgebrochen. An ihre Stelle trat ein neues Format: die Verhandlungen über den Vertrag über Konventionelle Streitkräfte in Europa (VKSE oder KSE). Dieser wurde 1990 unterzeichnet und trat 1992 in Kraft.

- Für Europa müssen Beschränkungen über nukleare Mittelstreckenraketen neu vereinbart werden, da die USA unter Trump das INF-Abkommen leichtfertig aufgegeben haben. Zur europäischen Sicherheit gehört Sicherheit vor dem regional begrenzten Einsatz von Atomwaffen. Ein erneuertes Mittelstreckenabkommen würde einen gewissen Schutz schaffen. Russlands Militärdoktrin von 2014 sieht den Ersteinsatz von Nuklearwaffen in dem Falle vor, in dem die russländische Staatlichkeit bedroht ist.[12] In Verhandlungen sollte daher auch festgelegt werden, dass die Verfahren zur Freigabe des Einsatzes von Atomwaffen auf beiden Seiten (Russland, USA und NATO-Staaten) transparent gemacht und Verfahren entwickelt werden, um kritische Situationen durch Konsultationen zu entschärfen.
- Sicherheit in Europa ist nur gegeben, wenn die Gefahr eines konventionellen Angriffs gebannt wird. Nach der völkerrechtswidrigen Besetzung der Krim im März 2014 und Russlands massivem Überfall auf die Ukraine im Februar 2022 stellt sich die Frage, wie Russlands Nachbarn vor neuen Angriffen geschützt werden können. Einen Rückzug der russländischen Truppen hinter den Ural – die Lösung, welche die Sicherheit der Staaten Ostmitteleuropas erhöhen würde – dürfte Russlands Führung sicher ablehnen. Zonenregelungen wie im KSE-Abkommen 1990, in dem für festgelegte geographische Räume (Zonen) quantitative Obergrenzen für die Stationierung bestimmter Waffensysteme definiert wurden, sind nicht praktikabel. Wenn man die Sicherheit Moldovas, der baltischen Republiken, Finnlands und der Ukraine, aber auch die Georgiens oder Kasachstans einerseits und Russlands andererseits garantieren will, müssten die Zonen reduzierter Streitkräftepräsenz so großflächig zugeschnitten werden, dass sich keiner der beteiligten Staaten darauf einlassen würde. Die militärische Präsenz von Garantiemächten, eine verstärkte Rolle der UNO oder der OSZE, sind denkbar, schaffen aber letztlich keine größere Sicherheit für die Staaten im Raum zwischen Lissabon und Vladivostok. Hier muss intensiv über neue Lösungsansätze nachgedacht werden. In jedem Fall muss das Rüstungsniveau in einer Zone beiderseits der russländischen Grenzen deutlich abgesenkt werden.
- Wie schon in den 1970er und 1980er Jahren müssen die Abrüstungsgespräche von Verhandlungen über vertrauensbildende Maßnahmen begleitet werden. Das ist ein wichtiges Thema, denn Russlands Aggression hat in allen Staaten Europas das Vertrauen zerstört. Die Regierungen und die Gesellschaften der europäischen Staaten glauben nicht daran, dass Russlands Führung sich an Verträge hält. Russland hat hier eine Bringschuld und muss durch besondere Transparenz und durch die Offenlegung der politischen und militärischen Entscheidungswege das Vertrauen zurückgewinnen. Eine neue Führung, die demokratisch legitimiert ist, und sich dem Wohl der eigenen Gesellschaft verpflichtet, hätte es bei den europäischen Nachbarn sicher leichter als der Putinsche Führungszirkel, der das eigene Volk und alle Nachbarn belogen und getäuscht hat. Es wird viele Jahre brauchen, ehe dieses Trauma überwunden sein wird. Man muss aber daran arbeiten: durch Transparenz bei sicherheitsrelevanten Entscheidungen, ein Regime gegenseitiger Rüstungskontrollen, auch durch intensiveren gesellschaftlichen Austausch.

---

[12] Voennaja doktrina Rossijskoj Federacii. Rossijskaja gazeta, 30.12.2014.

- Die Friedens- und Abrüstungsverhandlungen müssen notwendigerweise durch umfassende Wirtschaftsgespräche begleitet werden. Russlands Krieg hat den europäischen Markt beschädigt, Wirtschafts- und Finanzbeziehungen sind beeinträchtigt. Die ukrainische Wirtschaft ist durch Kriegseinwirkung massiv geschädigt, die Infrastruktur in den Kampfgebieten und im Hinterland weitgehend zerstört. Aufgabe einer europäischen Wirtschaftskonferenz wird sein, den Wiederaufbau zu organisieren und Regeln für einen künftigen gemeinsamen Wirtschaftsraum zu entwickeln, die auch den Finanzmarkt und den Energiemarkt einbeziehen. Eine gemeinsame europäische Energiepolitik, welche vorhandene fossile Ressourcen nutzt, zugleich aber in ganz Europa alternative Energien fördert, könnte Teil eines solchen Programms sein, das auch den technologischen Austausch fördert. Das Ende der Sanktionen gegen die russländische Führung in Aussicht zu stellen, wäre ein wichtiger Aspekt dieser Gespräche. Das würde für Russland auch einen Anreiz schaffen, sich auf Friedensgespräche einzulassen.
- Nur im Rahmen eines solchen umfassenden Gesprächsprozesses wird es möglich sein, die Rückgabe des besetzten Territoriums an die Ukraine, die Wiederherstellung der territorialen Integrität der Ukraine sowie der Grenze zwischen Russland und der Ukraine zu verhandeln. Die Positionen der russländischen und der ukrainischen Führung schließen sich in diesem Punkt gegenseitig aus. Ukrainische Sprecher haben signalisiert, dass sie im Falle einer Freigabe des gesamten ukrainischen Territoriums bereit sind, über einen Neutralitätsstatus und Sicherheitsgarantien zu sprechen. Ob es gelingt, die Wiederherstellung der völkerrechtlich gültigen ukrainischen Grenzen gegen aus der Luft gegriffene Ansprüche Russlands durchzusetzen, ist eine offene Frage. Doch ihre Lösung entscheidet über die Zukunft der europäischen Sicherheitsordnung. Diese sollte auf Vertrauen basieren und durch Einhaltung völkerrechtlicher Regelungen garantiert sein, nicht durch militärische Gewalt. Nach den Erfahrungen des Februar 2022 aber wird kaum jemand in der EU und den postsowjetischen Staaten dem guten Willen Moskaus vertrauen. Russlands Führung muss sich das Vertrauen erst wieder erarbeiten. Ein wichtiger Schritt in diese Richtung wäre die Rückgabe der Krim und der Rückzug aus den Gebieten Transnistrien, Abchasien und Südossetien, die völkerrechtlich anderen Staaten gehören. Die wichtigste Gegenleistung, die die EU-Staaten bieten könnten, wäre eine Reintegration Russlands in Europa.

Es gilt also, einen komplexen Verhandlungsprozess zu organisieren, an dem alle betroffenen Länder beteiligt sind. Als unmittelbare Kriegsparteien müssen Russland und die Ukraine mit am Tisch sitzen, doch sind auch die USA, die Türkei und die NATO-Staaten Akteure in diesem Konflikt. Russlands Nachbarstaaten im postsowjetischen Raum haben ein direktes Interesse an der Gestaltung der Nachkriegsordnung, ebenso die Volksrepublik China und der Iran. Ein solcher internationaler Verhandlungsprozess lässt sich organisieren – die internationalen Organisationen (UNO und OSZE), die G-7 und die G-20-Staaten, die NATO, die EU und die Regierungen der großen Länder verfügen über ausreichende Erfahrung und die notwendige Infrastruktur. Ziel ist eine europäische Friedensordnung, in der Sicherheit politisch garantiert wird, nicht durch Gewalt.

Russlands Großmachtdenken blockiert schnelle Verhandlungslösung

Russlands Führung zeigt im Februar 2023 allerdings keinerlei Bereitschaft, sich auf Verhandlungen oder gar Kompromisse einzulassen. Dmitrij Medvedev, der Stellvertretende Vorsitzende des nationalen Sicherheitsrates und neuerdings auch der Erste Stellvertretende Vorsitzende der Militärindustriellen Kommission, stellte jegliche Gespräche mit der „ukrainischen Marionettenführung" am 25. Dezember 2022 in einem programmatischen Artikel als „absolut sinnlos" dar. Nukleare Abrüstungsverhandlungen bezeichnete er kurz und bündig als „unrealistisch und unnötig".[13]
Zwei Tage später erklärte Außenminister Lavrov in einem TASS-Interview, das ukrainische Regime und die Washingtoner Hintermänner könnten jederzeit ihren sinnlosen Widerstand aufgeben. „Dem Feind" seien die Bedingungen für die Beendigung des Krieges, die „Demilitarisierung" und „Denazifizierung", gut bekannt. Er könne sie „im Guten" erfüllen, andernfalls werde Russlands Armee die Angelegenheit erledigen.[14] Ein Verhandlungsangebot ist das nicht.
Nach wie vor bezeichnet Russlands Führung die Ukrainer als „Faschisten" und „Neonazis" und behauptet, Russland stehe im Abwehrkampf gegen eine Aggression des Westens. In seiner Neujahrsansprache am 31.12.2022 sagte Präsident Putin:

> Die westlichen Eliten haben uns allen jahrelang heuchlerisch ihrer friedlichen Absichten versichert, nicht zuletzt bei der Lösung des äußerst schweren Konflikts im Donbass. Tatsächlich aber haben sie mit allen Mitteln die Neonazis angespornt, die ihr kriegerisches, offen terroristisches Vorgehen gegen die Zivilbevölkerung der Volksrepubliken des Donbass fortsetzten. Der Westen führte die Lüge vom Frieden im Mund und bereitete derweil seine Aggression vor. Heute gibt er dies offen und schamlos zu. Sie benutzen die Ukraine und ihr Volk zynisch zur Schwächung und Spaltung Russlands. Niemandem haben wir solches je erlaubt und werden es niemals tun. [15]

Präsident Putin verdreht hier – wie in allen seinen öffentlichen Auftritten der letzten beiden Jahre – die Tatsachen. Der von ihm angeordnete Überfall auf einen schwachen Nachbarn wird zu einer Verteidigungshandlung. Aus Tätern werden Opfer. Die Frage eines Waffenstillstands oder von Friedensverhandlungen ist für ihn kein Thema.
Das fundamentale Hindernis für einen raschen Beginn von Gesprächen über eine friedliche Beilegung des Konflikts ist diese Haltung der russländischen Führung. Das ist

---

[13] „Naši ljudi, naša zemlja, naša pravda": zamestitel' predsedatelja Soveta bezopasnosti RF Dmitrij Medvedev ob itogach 2022 goda, kotoryj izmenil miroporjadok. Rossijskaja gazeta, 25.12.2022, <https://rg.ru/2022/12/25/nashi-liudi-nasha-zemlia-nasha-pravda.html>.

[14] Sergej Lavrov: predloženija Rossii po Ukraine lučše vypolnit' podobru-pozdorovu. Interv'ju, 27.12.2022, <https://tass.ru/interviews/16693267>.

[15] Novogodnee obraščenie k graždanam Rossii. 31 dekabrja 2022 goda, <http://kremlin.ru/events/president/news/70315>. In deutscher Übersetzung: Neujahrsansprache von Vladimir Putin. 31.12.2022, <https://zeitschrift-osteuropa.de/blog/neujahrsansprache-von-vladimir -putin/Deutsch>. – Zwei Tage zuvor hatte sich Außenminister Sergej Lavrov in einem Interview mit der Nachrichtenagentur RIA-Novosti zu Verhandlungen geäußert. Die „russophobe Clique" in Kiew sei zu Verhandlungen nicht bereit: Sergej Lavrov: složno skazat', ostalis' li na Ukraine adekvatnye politiki. RIA Novosti, 29.12.2022.

keine Überraschung. Bei Russlands Sicherheitspolitikern hat sich im letzten Jahrzehnt eine Sicht auf die Außenwelt entwickelt, die rationale Verhandlungen außerordentlich erschwert. Sie speist sich aus wirklichkeitsentrückter Rückschau auf Russlands „große Vergangenheit" einerseits und Angst vor „dem Westen" andererseits. Im Zentrum dieses Weltbildes steht die Vorstellung, dass Russland eine Großmacht sei und Anspruch darauf habe, dass andere Staaten das Land als Großmacht anerkennen. Man übersieht in Moskau gerne, dass die Russländische Föderation wirtschaftlich eher eine Mittelmacht ist – etwa auf dem Niveau von Italien oder Frankreich –, dass sie in der technologischen Entwicklung hinter den großen Industriestaaten zurückliegt und nur über ein begrenztes demographisches Potential verfügt. Allerdings ist sich Russlands politische Führung der Tatsache bewusst, dass das Land über ein Atomwaffenarsenal verfügt, das nur mit dem der USA zu vergleichen ist. Und das begründet in der Tat Russlands Großmachtstatus. Putin, Lavrov, der Sekretär des Sicherheitsrates Nikolaj Patrušev und andere Politiker argumentieren aber vor allem mit der historischen Größe Russlands, und leiten den Anspruch auf eine globale Großmachtrolle aus der Geschichte ab.[16] Gefährdet werde diese in der Sicht der russländischen Führung durch das aggressive Verhalten „des Westens", der die innere Stabilität Russlands durch seine falschen „Werte" gefährde.

In der Tat würden unabhängige Gerichte, ehrliche Wahlen und Medien, die nicht vom Staat gegängelt werden, den Fortbestand der Herrschaft des Elitenkartells gefährden, das sich in Russland etabliert hat. Rechtsstaatlichkeit und Meinungsfreiheit stellen für das System eine existenzielle Bedrohung dar. Daher werden sie von Repräsentanten der Putinschen Führung als „westlich", also feindlich deklariert. Durch das Propagieren „traditioneller Werte" soll dem Vordringen demokratischer Ideen entgegengewirkt werden. Umfassend dargelegt ist das in Russlands Nationaler Sicherheitsdoktrin vom Juli 2021.[17] Überraschenderweise behandelt diese vorwiegend Fragen der inneren Stabilität und der Aufrechterhaltung „traditioneller Werte". Klassische Themen der internationalen Politik und Sicherheit werden in der Doktrin eher im Vorübergehen behandelt. Die Putinsche Führung sieht die kritischen politischen Prozesse in der eigenen Gesellschaft als stärkere Bedrohung als die Gefahr eines Angriffs von außen.

---

[16] Vladimir Putin: Novyj integracionnyj proekt dlja Evrazii – buduščee, kotoroe roždaetsja segodnja. Izvestija, 3.10.2011, <http://archive.government.ru/docs/16622/>. – Interv'ju Ministra inostrannych del Rossijskoj Federacii S.V. Lavrova programme „Bol'šaja igra" na „Pervom kanale". Moskva, 1.4.2021. – Stat'ja Vladimira Putina „Ob istoričeskom edinstve russkich i ukraincev", 12.7.202, <http://kremlin.ru/events/president/news/66181>; Deutsch: Vladimir Putin: Über die historische Einheit der Russen und der Ukrainer, in: OSTEUROPA, 7/2021, S. 51–65. – Ivan Egorov: Vtoraja „cholodnaja". Nikolaj Patrušev: „Otrezvlenie" ukraincev budet žestkim i boleznennym. Rossijskaja gazeta, 15.10.2014. – Sergej Lavrov: Istoričeskaja perspektiva vnešnej politiki Rossii. Razmyšlenija na novom ėtape meždunarodnogo razvitija, in: Rossija v global'noj politike, 2/2016, S. 8–20. – Dazu Hans-Henning Schröder: Russia and the International Order. University of Zurich. Center for Eastern European Studies. CEES Working Paper 1/2018, S. 10. – Susan Stewart: Geschichte als Instrument der Innen- und Außenpolitik am Beispiel Russlands. Wie die Gegenwart die Vergangenheit beeinflusst. Berlin 2020 [= SWP-Studie 22/2020] S. 9f.

[17] Strategija nacional'noj bezopasnosti Rossijskoj Federacii. Utverždena Ukazom Prezidenta Rossijskoj Federacii ot 2 ijulja 2021 g. No. 400, als Anhang zu: Ukaz Prezidenta Rossijskoj Federacii: "O Strategii nacional'noj bezopasnosti Rossijskoj Federacii". 2 ijulja 2021 goda, <http://static.kremlin.ru/media/events/files/ru/QZw6hSk5z9gWq0plD1ZzmR5cER0g5tZC.pdf>.

Der Auslöser für das Abgleiten der Putinschen Führungsgruppe in nationalistischen Extremismus war wohl das Erlebnis der Moskauer Massendemonstrationen im Winter 2011/2012, die zeigten, wie groß das Unbehagen der großstädtischen Bevölkerung mit dem korrupten Regime war. Anfang 2012 begann die Putinsche Führung daher offensiv einen nationalistischen Identitätsdiskurs zu propagieren, der bis dahin eher von rechtsradikalen Autoren gepflegt worden war. Diese knüpften an Ideen an, die in der Bevölkerung durchaus verbreitet sind („Russland als eigene Zivilisation"), und die im 19. Jahrhundert (Westler versus Slawophile) intensiv und auf hohem Niveau von der Intelligencija diskutiert worden waren. In der Sowjetunion war dieser Diskurs unterdrückt worden, schwelte jedoch weiter, und trat in den 1990er Jahren wieder öffentlich hervor, vor allem im rechten und rechtsradikalen Milieu. Die Führung, die durch die Ereignisse des Winters 2011/12 erschüttert war, nahm deren Ideen auf. 2013 förderte sie offensive rechtsradikale Propagandisten wie Sergej Kurginjan und Aleksandr Dugin. Diese verloren ihren Einfluss aber im Jahre 2014, als Präsident Putin sich nach der Besetzung und Annexion der Krim als der eigentliche Patriot darstellen konnte.
Die Jahre 2014 und 2015 brachten militärische Erfolge – mit der Wegnahme der Krim, der Destabilisierung der Ukraine durch die Unterstützung separatistischer rechtsradikaler Milizen in der Ostukraine, aber auch durch das erfolgreiche militärische Eingreifen in Syrien. Aus diesen „Siegen" gewann Russlands Führung Selbstbewusstsein. 2016 forderte Außenminister Lavrov eine Rolle für Russland ein, die seiner historischen Größe entsprach.[18] Ähnliche Formulierungen finden sich in den Reden, Texten und Auftritten Putins, Patruševs oder Medvedevs. Diese Einstellung brachte Russlands Führung dazu, sich auf das Abenteuer eines Angriffskrieges gegen die Ukraine einzulassen. Sie ging erhebliche Risiken ein. Sie tat das, weil ihre Risikokalkulation maßgeblich durch das Weltbild bestimmt war, das sich seit 2012 in der Führung durchgesetzt hatte. In diesem Weltbild dominieren drei Aspekte:

- Erstens die Bedrohungsanalyse. Danach ist die Weltordnung im Umbruch. China und die USA erscheinen als die übermächtigen Akteure, Russland spielt trotz seines Nuklearwaffenpotentials nur eine marginale Rolle. In dieser Situation ist es folgerichtig, den eigenen Nachbarschaftsraum unter Kontrolle zu bringen und potentielle Wettbewerber mit den Mitteln, über die Russland verfügt – und das ist vor allem das Instrument militärischer Gewalt – aus der Region zu verdrängen. Auf dem Fundament einer solchen konsolidierten Einflusssphäre würde Russland dann im internationalen Rahmen die angemessene Rolle spielen können.
- Zweitens der Glaube an die alternative Geschichtserzählung. Auch diese wird seit dem Jahr 2012 verbreitet. Wenn Vladimir der Heilige und Peter der Große Garanten heutiger Großmachtansprüche sind, und der russländische Staat das zarische und das sowjetische Imperium fortsetzt, dann müssen heutige Politiker in Moskau ihr Handeln auf dieses Ziel ausrichten. Die Zukunft wird zur Vergangenheit. Aus der imperialen Vergangenheit gewinnen heutige Politiker ihr Selbstbewusstsein. Ob Putin, Lavrov, Patrušev & Co. an das Narrativ von Russlands historischer Bestimmung glauben, lässt sich nicht sagen, doch ent-

[18] Lavrov, Istoričeskaja perspektiva vnešnej politiki [Fn. 5].

scheidend ist, dass die Akteure politische Realitäten im Rahmen dieser Geschichtserzählung interpretieren. Das verengt ihren Gesichtskreis und beschränkt ihre Fähigkeit, Kompromisse auszuhandeln.

- Drittens wird das Handeln der Putinschen Führung mitbestimmt durch die Furcht vor der Emanzipation der eigenen Gesellschaft und den potentiellen Machtverlust durch Wandel von unten. Der „Westen" mit seinen Vorstellungen von Meinungsfreiheit, fairen Wahlen und gesellschaftlicher Partizipation erscheint in diesem Zusammenhang als Feind. Diese Definition „des Westens" und die Unterdrückung demokratischer Bewegungen im eigenen Land und in den Nachbarländern schützt die eigene Herrschaft.

Reale Bedrohungswahrnehmungen, ein verzerrtes Geschichtsnarrativ und die Furcht vor der eigenen Bevölkerung bestimmen die sicherheitspolitischen Vorstellungen. Eine Elite, die die Außenwelt so wahrnimmt, ist geradezu gezwungen, eine revisionistische Außenpolitik zu betreiben. Sie kann Nachbarn und Partner nur als Konkurrenten oder gar als Feinde sehen und muss versuchen, die eigene Interessensphäre vor ‚gefährlichen' Einflüssen abzuschirmen. In Verhandlungen wird es sehr schwer sein, Kompromisse zu erzielen. Und wenn unterschiedliche Perzeptionen aufeinanderprallen – etwa das Recht jedes souveränen Staates, seine außen- und sicherheitspolitischen Allianzen selbst auszuwählen, gegen den Anspruch einer Großmacht, eine Einflusssphäre zu definieren und zu kontrollieren –, dann erscheint ein Ausgleich kaum möglich. Russlands Sicherheitspolitiker versuchen, die europäische Ordnung zu revidieren und einen abgeschirmten Raum zu schaffen, in dem sie vor westlicher Konkurrenz und der eigenen Bevölkerung sicher sind.

Was tun?

Unter diesen Umständen werden Verhandlungen mit Russlands Führung schwierig sein. Eine Führung, die Angst vor der eigenen Gesellschaft und vor dem Import freiheitlicher Ideen hat und Selbstbestätigung in der glorreichen Vergangenheit sucht, tut sich schwer damit, Zugeständnisse zu machen. Solange diese Ideen das Handeln der sicherheitspolitischen Elite Russlands bestimmen, wird es keine politische Lösung und keinen Verhandlungsfrieden geben. Mit guten Worten werden die Ukraine, die USA und die NATO eine Änderung der russländischen Haltung nicht erreichen können. Bedauerlicherweise wird Russland nur bereit sein, sich auf ernsthafte Verhandlungen einzulassen, wenn die Ukraine in die Lage versetzt wird, die Frühjahrsoffensive 2023 zurückzuschlagen und dann fortgesetzt Druck auf die russländischen Streitkräfte auszuüben. Dazu müssen die USA und die NATO-Staaten die ukrainischen Streitkräfte durch Lieferung von Munition und schweren Waffen – Artillerie und Kampfpanzern – in den Stand versetzen, sich gegen die russländische Übermacht zu behaupten. Es tut not, die Ukraine rechtzeitig vor dem Frühjahr durch Lieferung von Militärmaterial stark zu machen. Nur so wird es gelingen, Russlands Verhandlungsführer so zu beeindrucken, dass sie im Sommer bereit sind, über Kompromisse nachzudenken, und sich daran zu beteiligen, eine funktionierende europäische Sicherheitsstruktur zu entwickeln. Die Frage ist, ob Russland gewillt

ist, sich daran zu beteiligen. Dazu müssten Russlands Führung und die außen- und sicherheitspolitische Elite ihre imperialen Träume aufgeben und die eigenen Möglichkeiten realistischer einschätzen. Der Putinsche Führungszirkel wird dies wohl nicht tun.
Die Alternative zu einer vertraglich ausgehandelten Friedensordnung ist ein Europa, in dem Abschreckung und die Androhung militärischer Gewalt den Charakter der Beziehungen bestimmen. Darauf müssen sich die NATO und die EU-Staaten vorbereiten und ihre militärischen Potentiale ausbauen. Eine Vergrößerung und Verstärkung der Bundeswehr wäre in diesem Kontext ein Beitrag zu einer stabilen Friedensordnung in Europa. Die Präsenz der USA in Europa ist dann eine sicherheitspolitische Notwendigkeit. Denn nur die USA verfügen über die Möglichkeit, um einer Drohung mit dem Einsatz von Atomwaffen, wie sie die Regierung Putin mehrfach ausgesprochen hat, glaubwürdig entgegenzutreten.
Es wird notwendig sein, die NATO in nächster Zeit so stark zu machen, dass Russlands sicherheitspolitische Eliten erkennen, dass Russlands Zukunft in der Kooperation mit Europa, nicht in der Konfrontation liegt.

Schlagwörter:
Russland, Ukrainekrieg, Außen- und Sicherheitspolitik, europäische Sicherheitsordnung, Waffenstillstand, Friedensverhandlungen

Dienstleistungen

Die westlichen Geheimdienste und Russlands Krieg gegen die Ukraine. Ein Gespräch mit Georg Mascolo

Russlands Krieg gegen die Ukraine ist der Ernstfall für die westlichen Geheimdienste. Ihre Kompetenzen und Kapazitäten zur Aufklärung über Russlands Intentionen und das militärische Lagebild stehen auf dem Prüfstand. Erfolge der Geheimdienste können helfen, den Krieg zu gewinnen, ihre Fehler können dazu beitragen, den Krieg zu verlieren. Die westlichen Geheimdienste unterstützen die Ukraine mit ihren Erkenntnissen, helfen bei der Logistik und überwachen die Sanktionen. Der Bundesnachrichtendienst (BND) gilt in der Russland-Aufklärung als eigenständige Größe. Gleichzeitig ist er ein Geheimdienst mit Schwächen. Im politischen Entscheidungsprozess spielt er eine untergeordnete Rolle. Die Auseinandersetzung mit Russland wird auch nach dem Krieg weitergehen. Zu verstehen, was im Kreml gedacht und geplant wird, bleibt von entscheidender Bedeutung.

Osteuropa: *Herr Mascolo, seit Russlands Überfall auf die Ukraine wird auch über Kiews Partner diskutiert. Welche Rolle spielten die Geheimdienste vor dem Krieg? War der BND schlechter informiert als die amerikanischen und britischen Dienste?*

Georg Mascolo: Die Briten und die USA lagen mit ihrer Einschätzung richtig, dass es zu einem großen Angriff auf die Ukraine kommen würde. Bekanntlich hatten die Ukrainer, die französischen Geheimdienste und der BND daran bis zuletzt Zweifel. Und sie lagen damit falsch. Offenbar hatten sie keine eigenen Quellen, um die Intentionen von Vladimir Putin richtig einschätzen zu können. Bereits vor dem Krieg hatten sich die USA und Großbritannien entschieden, in bisher unbekanntem Maße Erkenntnisse über Russlands Kriegspläne und den Aufmarsch öffentlich zu machen. Die USA befürchteten, dass Vladimir Putin Lügen verbreiten würde, bis hin zu einem fingierten Überfall durch die Ukraine. CIA-Chef William Burns hat es später so gesagt: „Wir haben dabei geholfen, die Waffe zu entschärfen, die für ihn in der Vergangenheit so nützlich war."

Osteuropa: *Die mediale Präsenz der Briten ist ungewöhnlich.*

Mascolo: Ja, die britischen Geheimdienste gehörten einmal zu den verschwiegensten. Ihnen reichte die Mystifizierung durch Buch und Film. Jetzt aber betreiben sie aktiv

Georg Mascolo (1964), Journalist, Bestseller-Autor und Dean der „Bucerius Summer School on Global Governance". Er war Chefredakteur des „Spiegel" und leitete acht Jahre den Rechercheverbund von Süddeutscher Zeitung, NDR und WDR. Mit der Arbeit der Geheimdienste beschäftigt er sich seit den 1980er Jahren, seine Veröffentlichungen führten zu Untersuchungsausschüssen in Bund und Ländern.

Osteuropa, 72. Jg., 11/2022, S. 35–44 **doi: 10.35998/oe-2022-195**

Öffentlichkeitsarbeit. Der Chef des britischen Abhördienstes GCHQ, Jeremy Fleming, nennt es „sea change for openness". Es ist ihre Form der Zeitenwende.

Osteuropa: *Teilen die Geheimdienste der USA, Großbritanniens und Frankreichs mit Deutschland und den anderen NATO-Staaten ihre Erkenntnisse? Wodurch unterscheiden sich ihre technischen Kompetenzen, Kapazitäten und ihre Manpower?*

Mascolo: Die engste Zusammenarbeit findet im „Five Eyes"-Verbund statt, einer auf den Zweiten Weltkrieg zurückgehenden Geheimdienst-Allianz der USA und der Briten mit Australien, Neuseeland und Kanada. Vom Personal und der Ausstattung sind die Dienste der USA einzigartig. Die Zusammenarbeit mit den Deutschen ist eng, aber nicht vorbehaltlos. Ein Unterschied ragt heraus: Während praktisch alle großen Staaten mehrere Dienste haben, ist der BND der einzige deutsche Auslandsdienst. Er klärt politisch, wirtschaftlich, militärisch auf, wirbt Agenten an und hört ab. Das hat den Vorteil, dass alles in einer Hand ist. Aber es gibt auch keinen Wettbewerb zwischen konkurrierenden Diensten, wer erfolgreicher ist, etwa indem er hochrangige Spione anwirbt. Und in der Analyse liegt alles in der Hand des BND. Das macht es einfacher, aber es kann dann auch niemand widersprechen.

Osteuropa: *Verfügt der BND über Kompetenzen, die in Zeiten des Krieges relevant sind und die Dienste aus anderen NATO-Staaten nicht haben?*

Mascolo: Durch Russlands Krieg kehrt der BND an seine Anfänge zurück: die „Russland-Aufklärung". Sein Vorläufer, die Organisation Gehlen, entstand, weil die USA nach dem Ende des Zweiten Weltkrieges nicht auf die Expertise der Abteilung „Fremde Heere Ost" verzichten wollten. Mit deren Hilfe hatten die Nazis nach Osten geschaut. Die Sowjetunion-Aufklärung war das Kernthema des BND. Auch nach dem Ende des Kalten Krieges stellte der BND seine Russland-Aufklärung nie ein. Noch während die Friedensglocken läuteten, startete der Dienst die „Operation Giraffe": Die in der DDR stationierte und modern ausgestattete „Westgruppe der Streitkräfte" wurde im großen Stil ausgenommen. Mal gegen Toaster oder Fernsehgeräte, dann für viel Geld, wurden Chiffrierunterlagen oder ganze Panzer beschafft – und Agenten unter den sowjetischen Soldaten angeworben. So ging es weiter: In den 1990er Jahren brachte ein Überläufer dem BND in einer Pralinen-Schachtel eine Probe des Nervenkampfstoffs *Novičok.* Mit dem wurde übrigens 30 Jahre später, im August 2020, der russische Oppositionelle Aleksej Naval'nyj vergiftet.

Osteuropa: *Taugt der BND nun etwas oder nicht?*

Mascolo: Der BND ist ein Dienst mit vielen Schwächen: In der Russland-Aufklärung galt er als eigenständige Größe. Bis heute ist es so, dass sich erstaunlich häufig ehemalige Vize-Präsidenten des BND später auf dem Posten des deutschen oder des EU-Botschafters in Moskau wiederfinden. Mit dem Ende des Kalten Krieges kam in der Bundesregierung die Debatte auf, ob die große Abhöranlage in Gablingen bei Augsburg nicht demontiert werden sollte. Einst war sie gebaut worden, um den Kurzwellen-Funk

der Sowjetarmee und ihrer Verbündeten abzuhören, nun schien sie manchen ein nutzloses Relikt aus vergangenen Zeiten. In vielen NATO-Staaten wurden die Antennen verschrottet. Die Deutschen behielten ihre. Vor allem zu Beginn von Russlands Krieg in der Ukraine erwies sie sich als sehr wertvoll.
Schwächen liegen in anderen Bereichen. Bei Satelliten-Bildern ist der BND weitgehend auf Partner und den freien Markt angewiesen. Das soll sich erst 2024/2025 ändern, wenn voraussichtlich Elon Musks Firma „Space X" drei bereits bestellte Aufklärungs-Satelliten in den Orbit befördert.

Osteuropa: *Und wie sieht es mit dem Personal aus? In den USA rekrutieren die Dienste ihren Nachwuchs unter Abgängern von Eliteuniversitäten. Wie gewinnt der BND kompetente Leute?*

Mascolo: Es bewerben sich schon gute Leute, aber nicht genügend. Von 7600 bewilligten Stellen sind über 1000 unbesetzt. Mit guten IT-Leuten ist es immer schwierig, sie können einfach anderswo sehr gut verdienen. Gut ist die jetzige Idee, das starre Beförderungsrecht endlich zu ändern. Bisher müssen zu oft Experten in ihrem Bereich – etwa Kryptologen – versetzt werden, denn ohne Personalverantwortung gibt es keinen Aufstieg. Oder das Prinzip der „Verwendungsbreite", anstatt ausgewiesene Fachleute in ihrem Bereich zu lassen. Der frühere BND-Stabschef Gerhard Conrad nannte es einmal einen „personalwirtschaftlichen Betriebsunfall", dass er so lange im Bereich Nah-/Mittelost arbeiten durfte. Da bleibt viel Arbeit.

Osteuropa: *Die Königsdisziplin unter den Geheimdiensten ist es, auf der anderen Seite Insider zu gewinnen. Wie ist Ihr Eindruck: Führt der BND Insider in Russland?*

Mascolo: Wenn, dann jedenfalls keine, die nah genug dran waren, um Putins Kriegspläne zu enthüllen.

Osteuropa: *Hatte der BND die wachsende Bedrohung aus Russland erkannt?*

Mascolo: Schon 2008, nach dem Georgien-Krieg, stellte sich der damalige BND-Referatsleiter Russland ausländischen Kollegen mit dem Satz vor: „Ich bin ein Kalter Krieger." Der heutige BND-Präsident Bruno Kahl hielt im November 2017 eine Rede, die interessant ist. Er sagte vor der *Hanns-Seidel-Stiftung*, es gebe keine Anhaltspunkte dafür, dass sich das Verhältnis zu Russland unter Putin noch zum Besseren wenden werde. Die Machtkonzentration spräche eher für das Gegenteil. Wörtlich sagte der BND-Chef, „bei der Krim brauchen wir uns keine Hoffnungen mehr zu machen", und fügte hinzu: „Die machtpolitischen Ambitionen Russlands werden zunehmen." Geheimdienste sind oft besser in der Prognose der langen Linien als in der Vorhersage der unmittelbaren Zukunft. Kahl sagte damals auch: Nach einem großen Sommermanöver Russlands habe der deutsche Geheimdienst eine „erstaunliche" Modernisierung bei Ausrüstung und Führungsfähigkeit der russländischen Streitkräfte festgestellt. Das erweist sich nun als weniger zutreffend.

Osteuropa: *Welche Rolle spielen westliche Geheimdienste bei der Ermittlung des militärischen Lagebilds im Krieg? Und welche Infos liefern sie der Ukraine?*

Mascolo: Historisch bestand die Rolle geheimdienstlicher Arbeit beinahe ausschließlich in der Unterstützung des Militärischen. Geheimdienstliche Erfolge können dabei helfen, Kriege zu gewinnen. Ihre Fehler dabei, Kriege zu verlieren. Die Briten behaupten bis heute, dass das Knacken gegnerischer Codes in der Geschichte drei Mal die Invasion der Insel verhindert habe. Täuschungen gehören immer dazu, schon George Washington ließ eine Großbäckerei weiter in Betrieb und durch Soldaten bewachen. Die Briten sollten getäuscht werden. Aber das Gros der Continental-Army war schon abmarschiert, um anderswo zuzuschlagen. Heute gilt: Die Ukraine soll den Krieg gewinnen, und die riesigen Ressourcen der NATO-Geheimdienste sollen ihr dabei helfen. Geliefert werden über verschlüsselte Datenleitungen Satelliten-Bilder und abgehörter Funk der russländischen Armee. So erfährt die Ukraine von Aufmarschbewegungen und den schwächsten Stellen der russischen Front. Diese Kooperation in Form von Bits und Bytes begann schon, als die Lieferung von Stahl und Sprengstoff noch spärlich war – und nahm stetig zu. Es begann ja bereits vor dem Krieg. Weil CIA-Chef William Burns im Januar 2022 Präsident Zelens'kyj persönlich die Nachricht überbrachte, dass russländische Fallschirmjäger den Antonov-Flugplatz bei Kiew erobern wollten, um von dort aus die ukrainische Regierung auszuschalten, konnten ukrainische Streitkräfte sie zurückschlagen und Russlands Eliteeinheiten ein Debakel bereiten.

Osteuropa: *Gibt es auch konkrete Beispiele aus der letzten Zeit?*

Mascolo: Ja, amerikanische Medien berichten, dass vor allem die US-Dienste der Ukraine dabei helfen, Schwachstellen an der russischen Front zu identifizieren, die sich für einen Angriff anbieten. Funk und Handys werden abgehört, um demoralisierte, führungslose Einheiten auszumachen. Seit Russland gezielt die ukrainische Energieversorgung angreift, geht es darum, die Ukraine früh zu warnen und jene Orte zu identifizieren, von denen aus Angriffsdrohnen gestartet werden. Das ist schwer, weil es oft Parkplätze oder Fußballplätze sind. In Anhörungen vor dem Kongress haben US-Offizielle davon gesprochen, dass die Art und Weise der Zusammenarbeit in Umfang und Geschwindigkeit geradezu „revolutionär" sei. NSA-Direktor Paul Nakasone erklärte, er habe in seinen 35 Dienstjahren so etwas noch nie gesehen.

Osteuropa: *Hegen westliche Regierungen nicht die Sorge, dass auch die Lieferung von Geheimdienstinformationen zu einer Eskalation mit Russland führen könnte?*

Mascolo: Die gibt es. Im Mai 2022 berichtete die *New York Times*, dass solche Informationen dazu beigetragen hätten, Generäle der russländischen Armee durch Artillerieschläge zu töten und das Schlachtschiff *Moskva* zu versenken. „Unverantwortlich" seien solche Berichte, erklärte die US-Regierung. Allerdings gab es keine harten Dementi. „Verdeckte Maßnahmen" sind in jedem Konflikt der aggressivste Part, man setzt darauf, dass sie geheim bleiben oder sich einfach abstreiten lassen. Der Wissenschaftliche Dienst des Bundestages urteilt, dass „Graubereiche zwischen Konfliktteilnahme und

Nichtkriegsführung" sich auch durch die „Übermittlung von Geheimdienstinformationen" ergäben. Ebenfalls im Mai 2022 ließ der BND ein Rechtsgutachten zur „rechtlichen Zulässigkeit von Übermittlung targetingfähiger Informationen an die Ukraine" erstellen. Dies bedeute keinen Kriegseintritt und sei auch völkerrechtlich zulässig, heißt es auf den fünf Seiten. Eine Regel aus der Diskussion über die schweren Waffen gilt allerdings auch hier: Die Ukraine bekommt keine Daten über mögliche Ziele in Russland. Ich vermute, erst mit zeitlichem Abstand werden wir mehr darüber erfahren, wie weit die Geheimdienst-Unterstützung reicht. In Friedenszeiten sind Geheimdienste der aggressivste Teil von Staaten, auch jetzt werden sie genutzt, um zu tun, was man öffentlich nicht sagen und erklären will. Übrigens hat die russländische Führung bereits im August 2022 erklärt, dass die USA direkt in diesen Krieg involviert seien. Sie hat dies mit der Lieferung von Geheimdienstinformationen begründet.

OSTEUROPA: *Gibt es auch etwas, was nicht geliefert wird?*

Mascolo: Ja. Wiederum nach Berichten der *New York Times* fanden die USA heraus, dass Russlands Generalstabschef Valerij Gerasimov die Front besuchen würde. Sie hielten dies vor den Ukrainern geheim – aus Sorge, dass ein Angriff auf ihn zu einem Krieg zwischen Russland und den USA führen könnte. Sie baten dann die Ukrainer sogar, einen von ihnen geplanten Angriff nicht durchzuführen. Offenbar hatten die Ukrainer Gerasimovs Reiseplan selbst herausgefunden. Die Ukrainer sollen gesagt haben, es sei zu spät, sie hätten den Angriff schon umgesetzt. Gerasimov war nicht unter den Opfern. In einem ungewöhnlichen Schritt machten die USA sogar öffentlich, wo ihnen das ukrainische Vorgehen zu weit geht. Am 20. August 2022 wurde außerhalb von Moskau Darja Dugina, die Tochter des russischen Ultranationalisten Aleksandr Dugin, durch eine Autobombe getötet. Offenbar hatte das Attentat dem Vater gegolten. Die Ukraine stritt ab, etwas damit zu tun zu haben. Dann allerdings berichtete die *New York Times*, dass die US-Regierung Kiew verantwortlich mache und ermahnt habe, man sei strikt gegen solche Attacken.

OSTEUROPA: *Und welche Informationen fließen vom ukrainischen Geheimdienst SBU in den Westen?*

Mascolo: Das, was jeder in der NATO jetzt wissen will: Welches neue Gerät besitzt Russlands Armee, welche Hardware und Unterlagen werden erbeutet, was sagen Kriegsgefangene aus? Ein ukrainisches Regierungsmitglied sagte auf einer NATO-Konferenz, in diesem Krieg würden alle militärischen Hypothesen der modernen Kriegsführung auf die Probe gestellt. Der Krieg in der Ukraine biete die Gelegenheit, die Kriegsführung zu revolutionieren. Im Geheimdienstgeschäft gilt das Tauschprinzip. Die Ukrainer haben viel anzubieten. Und sie machen klug Gebrauch davon.

OSTEUROPA: *Was wissen Geheimdienste, was investigative Journalisten von Bellingcat oder Oryx unter Rückgriff auf Open Source Intelligence nicht wissen?*

Mascolo: Zu Ihrer Aufzählung würde ich zunächst noch das *Institute for the Study of War* hinzufügen. Dessen täglicher Lagebericht ist glänzend. Satellitenbilder finden sich heute im Netz, Bilder vorrückender oder abziehender Einheiten auf *Tiktok*. Öffentlich zugängliche Informationen, also Open Source, gibt es schon lange, die Menge macht den Unterschied. Der Blog „War on the rocks" schätzte den Open-Source-Anteil an Erkenntnissen über Russland während des Kalten Krieges auf 20 Prozent. 80 Prozent sei echte Geheimdienstarbeit gewesen. Heute sei das Verhältnis eher umgekehrt. Inzwischen dienen Posts auch für gezielte Angriffe: Ukrainische Medien berichten, dass eine Einheit von Tschetschenen durch Fotos in Sozialen Medien ihren Standort preisgegeben hätte. Es folgte ein Militärschlag mit angeblich mehr als 100 Toten. Open Source ist also eine echte Macht, aber Vorsicht ist ebenso angebracht: Smartphone-Bilder können auch dazu genutzt werden, um in die Irre zu führen, dann sind sie das moderne Äquivalent zu jenen aufblasbaren Panzern, mit denen den Deutschen 1944 vorgemacht wurde, wo angeblich die Invasion in Frankreich geplant war. Am wichtigsten wird noch sehr lange der Insider, der Agent bleiben, der nah dran ist, nah genug, um die politischen und militärischen Pläne des Kreml zu kennen.

OSTEUROPA: *Welche Rolle spielen die Geheimdienste bei der Logistik der für die ukrainische Selbstverteidigung unverzichtbaren Waffenlieferungen?*

Mascolo: Von Anfang an ging es um sichere Transportwege. Aber auch um die Frage, wie Putin auf die Lieferung reagieren würde, welches Gerät, welche Waffen womöglich eine Eskalation auslösen könnten. In den USA wurde eigens eine Experten-Gruppe zusammengezogen, um das Risiko abzuwägen, in Deutschland macht das der BND. Avril Haines, die oberste US-Geheimdienstkoordinatorin, hat die Aufgabe vor dem Senat so beschrieben: Das Ganze sei eine „einzigartige Herausforderung", man wolle diese enorme Unterstützung fortsetzen, aber gleichzeitig dürfe das Ganze auch nicht in einem großen Krieg zwischen der NATO und Russland enden.

OSTEUROPA: *Die westlichen Sanktionen gegen Russland sind in Umfang und Vielfalt präzedenzlos. Kritik gibt es an der Überwachung der Sanktionen. Welche Rollen spielt hierbei der BND? Der britische Think Tank RUSI hat dazu jüngst einen Bericht vorgelegt, aus Deutschland ist nichts dergleichen bekannt.*

Mascolo: Das ist eine seiner Kernaufgaben – übrigens auch des Verfassungsschutzes. Im Kalten Krieg ging es darum zu verhindern, dass auf der COCOM-Liste stehende Güter ausgeführt werden. Später kam das Problem hinzu, dass deutsche Firmen Raketentechnik und Bauteile für Giftgasfabriken und zur Produktion von Massenvernichtungswaffen in den Nahen Osten lieferten. Jetzt muss man erwarten, dass Russlands Geheimdienste, wie früher schon der KGB und die Stasi, mit der Beschaffung von High-Tech beauftragt werden.

OSTEUROPA: *Sind Russlands bezahlte Einflussagenten in Deutschland je ein Thema für den BND gewesen?*

Mascolo: Ich kennen keinen Fall, in dem man so etwas beweisen konnte. Aber die sowjetischen Dienste und ihre Nachfolgeorganisationen haben schon immer auf das „Prinzip des nützlichen Idioten" gesetzt. Die findet man heute auffallend oft im rechten Spektrum.

OSTEUROPA: *Wie sieht es mit den Geheimdiensten in Russland aus: Haben Sie den Kreml aus Servilität falsch informiert? Oder hat Putin ihre Warnungen ignoriert?*

Mascolo: Es begann mit einer doppelten Niederlage. Da waren die Berichte, die der Inlandsgeheimdienst FSB und die Auslandsaufklärung SVR Putin vorlegten. Darin wurde behauptet, der Westen erhole sich noch von der Afghanistan-Niederlage, sei beschäftigt mit Brexit, Pandemie und Angela Merkels Abgang. Es werde bei einem Einmarsch Russlands in die Ukraine nur kurz Protest geben. Zudem liegen westlichen Geheimdiensten abgehörte Telefonate vor. Sie zeigen Russlands Siegesgewissheit. Kurz vor Kriegsbeginn zog Moskau Agenten erst einmal aus der Ukraine ab, aber sie sollten ihre Wohnungsschlüssel vor Ort lassen. Innerhalb weniger Tage, so verkündete eine FSB-Einheit namens „Abteilung für operative Information" würden russische Agenten dort einziehen. „Wünsche eine erfolgreiche Reise", schrieben sie untereinander. Diese geheimdienstliche Hybris war das Äquivalent des Befehls an die Soldaten, bitte ihre Paradeuniformen für Kiew einzupacken.

OSTEUROPA: *Woher kommt diese Hybris?*

Mascolo: Widerspruch in der Diktatur ist eine gefährliche Angelegenheit. Erinnern wir uns daran, wie Putin kurz vor Kriegsbeginn bei einer Sitzung des Sicherheitsrates, die demonstrativ im Fernsehen übertragen wurde, den Chef des Auslandsgeheimdienstes SVR, Sergej Naryškin, öffentlich maßregelte, weil der offenbar nicht auf Linie war. Wie zur Kompensation kamen dann kurz darauf einige der radikalsten Äußerungen von ihm. Die Spitzen autoritärer Regime oder Diktaturen betrügen nicht nur ihre Bürgerinnen und Bürger, sondern sie betrügen sich auch selbst. Das macht es nur gefährlicher.

OSTEUROPA: *Gibt es zwischen den Geheimdiensten Russlands und der Ukraine noch Kommunikationskanäle? Wie wird etwa der Gefangenenaustausch organisiert?*

Mascolo: Das weiß ich nicht.

OSTEUROPA: *Und die „Dienst-Kanäle" zwischen Russland und dem Westen?*

Mascolo: Die existieren bis heute. Die offiziellen Geheimdienst-Vertreter Russlands sind nach wie vor in Berlin und Washington, das gilt auch umgekehrt. Aber jede Form der „Zusammenarbeit", die sich in den vergangenen Jahren ohnehin auf ein paar Pflichtübungen bei der Terrorismusbekämpfung beschränkt hatte, ist praktisch zum Erliegen gekommen.

Osteuropa: *Russlands Krieg gegen die Ukraine hat alte bundesdeutsche Gewissheiten pulverisiert. Gilt das auch für die westlichen Geheimdienste? Haben sie aus Fehleinschätzungen Konsequenzen gezogen?*

Mascolo: Beginnen wir mit den Blindstellen. Der französische Militärgeheimdienst *Direction du Renseignement Militaire* (DRM) hatte eine Invasion Russlands in die Ukraine als unwahrscheinlich erachtet. Der Chef musste gehen. Praktisch alle Geheimdienste haben die Moral der ukrainischen Armee – „the will to fight" – falsch eingeschätzt. Die CIA glaubte, dass ein Zusammenbruch der ukrainischen Armee eine Frage von Wochen sei, man könne nur darauf hoffen, dass Teile dann in den Untergrund gehen würden. Pläne zur Unterstützung einer Guerilla-Armee wurden entwickelt. Das erinnert an das Afghanistan-Desaster im Sommer 2021, wenn auch unter umgekehrten Vorzeichen: Damals wurde die Widerstandskraft der afghanischen Armee überschätzt. In den USA hat eine offene und selbstkritische Diskussion darüber begonnen. Seit Monaten gibt es unterschiedlichste Meldungen darüber, wann Russland die Munition ausgehen wird. Aber Russland hat immer noch genügend. Solche falschen Einschätzungen kommen vor. Entscheidend ist, dass man sich damit und mit den Ursachen der Fehldiagnosen auseinandersetzt. Dazu sehe ich beim BND bislang keine hinreichende Bereitschaft. Eine echte Fehleranalyse müsste einen größeren Zeitraum umfassen: Wo hat der BND zutreffend gewarnt, aber die Politik hat es nicht hören wollen? Und wo lag der BND – etwa vor dem Krieg – in seinen Einschätzungen falsch?

Osteuropa: *Apropos Politik: Hat sich da die Bedeutung der Geheimdienste geändert?*

Mascolo: Das hängt davon ab, wo wir hinschauen. In den USA beginnt jeder Tag des Präsidenten mit einem geheimdienstlichen Briefing. In Deutschland mussten sich die BND-Chefs in den sechzehn Merkel-Jahren im Ausland immer vor der Frage drücken, wie oft sie ihre Regierungschefin sehen. Denn die ehrliche Antwort wäre gewesen: „Eigentlich nie!" In Merkels Amtszeit wurde der BND auf maximalem Abstand gehalten. Das war allerdings auch unter Helmut Kohl so. Der frühere US-Geheimdienstkoordinator James Clapper schrieb einmal über Merkel, sie habe den Diensten nie getraut, weder den eigenen noch jenen der anderen Länder: „Sie wollte auch nicht wissen, was ihre Geheimdienste taten."
In einer Anhörung vor dem Bundestag im Oktober 2022 machte Kahl seinem Unmut einmal Luft: „Eine wirkliche Überraschung ist diese Zeitenwende für den BND" nicht, aber es sei üblich geworden, „reale Bedrohungen immer wieder zu ignorieren und zu verdrängen und entsprechende Warnungen der Sicherheitsbehörden als Panikmache und Wichtigtuerei abzutun".
Dass der BND jetzt überall in Berlin mit am Tisch sitzt, natürlich auch an dem von Scholz, ist der Krise geschuldet. Nicht anders war es nach den Anschlägen vom 11. September 2001. Nach einer kurzen Phase der Aufregung ging es ihm dann auch nicht anders als der Bundeswehr in den vergangenen Jahrzehnten: Es herrschte ziemliches Desinteresse, solange nichts schiefging, was politisch gefährlich werden könnte. Wichtiger ist jetzt die Frage, ob sich etwas Grundsätzliches ändern wird, ob die versprochene Zeitenwende auch den Bereich der Geheimdienste umfassen wird. Der erwähnte Gerhard Conrad, der

ein Buch über den Dienst geschrieben hat, fordert genau das: In Zeiten von Krieg und Krise könne es „tödlich" sein, wenn man etwas nicht wisse. Aber schon lange vorher könne es zu schweren Nachteilen für Deutschland führen, wenn man auf drohende Entwicklungen nicht früh genug reagiere. „Der BND", sagt Conrad, „ist ein Frühwarnsystem, aber das hilft ja alles nichts, wenn die Politik sich seiner Erkenntnisse nicht bedienen will."
Es wäre an der Zeit, sich auch die Frage zu stellen, wer an die Spitze des BND gehört. Bisher waren es fast ausnahmslos Juristen ohne vorherige außenpolitische Expertise. Und ihr sicherheitspolitisches Know-how bezog sich in der Regel auf das Inland. Reicht das? Wäre nicht mindestens fließendes Englisch Grundvoraussetzung? Im Bereich der Verteidigung sprechen wir inzwischen offen darüber, dass Fachkenntnis bis auf die oberste Ebene wichtig ist. Im Bereich der Geheimdienste ist das nicht anders.

OSTEUROPA: *Muss der BND besser werden?*

Mascolo: Ja! Wo die zu behebenden Schwächen sind, ist schwerer zu erkennen als bei der Bundeswehr, weil es nicht um Panzer geht, die nicht rollen, oder Hubschrauber, die nicht fliegen. Aber unmöglich ist es nun auch nicht. Sich zu sehr auf das Abhören zu verlassen und nicht genügend Ehrgeiz zu entwickeln, hochrangige Agenten zu rekrutieren, steht ganz oben auf der Liste. Das tun etwa der MI6 und die CIA. Für das Abhören sind bei ihnen andere Dienste zuständig. Das hält den Ehrgeiz lebendig. Diese beiden Dienste haben offensichtlich bessere Quellen in Russland als der BND. Bei der Bekämpfung des Terrorismus sei man ohne die USA „taub und blind", bekannte einmal der damalige Innenminister Thomas de Maiziere. So war es zuletzt im Januar 2023, als der Hinweis auf einen Iraner in Castrop-Rauxel, der womöglich einen Giftanschlag plante, aus den USA kam. Diese völlige Abhängigkeit sollten wir uns nicht auf weiteren Gebieten leisten.

OSTEUROPA: *Während die CIA öffentlich verfügbares Wissen wie das* CIA Handbook *produziert, das substantielle Länderstudien enthält, kennt man vom BND Abschottung und PR. Gibt es Ansätze, dies zu ändern?*

Mascolo: Gute Idee! Selbst der Verfassungsschutz hat einen Jahresbericht. Der BND gab von 1997 bis 2001 den Bericht über die drohende Proliferation von Massenvernichtungswaffen heraus. Öffentlich zu berichten, was man problemlos berichten kann, wäre gut, weil die Öffentlichkeit dann nachvollziehen kann, wo Stärken und Schwächen liegen. Auch eine geheim arbeitende Behörde muss Rechenschaft ablegen. Der BND ist wie alle Geheimdienste gut darin, mit dem Verweis auf Geheimhaltung Fehleinschätzungen und Pannen zu kaschieren. Bundestagsabgeordnete nennen diesen vorgeschobenen Grund „VS-Peinlich"!
Tatsächlich geht die Reise in Deutschland in die umgekehrte Richtung. 2015 gab der BND ein Papier frei, um vor dem riskanten Kurs des saudischen Kronprinzen Mohammad bin Salman zu warnen: Die „bisherige vorsichtige diplomatische Haltung der älteren Führungsmitglieder der Königsfamilie wird durch eine impulsive Interventionspolitik ersetzt", hieß es darin. Ziemlich hellsichtig. Die Bundesregierung distanzierte sich, sogar jene Spitzenbeamten im Kanzleramt, welche die Herausgabe abgesegnet hatten, blieben stumm. Das Auswärtige Amt war empört, ein Nachrichtendienst sei keine Nachrichtenagentur. Ich sehe keine Anzeichen für eine echte Veränderung.

Osteuropa: *Welche Entscheidung der Bundesregierung seit Kriegsbeginn zur Lieferung oder Nichtlieferung eines Waffensystems beruhte auf Erkenntnissen des BND?*

Mascolo: So könnte ich die Frage nicht beantworten. Dass Kanzler Olaf Scholz früh in diesem Krieg vor einer auch nuklearen Eskalation gewarnt hat, lag nach meiner Überzeugung auch daran, dass der BND diese zwar für unwahrscheinlich, aber dennoch für möglich erachtete. Dass er sich auf seinen Reisen zu Putin und Xi weder in Moskau noch in Peking bei Corona-Tests seine DNA abnehmen ließ, geht ebenfalls auf den Rat des BND zurück.
Mir scheint der Blick nach vorn wichtig: Die Auseinandersetzung mit Russland wird weitergehen, auch wenn der Krieg hoffentlich bald ein Ende findet. Zu verstehen, was im Kreml gedacht und geplant wird, wie die Machtstrukturen sind, wird von entscheidender Bedeutung bleiben. Die CIA verbreitete in den sozialen Medien schon Hinweise, wo sich russische Offizielle auf sicheren Kanälen melden können. Man hofft auf jene, die frustriert sind von diesem Regime, auf Agenten und Überläufer, von denen es seit dem Ende des Kalten Krieges kaum noch welche gab. Schon vor dem Krieg schrieb der US-Geheimdienstchef Mark Milley: „Wie erhalten und stärken wir die auf Regeln basierende Weltordnung“ gegen eine Atommacht „ohne einen dritten Weltkrieg“?
Diese Frage bleibt aktuell. Zwei Mal im Kalten Krieg haben gute geheimdienstliche Informationen dazu beigetragen, dass es nicht zum Äußersten kommt. In der Kuba-Krise war es der britische Spion Oleg Penkovski, der den Westen wissen ließ, wie schwach die Sowjetunion tatsächlich war. In den 1980er Jahren glaubte der Kreml-Chef Jurij Andropov – wie Putin ein KGB-Mann –, dass der Westen den Krieg plant. Bis zu seinem Tod im Januar 2022 konnte man in Berlin den früheren Chef der Stasi-Spionage, Werner Großmann, besuchen. Er erzählte von dem Moment, als er mehr Angst vor seinen eigenen Leuten hatte als vor dem Klassenfeind. Der KGB verlangte Beweise für diese Paranoia. Großmann widersprach, wäre ein Angriff geplant, würden es seine Agenten wissen.
In diesen gefährlichen Zeiten können professionell und verantwortungsvoll arbeitende Geheimdienste einen Unterschied machen. Wir müssen hoffen, dass sie sich dieser Herausforderung bewusst sind.

Das Gespräch führte Manfred Sapper am 26. Januar 2022.

Schlagwörter:
Russland, USA, NATO, Ukrainekrieg, Aufklärung, Kalter Krieg, Geheimdienste, FSB, SBU, BND, Verfassungsschutz, CIA, MI6

Andreas Hilger

Von der Tscheka zum FSB

Eine kurze Geschichte der Moskauer Geheimdienste

Russlands Geheimdienste stehen in der Tradition der sowjetischen. Am Anfang stand 1917 die Tscheka, die *Außerordentliche Kommission zum Kampf gegen Konterrevolution, Spekulation und Sabotage*. Ungeachtet historischer Zäsuren wie der Entstalinisierung oder der Auflösung der Sowjetunion sind die Kontinuitäten in der bürokratischen Organisation, in der Stellung der Dienste im politischen System sowie im Selbst- und Weltbild frappierend. Die Tschekisten sehen sich im permanenten Kampf gegen innere und äußere Feinde. Unabhängig von ihrer guten materiellen Ausstattung und dem privilegierten Zugang zur Macht vermochten die Dienste aber weder den Zusammenbruch der Sowjetunion zu verhindern, noch haben sie eine Lösung für die sozioökonomischen, technologischen und politischen Probleme des heutigen Russland.

Russland begeht jedes Jahr am 20. Dezember den „Tag des Mitarbeiters der Sicherheitsorgane der Russländischen Föderation". Eingeführt wurde dieser Tag 1995 von Präsident Boris El'cin.[1] Ziel war es, den Diensten und insbesondere dem im gleichen Jahr gegründeten *Föderalen Sicherheitsdienst* (FSB) nach einer Phase steter Kritik und Umstrukturierungen Anerkennung zu zollen und mehr Stabilität zu versprechen.

Vier Jahre nach der Auflösung der UdSSR wurden die Dienste des neuen Russland mit der Festlegung des Datums in eine sowjetische Traditionslinie gestellt. Am 20. Dezember 1917 hatte der Rat der Volkskommissare unter Vladimir Lenin die *Allrussische Außerordentliche Kommission zum Kampf gegen Konterrevolution, Spekulation und Sabotage* (VČK oder Tscheka) gegründet. Ihre sowjetischen Nachfolgeorganisationen pflegten intern wie öffentlich über Jahrzehnte einen Kult um die Männer der ersten Stunde. Unter ihrem Chef Feliks Dzeržinskij (1877–1926) hätten sie sich mit „kühlem Kopf, heißem Herz und sauberen Händen" selbstlos ganz in den Dienst von Revolution und Partei gestellt. Sie seien „eisern", aber gerecht gegen allgegenwärtige verschlagene Feinde des sozialistischen Projekts vorgegangen.[2] Die Selbstdarstellung sollte die

Andreas Hilger (1967), Dr. phil., Historiker, Stellvertretender Direktor in der Max Weber Stiftung, Bonn

1 „Ob ustanovlenii dnja rabotnika organov bezopasnosti Rossijskoj Federacii". Ukaz 1280, 20.12.1995, <www.fsb.ru/fsb/npd/more.htm!id%3D10343076@fsbNpa.html>. – Julie Fedor: Russia and the cult of state security. The Chekist tradition, from Lenin to Putin. London 2013, S. 122–138.

2 Zur angeblichen Äußerung Dzeržinskijs Konstantin Dušenko: Cholodnaja golova, gorjačee serdce i čistye ruki, in: Chimija i žizn', 6/2019, S. 57. – Robert Kindler: Felix Edmundowitsch Dsershinski, <www.dekoder.org/de/gnose/felix-dsershinski-tscheka>. – Fedor, Russia [Fn. 1], S. 9–29.

OSTEUROPA, 72. Jg., 11/2022, S. 45–70 doi: 10.35998/oe-2022-196

besondere Stellung der sogenannten „Organe“ in Staat und Gesellschaft legitimieren, Kritik daran im Keim ersticken, ihre Verbrechen und ihr Versagen übertünchen und die Widersprüche zwischen dem kommunistischen Versprechen der Befreiung von Unterdrückung und der allgegenwärtigen Repression auflösen.

Der FSB hat sich seit seiner Gründung in die Tradition seiner Vorläuferorganisationen gestellt.[3] Dabei betrachten sich führende FSB-Vertreter und ihre Mitarbeiter als eine besondere Kaste, die allein Staat und Gesellschaft vor Feinden und Abgründen retten könne.[4] Russlands Auslandsaufklärung SVR (Služba vnešnej razvedki) sieht ebenfalls keinen Grund, sich von ihren sowjetischen Vorläufern zu distanzieren. Sie alle leisteten seit jeher, so SVR-Chef Sergej Naryškin 2021 selbstbewusst, „Dienst am Vaterland im besten Sinne des Wortes“.[5]

Dieses Selbstbild zeugt von einem Anspruch auf eine zentrale Rolle in Politik, Wirtschaft und Gesellschaft. Für die Angehörigen der Dienste hat die Sicherheit des Staates Vorrang vor individueller und gesellschaftlicher Freiheit. Geheimhaltung und Effizienz sind wichtiger als Transparenz und Kontrolle durch unabhängige Dritte. Und die Geheimdienste verstehen sich als integraler Teil der Staatsmacht, der sich die Gesellschaft unterzuordnen hat.[6]

Der folgende Überblick über Kontinuität und Wandel des sowjetischen und russländischen Staatssicherheitsdienstes, der unter den Namen VČK-GPU, OGPU-NKVD, MVD-NKGB, MGB, KGB und FSB firmierte, skizziert, welche Position die Behörde über die Jahrzehnte im Staatsapparat einnahm, unter welchen Bedingungen dies geschah und welche Auswirkungen es hatte.[7] Die Täter und ihre Motive sowie die Opfer stalinistischer Massenverbrechen und poststalinistischer Repressionen sowie ihre Erfahrungen stehen hier nicht im Zentrum der Betrachtung.[8]

---

3 „Voprosy Federal’noj služby Rossijskoj Federacii“. Ukaz 960, 11.8.2003, <www.kremlin.ru/acts/bank/19870>. – Medienseite des FSB, <www.fsb.ru/fsb/media.htm>. Ambivalent O. A. Alekseeva u.a.: VČK (1917–1922, gg.): K stoletiju sozdaniju. Moskva 2017.

4 So wiederholt Repräsentanten des FSB wie Nikolaj Patrušev oder Viktor Čerkesov, zit. nach Ulf Walther: Russlands „neuer Adel“. Die Macht des Geheimdienstes von Gorbatschow bis Putin. Stuttgart 2014, S. 22. – Brian D. Taylor: State building in Putin’s Russia. Policing and coercion after communism. Cambridge 2011, S. 36, 63.

5 S. E. Naryškin, Vorwort, in: Služba vnešnej razvedki Rossijskoj Federacii 100 let. Dokumenty i svidetel’stva. Moskva 2021. – Aleksandr Kolpakidi, Valentin Mzareulov: Sovetsko-Rossijskaja vnešnaja razvedka 1946–2020 gody. Istorija, struktura i kadry. Moskva 2021.

6 Rüdiger Bergien: Geschichte der Nachrichtendienste / Intelligence History. Version 1.0 Docupedia-Zeitgeschichte, <https://docupedia.de/zg/Bergien_geschichte_der_ nachrichtendienste_v1_de_2021>. – Thomas C. Bruneau, Steven C. Boraz (Hg.): Reforming intelligence. Obstacles to democratic control and effectiveness. Austin 2007. – Simon Ball, Philipp Gassert, Andreas Gestrich, Sönke Neitzel (Hg.): Cultures of intelligence in the era of the world wars. Oxford 2020.

7 Zur Institutionengeschichte und der Vielzahl der Abkürzungen: A.I. Kokurin, N.V. Petrov (Hg.): Lubjanka. Organy VČK – OGPU – NKVD – NKGB – MGB – MVD – KGB 1917–1991. Spravočnik. Moskva 2003. – Vasilij S. Christoforov: Istorija sovetskich organov gosbezopasnosti 1917–1991 gg. Moskva [2]2019.

8 Nicolas Werth: Ein Staat gegen sein Volk. Gewalt, Unterdrückung und Terror in der Sowjetunion, in: Stéphane Courtois u.a. (Hg.), Das Schwarzbuch des Kommunismus. Unterdrückung, Verbrechen und Terror. München [5]1998, S. 51–295. – Andreas Hilger: Sowjetunion (1945 bis 1991), in: Łukasz Kamiński, Krzysztof Persak, Jens Gieseke (Hg.): Handbuch der kommunistischen Geheimdienste in Osteuropa 1944–1991. Göttingen 2009, S. 43–142, hier S. 116–126. – Ju.N. Afanas’ev (Hg.): Istorija stalinskogo Gulag – konec 1920-ch pervaja polovina 50-ch godov. Sobranie dokumentov v semi tomach. Moskva 2004–2005. – Oskana Kis: Survival as

Das Verhältnis zwischen Politik und Sicherheitsapparat in der sowjetischen Einparteienherrschaft und im immer autoritärer regierten Russland ist ambivalent und dynamisch. Obwohl die politische Führung stets versuchte, die Dienste unter Kontrolle zu halten, handelten diese mitunter eigenmächtig.

In der Kontinuität zwischen sowjetischen und russländischen Sicherheitsbehörden kommen zum einen strukturelle Eigenschaften von Nachrichten- und Geheimdiensten zum Ausdruck. Zum anderen zeigt sich ein spezifisches Beharrungs- und Durchsetzungsvermögen der Institution und ihrer Weltbilder. Außer Frage steht, dass die Entwicklungen stets von konkreten Entscheidungen benennbarer Akteure in spezifischen Situationen abhingen.

Revolutionen und Exzesse: Die Ära Lenin

Kampf und Gewalt waren integrale Bestandteile der revolutionären Ideologie und Politik der Bolschewiki. Alle maßgeblichen Denkschulen der Partei teilten die Überzeugung, in einem nationalen und internationalen Klassenkampf zu stehen, sowie die Entschlossenheit, ihre Vorstellungen und ihren Machtanspruch mit Gewalt durchzusetzen. Entsprechend organisierten Lenin und seine Mitstreiter, nachdem sie an die Macht gelangt waren, Anfang Dezember 1917 die Justiz als Kampfinstrument der Revolution.[9] Ab Ende Januar 1918 sorgte eine eigene Rote Arbeiter- und Bauernarmee für den militärischen „Schutz der Sowjetmacht".[10] Dazwischen, am 20. Dezember 1917, rief der Rat der Volkskommissare die VČK ins Leben, die schon bald als „Schild und Schwert der Partei" bezeichnet wurde. Anlass war ein Generalstreik der Petersburger Beamten gegen die neuen Machthaber. Auf die ideologisch behauptete breite Unterstützung der arbeitenden Massen wollten sich Regierung und Sicherheitsapparat offenkundig nicht verlassen. Für die Parteigrößen stand außer Frage, dass der neue Apparat nur den Vorgaben der Partei Lenins zu folgen hat. Vertraute Spitzenkader wie Feliks Dzeržinskij gewährleisteten das. Bis 1920/1921 verloren die lokalen Sowjets im Land jeden Einfluss auf die VČK.[11]

Im Dienst der neuen politischen Führung verschrieb sich die VČK der „revolutionäre[n], bolschewistische[n] Abrechnung mit den Konterrevolutionären".[12] Das Feindbild des

---

victory. Ukrainian women in the Gulag. Cambridge 2021. – Alexander Vatlin: Agents of terror. Ordinary men and extraordinary violence in Stalin's secret police. London 2016. – Marc Junge: Stalinistische Modernisierung. Die Strafverfolgung von Akteuren des Staatsterrors in der Ukraine 1939–1941. Bielefeld 2020. – Lynne Viola: Stalinist perpetrators on trial. Scenes from the Great Terror in Soviet Ukraine. Oxford 2017.

9 Dekret SNK 15.1.1918, in: 100(0) Schlüsseldokumente zur russischen und sowjetischen Geschichte, <www.1000dokumente.de/index.html?c=dokument_ru&dokument=0004_rot&l=de>.

10 Ebd.

11 Paul Hagenloh: Stalin's police. Public order and mass repression in the USSR, 1926–1941. Washington 2009, S. 30–31. – J. Michael Waller: Russia: Death and resurrection of the KGB, in: Demokratizatsiya, 3/2004, S. 333–355, hier S. 334–337.

12 Rede Dzeržinskijs vor SNK, 20.12.1917, zit. nach Nicolas Werth: Sowjetunion (1917–1945), in: Kamiński, Handbuch [Fn. 8], S. 15–41, hier S. 16. – George Leggett: The Cheka. Lenin's political police. Oxford 1981, S. 29–30. – Junge, Stalinistische Modernisierung [Fn. 8], S. 238–239. – Immo Rebitschek: Die disziplinierte Diktatur. Stalinismus und Justiz in der sowjetischen Provinz, 1938 bis 1956. Köln 2018, S. 16–57.

Konterrevolutionärs blieb vage und variabel. Die Partei definierte nach ideologisch-politischen, sozialen und mitunter ethnischen Kriterien immer neue Kollektive, deren Angehörige sie als „Konterrevolutionäre“ brandmarkte, ganz gleich, was diese taten und von welchen Motiven sie sich leiten ließen. Oft ging es nur darum, Widerstand zu brechen und Sündenböcke für aktuelle Missstände zu präsentieren.[13] 1918 erfasste die VČK Monarchisten, Kadetten und rechte Sozialrevolutionäre als Konterrevolutionäre, aber auch „Gewerkschafter, nationale Minderheiten, Ausländer“. Andere Tschekisten widmeten sich dem Kampf gegen „Alkoholismus, Pogrome [. . .] Spekulation und Amtsmissbrauch“.[14] Derartig umfassende Begrifflichkeiten unterstrichen nicht nur den Anspruch der neuen Macht, Gesellschaft und Individuen radikal umzuformen, sondern ließen sich leicht für machtpolitische Zwecke instrumentalisieren.

In den nächsten Jahren gingen operative Mitarbeiter und Kampftruppen der VČK gegen Kosaken, „sozial gefährliche Elemente“, Schwarzmarkthändler, Schmuggler, Gewaltkriminelle und „Banditen“, gegen Prostituierte, Geistliche, streikende Arbeiter, gegen Bauern, die sich gegen Beschlagnahmungen wehrten, politische Oppositionelle von links und rechts, Weißgardisten, aufständische Soldaten der eigenen Armee und Marine, Eisenbahnarbeiter, Sekten, Studenten, unbotmäßige lokale Sowjets usw. vor. Im Juli 1918 erschossen Mitglieder der Ekaterinburger VČK unter dem Kommando von Jakov Jurovskij im Auftrag der Parteispitze den letzten Zaren, seine Frau und ihre fünf Kinder.[15]

Über die enge Verbindung mit der politischen Spitze hatte die Tscheka wesentlichen Einfluss auf Kernbereiche des neuen Staatsapparats. Ab Ende 1918 überwachte sie die Rote Arbeiter- und Bauernarmee.[16] Für den Schutz von Verkehrswegen und Häfen war die Tscheka neben der Miliz und militärischen Verbänden zuständig. Ab 1920 übernahmen VČK-Truppen auch die Grenzsicherung. Dazu kamen erste Operationen gegen tatsächliche und vermeintliche ausländische Spione sowie angeblich vom Ausland gesteuerte subversive Kräfte.

Im Dezember 1920 wurde eine Auslandsabteilung (INO) der Tscheka eingerichtet. Ihr Ziel war vor allem die Beobachtung und Bekämpfung „konterrevolutionärer“ Organisationen, also der Emigration. Bereits in den 1920er Jahren wurden erklärte Gegner der UdSSR entführt oder in die UdSSR gelockt, verhaftet und abgeurteilt. Prominente Opfer waren 1924 Boris Savinkov, 1925 Sidney Reilly und 1930 Aleksandr Kutepov. Im selben Zeitraum intensivierte die INO das klassische Spionagegeschäft in Europa und in Japan. Sie schuf illegale Residenturen und erzielte im Bereich von Dechiffrierung und Funkaufklärung erste Erfolge.[17]

Schließlich übernahmen ranghohe Tschekisten neben ihrem Dienst in der eigenen Organisation weitere Ämter. Exemplarisch ist die Laufbahn von Feliks Dzeržinskij. Er amtierte von 1919 bis 1923 auch als Volkskommissar für Innere Angelegenheiten (NKVD) der Russländischen Sozialistischen Föderativen Sowjetrepublik (RSFSR). Ab

---

13 Auszug aus Protokoll Nr. 21 der Sitzung des SNK, 20.12.1917, in: Kokurin, Petrov (Hg.), Lubjanka [Fn. 7], S. 302.

14 Zit. nach Werth, Sowjetunion [Fn. 11], S. 18.

15 Simon S. Montefiore: The Romanovs. 1613–1918. London 2016. – Aleksandr I. Bastrykin (Hg.): Prestuplenie veka. Materialy sledstvija. 3 Bände. Moskva 2021.

16 Leggett, The Cheka [Fn. 11], S. 207.

17 Jonathan Haslam: Near and distant neighbors. New York 2015, S. 21–23. – S.V. Leonov: Kratkaja istoriografija VČK, in: Alekseeva u.a., VČK [Fn. 3], S. 41–70, hier S. 47–48.

1920 stand Dzeržinskij zusätzlich dem GlavKomTrud vor, das für die Zwangsmobilisierung von Arbeitskräften zuständig war. 1921 bis 1923 fungierte er außerdem als Volkskommissar für Verkehr, danach standen der Volkswirtschaftsrat und die Hauptverwaltung Metallindustrie unter seiner Leitung. Im Jahr 1920 war Dzeržinskij zusätzlich Oberbefehlshaber des Gebiets hinter der südwestlichen Front (Ukraine), um Feldzüge der Roten Armee abzusichern, 1921 war er als Außerordentlicher Bevollmächtigter Moskaus in Sibirien, um dort Steuern einzutreiben.

In den mit den Jahren immer umfangreicher werdenden Organisationsplänen der VČK spiegelte sich die dynamische Entwicklung von Feindbildern und Kompetenzen.[18] Der Ausbau des Apparats zeigt, dass die Bolschewiki ihre Macht mit allen Mitteln sichern wollten und bereit waren, all jene aus dem Weg zu räumen, die nicht in ihre Vorstellung von einer „sozialistischen Gemeinschaft" und vom „Neuen Menschen" passten. Ende 1917 bestand die Tscheka aus rund 100 Personen, im Juli 1918 waren es bereits rund 10 000, darunter nur sehr wenige Frauen. Anfang 1921 standen rund 280 000 Männer im Dienst der Tscheka, davon um die 150 000 Mann in bewaffneten Einheiten der Grenz- und Spezialtruppen sowie der Transportbataillone. Daneben stützte sich der Sicherheitsdienst Mitte der 1920er Jahre auf etwa 100 000 Informanten im Land.

Aus der politischen Bedeutung ergab sich ein umfassendes Instrumentarium des Apparats. Die Tscheka verfügte über schlagkräftige Truppen. Gesetze, die ihre Tätigkeit hätten einhegen können, waren schwammig formuliert und sollten die VČK nicht behindern. Jede Einschränkung ihrer Methoden wurde von der Tscheka mitunter missachtet oder von der Parteiführung wieder aufgehoben.[19] Gerade in den ersten Jahren nach 1917 lässt sich kaum unterscheiden, in welchen Fällen die Gewalt auf Beschlüsse und Anordnungen der Partei, des *Rats der Volkskommissare* (Sovet narodnych komissarov, SNK) und der Tscheka zurückging und in welchen es sich um Exzesse handelte. Dass die Staatsanwaltschaft die Tscheka kontrollieren sollte, stand nur auf dem Papier. Dem politischen Zweck dienten kollektive Geiselnahmen und Massenverhaftungen, die Einrichtung von Konzentrations- und Arbeitslagern, Erschießungen, öffentliche Hinrichtungen, Deportationen und Beschlagnahmungen, der Entzug von Lebensmittelkarten und die Zerstörung ganzer Ortschaften. Das berüchtigte „Dekret über den Roten Terror" vom September 1918, in dem es heißt, dass „die Sowjetrepublik vor Klassenfeinden durch deren Isolierung in Konzentrationslagern geschützt werden muss" und dass „alle Personen, die in Verbindung mit weißgardistischen Organisationen, Verschwörungen und Aufständen stehen, zu erschießen sind", legalisierte und intensivierte lediglich die bereits bestehende Gewaltpraxis.[20]

Die Machtfülle des Apparats, verbunden mit der geheimen Berichterstattung an die politische Führung, gab der Tscheka die Möglichkeit, auf politische Sichtweisen und Strategien der Auftraggeber einzuwirken.[21] Der Parteispitze um Lenin und Trockij war wohl

---

[18] M. Lacis, Otčet Vserossijskoj Črezvyčajnoj Komissii za četyre goda ee dejatelnosti (20 dekabrja 1917 g. – 20 dekabrja 1921 g.), in: Alekseeva u.a., VČK [Fn. 3], S. 417–844.

[19] Oleg B. Mozochin: Pravo na repressij. Vnesudebnye polnomočija organov gosudarstvennoj bezopasnosti (1918–1953). Moskva 2006.

[20] Beschluss des SNK vom 5.9.1918, <www.1000dokumente.de/index.html?c=dokument_ru& dokument=0006_ter&object=translation&st=&l=de>.

[21] Ansätze bei Dzeržinskij an seinen Stellvertreter Iosif Unšlicht, September 1922, zit. nach Werth, Ein Staat [Fn. 8], S. 146. – Dzeržinskij an Politbüro ZK RKP (b), 3.6.1922, in: David R. Shearer,

bewusst, dass die besondere Position des Sicherheitsdiensts politische Ambitionen bei dessen Führung wecken konnte. Daher besetzte sie 1917/18 die Spitze der Behörde mit alten Kampfgefährten aus der Zeit im Exil oder im Untergrund – neben Dzeržinskij etwa Vjačeslav Menžinskij, Jakov Peters, Martyn Lacis und Genrich Jagoda – und verließ sich darauf, dass diese das Primat der Partei nicht in Frage stellten. In der Parteihierarchie gelangte Dzeržinskij nie über den Status eines Kandidaten des Politbüros (1924–1926) hinaus.[22] Daneben legte die Parteispitze früh Wert darauf, dass der Anteil von Parteimitgliedern im gesamten Apparat der Tscheka hoch war.

Es zeigte sich bald, dass dieses Vorgehen keineswegs nur selbstlose und von der revolutionären Sache überzeugte Männer anzog, sondern ebenso Karrieristen, Rachsüchtigen oder Psychopathen den Weg in die Sicherheitspolizei ebnete.[23]

Wiederholte personelle Säuberungen boten nur punktuell Abhilfe. Unkontrollierte Gewaltexzesse der Tscheka riefen auf verschiedenen Ebenen der Partei Kritik hervor. Der Vorsitzende des Obersten Gerichts, Nikolaj Krylenko, äußerte seine Sorge ob der schrankenlosen Macht der Tschekisten.[24] Die Parteispitze um Lenin war jedoch erst mit Ende des Bürgerkriegs bereit, den Sicherheitsapparat – ab 1922 die *Staatliche Politische Verwaltung* (Gosudarstvennoe političeskoe upravlenie, GPU) und ab 1923 die *Vereinigte Staatliche Politische Verwaltung* (Ob"edinennoe gosudarstvennoe političeskoe upravlenie, OGPU) genannt – zu verkleinern und seine Kompetenzen zu beschneiden. Gerichte und Staatsanwaltschaft wurden aufgewertet, was für ein wenig mehr Rechtssicherheit sorgte.[25]

Doch diese Einhegung erfolgte weder konsequent, noch war sie von Dauer. Sogenannte *Sonderkommissionen* (Osoboe soveščanie, OSO) der Staatssicherheit konnten bald wieder nicht nur administrative Haftstrafen, sondern auch Todesurteile verhängen oder Personen des Landes verweisen. Der Katalog „sozial gefährlicher Elemente", die verfolgt wurden, blieb umfangreich.[26] Die Bolschewiki pflegten auch nach dem Bürgerkrieg ihre hochideologischen Feindbilder, sahen ihre Herrschaft von allen möglichen Seiten bedroht und setzten dagegen ihren unbedingten Machtwillen und ihre Gewaltbereitschaft. Als ab 1922/1923 die Konflikte in der politischen Führung zunahmen, hatte dies aufgrund der engen Verbindung von Parteispitze und Sicherheitsdienst auch Auswirkungen auf diesen Apparat. Die Kontrahenten wollten ihn mit Blick auf innerparteiliche Machtkämpfe hochrüsten oder abrüsten, je nachdem, ob sie ihn – so Stalin – als Chance oder – so seine Gegenspieler – als Gefahr begriffen.

Vladimir Khaustov (Hg.): Stalin and the Lubianka. A documentary history of the political police and security organs in the Soviet Union, 1922–1953. New Haven 2015, S. 29–30, hier S. 29.

22 Dzeržinskij an ZK RKP (b), 13.3.1919, sowie Befehl VČK 406/S, 1.12.1921, in: Kokurin, Lubjanka [Fn. 7], S. 334, 409–413. – Leggett, The Cheka [Fn. 12], S. 158.

23 Jörg Baberowski: Der rote Terror. Die Geschichte des Stalinismus. Frankfurt/Main [3]2014, S. 43. – Werth, Ein Staat [Fn. 8], S. 62–63, 118–119.

24 Werth, Ein Staat [Fn. 8], S. 93–94. – Leggett, The Cheka [Fn. 12], S. 121–157. – Vors. Des Obersten Gerichts, Nikolaj Krylenko, an Politbüro ZK RKP (b), 1.12.1924 und 1.7.1927, in: Shearer, Stalin [Fn. 21], S. 39–40, 96.

25 Befehle und Verordnungen ab 9.2.1922, in: Kokurin, Petrov (Hg.), Lubjanka [Fn. 7], S. 414–416, S. 423–424, S. 455–456.

26 Verordnung über die Rechte der OGPU im Bereich administrativer Aussiedlung, Ausweisung und Einweisung in ein Konzentrationslager, 28.3.1924, in: Kokurin, Petrov (Hg.), Lubjanka [Fn. 7], S. 468–470. – V.P. Popov: Gosudarstvennyj terror v SSSR, in: Otečestvennye Archivy, 2/1992, S. 28. – Hagenloh, Stalin's police [Fn. 11], S. 33–34, S. 50–51.

Die Vorstellung, dass der Dienst – bei all seiner Brutalität – einer gemeinsamen revolutionären Sache diene, war nicht mehr haltbar. Die konkurrierenden ideologisch-politischen Einstellungen der Parteiführer verbanden sich zunehmend mit den institutionellen und individuellen Interessen des Sicherheitsdienstes und seiner Mitarbeiter.

Alleinherrschaft und Großer Terror: Stalinismus bis 1939/1940

Ab Mitte der 1920er Jahre gelang es Stalin im Zuge der innerparteilichen Macht- und Richtungskämpfe, die Organe zu einem Instrument zu schmieden, das er für seine politischen Vorhaben und gegen seine Gegner einsetzen konnte. Entscheidend war, dass er treu ergebene Parteifunktionäre in der OGPU platzierte. Hier machte sich Genrich Jagoda, der ab 1923 zweiter stellvertretender Vorsitzender und nach Dzeržinskijs Tod 1926 stellvertretender Vorsitzender der OGPU wurde, zum unentbehrlichen Vollstrecker des Kreml-Chefs. Im Juli 1934 gipfelte Jagodas geheimdienstliche Karriere in seiner Berufung zum Volkskommissar für Inneres (NKVD) der UdSSR. Gleichzeitig wurde die OGPU im Zuge einer erneuten Umorganisation der Sicherheitsapparate als Hauptverwaltung für Staatssicherheit (Glavnoe upravlenie gosudarstvennoj bezopasnosti, GUGB) in den NKVD integriert.
Auch die Ausweitung der geheimdienstlichen Kompetenzen und Ressourcen auf Kosten konkurrierender Behörden und Staatsorgane einschließlich Justiz und Staatsanwaltschaft festigte die Beziehung zwischen Stalin und der Staatssicherheit. Die Rolle der OGPU solle durch gesetzliche Regelungen nicht „reduziert", sondern „geadelt" werden, hatte Stalin 1932 seine Mitstreiter wissen lassen.[27] In der Spionage übernahm der Sicherheitsapparat regionale und fachliche Zuständigkeiten von der Militäraufklärung.[28] In Sachen öffentlicher Ordnung und Bekämpfung nichtpolitischer Kriminalität wurde er ebenfalls tätig. Durch die wachsende Welt der Lager unter der Leitung der „Hauptverwaltung der Lager" (Gulag) wurde der Sicherheitsdienst zu einer wirtschaftlichen Größe, indem er der stalinistischen Wirtschaft Zwangsarbeitskräfte zuführte. Humanitäre Erwägungen wie betriebs- und volkswirtschaftliche Kosten-Nutzen-Rechnungen spielten keine Rolle. Die Effektivität des Systems blieb fraglich. Jagoda gewann mit dem Wohlwollen Stalins die Kontrolle über alle Haftanstalten und Lager, zudem führte er die politische Polizei, die Ordnungspolizei, den Grenzschutz und das Passwesen unter einem Dach zusammen. Da Vertreter der eigentlichen Staatssicherheit (GUGB) im NKVD die führenden Positionen besetzten, sorgte letztlich die politische Polizei im Ganzen für stalinistische „Sicherheit und Ordnung".[29]

---

[27] Stalin an Kaganovič, 15.7.1932, in: Shearer, Stalin [Fn. 21], S. 129. – Rebitschek, Die disziplinierte Diktatur [Fn. 12], S. 51–110. – David R. Shearer: Policing Stalin's socialism. Repression and social order in the Soviet Union, 1924–1953. New Haven, London 2009, S. 53–57, S. 94–128, S. 181–242.

[28] Haslam, Near and distant neighbors [Fn. 17], S. 63–64.

[29] Hagenloh, Stalin's police [Fn. 10], S. 57, S. 71–72, S. 92–94, S. 140–150. – Beschluss Zentrales Exekutivkomitee und SNK, 15.12.1930 „Über die Leitung der Tätigkeit der Miliz und der Kriminalfahndung durch die Organe der OGPU", in: Kokurin, Lubjanka [Fn. 7], S. 526–527. – Shearer, Policing [Fn. 27], S. 4, S. 104–105, S. 115–126.

Anfang 1941 unterstanden dem NKVD in Miliz, Staatssicherheit, Wach-, Grenz- und Inneren Truppen sowie Spezialeinheiten 50 000 zivile Mitarbeiter und 150 000 Soldaten, dazu kamen „mehrere Hunderttausend Informanten".[30]
Im Kampf gegen vermeintliche und angebliche Bedrohungen war den Tschekisten nahezu jedes Mittel recht. So sperrte die OGPU in den Jahren 1932–1933 Hungergebiete ab, Razzien und Massenverhaftungen gehörten ab Mitte der 1930er Jahre zum Alltag, in Schauprozessen und außergerichtlichen Schnellverfahren wurden Hunderttausende zum Tode oder zu mehrjähriger Zwangsarbeit verurteilt. 1933 initiierte die OGPU Strafverfahren gegen 240 000 Menschen.[31] Anfang 1939 stärkte Stalin der Tscheka den Rücken, als er sich in aufkommenden Diskussionen explizit für die weitere Anwendung von Folter und gegen die mildere Position, welche die Staatsanwaltschaft vertreten hatte, aussprach.[32]
Je willkürlicher und härter das Vorgehen unter Stalins Ägide war, desto extremer wurde die Konstruktion von Feindbildern. Die permanente Suche nach „Konterrevolutionären", die für Probleme aller Art verantwortlich gemacht wurden, verschärfte sich. Die geringste politische Abweichung galt als Angriff des Klassengegners, soziale Randgruppen wurden zu „Klassenfeinden", kriminelle Gewalt und Diebstahl als „offene Bedrohung des sozialistischen Systems" eingeordnet, und einstige „Verbrechen" dienten als Anlass für eine erneute Verfolgung. Angesichts der Spannungen im internationalen System galt jede tatsächliche oder angebliche Verbindung mit dem Ausland als Ausdruck einer Verschwörung innerer und äußerer Feinde.[33]
Ab 1935 kulminierte der tschekistische Einsatz. Die Säuberungs- und Mordwellen erreichten 1937 im „Großen Terror" ihren Höhepunkt. Parteisäuberungen und das Vorgehen gegen die Führungselite der Armee verbanden sich mit Aktionen gegen „Ehemalige" und „sozial gefährliche Elemente" sowie mit der Verfolgung von Ausländern und ethnischen Minderheiten. Sie alle wurden als potenzielle Feinde gesehen, mit denen Stalins Zirkel angesichts krisenhafter Zustände im Land und der angespannten internationalen Situation „ein für alle Mal [. . .] ein Ende [. . .] machen wollte.[34] Von Sommer 1937 bis November 1938 wurden mindestens 680 000 Menschen von Militärgerichten, Sonderkommissionen und Trojkas mit NKVD-Beteiligung zum Tode verurteilt, 1,5 Millionen zu Lagerhaft.[35] Die Zahl der im Gulag-System Inhaftierten verdoppelte sich von Anfang 1935 bis Anfang 1941 nahezu und dies bei einer hohen Sterblichkeit in den Lagern. Auch nach der Anordnung Stalins von November 1938, die flächendeckende

---

30 Werth, Die Sowjetunion [Fn. 8], S. 37. – Shearer, Policing [Fn. 27], S. 129 nennt höhere Zahlen.

31 Werth, Ein Staat [Fn. 8], S. 226.

32 Chiffretelegramm Stalin an Sekretäre Obkom/Kraikom und Leitung NKVD-UNKVD über die „Anwendung physischer Einwirkung gegen ‚Volksfeinde'", in: V.N. Chaustov, V.P. Naumov, N.S. Plotnikova (Hg.): Lubjanka. Stalin i NKVD-NKGB-GURK Smerš 1939 – mart 1946. Moskva 2006, S. 14–15.

33 Shearer, Policing [Fn. 27], S. 8, 23. – Hugh D. Hudson: Peasants, political police, and the early Soviet state. Surveillance and accommodation under the New Economic Policy. New York 2012. – Hagenloh, Stalin's police [Fn. 11], S. 115, 178, 194.

34 Befehl NKVD 00447, Über die Operation zur Repression ehemaliger Kulaken, Krimineller und anderer antisowjetischer Elemente, 30.7.1937, in: Rolf Binner, Bernd Bonwetsch, Marc Junge: Massenmord und Lagerhaft. Die andere Geschichte des Großen Terrors. Berlin 2009, S. 106–120, hier S. 108, dazu Beschluss Politbüro, Protokoll 51, Tagesordnungspunkt 442, 31.7.1937, ebd., S. 121–123. – James Harris: The Great Fear. Stalin's Terror of the 1930s. Oxford 2016.

35 Baberowski, Der rote Terror [Fn. 23], S. 200.

Verfolgung einzustellen, blieben die Feindbilder virulent; die GUGB führte Buch über die Überlebenden der verschiedenen Opfergruppen der Vorjahre. Die internationalen Aktivitäten der Tschekisten waren ebenfalls von diesen Feindbildern geprägt. Dies zeigten der Einsatz der INO gegen missliebige Linke im spanischen Bürgerkrieg (1936–1939) oder die Ermordung Trockijs im mexikanischen Exil (1940).

Im Auf und Ab des Terrors behielt Stalin stets die Kontrolle. Er genehmigte Verhaftungen der Parteinomenklatura, beendete abrupt die Massenoperationen oder wertete plötzlich die Justiz und die Staatsanwaltschaft gegenüber der Staatssicherheit auf. Von der Staatssicherheit erwartete sich der Kreml-Chef bedingungslose Treue, während er selbst mit den Tschekisten tun und lassen konnte, was ihm beliebte. Mit Jagoda und dessen Nachfolger Nikolaj Ežov fielen zwei Organisatoren des Terrors diesem selbst zum Opfer, ebenso Altgediente wie Jakov Peters, Martyn Lacis, Michail Trilisser und Iosif Unšlicht. Von 1936 bis 1938 wurden 75 Prozent der tschekistischen Führungskader verhaftet. Ežovs Nachfolger Lavrentij Berija tauschte noch einmal 90 Prozent der Spitzenebene aus.[36] Auch auf den unteren Ebenen und in den Regionen wütete der innertschekistische Terror.[37] Die Mordserien im NKVD ermöglichten einer jüngeren Generation fanatisch ergebener Stalinisten vornehmlich aus Russland und der Ukraine, die aus Militär, Partei und Komsomol für die Staatssicherheit rekrutiert wurden, einen raschen Aufstieg.[38]

Die neuen NKVD-Mitarbeiter sorgten von 1939 bis 1941 für die gewaltsame Sowjetisierung der Gebiete, die Moskau nach dem Hitler-Stalin-Pakt besetzt hatte: die polnischen Kresy, Bessarabien, die Bukowina und das Baltikum.

Zugleich traten in der Auslandsaufklärung systemimmanente Defizite auf. Stalin betrachtete sich als einzig kompetente Person zur Analyse der Spionagemeldungen. Bis zuletzt verwarf er Warnungen des NKVD vor einem deutschen Überfall. Der Apparat wagte nicht, den Wunschvorstellungen des Diktators zu widersprechen.[39]

Zweiter Weltkrieg und Spätstalinismus

Nach dem Überfall des nationalsozialistischen Deutschland auf die Sowjetunion am 22. Juni 1941 agierten die Sicherheitsapparate als wesentliche Organe der sowjetischen Verteidigungs-, Kriegs- und Bündnispolitik. Der seit 1938 amtierende NKVD-Chef Berija wurde in das *Staatliche Verteidigungskomitee* (Gosudarstvennyj Komitet Oborony, GKO) berufen, dem Stalin, der Volkskommissar für Äußeres, Vjačeslav Molotov, der Volkskommissar für Verteidigung, Kliment Vorošilov, und der Wirtschaftsexperte Georgij Malenkov angehörten.

---

[36] Hagenloh, Stalin's police [Fn. 11], S. 294–295. – Nikita Petrov (Hg.): Kto rukovodil NKVD 1934–1941. Spravočnik. Moskva 1999. – Leggett, The Cheka [Fn. 12], S. 258–262, 266–276.

[37] Vatlin, Agents [Fn. 8]. – Junge, Stalinistische Modernisierung [Fn. 8]. – Viola, Stalinist perpetrators [Fn. 8].

[38] Nikita Petrov: Les transformations du personnel des organes de sécurité soviètiques, in: Cahiers du Mond russe, 2–4/2001, S. 375–396. – Vladimir Chaustov: Razvitie sovetskich organov gosudarstvennoj bezopasnosti, 1917–1953, in: Cahiers du Monde russe, 2–4/2001, S. 357–374.

[39] Haslam, Near and distant neighbors [Fn. 17], S. 114–115, 120. – Baberowski, Der rote Terror [Fn. 22], S. 214–215.

Die Tschekisten intensivierten die Erkundung militärischer Potentiale, diplomatischer Absichten und (nuklear-)technologischer Möglichkeiten von Freund und Feind.[40] Sie verfügten über eigene militärische Kontingente, Partisanenverbände sowie Agenten hinter den deutschen Fronten. Der Schwerpunkt ihrer Tätigkeit lag darauf, den Gehorsam in der Armee und der Zivilbevölkerung zu sichern: Sie richteten Sperrkommandos im Rücken der kämpfenden Truppen ein, verfolgten angebliche und tatsächliche Deserteure oder „Feiglinge", überwachten Evakuierungen, setzten die strikten Arbeitsgesetze durch, intensivierten die Ausbeutung der Zwangsarbeiter im Gulag, deportierten vermeintlich unzuverlässige Völker, organisierten den Arbeitseinsatz der Kriegsgefangenen und überprüften die Einwohner befreiter Gebiete sowie Heimkehrer aus Kriegsgefangenschaft und Zwangsarbeit im Deutschen Reich.

Als Stalin sich nach der Vernichtung der 6. Armee der Wehrmacht bei Stalingrad im Februar 1943 zunehmend gewiss sein konnte, dass die Sowjetunion Deutschland besiegen werde, verstärkte er merklich die Repressionen im Innern. Sie hielten bis weit über 1945 hinaus an und wurden mit der Gefahr begründet, die von den Feinden der UdSSR im Kalten Krieg ausgehen würde. Unter demselben Vorzeichen liefen die feldzugartigen Kampagnen, welche die Organe bis in die 1950er Jahre in der Ukraine und im Baltikum gegen die Widerstands- und Unabhängigkeitsbewegung der *Organisation Ukrainischer Nationalisten* (OUN) und der litauischen „Waldbrüder" führten. Hinzu kam die Deportation von Volksgruppen aus dem Kaukasus, dem Baltikum und Moldova und von der Schwarzmeerküste. Im Zuge der *Operation Sever* wurden die *Zeugen Jehovas* Opfer systematischer Verfolgung, ebenso angebliche Arbeitsverweigerer. Die Verhaftung und Hinrichtung der Marschälle Sergej Chudjakov und Grigorij Kulik wegen angeblicher Spionage sowie die fabrizierte „Leningrader Affäre", die ab 1949 als Vorwand zur Ermordung hochrangiger Parteifunktionäre diente, machten deutlich, dass die Sicherheitsorgane weiterhin Stalins unbedingten Kontrollanspruch über die Machtsäulen des Staates durchsetzten. 1945 waren allein in NKGB und NKVD über 1,6 Millionen Mitarbeiter im Einsatz.

Darüber hinaus verfolgten die Organe in den ostmitteleuropäischen Gebieten, die nun unter sowjetischer Kontrolle standen, tatsächliche oder eingebildete Gegner. Anfang 1945 verhafteten Tschekisten die Führung der polnischen Heimatarmee (Armia Krajowa) und brachten sie vor Gericht. In der Sowjetischen Besatzungszone in Deutschland (SBZ) und in der DDR leiteten Stalins Dienste nicht nur die Verfolgung deutscher Kriegsverbrecher in die Wege, sondern auch die von anti- und nichtkommunistischen Oppositionellen. In allen abhängigen Staaten kümmerten sie sich um den Aufbau von Sicherheitsapparaten, die sich an denen der UdSSR orientierten. Ab Ende der 1940er Jahre beteiligten sich die sowjetischen Tschekisten an der Vorbereitung und Durchführung von Schauprozessen, mit denen die Eigenständigkeit osteuropäischer Kommunistischer Parteien zerstört werden sollte, etwa an jenem gegen Rudolf Slánský in der Tschechoslowakei 1952. Im Kampf gegen den sogenannten Titoismus schmiedete Stalin Mordpläne gegen den jugoslawischen Staats- und Parteichef. Verantwortlich war Pavel Sudoplatov, der seit 1933 in der Auslandsabteilung der OGPU arbeitete und dort u.a. die Verfolgung und Ermordung von Exilpolitikern betrieb: Sudoplatov ermordete 1938 in den Niederlanden Jevhen Konovalec', den Führer der *Organisation Ukrainischer Nationalisten.* Auch das Attentat auf Trockij in Mexiko führte Sudoplatovs Abteilung durch. Nach dem Überfall auf die Sowjetunion leitete er die Abteilung des NKVD für Aufklärung, Terror und Diversion in den besetzten Gebieten, nach dem Krieg ab 1947 die Abteilung Diversion, die ab 1950 als Büro Nr. 1 des MVD weitergeführt wurde.

[40] Haslam, Near and distant neighbors [Fn. 17], S. 124–138.

Im Juni 2015 an einer Ausfallstraße von Smolensk errichteter Gedenkstein zur Erinnerung an Pavel Sudoplatov: „Dem treuen Sohn des Vaterlands, dem Bürger, Patrioten und legendären Aufklärer [. . .] Das Schwert der Rache für die Verräter der Heimat."

„Er wusste, was man mit Bandera-Leuten zu tun hat. Pavel Sudoplatov, gebürtig aus Melitopol'." Plakat im besetzten Melitopol', Mai 2022

Wie die Organigramme der Staatssicherheit zeigen, hatten die Sicherheitsapparate auch in den 1940er Jahren sehr weite Kompetenzen. Zugleich verhinderte Stalin mit kontinuierlichen Umstrukturierungen, dass die Apparate eigenmächtig wurden. Immer wieder zerstörte er mit der Aufteilung von Verwaltungseinheiten Seilschaften und initiierte Konkurrenzkämpfe, in denen sich die Geheimdienstler hart bekämpften. 1943 wurde der eigentliche Staatsschutz formal vom NKVD abgetrennt, der danach nur noch für öffentliche Sicherheit, paramilitärische Einheiten und die Lager zuständig war. Mit dem Staatsschutz wurde das neugegründete *Volkskommissariat für Staatssicherheit* (Narodnyj kommissariat gosudarstvennoj bezopasnosti, NKGB), aus dem 1946 das *Ministerium für Staatssicherheit* (MGB) hervorging, sowie bis 1946 die Spionageabwehrabteilung *Smerš* (Smert' Špionam, Tod den Spionen) des Volkskommissariats für Verteidigung (NKO) betraut.[41]

Gleichwohl überlappten sich die Aktivitäten weiter. Alle Apparate versuchten, sich durch die Demonstration besonderer Wachsamkeit und Durchschlagskraft vor Stalin zu profilieren. Um das Misstrauen zwischen den Apparaten zu nähren, vergrößerte Stalin auf Kosten konkurrierender Behörden das Ministerium für Staatssicherheit, indem er ihm die Zuständigkeit für militärische Abwehr übertrug und ihm eigene Truppen zuwies. Auf der anderen Seite verlor das MGB 1947 die für Stalins Machtposition relevanten Chiffrierdienste sowie die Auslandsaufklärung an ein neues Komitee für Information (KI), das Stalin beim Ministerrat ansiedelte (bis 1951).

Daneben versetzte Stalin weiterhin Kader aus der Partei, deren Loyalität er sich gewiss war, in die Sicherheitsbürokratien. Im Sommer 1951 bediente er sich einer internen Denunziation, um gegen den Minister für Staatssicherheit, Viktor Abakumov, vorzugehen. Es folgte eine Entlassungs- und Verhaftungswelle. Mehrere Hundert führende Tschekisten wurden aus den Apparaten entfernt. An ihre Stelle rückten Parteimitglieder, oder die Stellen wurden gestrichen. Ende 1952 forderte das ZK-Präsidium im Sinne Stalins, dass dem unkontrollierten Agieren der Staatssicherheitsorgane ein Ende bereitet werden müsse.[42] Anfang 1953 hetzte Stalin die Organe erneut auf die sowjetische Gesellschaft, indem er – in Fortsetzung der unter Ausnutzung antisemitischer Ressentiments durchgeführten Abrechnung mit Abakumov – eine angebliche „Ärzteverschwörung“ konstruieren und „aufdecken“ ließ.

Destalinisierung, Zenit und Niedergang: von Chruščev zu Gorbačev

Nach Stalins Tod brachte sich Berija durch die Verschmelzung von MGB und MVD sowie die Aufnahme von ihm ergebenen Männern in den Apparat für den Nachfolgekampf in Stellung. Malenkov und Nikita Chruščev setzten sich mit Unterstützung des Militärs gegen Berija durch. Dessen Sturz war von neuen Säuberungen des Apparats begleitet, allerdings in einem vergleichsweise begrenzten Umfang – misst man es an den Vorjahren. Bis 1956 gelang es Chruščev, in der Partei die Führung zu erringen. Das

---

[41] Beschluss ZK VKP (b), 14.4.1943 sowie Beschluss GKO 3222SS/OV, 21.4.1943, in: Kokurin, (Hg.), Lubjanka [Fn. 7], S. 622–624.

[42] Rundschreiben ZK-Präsidium, 4.12.1952, zit. nach Werth, Ein Staat [Fn. 8], S. 273–274. – Nikita Petrov: Repressii v apparate MGB v poslednie gody žizni Stalina 1951–1953, in: Cahiers du Monde russe, 2–3/2003, S. 403–436.

Land und seine Verwaltungsapparate waren von jahrzehntelanger Gewaltherrschaft und dem Krieg erschöpft. Die UdSSR war im globalen Kalten Krieg mit immensen diplomatischen, wirtschaftlichen und militärischen Herausforderungen konfrontiert. Aufstände im Gulag, Rückständigkeit in Wirtschaft und Technik, militärische Unterlegenheit, außenpolitische Probleme in Korea, Deutschland, Österreich, im Nahen Osten und in Afrika zeugten davon, dass die Politik ihre Prioritäten und Instrumente überdenken musste, sollte die Herrschaft der Kommunistischen Parteien von Dauer sein. In dieser Konstellation, so der Konsens unter der sowjetischen Führung, bedurfte es nach wie vor der Sicherheitsapparate als Schild und Schwert. Allerdings musste die Parteiführung sicherstellen, dass die Sicherheitsapparate die übergeordneten politischen Ziele wie die gesellschaftliche Mobilisierung, den wirtschaftlichen Aufschwung sowie den Fortschritt der kommunistischen Weltbewegung nicht durch Terror, Autodestruktion und Personenkult im Inneren konterkarierten.[43] Unklar blieb, wie viel Handlungsfreiheit die neue Politik den unteren Parteigliederungen oder der Gesellschaft lassen konnte, ohne die eigenen Ziele zu gefährden. Dieser Balanceakt war dafür verantwortlich, dass das Ausmaß der Auseinandersetzung mit der Vergangenheit und über die Kompetenzen und Instrumente der Sicherheitsdienste umstritten blieben. Auf dem XX. Parteitag der KPdSU 1956 ging Chruščev in seiner Abrechnung mit Stalin viel weiter, als es eine Minderheit um Vjačeslav Molotov für opportun hielt. Dabei beschränkte sich Chruščev darauf, persönliche Schwächen Stalins, Berijas und ihres engsten Umfelds für die Massenverbrechen ab den 1930er Jahren verantwortlich zu machen. Lenins Ära blieb ohnehin außen vor. Chruščevs Vorwürfe gegen Malenkov und Molotov, sich an Stalins Verbrechen beteiligt zu haben, waren nach 1955 ein Mittel im Machtkampf, nicht aber Teil einer Aufarbeitung der Vergangenheit, geschweige denn der Systemkritik. Eine konsequente Auseinandersetzung mit den ideologischen Grundproblemen und den Deformationen des Machtapparats der Partei und der Sicherheitsdienste blieb aus.

Der Kreml stärkte die Aufsichtsfunktion der Staatsanwaltschaft und die Unabhängigkeit der Justiz gegenüber den Organen. Aus den Lagern des Gulag wurden Millionen Menschen entlassen, zunächst allerdings nur wenige Opfer rehabilitiert.[44] Der politischen Führung ging es darum, das innere Imperium der Sicherheitsdienste abzubauen, ohne gänzlich auf willfährige Tschekisten zu verzichten. Berija hatte 1953 MVD und MGB unter dem Dach des MVD zusammengeführt. Im Februar 1954 gründete das Präsidium des Zentralkomitees der KPdSU das *Komitee für Staatssicherheit* (Komitet Gosudarstvennoj Bezopasnosti, KGB), dem alle Aufgaben der eigentlichen Staatssicherheit zugeschlagen waren. Das MVD, das in den 1960er Jahren auf Unionsebene vorübergehend abgeschafft wurde, blieb bis zum Ende der UdSSR eine für die Staatssicherheit zweitrangige Behörde. Zum ersten KGB-Vorsitzenden wurde Ivan Serov (1954–1958) ernannt.[45]

Ein Kollegium und mehrere Stellvertreter sollten gewährleisten, dass sich der KGB-Chef keine eigenen Netzwerke aufbaute. Für die Loyalität der Organe gegenüber der

---

[43] Beschluss ZK-Plenum „Über die verbrecherische Anti-Partei und antistaatlichen Handlungen Berijas“, 7.7.1953, in: V. Naumov, Ju. Sigačev (Hg.): Lavrentij Berija. 1953. Stenogramma ijul'skogo plenuma CK KPSS i drugie dokumenty. Moskva 1999, S. 365–373, hier S. 369.

[44] Zur Rehabilitierung zwischen 1953–1993 Arsenij Roginskij, Elena Žemkova: Empathie und Indifferenz. Die Rehabilitierung der Opfer, in: OSTEUROPA, 11–12/2017, S. 97–123.

[45] V.Ju. Afiani (Hg.): „Čestno služit' partii“. Postanovlenie Prezidiuma CK KPSS ob obrazovanii KGB pri Sovete Ministrov SSSR. 1954 g., in: Istoričeskij archiv, 3/2002, S. 3–28.

neuen kollektiven Führung sollten in die Parteihierarchie eingebundene Kader sorgen. Weder der KGB-Chef Aleksandr Šelepin (1958–1961) noch Vladimir Semičastnyj (1961–1967) wurden Mitglied des Präsidiums des ZK oder gar des Politbüros. In den 1960er Jahren verbesserte der KGB seine Statur und seine Akzeptanz, damit gewann auch die Verflechtung von Partei und Sicherheitsapparat eine neue Qualität, Kadertransfers verstärkten amtsübergreifende Netzwerke. Die Unterordnung der Organe unter die Partei wurde schrittweise durch eine Symbiose von Partei- und Sicherheitsapparat abgelöst. Ab 1973 war der KGB-Vorsitzende Jurij Andropov Mitglied des Politbüros. Auch seine Nachfolger Viktor Čebrikov (1982–1988) und Vladimir Krjučkov (1988–1991) schafften 1985 und 1989 den Sprung ins politische Machtzentrum. Die KGB-Chefs hatten wesentlichen Anteil an der Formulierung der Politik, die ihre Behörde umzusetzen hatte. Ab 1978 unterstand der KGB nicht mehr dem Ministerrat.

Neues Personal wurde primär aus der Partei, dem Komsomol und den diversen Räten rekrutiert. Es handelte sich primär um Russen und Ukrainer. Die Berichte von Parteizellen im KGB sowie die Entscheidungshoheit der Partei über die Besetzung wichtiger Posten im KGB sollten sicherstellen, dass die „unmittelbare Führung und Kontrolle" des KGB bei der Parteispitze blieb.[46] Spätestens ab den 1960er Jahren trugen größere finanzielle Anreize dazu bei, dass sich die KGB-Mitarbeiter als elitäre Stützen und Vertreter des Parteistaats verstanden.

Verschiedene Mitglieder der Parteispitze versuchten sich in Machtkämpfen der Bataillone des KGB zu bedienen und stellten ihm im Gegenzug mehr Macht und Ressourcen in Aussicht. 1964 wirkte KGB-Chef Semičastnyj am Sturz Chruščevs durch Leonid Brežnev mit, 1991 gehörte der KGB-Vorsitzende Vladimir Krjučkov dem „Notstandskomitee" an, das gegen Michail Gorbačev putschte.

Nach 1954 verschmolzen in der Wahrnehmung der Dienste angesichts des behaupteten sozialistischen Fortschritts die Kommunistische Partei und der sozialistische Staat als Angriffsziel äußerer und innerer Feinde. International waren der kapitalistische Westen, allen voran die USA, der Hauptfeind, der vermeintlich mit allen Mitteln einschließlich der Unterstützung sowjetischer Verräter, Kollaborateure und Kritiker an der Zersetzung der Sowjetmacht arbeitete. Die Auseinandersetzungen mit Beijing traten dahinter zurück; über die geheimdienstliche Dimension dieser Konkurrenz ist kaum etwas bekannt.[47]

Im Innern richtete sich der Fokus des KGB weniger auf die klassischen Felder Gegenspionage und Spionageabwehr als vielmehr auf eine breite Palette politisch und gesellschaftlich unerwünschten Verhaltens. So führte der KGB ab 1966 Ermittlungen wegen angeblicher „Diffamierung" von Staat und Gesellschaftsordnung (Art. 190-1 StGB RSFSR). Eine neue Fünfte Verwaltung nahm ab 1967 „ideologische Diversion" ins Visier. Direktiven von 1972 zählten Maßnahmen gegen Künstler, Dissidenten, „nationalen Revisionismus", „zionistische Elemente" etc. auf.[48] Eine „Gefahr" stellten vermeintlich

---

[46] Verordnung über KGB, 9.1.1959, in: Kokurin, Lubjanka [Fn. 7], S. 693–698, hier S. 696. – Aufzeichnung Serov an ZK KPSS über die Tätigkeit des KGB, Juni 1957, ebd., S. 688–692, hier S. 689.

[47] Dazu Filip Kovacevics Blog, <www.wilsoncenter.org/person/filip-kovacevic>.

[48] Kokurin, Petrov (Hg.), Lubjanka [Fn. 7], S. 166–168. – Beschluss Politbüro Nr. P47/97 „Über die Gründung einer selbständigen (fünften) Verwaltung im KGB zur Organisation der Abwehrtätigkeit im Kampf gegen die ideologische Diversion des Gegners", 17.7.1967, ebd., S. 711–714. – A.I. Kolpakidi (Hg.): Ėnciklopedija sekretnych služb Rossii. Moskva 2003, S. 345.

auch unangepasste Jugendliche dar, Hippies und Heavy Metal-Fans sowie alle Formen von „Kommerzialisierung“ und „Amerikanisierung“.[49]

Frühere Opfer stalinistischer Repressionen standen in den 1970er Jahren noch unter Generalverdacht.[50] Wer Bürger- und Menschenrechte einforderte, sich für Umweltschutz engagierte, nationale Rechte, Arbeiterrechte, religiöse Freiheit oder das Recht auf Ausreise in Anspruch nehmen wollte, beteiligte sich in den Augen des KGB an bösartigen Verschwörungen antisowjetischer Elemente, imperialistischer Hintermänner und nationalistischer Exil- oder „Bandera“-Zentren.[51]

Unter Vorsitz von Jurij Andropov (1967–1982) wurden Spionage und Abwehraktivitäten des KGB verzahnt. Ein Grund waren die Auslandskontakte sowjetischer Bürger, die nach der Unterzeichnung der Schlussakte der Konferenz über Sicherheit und Zusammenarbeit in Europa (KSZE) in Helsinki 1975 zunahmen und die der KGB als gefährlich erachtete.[52]

Bis 1991 reproduzierten die KGB-Mitarbeiter ungeachtet ihrer vergleichsweise guten Bildung in ihren innen- und außenpolitischen Lageanalysen eher stereotype Feindbilder, als dass sie reale Situationen erfassten und Perspektiven ergründeten. Gerade Andropov trug mit seinem dichotomen Weltbild zur Verhärtung der sowjetischen Innen- und Außenpolitik bei. Bezeichnenderweise griff der letzte KGB-Vorsitzende, Vladimir Krjučkov, noch im Juni 1991 vor dem Obersten Sowjet auf KGB-Einschätzungen von 1977 zurück, als er über die Unterwanderung der UdSSR durch Feinde aus dem In- und Ausland schwadronierte.[53]

Die Vorstellung, dass hinter allen möglichen Problemen in Politik, Wirtschaft und Gesellschaft „Feinde“ stünden, die vom KGB bekämpft werden müssten, führte in der Ära Andropov zu einer enormen Zunahme und Ausdifferenzierung von Kompetenzen. Der Dienst gewann Zuständigkeit in den Bereichen Ideologie, Administration und Wirtschaft. Der Personalbestand und das Budget stiegen rasant an. Im Sommer 1991 standen nach Angaben des letzten KGB-Vorsitzenden 490 000 Personen in Diensten des KGB. Bei der Kaderauswahl blieb die Loyalität zur Partei, Staat und Dienst wichtiger als die fachliche Qualifikation. Die Zahl der Informanten betrug unterschiedlichen Schätzungen zufolge in den 1980er Jahren „bis zu 2,9 Millionen Zuträger“ bzw. „nicht weniger

---

– Wladimir Bukowski: Abrechnung mit Moskau. Das sowjetische Unrechtsregime und die Schuld des Westens. Bergisch Gladbach 1996, S. 148–149.

49 Sergei I. Zhuk: KGB special operations, cultural consumption, and the youth culture in Soviet Ukraine, 1968–1985, in: Olga Bertelsen (Hg.): Russian active measures. Yesterday, today, tomorrow. Stuttgart 2021, S. 61–92.

50 Brief ZK KPSS „Über die Verstärkung politischer Arbeit der Parteiorganisationen unter den Massen und die Unterbindung von Ausfällen antisowjetischer feindlicher Elemente“, 19.12.1956, in: A. Artizov u.a. (Hg.): Reabilitacija: kak ėto bylo. Fevral' 1956–načalo 80-ch godov. Moskva 2003, S. 208–214, hier S. 213. – Protokoll Politbüro, 7.1.1974, in: A. Korotkow u.a. (Hg.): Akte Solschenizyn. 1965–1977. Geheime Dokumente des Politbüros der KPdSU und des KGB. Berlin 1994, S. 344–358, hier S. 345.

51 Stefanie Babst: Opposition und Dissens in der Sowjetunion, Diss. Kiel 1991, S. 131f., S. 154ff. – Simon Miles: The problems of perestroika: The KGB and Mikhail Gorbachev's reforms, in: Slavic Review, 4/2021, S. 816–838, hier S. 830.

52 Sanshiro Hosaka: Repeating history: Soviet offensive counterintelligence active measures, in: International Journal of Intelligence and Counterintelligence 3/2022, S. 429–458.

53 Vladimir Krjučkov: Ličnoe delo, 2 Bände. Moskva 1996, Bd. 2, S. 387ff.

als 4,5–5 Millionen". Das wären rund ein bis vier Prozent der damaligen Gesamtbevölkerung der Sowjetunion gewesen.[54]

Neben Spionage und politischer Überwachung befasste sich der KGB in der späten Sowjetunion auch mit Reaktorsicherheit, Satellitenbau, Ausreisebewilligungen, Grenzsicherung, Terrorismus, Korruption, dem Schutz von Industrieanlagen und wichtiger Verkehrsinfrastruktur, Umweltschutz, Außenhandel, Energiewirtschaft und Währungsgeschäften. Daneben kontrollierte der KGB weiterhin die Armee – inklusive dem Militärgeheimdienst GRU – und das Innenministerium. Schließlich übernahm der Sicherheitsapparat alle Arten von Sonderaufgaben im Ausland, vom Aufbau vertraulicher Kanäle nach Washington und Bonn über die Finanzierung ausländischer Kommunistischer Parteien bis zu Spezialeinsätzen in Afghanistan, Mordanschlägen gegen Emigranten und Regimekritiker im Ausland und Hilfen für palästinensische Gruppen.

1990 erhielt der KGB eine Abteilung zur Bekämpfung der organisierten Kriminalität, 1991 eine andere zum Kampf gegen Wirtschaftssabotage.[55] Wirtschaftliche Erfahrungen sammelten Tschekisten als stille Teilhaber in ersten Joint Ventures, die während der Perestrojka gegründet wurden oder bei der Abwicklung verdeckter Devisentransfers zugunsten der Partei. Beides erlaubte es ihnen, Verbindungen in die spätsowjetische sowie die internationale Wirtschafts- und Finanzwelt aufzubauen und sich Barreserven zu sichern.[56] In Zeiten des wirtschaftlichen Umbruchs waren die Grenzen zwischen der Bekämpfung der organisierten Kriminalität und der Kooperation mit ihr fließend.

Der KGB konnte sich auf die Zuarbeit zahlreicher staatlicher, gesellschaftlicher, wissenschaftlicher und wirtschaftlicher Einrichtungen stützen, von der Fluggesellschaft *Aėroflot* bis zur Zensurbehörde *GlavLit*, von Anwaltskollegien bis zum *Rat für religiöse Angelegenheiten* beim Ministerrat. Die sogenannte „aktive Reserve" verzahnte der KGB mit dem bürokratischen und gesellschaftlichen Umfeld. Auch wenn die Definition dieser Gruppe schwierig ist, so ist klar, dass es Personen jenseits des KGB gab, die auch ohne offene Bindung an den Dienst im Sinne der Tschekisten agierten: Evgenij Pitovranov etwa, der von 1966 bis 1983 als stellvertretender Vorsitzender und von 1983–1988 als Vorsitzender des Präsidiums der sowjetischen Industrie- und Handelskammer fungierte, hatte seit den späten 1930er Jahren im KGB und seinen Vorläuferorganisationen gearbeitet und blieb stets in engem Kontakt zu dem Dienst. Auch Vladimir Putin war bis Ende 1991 als aktiver Reservist im Team des Vorsitzenden des Leningrader Stadtsowjets und späteren Petersburger Bürgermeisters Anatolij Sobčak tätig.

Seit Ende der Stalinära griff die Staatssicherheit nicht mehr zu Massenterror, wohl aber weiter zu einer möglichst flächendeckenden Überwachung sowie zu harten Repressionen gegen Individuen und einzelne Gruppen. Der technologische Fortschritt eröffnete neue Chancen, die Gesellschaft zu kontrollieren. Anfang der 1970er Jahre wurden

[54] Wadim Bakatin: Im Innern des KGB. Frankfurt/Main 1993, S. 60–61. – Yevgenija Albats: KGB. State within a state. London 1995, S. 23–24, S. 67–68. – Amy Knight: The KGB. Police and politics in the Soviet Union. Rev. ed. Boston 1990, S. 159. – Victor Yasmann, Vladislav Zubok: The KGB documents and the Soviet collapse, Part II. Washington 2006, S. 5.

[55] Miles, The problems [Fn. 51], S. 831–833.

[56] Sanshiro Hosaka: Chekists penetrate the transition economy. The KGB's self-reforms during perestroika, in: Problems of Post-Communism, 2022, DOI: 10.1080/10758216.2022.2077219

Datenbanken für die Abwehr entwickelt (Fregat, ESIOK). 1981 ging eine gemeinsame Datenbank der sozialistischen Geheimdienste (SOUD) in Betrieb.[57]

In der Gegnerbekämpfung waren den operativen Maßnahmen der Inlands- und Auslandsapparate des KGB eher durch die mangelnde Phantasie der Mitarbeiter Grenzen gesetzt als durch Recht und Moral. Desinformation, falsche Anschuldigungen und Gewalt dienten der Diskreditierung, Einschüchterung und Korrumpierung vermeintlicher Gegner oder „Quellen". In der sogenannten „prophylaktischen Arbeit" ließ den KGB ab 1972 unliebsamen Bürgern offiziell „schriftliche Warnungen" zukommen.[58] Wie das Vorgehen gegen Aleksandr Solženicyn sowie die Überwachung von Brief- und Telefonverbindungen demonstrierte, stand der KGB über dem Gesetz – oder er initiierte selbst passende Strafartikel wie den genannten Art. 190-1 StGB RSFSR über „Diffamierung" von Staat und Gesellschaftsordnung.[59] Justiz und Staatsanwaltschaft suchten eher die Zusammenarbeit mit den mächtigen Tschekisten, als dass sie eigenständige Positionen bezogen. Auf Wunsch des KGB wurde per Gerichtsbeschluss auch die Psychiatrie als Instrument gegen politisch Andersdenkende missbraucht. Wünschte der KGB die Verurteilung von Andersdenkenden zu langjährigen Haftstrafen, konnte er sich auf die Justiz verlassen.

Angesichts struktureller Wirtschaftsprobleme, eines wachsenden technologischen Rückstands gegenüber den USA bei gleichzeitiger außenpolitischer Überdehnung der Sowjetunion änderte Generalsekretär Michail Gorbačev ab 1985 mit seiner Reformpolitik der Perestrojka im Inneren und des *Neuen Denkens* in der Außenpolitik die Rahmenbedingungen des KGB. Partei und KGB erwarteten, dass die Reformen den sozialistischen Staat und den Weltmachtstatus der UdSSR sichern und stärken würden. Gegen eine Destabilisierung durch die Reformen sollten, so das Kalkül, die Instrumente des KGB Anwendung finden. Daneben baute der Dienst Kontakte in die neuen Volksvertretungen auf, um über persönliche Verbindungen und gezielte Informationspolitik zu verhindern, dass Außenstehende tiefere Einblicke in den Apparat erhielten.[60] Allerdings führte Gorbačevs Politik der Modernisierung und Öffnung zur Erosion der traditionellen politischen Ordnung und damit auch zur Unterminierung der Legitimität des Einsatzes der Zwangsmittel des KGB.[61] Die von der neuen Politik in Gang gesetzte gesellschaftliche und nationale Dynamik zermürbte letztlich das gesamte Gefüge der UdSSR. Konservative Kräfte in Partei und Sicherheitsapparat, die sich der Entwicklung im August 1991 mit dem Putsch gegen Gorbačev entgegenstellen wollten, scheiterten

---

[57] Evgenia Lezina: Dogma versus progress. KGB's technological and scientific (in-)capacities from the 1960s to the 1980s, in: Rüdiger Bergien u.a. (Hg.): Intelligence agencies, technology and knowledge production. Data processing and information transfer in secret services during the cold war. London 2022, S. 37–64. – Joshua Sanborn: Cybernetics and surveillance: The secret police enter the computer age, in: Kritika, 3/2022, S. 605–628.

[58] Kokurin, Petrov (Hg.), Lubjanka [Fn. 7], S. 166–168.

[59] Aktenvermerk KGB und Staatsanwaltschaft, Andropov und Rudenko, 27.3.1972, in: Korotkow, Meltschin, Stepanow (Hg.), Akte Solschenizyn [Fn. 49], S. 229–231. – Benjamin Pinkus, The Soviet Regime vs. Anatolij Shcharansky. A New Soviet documentation, in: Shvut, 6/1997, S. 124–149.

[60] Sanshiro Hosaka: Perestroika of the KGB: Chekists penetrate politics, in: International Journal of Intelligence and Counterintelligence, 2022, S. 7–20, DOI: 10.1080/08850607.2022.2074810.

[61] Miles, The problems [Fn. 51], S. 824.

kläglich.[62] Bezeichnenderweise fanden die dürftigen programmatischen Inhalte des sogenannten Notstandskomitees, zu dem auch der KGB-Vorsitzende Krjučkov gehörte, kaum Rückhalt in den zerrütteten Machtstrukturen. Es war symptomatisch, dass Sondereinsatzkräfte des KGB nicht mehr bereit waren, den Widerstand des kurz zuvor gewählten russländischen Präsidenten Boris El'cin zu brechen.
Zwei Monate später wurde der sowjetische KGB aufgelöst, Ende 1991 die Sowjetunion. Nun kam in allen Nachfolgestaaten der Zeitpunkt, Aufgaben und Kompetenzen der Staatssicherheit zu überdenken. Als Teil der Demokratisierung ihres politischen Systems unterstellten die Balten ihre Dienste parlamentarischer und rechtsstaatlicher Kontrolle. In Zentralasien, Belarus und Russland konnten die Sicherheitsdienste ihre starke Stellung bewahren. Darin spiegeln sich die autoritären Strukturen der Macht.

Transformation und Kontinuität: von El'cin zu Putin

Die Geschichte der russländischen Dienste begann im Mai 1991, als Boris El'cin, damals noch Vorsitzender des Obersten Sowjets der RSFSR, eigene KGB-Strukturen in der RSFSR aufbaute. Anfang Oktober 1991 erklärte er den neu gegründeten Dienst zum Rechtsnachfolger des KGB auf dem Gebiet der RSFSR und führte diverse Veränderungen durch.[63] Als dauerhaft erwiesen sich die behördliche Trennung des Inlands- und des Auslandsgeheimdienstes, die Eigenständigkeit von Personen- und Objektschutz (FSO sowie GUSP), die Zentralisierung der Zuständigkeiten sowie die anhaltende Konkurrenz verschiedener Behörden. Hier agierten bzw. agieren teils altbekannte Konkurrenten wie der GRU und der MVD, teils neue wie das Ermittlungskomitee, die Anti-Drogen-Behörde (FSKN), die 2016 ins Innenministerium integriert wurde, sowie die 2016 gegründete Nationalgarde. Bürokratische Vielfalt ist ein Instrument der politischen Führung, die eigene Position gegen Machtambitionen aus den Kreisen der Dienste abzusichern.
El'cin und seine Umgebung waren sich Anfang der 1990er Jahre bewusst, dass kein neuer Staat zu machen war, wenn sie im Bereich der Staatssicherheit an überkommenen Strukturen und Werten festhielten: „Das System der Organe von WTschK-OGPU-NKWD-MGB-KGB-MB [. . .] hat sich als nicht reformierbar erwiesen", äußerte El'cin 1993.[64] Doch einen Neuanfang verhinderte die fehlende Bereitschaft, sich umfassend und kritisch mit den Verbrechen und Defiziten der sowjetischen Geheimdienste von der Gründung der Tscheka bis zum Putschversuch 1991 auseinanderzusetzen. Krjučkov wurde im Dezember 1992 aus der Haft entlassen, im Mai 1994 amnestiert. Ende der 1990er Jahre kam Andropov wieder zu offiziellen Ehren.
Für die weitere Entwicklung war ausschlaggebend, dass El'cin in den Sicherheitsdiensten wichtige Instrumente zum Machterhalt und zur Verteidigung seiner Privilegien und der seiner Familie erblickte. Das besondere Potenzial der Sicherheitsapparate wurde im Oktober 1993 offensichtlich. Im Konflikt mit dem Obersten Sowjet ließ El'cin das

---

[62] Ignaz Lozo: Der Putsch gegen Gorbatschow und das Ende der Sowjetunion. Köln u.a. 2014. – Jerry F. Hough: Democratization and revolution in the USSR, 1985–1991. Washington 1997, S. 396–446.
[63] Amy Knight: Spies without cloaks. The KGB successors. Princeton 1996.
[64] Walther, Russlands „neuer Adel" [Fn. 4], S. 53.

Parlamentsgebäude, das Weiße Haus, stürmen. Sonderkräfte des Sicherheitsministeriums (MB) zögerten zunächst, sich auf El'cins Seite zu schlagen, spielten dann aber doch eine wichtige Rolle zugunsten des Präsidenten.

Aus Sicht der russländischen Führung gab es Anfang der 1990er Jahre personalpolitisch keine Alternative zu den sowjetischen Sicherheitsexperten, die damit die neuen, noch fluiden Strukturen mit Leben füllten.[65] Während des Umbruchs und der Konsolidierung in Russland überlagerten sich individuelle Verbindungen und geteilte korporative Interessen von Vertretern aus Politik, Wirtschaft und Sicherheitsapparaten. So übte etwa der Leiter von El'cins Leibwache, Aleksandr Koržakov, jahrelang ein überproportional starken Einfluss auf die hohe Politik aus.[66] Der seit Mitte 1998 als Direktor des FSB amtierende Vladimir Putin empfahl sich 1999 für höhere Aufgaben, nachdem er durch die Veröffentlichung kompromittierender Sex-Aufnahmen den Sturz von Generalstaatsanwalt Jurij Skuratov in die Wege geleitet hatte; dieser war durch Ermittlungen zu Korruption, Schwarzgeld und Devisenschiebereien der El'cin-Familie zu nahe gekommen. Der unaufhaltsame Aufstieg des Vladimir Putin in zweieinhalb Jahren vom KGB-Offizier über die Position des stellvertretenden Leiters der Präsidialadministration, FSB-Vorsitzenden, Sekretärs des Sicherheitsrats, Ministerpräsidenten zum Präsidenten Russlands, der vom El'cin-Clan ausgewählt und designiert wurde, legte die Machtstrukturen und das Herrschaftssystem im Lande offen. Die Wurzeln der „FSBisierung Russlands", von der Beobachter bereits in Putins erster Amtszeit als Präsident sprachen, lagen in den 1990er Jahren – mit allen Gefahren für gesellschaftliche Freiheiten, innenpolitische Demokratisierung und internationale Beziehungen.[67]

Tatsächlich entwickelte sich der FSB seit seiner Gründung 1995 und insbesondere seit Putins Amtsantritt zum mächtigsten Sicherheitsapparat – auch wenn er bis heute nicht die weiten Kompetenzen hat wie der KGB ab den 1960er Jahren.[68] Im März 2003 schlug Putin dem FSB Teile der damaligen Agentur für Regierungskommunikation und -information (FAPSI) zu, die für elektronisches Abhören, die Überwachung des Internets sowie die elektronische Stimmauszählung zuständig gewesen war. Auch die Kompetenzen für den Grenzschutz, für den vorübergehend eine eigene Behörde zuständig war, wurden

[65] Aaron Bateman: The political influence of the Russian security services, in: The Journal of Slavic Military Studies, 3/2014, S. 380–403, hier S. 387–389.

[66] Aaron Bateman: The KGB and its enduring legacy, in: The Journal of Slavic Military Studies 1/2016, S. 23–47, hier S. 42–43. – Amy Knight: The enduring legacy of the KGB in Russian politics, in: Problems of Post-Communism 4/2000, S. 3–15, hier S. 7–9.

[67] Eberhard Schneider: Die FSBisierung Russlands? Russland-Analysen 78/2005, S. 2–5. – Zur Chronologie und der Struktur des FSB: Julie Anderson: The Chekist takeover of the Russian state, in: International Journal of Intelligence and Counterintelligence 2006, S. 237–288. – David W. Rivera, Sharon Werning Rivera: Is Russia a Militocracy? Conceptual Issues and Extant Findings Regarding Elite Militarization, in: Post-Soviet Affairs, 1/2014, S. 27–50. – Catherine Belton: Putin's People. How the KGB Took Back Russia and then Took on the West. London 2021. – Andrei Soldatov, Irina Borogan: The New Nobility. The Restoration of Russia's Security State and the Enduring Legacy of the KGB. New York 2010. – Edward Lucas: The new cold war: Putin's threat to Russia and the West. Basingstoke 2014. – Walther, Russlands „neuer Adel" [Fn. 4].

[68] Bateman, The KGB [Fn. 66], S. 42–43. – Knight, Spies [Fn. 63]. – Joseph L. Albini, Julie Anderson: Whatever happened to the KGB? In: International Journal of Intelligence and Counterintelligence 1/1998, S. 26–56. – Evgenia Lezina: Dismantling the state security apparatus. Transformation of the Soviet state security bodies in post-Soviet Russia, in: CEVRO (Hg.): Memory of nations. Democratic transition guide. Prague 2017, S. 7–14.

2003 dem FSB übertragen. Dies erhöhte die paramilitärische Schlagkraft des FSB, der zuvor nur über die Spezialtruppen *Al'fa* und *Vympel* verfügt hatte.[69] Durch die neuen Bereiche stieg die Mitarbeiterzahl deutlich an: von etwa 80 000 bis 130 000 Ende der 1990er Jahre auf ca. 350 000 zehn Jahre später.[70] Andere Schätzungen gehen von rund 200 000 Angehörigen aus, davon gut die Hälfte bei den Grenztruppen.[71] Der Anteil des FSB an den unter Präsident Putin rasant steigenden Ausgaben für die Sicherheitsdienste – absolut und im Verhältnis zum Militärbudget – muss erheblich sein, ohne dass er sich konkretisieren ließe.[72]

Bereits in den späten El'cin-Jahren, vor allem aber unter Putin befreite sich der FSB von jeglicher Kontrolle, der er zunächst unterworfen werden sollte. Eine effektive Kontrolle durch die Duma hatte bereits El'cin verhindert. Die formale amtliche Aufsicht obliegt der Präsidialadministration, doch diese bleibt mangels Zugang zu Informationen zahnlos, zumal sie dem FSB ideell und personell nahesteht. Die formale Kontrollbefugnis der Staatsanwaltschaft ist durch exzessive Rechte, die der FSB auf Geheimhaltung besitzt, gegenstandslos.[73]

Gerichte einschließlich des Verfassungsgerichts können und wollen dem FSB keine Grenzen mehr ziehen. Immer mehr FSB-Instanzen können Verfassungsrechte jedes Bürgers suspendieren.[74] Richterämter sind auf Zeit besetzt. Der FSB nimmt direkt Einfluss auf die Zusammensetzung der Kammern und deren Zuständigkeit, häufig gibt es persönliche, familiäre Verflechtungen. Das sorgt dafür, dass die Gerichte in der Regel die Vorwürfe des Dienstes übernehmen, unabhängig davon, ob sie begründet oder konstruiert sind.[75] Davon zeugten bereits in den 1990er Jahren und der ersten Hälfte der 2000er Jahre Verfahren wie das gegen den Umwelt-Journalisten Grigorij Pas'ko, gegen Wissenschaftler wie Valentin Danilov und Igor' Sutjagin, gegen den FSB-„Renegaten" Michail Trepaškin und gegen Michail Chodorkovskij.[76] Nach den Protesten gegen die Fälschungen bei der Dumawahl 2011 und Putins Rochade mit seinem Amtsnachfolger Dmitrij Medvedev, die ihn 2012 zurück ins Präsidentenamt brachte, nahmen die Verurteilungen in politischen Strafsachen von 2013 bis 2015 nahezu um das Doppelte zu,

---

[69] Mark Galeotti: Russian security and paramilitary forces since 1991. Oxford 2013, S. 34–43.

[70] Lezina, Dismantling [Fn. 67].

[71] Soldatov, The new nobility [Fn. 68], S. 3. – FSB, 2020, <https://fsb.dossier.center/ number/> – Marija Volodina: „Proekt": Raschody na silovikov i ich čislennost' rastut. Snob, 19.2.2020.

[72] Nikolay Petrov, Michael Rochlitz: Control over the security services in periods of political uncertainty: A comparative study of Russia and China, in: Russian politics 4/2019, S. 546–573, hier S. 553 und 555.

[73] Andrei Soldatov, Michael Rochlitz: The siloviki in Russian politics, in: Daniel Treisman (Hg.), The New Autocracy. Information, Politics, and Policy in Putin's Russia. Basingstoke 2018, S. 83–108, hier S. 87. – Soldatov, The new nobility [Fn. 67], S. 176.

[74] Soldatov, The new nobility [Fn. 67], S. VII.

[75] Maria Shklyaruk: In dubio pro quo? Freispruchquote und Rechtsstaat in Russland, in: OSTEUROPA, 9–10/2017, S. 51–58.

[76] Zum Fall Pas'ko: Jens Siegert: Ökoheld oder Vaterlandsverräter? Der Fall Pas'ko. Ein Lehrstück über Russlands defekten Rechtsstaat, in: OSTEUROPA, 4/2002, S. 405–418. – Zum Fall Sutjagin: Grigorij Pas'ko: Der Spion, der keiner war. Der Fall Sutjagin ist nicht beendet, in: OSTEUROPA, 1/2005, S. 91–102. – Zum Fall Chodorkovskij: Otto Luchterhandt: Rechtsnihilismus in Aktion. Der Jukos-Chodorkovskij-Prozeß in Moskau, in: OSTEUROPA, 7/2005, S. 7–37. – Ders.: Verhöhnung des Rechts. Der zweite Strafprozess gegen Michail Chodorkovskij und Platon Lebedev, in: OSTEUROPA, 4/2011, S. 3–42.

wenngleich die absoluten Zahlen im Vergleich mit den (post-)stalinistischen Zeiten auf sehr niedrigem Niveau blieben.[77]

Seit 2012 wurden kritische Medien selbst mit einer geringen Reichweite systematisch ausgeschaltet. Proteste gegen Maßnahmen des FSB wurden sofort unterbunden und erscheinen den meisten Menschen als aussichtslos. Die öffentliche Mitsprache in Kammern und Räten, die ab 2005 als vermeintliche Dialogforen zwischen dem FSB und Gesellschaft eingerichtet worden waren, dienen nur der Inszenierung von Legitimität. Meinungsumfragen zufolge hat die Mehrheit der Bevölkerung an einem tschekistischen Hintergrund der führenden Politiker nichts auszusetzen.[78]

In der institutionellen Landschaft gewann der FSB durch Aufgabenteilung und Kadertransfers indirekten Einfluss auf die anderen *silovye struktury*, also die innen- und außenpolitischen Gewaltapparate: Durch „Beratung“ des Immigrationsdienstes lassen sich Abschiebungen organisieren. Von 2003 bis 2012 stand mit Rašid Nurgaliev ein FSB-General dem Innenministerium (MVD) vor. Der ehemalige stellvertretende FSB-Chef Viktor Čerkesov war von 2003–2008 Leiter der Anti-Drogen-Behörde. Das Verteidigungsministerium leitete von 2001 bis 2007 Sergej Ivanov, den Putin 1999 als FSB-Direktor zu seinem Stellvertreter gemacht hatte; von 2011 bis 2016 leitete er die Präsidialverwaltung. Den Vorsitz des 2007 gegründeten Anti-Terror-Komitees hat qua Amt der FSB-Direktor inne.

Das traditionelle Instrument der aktiven Reserve wird bis heute genutzt, als *apparat prikomandirovannych sotrudnikov* (Apparat der beigeordneten Mitarbeiter, APS).[79] 2007 trat Boris Bojarskov, Ex-KGB-Offizier und „FSB-Offizier der aktiven Reserve“, an die Spitze des neuen *Föderalen Dienstes zur Aufsicht über Massenkommunikation und zum Schutz des Kulturerbes*.[80] Mit der Zerschlagung des privaten Ölunternehmens *Jukos* übernahmen Gefolgsleute Putins mit tschekistischem Hintergrund Wirtschaftsunternehmen im Energie- und Bankensektor oder in der Verkehrs- und Kommunikationsbranche: so Igor' Sečin im Jahr 2012 *Rosneft'*, Vladimir Jakunin die Eisenbahngesellschaft RŽD (2005–2015) oder Sergej Ivanov 2015 *Rostelekom*. Unter Putin verband sich der FSB nicht nur mit dem bürokratischen Machtapparat, sondern auch mit Großunternehmen aus Industrie und Finanzwesen, die als interessant für den Staat galten und lukrative Posten boten.[81]

Insgesamt sind in den Macht- und Führungsapparaten Russlands (ehemalige) Angehörige aus den Sicherheitsdiensten und insbesondere aus KGB und FSB repräsentiert, jedoch keineswegs exklusiv. Angaben darüber, wie hoch ihr Anteil an den Führungspositionen ist, variieren je nach Erfassungs- und Berechnungsmethode. Zudem beziehen sich

---

[77] Anderson, The Chekist takeover [Fn. 66], S. 244. – Timothy Frye: Weak strongman. The Limits of power in Putin's Russia. Princeton 2022, S. 115–118. – Margareta Mommsen, Angelika Nußberger: Das System Putin. München 2007, S. 98–110. – Ella Paneyakh, Dina Rosenberg: The courts, law enforcement, and politics, in: Treisman, The New Autocracy [Fn. 73], S. 217–247, hier S. 238.

[78] Begriff von Anna Politkovskaja, zit. nach John Sweeney: Der Killer im Kreml. Intrige, Mord, Krieg. München 2022, S. 123. – Lezina, Dismantling [Fn. 68], S. 14. – Taylor, State building [Fn. 4], S. 234, 238–240.

[79] Soldatov, Borogan, The new nobility [Fn. 67], S. 28–32.

[80] Walther, Russlands „neuer Adel“ [Fn. 4], S. 124.

[81] Daniel Treisman: Putin's silovarchs, in: Orbis 1/2007, S. 141–153. – Ian Bremmer, Samuel Charap: The Siloviki in Putin's Russia: Who they are and what they want, in: The Washington Quarterly, 1/2007, S. 83–92, hier S. 87–88.

derartige Angaben in der Regel auf alle *Siloviki*, also auf Vertreter eines Dutzends Behörden, zu denen neben den Sicherheitsdiensten das Innenministerium, das Verteidigungsministerium, die Migrationsbehörde und die Nationalgarde gehören. Die Schätzungen über den Anteil der *Siloviki* belaufen sich auf 20 bis 30 Prozent (2008/2018). In der Präsidialadministration wurden 2018 13 Prozent der Führungspositionen von Angehörigen der Sicherheitsdienste besetzt.[82] In Führungspositionen von Außenministerium und Ausschüssen der Duma mit einem außenpolitischen Profil waren 2015 rund zehn Prozent Ex-Geheimdienstler.[83] Während der Präsidentschaft von Dmitrij Medvedev 2008–2012 gingen diese Zahlen vorübergehend zurück.

Doch die bloßen Zahlen oder einzelne Karrieren sagen wenig über das Gesamtphänomen aus. Die Vorstellung, es habe einen Masterplan ehemaliger KGB-Angehöriger zur Durchdringung von Staat und Wirtschaft gegeben, ist teleologisch. Wer so argumentiert, übersieht die Offenheit und Kontingenzen des historischen Prozesses. Dieses Denken weist den Ex-Tschekisten implizit zu viel strategische Weitsicht und gleichzeitig Putin in den zwei Jahrzehnten seiner Herrschaft zu wenig Handlungs- und Gestaltungsmacht zu.[84] Putins viel zitierter Spruch von Dezember 2000 in der Lubjanka, mit seiner Ernennung zu El'cins Nachfolger sei eine tschekistische Operation gelungen, spiegelte sicherlich die Wunschvorstellung vieler Anwesender wider, beschrieb aber keine strategische Operation.[85]

Die *Siloviki* lassen sich über ein gemeinsames Weltbild und geteilte Interessen als Gruppe definieren. Bei der Verjüngung, die in den letzten Jahren auf vielen Leitungspositionen stattgefunden hat, spielten tschekistische Meriten keine Rolle.[86] In Russlands Führungselite haben sich Denk- und Handlungsmuster verfestigt, die „aus den Geheimdiensten kommen", sich aber mittlerweile „ohne die physische Präsenz von Personen aus den Sicherheitsdiensten erhalten und reproduzieren".[87]

Das Weltbild und die persönlichen Dispositionen der *Siloviki* sind geprägt von autoritärem Etatismus, elitärem Selbstbewusstsein und einer bürokratischen Kultur, in der Geheimhaltung und Vorrechte der Exekutive gegenüber der Legislative, der Justiz oder gar

---

[82] Joss I. Meakins: Squabbling siloviki: Factionalism within Russia's security services, in: International Journal of Intelligence and Counterintelligence 2018, S. 235–270, hier S. 250. – David W. Rivera, Sharon Werning Rivera: The Militarization of the Russian Elite under Putin. What We Know, What We Think We Know (but don't), and What We Need to Know, in: Problems of Post-Communism, 4/2018, S. 221–232. – Frye, Weak strongman [Fn. 77], S. 109. – Daniel Treisman: Introduction. Rethinking Putin's political order, in: Treisman, The new autocracy [Fn. 73], S. 1–28, hier S. 3. – Soldatov, Rochlitz, The siloviki [Fn. 73], S. 84, 90. – Brian D. Taylor: From police state to police state? Legacies and law enforcement in Russia, in: Mark R. Beissinger, Stephen Kotkin (Hg.): Historical legacies of communism in Russia and Eastern Europe, Cambridge 2014, S. 128–151. – Taylor, State building [Fn. 4], S. 58–67.

[83] Kimberly Marten: The „KGB state" and Russian political and foreign policy culture, in: The Journal of Slavic Military Studies, 2/2017, S. 131–151, hier S. 138. –Walther, Russlands „neuer Adel" [Fn. 4], hier Namenslisten S. 159–163.

[84] Belton, Putin's people [Fn. 67], S. 152–153, 179. Instruktiv u.a. Chris Miller: Putinomics. Power and money in resurgent Russia. Chapel Hill 2018. – Edwin Bacon, Bettina Renz, Julian Cooper: Securitising Russia. The domestic politics of Putin. Manchester 2006.

[85] Anderson, The Chekist takeover [Fn. 66], S. 238. – Bateman, The political influence [Fn. 65], S. 389–390.

[86] Meakins, Squabbling siloviki [Fn. 82], S. 251–252.

[87] Nikolai Petrov: The elite, in: Russian Politics & Law, 2/2017, S. 115–132, hier S. 123–124. – Soldatov, Rochlitz, The siloviki [Fn. 73], S. 94–96.

der Gesellschaft von zentraler Bedeutung sind. Dazu kommen ein Großmachtbewusstsein und eine antiwestliche Bedrohungswahrnehmung sowie ein ausgeprägtes Interesse an materiellen Privilegien. In der Regel handelt es sich um Männer. Sie sind bereit, in einem System, das privilegierten Zugriff auf wirtschaftliche Ressourcen bietet, Aufstiegschancen so rücksichtslos wie opportunistisch zu nutzen. Sie sehen sich in einem permanenten Nullsummenspiel und setzen im Inneren wie in der Außenpolitik nicht auf Ausgleich und gemeinsame Interessen, sondern darauf, eigene Ziele letztlich mit allen Mitteln durchzusetzen: Bereits 2014 verglichen Kommentatoren das Vorgehen Russlands auf der Krim mit der Logik von Straßenbanden der 1990er Jahre.[88]

Putin ist Produkt, Exponent und Multiplikator dieses Systems. Ablesbar war dies bereits an seiner Millenniumsbotschaft vom 31. Januar 1999 und an den Verlautbarungen nach dem Geiseldrama von Beslan 2004.[89] Die *Siloviki* reagierten harsch auf vermeintliche Bedrohungen. Das zeigen ihr Umgang mit Tschetschenien und anderen Konflikten im Kaukasus in der zweiten Hälfte der 1990er Jahre, die Reaktion auf die sogenannten „Farbrevolutionen" ab 2004, die Proteste gegen Wahlfälschung und Putins Rückkehr ins Präsidentenamt 2011/2012 sowie auf den Euromajdan und den Sturz von Viktor Janukovyč in der Ukraine 2013/2014.

Trotz des homogenen Weltbilds und der korporatistischen Interessen gibt es Richtungs- und Machtkämpfe in den Sicherheitsbehörden und zwischen ihnen und Konflikte um Ressourcen. Für Putin bietet diese Konkurrenz einen Ansatzpunkt, um die eigene Position gegen potenziell gefährliche Machtapparate zu sichern – mitunter auch durch inhaltlich begründbare Umstrukturierungen. Dies geschah nach der Annexion der Krim auf Kosten des FSB.[90] Umgekehrt soll die Führung des FSB ihr tägliches Vortragsrecht bei Putin dazu nutzen, seine Kernüberzeugungen zu bestätigen und sich ins rechte Licht zu rücken.[91] Prallen allerdings, wie etwa 2004 bei Vorstößen tschetschenischer Rebellen nach Inguschetien oder nun in der Ukraine, Putins Wünsche und die Realität aufeinander, lässt sich das als Versagen des FSB darstellen, dessen Konsequenzen die verantwortlichen Mitarbeiter zu tragen haben.[92]

Insgesamt agieren die Mitglieder zentraler Entscheidungszirkel als langjährige Vertraute Putins, weniger als Repräsentanten einer spezifischen Behörde.[93] Für eine individuelle Karriere war und ist ein tschekistischer Hintergrund weder ausreichend, noch garantiert er sie. Auch gibt Putin den Männern aus seinem Umfeld keineswegs immer Rückendeckung, wie personelle Revirements im FSB immer wieder zeigen.

---

[88] Svetlana Stephenson: Gangs of Russia. From the streets to the corridors of power. London 2015, S. 228.

[89] Taylor, State building [Fn. 4], S. 109. – Margareta Mommsen: Das Putin-Syndikat. Russland im Griff der Geheimdienstler. München 2017, S. 39, 48.

[90] Bateman, The political influence [Fn. 65], S. 393. – Bremmer, The siloviki [Fn. 81], S. 86–87. – Marten, The „KGB State" [Fn. 83], S. 140. – Meakins, Squabbling siloviki [Fn. 82]. – Mommsen, Das Putin-Syndikat [Fn. 90], S. 75–86, S. 196–197, S. 203–207. – Taylor, State building [Fn. 4], S. 306–307. – Brian D. Taylor: The code of Putinism. Oxford 2018, S. 42–130. – Peter Reddaway: Russia's domestic security wars. Putin's use of divide and rule against his hardline allies. Cham 2018. – Petrov, Control [Fn. 72]. – Petrov, The elite [Fn. 87], S. 126–127.

[91] Zit nach Meakins, Squabbling siloviki [Fn. 82], S. 258. – Treisman, Introduction [Fn. 81], S. 20–21.

[92] Andrej Soldatow, Christian Esch: „Putin geht gegen Leute aus dem Apparat vor, die er persönlich kennt", in: Der Spiegel, 21.3.2022. – Soldatov, Rochlitz, The siloviki [Fn. 73], S. 90.

[93] Petrov, Rochlitz, Control [Fn. 72], S. 555.

Die Bedeutung persönlicher Loyalität und Zugehörigkeit zu Netzwerken zeigt sich exemplarisch an verlässlichen Exekutoren wie Nikolaj Patrušev, Aleksandr Bortnikov oder Viktor Zolotov. Patrušev arbeitete seit den 1970ern im Leningrader KGB und folgte 1999 Putin als Leiter des FSB. 2008 stieg er zum Sekretär des Sicherheitsrats auf. Bortnikov begann seine Karriere 1975 im KGB und avancierte 2004 zum Stellvertretenden FSB-Direktor, bevor er 2008 Patruševs Funktion als Leiter des FSB übernahm. Zolotov, Angehöriger des KGB-Personenschutzes und Putins Box-Sparringspartner in den 1990er Jahren, wurde nach über zehnjähriger Tätigkeit als Chef des Sicherheitsdienstes des Präsidenten 2014 stellvertretender Innenminister mit Zuständigkeit für die Inneren Truppen, 2016 dann Chef der neuen Nationalgarde.

Überlappende Zuständigkeiten sind ein weiteres Charakteristikum der sicherheitsdienstlichen Landschaft. Der FSB befasste sich spätestens seit dem Jahr 2003 parallel zum Militärgeheimdienst GRU mit Auslandsspionage und der Beeinflussung von Politik und Gesellschaft in den Nachfolgestaaten der Sowjetunion; ab 2004 war hierfür die Abteilung für operative Information zuständig. Ebenso versuchten offenbar beide Dienste, den Wahlkampf in den USA und international bedeutsame Entscheidungsprozesse in anderen westlichen Staaten nicht zuletzt mit Hackerangriffen zu beeinflussen.[94] In der Maschinerie, die an der Korrumpierung politischer, gesellschaftlicher und wirtschaftlicher Eliten in Großbritannien, der Ukraine und den USA arbeitete, agierten wohl eher Vertraute aus KGB-Jahren als aktuelle FSB-Angehörige.[95] In den Konflikten mit Georgien und der Ukraine lieferte der FSB nicht nur Verschwörungsszenarien, die das militärische Vorgehen Russlands rechtfertigen sollten, sondern mobilisierte auch Unterstützer vor Ort und unterminierte die gegnerische Infrastruktur.[96] Verbindungen im Rahmen der GUS und der *Shanghaier Organisation für Zusammenarbeit* erleichterten dem FSB seine Tätigkeit, da in den 2000er Jahren auf der Arbeitsebene unter anderem Abschiebungen in andere autoritäre Staaten vereinbart oder weitere Einflusskanäle eröffnet wurden.[97]

Gleichwohl konzentriert sich der FSB hauptsächlich auf innere Angelegenheiten: allgemeine und militärische Spionageabwehr, „wirtschaftliche Sicherheit" – worunter sowohl der Kampf gegen organisierte Kriminalität als auch gegen internationalen Einfluss sowie die entsprechende Informationsgewinnung in Russland verstanden wird –, der „Schutz der Verfassungsordnung", die Bekämpfung von Terror und sogenanntem politischem Extremismus (ab 2002) und die Gewährleistung von „informationeller Sicherheit" (2003), worunter auch die Kontrolle des Internets verstanden wird, das aus der Sicht der russländischen Dienste ein CIA-Projekt ist.[98]

Der FSB führte direkte Anti-Terror-Operationen durch, so 2002 und 2004 bei den Geiselnahmen im Moskauer Dubrovka-Theater und in einer Schule im nordossetischen

---

[94] Marten, The „KGB State" [Fn. 83], S. 143, 147. – Meakins, Squabbling siloviki [Fn. 82], S. 241, 248, 255–256.

[95] Belton, Putin's people [Fn. 67]. – Luke Harding: Verrat. Geheime Treffen, schmutziges Geld und wie Russland Trump ins Weiße Haus brachte. München 2017.

[96] Mark Galeotti: Russian political war. Moving beyond the hybrid. London 2019, S. 90–91. – Taras Kuzio: Disinformation. Soviet origins of contemporary Russian Ukrainophobia, in: Bertelsen [Fn. 49], S. 137–175, hier S. 142–143.

[97] Soldatov, Borogan, The new nobility [Fn. 67], S. 215–222.

[98] Begriffe nach Walther, Russlands „Neuer Adel" [Fn. 4], S. 60. – Otto Luchterhandt: Präsident Putins „Extremismusbekämpfung", in: OSTEUROPA, 3/2021, S. 9–27.

Beslan. Kritische Beobachter haben überzeugend dargelegt, dass Planungsmängel und operative Schwächen sowie rücksichtsloses Vorgehen der Behörde für die hohen Opferzahlen mitverantwortlich waren. 1999 ermittelte der FSB bei Sprengstoffanschlägen in Moskau und Volgodonsk und präsentierte zügig tschetschenische Kämpfer als Schuldige. Bis heute verstummen die Stimmen nicht, die bei der Anschlagsserie, zu der auch eine verhinderte Explosion in Rjazan' gehört, die Handschrift des FSB sehen. Sie legen zahlreiche Ungereimtheiten in der offiziellen Version offen, können die Täterschaft des FSB jedoch nicht beweisen.[99] Fest steht, dass Putin die Ereignisse nutzte, um den zweiten Tschetschenienkrieg zu beginnen und zu rechtfertigen. FSB-Kräfte unterstützten die Truppen mit Informationsgewinnung vor Ort sowie mit Spezial- und Mordkommandos, die auch im Ausland gegen tschetschenische Führungskräfte vorgingen.[100]

Im Alltag kamen dem FSB verschiedene Entwicklungen zugute. Die Gesetzgebung wurde seit den frühen 2000er Jahren immer restriktiver, zugleich wurden neue Tatbestände unscharf formuliert. Beides ist etwa an der 2012 geschaffenen Rechtskonstruktion des „ausländischen Agenten" zu sehen. Die in Russland verbreitete Überzeugung, dass staatliche Interessen wichtiger sind als Bürger- und Menschenrechte, eröffnete dem FSB weite Spielräume. Gleiches gilt für das Leitbild einer autarken und staatlich dominierten Wirtschaft, die Sehnsucht nach imperialer Größe und die Neigung der Behörden, eigenes Material in exzessiver Weise zu Staatsgeheimnissen zu erklären.

Dies alles schuf die Basis, auf der der FSB zunehmend internationale Kontakte kritischer Wissenschaftlerinnen und Wissenschaftler unterband, gegen Bürgerrechtler und Umweltschützer, Medien und politisch eigenständige Unternehmer und Demonstranten vorging. Aber auch „heidnische Kulte", „informelle Jugendgruppen" oder freie Blogger gelten seit langem als verdächtig.[101] Politische Oppositionelle mit Wahlchancen wurden mit Untersuchungsverfahren überzogen oder anderweitig diskreditiert, so im Jahr 2005 der Ex-Ministerpräsident Michail Kas'janov oder im Jahr 2012 der ehemalige KGB-Mitarbeiter Gennadij Gudkov.

Bereits 1996 warf der FSB Aleksandr Nikitin Spionage vor, weil er zusammen mit einer norwegischen Umweltschutzorganisation Daten zu Umweltvergehen der russländischen Marine gesammelt hatte. 1999 zeigte sich Putin überzeugt, dass westliche Geheimdienste sich Umweltgruppen, NGOs oder Hilfsorganisationen bedienten.[102] FSB-Direktor Patrušev stieß 2005 ins selbe Horn. Mit Einreiseverboten des FSB wurden entsprechend Wissenschaftler, NGO-Mitarbeiter und Journalisten, aber auch Geistliche belegt.[103]

Das Instrumentarium des FSB reicht weit über strafrechtliche Ermittlungen, Überwachung, Drohungen und Unterminierung hinaus. 1998 erhoben FSB-Mitarbeiter um Aleksandr Litvinenko den Vorwurf, dass die Führung des Diensts die Ermordung des

---

[99] John B. Dunlop: The Moscow bombings of September 1999. Examinations of Russian terrorist attacks at the onset of Putin's rule. Stuttgart ^{2}2014.

[100] Soldatov, The new nobility [Fn. 67], S. 181–212.

[101] Beschluss Generalstaatsanwaltschaft, FSB und MVD, 16.12.2008, zit. nach Soldatov, The new nobility [Fn. 67], S. 65–66, sowie S. 36–67. – Walther, Russlands „neuer Adel" [Fn. 4], S. 79–107. – Yury Safoklov: Der russische Sicherheitsdienst FSB. Eine problemorientierte Bestandsaufnahme anhand des FSB-Gesetzes und anderer Rechtsnormen, in: Jahrbuch für Ostrecht, 2/2011, S. 239–264. – Bateman, The KGB [Fn. 66].

[102] Soldatov, Borogan, The new nobility [Fn. 66], S. 35.

[103] Lukas Latz: Russland: „Einreise verboten!" in: OSTEUROPA, 12/2020, S. 41–58.

Oligarchen Boris Berezovskij befohlen habe. Acht Jahre später wurde Litvinenko in London mit Polonium vergiftet. Die britische Justiz macht den FSB für die Ermordung (mit-)verantwortlich.[104] Seit 2010 kann der FSB gegenüber Bürgerinnen und Bürgern Warnungen aussprechen. An Aleksej Naval'nyj arbeiten sich seit Jahren sämtliche staatstragenden Behörden mit allen Mitteln ab. Der Giftanschlag auf ihn lässt sich wie frühere Morde im Land etwa an Anna Politkovskaja 2006 und Boris Nemcov 2015 der Obrigkeit zuschreiben, ohne dass die genaue Rolle des FSB klar wäre.

Zugleich wirkt der FSB im Kampf für das Prestige Russlands im In- und Ausland mit. Die genaue Rolle des FSB im organisierten Doping, mit dem die Sportnation Russland zu Ansehen kommen soll, ist unklar. Eindeutiger lassen sich Versuche, sich durch einen Kult um Dzeržinskij, Andropov und spätere FSB-Größen sowie durch die Lenkung der Presse und des Buchmarkts über ausgewählte Journalisten Ansehen und Legitimität zu verschaffen, dem FSB zuschreiben.[105]

All diesen Tätigkeiten und Instrumenten sind die skizzierten tschekistischen Vorstellungen gemein. Diese boten in den 1920er und 1930er Jahren keine Lösung für die ökonomischen, sozialen und außenpolitischen Probleme Russlands, sie boten sie nicht im Spätstalinismus, nicht unter Brežnev, und sie bieten es in der Putin-Ära seit dem Jahr 2000 nicht. Der vermeintliche „neue Adel" hat neben der Bedenkenlosigkeit und Brutalität auch die Inkompetenz der früheren Sicherheitsapparate geerbt. Russlands Führung und die Staatssicherheit drehen sich heute um sich selbst, wenn nach Verantwortlichen für den aus russländischer Sicht äußerst unbefriedigenden Verlauf des Krieges gegen die Ukraine gesucht wird. Es ist fraglich, ob der FSB mit seinen Mitteln und Anschauungen auf Dauer den Untergang seines Systems verhindern kann. Seinen Vorläuferorganisationen gelang es nicht.

Schlagwörter:
Sowjetunion, Russland, Geheimdienste, Sicherheitsdienste, Tscheka, FSB, KGB

---

[104] Meakins, Squabbling siloviki [Fn. 81], S. 255–256.

[105] Frye, Weak strongman [Fn. 77], S. 110. – Soldatov, Borogan, The new nobility [Fn. 67], S. 88, S. 91–95, S. 107.

Mark Galeotti

(Un)sichtbare Hand

Russlands Nachrichtendienste im Auslandseinsatz

Russlands Geheimdienste sind mehr als Nachrichtendienste, die Informationen sammeln. Es handelt sich um Exekutivorgane, ihr Auftrag lautet Subversion, Desorientierung, Demoralisierung. Sie agieren konzertiert im Auftrag der Staatsführung und konkurrieren zugleich um die Gunst des Präsidenten. Sie exekutieren dessen Befehle, suchen aber auch dessen Weltbild zu beeinflussen. Ihr immer rücksichtsloseres Vorgehen seit 2014 nahm Russlands Angriff auf die Ukraine vorweg.

Die Nachrichtendienste aller Länder haben auch eine außenpolitische Funktion. Sie liefern Informationen, die in die Entscheidungen der Staatsführung einfließen. Sie tauschen Analysen mit anderen Diensten aus, um die Beziehungen zu diesen zu vertiefen und um Einfluss auf sie zu nehmen. Sie werden dazu verwendet, Absichten zu signalisieren und rote Linien zu markieren, und im Extremfall werden sie auch im Ausland direkt tätig.

Einer verbreiteten Annahme zufolge besteht ein fundamentaler Unterschied zwischen den durch Gesetze gebundenen, einer Kontrolle unterworfenen und auf Verhaltensnormen eingeschworenen Nachrichtendiensten demokratischer Staaten und Diensten autoritärer Staaten. Sinnvoller ist es aber wohl, zu unterscheiden zwischen Staaten im Krieg und Staaten, die sich nicht in einem Krieg befinden. Fühlen liberale Demokratien sich ernsthaft bedroht, können auch sie ihren vegetarischen Lebensstil aufgeben und zu Mitteln greifen wie Drohnenangriffe auf mutmaßliche Terroristen anstelle rechtsstaatlicher Verfahren oder Sabotage von Infrastruktur – beides unter Missachtung der Unverletzlichkeit fremden Staatsterritoriums. Entscheidend ist, dass die meisten autoritären Regime sich permanent im Krieg wähnen und von ihrem eigenen Volk oder anderen Staaten bedroht fühlen.

Dies gilt für Saudi-Arabien, China, Nordkorea, Venezuela – und seit langen Jahren auch für Russland. Das Putin-Regime hatte bereits im Jahr 2012 seinen Zenit überschritten und befindet sich seitdem – verschärft seit dem Jahr 2014 und weiter erheblich verschärft seit Februar 2022 – in einem Zustand permanenter Paranoia und sieht im Inland wie im Ausland überall Feinde.

Daher ist die auf oberflächlichen Ähnlichkeiten beruhende Gleichsetzung zwischen Russlands Diensten und westlichen Nachrichtendiensten irreführend. Russlands Auslandsnachrichtendienst SVR (Služba vnešnej razvedki Rossijskoj Federacii) nutzt menschliche Quellen und betreibt zunehmend auch Cyberspionage. Scheinbar ist er das

---

Mark Galeotti (1965), PhD, Honorarprofessor an der School of Slavonic and East European Studies, Senior Associate Fellow am Royal United Services Institute (RUSI), London

Osteuropa, 72. Jg., 11/2022, S. 71–77 **doi: 10.35998/oe-2022-197**

Moskauer Gegenstück zur US-amerikanischen CIA, zum britischen MI6 oder zum deutschen BND. Russlands militärischer Nachrichtendienst – Glavnoe upravlenie general'nogo štaba vooružennych sil Rossijskoj Federacii (Hauptverwaltung des Generalstabs der Streitkräfte der Russländischen Föderation, GU), bekannt zumeist noch unter dem bis 2010 offiziell verwendeten Akronym GRU – ähnelt der US Defense Intelligence Agency. Der Föderale Sicherheitsdienst der Russländischen Föderation (Federal'naja služba bezopasnosti Rossijskoj Federacii, FSB) ist formal für Verbrechensprävention und Strafverfolgung im Inland zuständig und wurde gelegentlich als „FBI auf Steroiden" bezeichnet. Von den entsprechenden westlichen Diensten unterscheidet sich der FSB allerdings dadurch, dass er in erheblichem Maße auch im Ausland agiert.

Jede Gleichsetzung heutiger westlicher Dienste mit den entsprechenden russländischen Geheimdiensten verkennt einen dramatischen Unterschied: Die Moskauer Organe sammeln wie ihre spätzaristischen und sowjetischen Vorläuferorganisationen keineswegs nur Informationen. Sie sind Exekutivorgane, die mit „aktiven Maßnahmen" (aktivnye meroprijatija) die Welt verändern sollen.[1]

Der sowjetische KGB, der zugleich Auslands- und Inlandsgeheimdienst war, definierte seine Aufgabe als

> eine informelle Form des politischen Kampfs, die sich verdeckter Mittel und Methoden bedient, um geheime Informationen zu erlangen und aktive Maßnahmen durchzuführen, um Einfluss auf den Gegner zu nehmen und seine politischen, wirtschaftlichen, wissenschaftlichen, technischen sowie militärischen Potentiale zu schwächen.[2]

Russlands Dienste sehen ihre Rolle in nahezu gleicher Weise.[3] Wer nach Analogien im Westen sucht, sollte daher Dienste aus der Zeit des Zweiten Weltkriegs ins Auge fassen, etwa das US-amerikanische Office of Strategic Services (OSS) oder die britische Special Operations Executive (SOE), die 1940 mit dem ausdrücklichen Auftrag gegründet wurde, „Europa in Brand zu setzen".[4]

Diesem Ziel haben sich spätestens seit dem Jahr 2014 auch die russländischen Dienste verschrieben. Sie verfolgen eine allgemeine Strategie der Subversion, Desorientierung, und Demoralisierung und führen zugleich gezielte Operationen gegen bestimmte Personen und Einrichtungen durch, die sie als Bedrohung für Russland erachten. Das Spektrum reicht von dem Versuch, den Verkauf von Waffen an die Ukraine zu stören – im Jahr 2014 kam es im südmährischen Vrbětice zu zwei Explosionen in einem Waffendepot, die nach 2021 veröffentlichten Erkenntnissen des tschechischen Verfassungsschutzes

---

1 Mark Galeotti: Putin's Hydra: inside Russia's intelligence services". ECFR Policy Brief, 11.5.2016, <https://ecfr.eu/publication/putins_hydra_inside_russias_intelligence_services>. – Thomas Rid: Active Measures: The Secret History of Disinformation and Political Warfare. New York 2020.

2 Zitiert in Ivo Jurvee: The Resurrection of „Active Measures": Intelligence Services as a Part of Russia's Influencing Toolbox, Hybrid CoE Strategic Analysis (September 2018), <www.hybridcoe.fi/wp-content/uploads/2018/05/Strategic-Analysis-2018-4-Juurvee.pdf>.

3 Mark Galeotti: Active Measures: Russia's Convert Geopolitical Operations. Marshall Center Security Insights. Juni 2019, <www.marshallcenter.org/en/publications/security-insights/active-measures-russias-covert-geopolitical-operations-0>.

4 Olivier Wieviorka: The Resistance in Western Europe, 1940–1945. New York 2020, S. 25f.

dem russländischen Militärgeheimdienst GU zuzuschreiben sind[5] – über die versuchte Diskreditierung von Hillary Clinton während des US-Wahlkampfs 2016, den Hackerangriff auf die Rechner der *Organisation für das Verbot chemischer Waffen* (OVCW) in Den Haag im Jahr 2018 bis hin zu schweren Cyberangriffen auf die Ukraine.
Was Moskau bereits vor dem Überfall auf die Ukraine betrieb, war eine Strategie der „politischen Kriegsführung", wie sie George Kennan 1948 beschrieb:

> Politische Kriegsführung ist die logische Anwendung der Clausewitz'schen Doktrin in Friedenszeiten. Im weitesten Sinne handelt es sich um den Einsatz sämtlicher Mittel, die einem Staat jenseits eines offenen Kriegs zwecks Erreichung seiner Ziele zur Verfügung stehen.[6]

Russlands Geheimdienste sind finanziell gut ausgestattet und genießen politische Rückendeckung. Sie sind eines der zentralen Instrumente, mit denen der Kreml seit vielen Jahren in einem asymmetrisch geführten Kampf die „Hegemonie des Westens" brechen und die vermeintlich unipolare Welt in eine multipolare Ordnung überführen will.

Konzertierte Aktion und Konkurrenz der Apparate

Sie sammeln nicht nur Informationen für die politischen Entscheidungsträger im Kreml, sie versuchen auch, ihre Weltsicht sowohl nach oben gegenüber dem Präsidenten als auch gegenüber anderen Diensten und Institutionen durchzusetzen. Putins Arbeitstag beginnt täglich mit der Lektüre der Briefings von drei Geheimdiensten: einer Mappe des SVR über die Entwicklungen im Ausland, einer des FSB über die Lage in Russland und einer des Föderalen Schutzdienstes (Federal'naja služba ochrany, FSO[7]) über die Vorgänge in Russlands politischer Elite. Als informelle Gespräche in Moskau für Wissenschaftler aus dem Westen noch möglich waren, klagten Beamte aus dem Außenministerium immer wieder, dass Putin den Einschätzungen der Geheimdienste mehr Gewicht beimesse als denen der Diplomaten.
Vor Februar 2022 gehörten die Leiter des SVR und des FSB zu den wenigen Personen, die regelmäßigen direkten Zugang zum Präsidenten hatten. Von diesen beiden Personen abgesehen kam in allen als sicherheitsrelevant erachteten Fragen niemand am Sekretär des Sicherheitsrates Nikolaj Patrušev vorbei. Dieser entschied über den Zugang zu Putin. Der ehemalige FSB-Chef und enge Verbündete Putins fungiert de facto als Sicherheitsberater des Präsidenten – ein Amt, das es formal in Russland nicht gibt. Zugleich ist er sowohl eigenständiger Akteur als auch Sprachrohr für die Lobbyinteressen der Geheimdienste.[8]

---

[5] Zu dem Fall: Russland sucht den Konflikt. Vladimír Handl über die Beziehungen zwischen Prag und Moskau, <https://zeitschrift-osteuropa.de/blog/russland-sucht-den-konflikt/>. – Senior GRU Leader Directly Involved With Czech Arms Depot Explosion. Bellingcat, 20.4.2021.

[6] George Kennan: The Inauguration of Organized Political Warfare, 4. Mai 1948. State Department Office of History online collection, <https://history.state.gov/historicaldocuments/frus1945-50Intel/d269>.

[7] Die Agentur ist für den persönlichen Schutz von Putin und anderen hochrangigen Beamten des Kreml und einer Reihe anderer wichtiger Einrichtungen zuständig.

[8] Kto vy, Doktor Patrušev: popytka politportreta „oruženosca Putina". Moskovskij komsomolec, 11.7.2021.

Auch die mächtige Präsidialverwaltung – zu der das Sekretariat des Sicherheitsrates faktisch gehört – ist ein Hebel, um die Sichtweise der Dienste in die politische Debatte einzuspeisen. Die dortige Abteilung für interregionale Beziehungen und kulturelle Kontakte mit dem Ausland ist beispielsweise federführend für die Koordinierung von Beziehungen zu im Ausland lebenden Staatsbürgern Russlands. Sowohl der aktuelle Leiter der Abteilung Igor' Maslov als auch dessen Vorgänger und Vorvorgänger sind aus dem SVR auf diesen Posten gewechselt.[9] Weitere Kanäle des Einflusses auf die Politik des Kreml sind Think tanks wie das Russische Institut für Strategische Studien (Rossijskij institut strategičeskich issledovanij, RISI), das früher zum SVR gehörte und dem entsprechend weiter Verbindungen zu diesem Dienst nachgesagt werden.[10]

Die spezifische Position der Dienste im Moskauer Herrschaftssystem ist aus zwei Gründen brisant. Zum einen prägen sie mit ihrem privilegierten Zugang zu Putin in konzertierter Aktion dessen Weltbild. Zum anderen stehen sie in permanenter Konkurrenz zueinander, müssen ihre Loyalität, ihre Fähigkeiten und ihre Aggressivität unter Beweis stellen. Auf diese Weise halten sich die Dienste zwar wechselseitig in Schach, doch die Konkurrenz hat zwei gravierende Nebenwirkungen. Zum einen schafft sie einen starken Anreiz, der politischen Führung nicht präzise und objektive Einschätzungen zu liefern, sondern solche, die tatsächlich oder vermeintlich opportun sind. Und es herrscht die Auffassung vor, dass es sehr gefährlich ist, „dem Zaren schlechte Nachrichten zu überbringen".[11] Zum anderen versuchen die Dienste, sich mit Operationen im Ausland gegenüber ihren Konkurrenten zu profilieren. Bislang konnte zumindest nicht nachgewiesen werden, dass Operationen wie die Anzettelung eines Staatsstreichs in Montenegro im Jahr 2016 oder die Mordanschläge auf Sergej Skripal' im britischen Salisbury 2018 und Selimchan Changoschwili in Berlin im Jahr 2019 von oben initiiert wurden. Es ist auch möglich, dass eine dieser Operationen oder alle auf niedrigerer Ebene oder sogar nur in geheimdienstnahen Kreisen geplant und durchgeführt wurden, um sie anschließend nach oben als Beweis der Leistungsfähigkeit zu verkaufen.[12]

Ideologische Arbeit ohne Ideologie

Die Operationen des KGB im Ausland – von der Gründung von Tarnorganisationen über die Unterstützung befreundeter politischer Bewegungen und die Befeuerung von öffentlichem Zwist bis zur Schwächung von Gruppen mit eigenständigen Interpretationen des Marxismus-Leninismus – hatten stets eine ideologische Dimension. Das heutige Russland verfügt hingegen über keine Ideologie jenseits der Glorifizierung des einstigen Imperiums. Die Moskauer Geheimdienste können daher flexibler agieren, sie unterstützen

---

[9] Peredel sfer vnimanija. Kommersant", 22.1.2012.

[10] Carolina Vendil Pallin, Susanne Oxenstierna: Russian Think Tanks and Soft Power. FOI, August 2017, <www.foi.se/rest-api/report/FOI-R--4451--SE>.

[11] Zitiert in Mark Galeotti: „Putin's Hydra: inside Russia's intelligence services". ECFR Policy Brief, 11.5. 2016, <https://ecfr.eu/publication/putins_hydra_inside_russias_intelligence_services>.

[12] Zum Mord in Berlin siehe Markus Wehner: Der Tiergartenmord – eine Rekonstruktion. Russländischer Staatsterrorismus in Deutschland, in diesem Band, S. 79–89. – Zum Fall Montenegro siehe Dimitar Bechev: The 2016 Coup Attempt in Montenegro: Is Russia's Balkans Footprint Expanding? FPRI Russia Foreign Policy Papers, 2018.

rechte wie linke Bewegungen, blasen mal kapitalistische, mal antikapitalistische Losungen auf, stützen hier Regime im Konflikt mit Autonomiebewegungen und befeuern dort sezessionistische Gruppierungen in ihrem Kampf gegen Zentralregierungen. Je nachdem, wie es gemäß den aktuellen Moskauer Interessen als opportun erscheint.

Die größte „aktive Maßnahme" dieser Art war sicherlich die versuchte Beeinflussung des Wahlkampfs in den USA im Jahr 2016. Beteiligt an der Aktion „Hack and Leak" waren sowohl der SVR als auch der GU. Sie drangen in Computernetzwerke ein, verschafften sich Zugang zu E-Mails und gaben deren Inhalt weiter, um die Kandidatin Hillary Clinton zu diskreditieren. Entgegen der verbreiteten Annahme, Ziel sei es gewesen, Donald Trump als einen dem Kreml gewogenen US-Präsidenten zu installieren, spricht vieles dafür, dass vielmehr die Störung demokratischer Prozesse und damit die Lähmung westlicher Staaten das eigentliche Ziel war.

Weniger spektakulär als dieser Angriff sind die viel häufiger eingesetzten Desinformationskampagnen, die teils von „Trollfarmen" wie der berüchtigten Internet Research Agency, teils auf anderem Wege, etwa mittels eingeschleuster Journalisten, lanciert wurden.[13] Die Moskauer Dienste mussten allerdings erkennen, dass nach Aufdeckung ihrer Aktivitäten der Effekt ein ganz anderer war als der erwünschte. Unabhängig von der nicht zu klärenden Frage, welchen Einfluss die verdeckte Aktion auf den Ausgang der Präsidentschaftswahlen in den USA hatte, hat sie zu einer Schließung der Reihen bei der Demokratischen Partei geführt. Diese hat daraufhin mit ihrer Mehrheit im US-Kongress die Russlandpolitik faktisch dem Weißen Haus entzogen und setzt ihre harte Linie auch seit dem Machtwechsel im Oval Office von Donald Trump zu Joe Biden fort. In ähnlicher Weise führten auch Versuche, Einfluss auf den Wahlkampf in Deutschland und Frankreich zu nehmen, eher zum Gegenteil der erwünschten Wirkung. Gleichwohl setzen Russlands Dienste weiter darauf, mit einem kontinuierlichen Strom polarisierender Desinformation für Verwirrung, Zwist und Lähmung zu sorgen.

Maßnahme Mord

Bei den meisten ihrer „aktiven Maßnahmen" im Ausland überschritten die russländischen Dienste nicht die Schwelle zur Gewalt. Unterwanderung von Institutionen durch Korruption und Desinformation waren die bevorzugten Mittel. Im Falle von „Feinden" und „Verrätern", die Russland verlassen haben, haben sie die Grenze in mindestens zwei Fällen überschritten. Sergej Skripal', der im März 2018 in London einen Giftanschlag nur knapp überlebte, hatte einst für den GRU gearbeitet, war dann Mitte der 1990er Jahre zum britischen MI6 übergelaufen. Später flog er auf, saß sechs Jahre in einem russländischen Gefängnis und wurde im Jahr 2010 im Rahmen eines Gefangenenaustauschs freigelassen und konnte nach Großbritannien übersiedeln. In Moskau war man offenbar der Ansicht, er habe dort seine Agententätigkeit wieder aufgenommen: Im Jahr

---

[13] U.S. Department of State: Pillars of Russia's Disinformation and Propaganda Ecosystem. August 2020, <www.state.gov/wp-content/uploads/2020/08/Pillars-of-Russia%E2%80%99s-Disinformation-and-Propaganda-Ecosystem_08-04-20.pdf>. – Jessica Brandt, Amber Frankland: Leaks, Lies, and Altered Tape: Russia's Maturing Information Manipulation Playbook. GMF Alliance for Securing Democracy, 14.10.2020, <https://securingdemocracy.gmfus.org/russias-maturing-information-manipulation-playbook>.

2018 überlebten er und seine Tochter einen Anschlag mit dem Nervenkampfstoff Novičok nur knapp, eine unbeteiligte Person kam zu Tode. Der georgische Staatsbürger tschetschenischer Abstammung Selimchan Changoschwili hatte im Zweiten Tschetschenienkrieg eine Miliz befehligt und stand seit 2002 auf einer russländischen Terrorliste. Bereits 2015 wurde in Georgien ein Mordanschlag auf ihn verübt, 2017 beantragte er in Deutschland Asyl. Im August 2019 erschoss ein offenbar vom FSB angeheuerter Auftragsmörder Changoschwili im Berliner Tiergarten.[14]

Der Mordanschlag in Großbritannien wurde mit großer Wahrscheinlichkeit von derselben Einheit des GU geplant, die bei den Explosionen in Tschechien im Jahr 2014 das erste Mal in Erscheinung getreten war.[15] Diese Einheit mit der Kennnummer 29155 könnte auch für eine Reihe von Attentaten und Sabotageakte in der Ukraine verantwortlich sein. Cyberattacken hingegen, die vor 2014 vor allem von privaten Hackern aus patriotischen oder finanziellen Motiven mit oder Anwerbung durch den FSB durchgeführt wurden,[16] sind seitdem zunehmend von einer anderen professionellen Einheit des GU verübt worden – der Einheit 74455, die wahrscheinlich für Angriffe auf kritische Infrastrukturen in der Ukraine in den Jahren 2015 und 2016 verantwortlich war.[17] Es ist davon auszugehen, dass auch das Zentrum für Informationssicherheit des FSB (Centr informacionnoj bezopastnosti, CIB) für zahlreiche Cyberangriffe in der Ukraine verantwortlich ist.[18]

Fortsetzung folgt

Nach dem Anschlag in Salisbury gelang es London in einer weltweit koordinierten Aktion, 28 Staaten zur Ausweisung von insgesamt 153 mutmaßlichen Mitarbeitern russländischer Geheimdienste zu bewegen. Mit einer solchen Reaktion schien der Kreml nicht gerechnet zu haben. Gleichwohl agierten die Moskauer Dienste daraufhin allenfalls vorsichtiger, von einer Kurswende konnte keine Rede sein. Die Dienste blieben Putins wichtigste Quelle für die Informationen aus der Außenwelt und der GU jener Dienst, auf den Russlands Präsident sich bei Sondereinsätzen verlässt.

Einer der Gründe, weshalb der Kreml sein aggressives Vorgehen schlicht fortsetzte, war die insgesamt wenig konsequente Reaktion der westlichen Staaten auf die immer neuen „aktiven Maßnahmen". Jenseits diplomatischer Proteste und der genannten Ausweisungen

---

14 „V" für „Vympel": FSB's Secretive Department „V" Behind Assassination Of Georgian Asylum Seeker In Germany. Bellingcat, 17.2.2020. – Germany expels Russian diplomats after hitman sentenced in Berlin. BBC, 15.12.2021.

15 Andrew Bowen: Russian Military Intelligence: Background and Issues for Congress. Congressional Research Service, 15.11.2021, <https://crsreports.congress.gov/product/details?prodcode=R46616>. – Amy McKinnon: What's This Unit of Russian Spies That Keeps Getting Outed? Foreign Policy, 1.7.2020.

16 David Gioe: Cyber operations and useful fools the approach of Russian hybrid intelligence, in: Intelligence and National Security, 7/2018, S. 954–973.

17 The United States Department of Justice: Six Russian GRU Officers Charged in Connection with Worldwide Deployment of Destructive Malware and Other Disruptive Actions in Cyberspace, 19.10.2020, <www.justice.gov/opa/pr/six-russian-gru-officers-charged-connection-worldwide-deployment-destructive-malware-and>.

18 SSU identifies FSB hackers responsible for over 5,000 cyber attacks against Ukraine (video), 4.11. 2021, <https://ssu.gov.ua/en/novyny/sbu-vstanovyla-khakeriv-fsb-yaki-zdiisnyly-ponad-5-tys-kiberatak-na-derzhavni-orhany-ukrainy>.

geschah nicht viel. Insbesondere sahen sich einige Länder nicht veranlasst, stärker in die Spionageabwehr zu investieren. Während die USA, das Vereinigte Königreich, Polen und Estland bereits im Jahr 2017 im Verhältnis zum Staatshaushalt recht hohe Beträge für die Prävention ausgaben, war dieser Anteil etwa in Belgien besonders niedrig.[19] Gleichzeitig ließ die Kooperation der westlichen Geheimdienste etwa im Rahmen der NATO und der EU zu wünschen übrig, obwohl feststeht, dass Lücken in der Spionageabwehr auch nur eines Staates die Sicherheit aller Mitglieder gefährden können.

Gleichzeitig zeigten die fortgesetzten aggressiven Aktivitäten der russländischen Dienste in westlichen Staaten vor dem endgültigen Bruch, den Russlands Überfall auf die Ukraine herbeigeführt hat, wie stark diese bereits den russländischen Staat dominierten und auf alle zentralen Politikfelder von der Wirtschaftspolitik bis zur Außenpolitik erheblichen Einfluss nahmen. Russland ist keine „Tschekistokratie", wie es gelegentlich heißt, die Geheimdienstler sind nicht im Rang eines Adelsstands.[20] Aber die Offiziere der verschiedenen Dienste prägen das Weltbild des russländischen Präsidenten. Die Folgen sind spätestens seit dem 24. Februar 2022 für jedermann offensichtlich.

Aus dem Englischen von Volker Weichsel, Berlin

---

[19] Mark Galeotti: Trump Was Right: NATO Is Obsolete. Foreign Policy, 20.7.2017, <https://foreignpolicy.com/2017/07/20/trump-nato-hybrid-warfare-hybrid-defense-russia-putin>.

[20] Vladimir Kara-Murza: Putin's Dark Cult of the Secret Police. Washington Post, 28.12.2017.

osteuropa
Versteinerte Macht
Staatsgewalt in Russland, Belarus und Polen

Markus Wehner

Der Tiergartenmord

Russländischer Staatsterrorismus in Deutschland

Am 23. August 2019 wurde der georgische Staatsbürger tschetschenischer Nationalität, Selimchan Changoschwili, im Kleinen Tiergarten in Berlin erschossen. Der Täter konnte gefasst werden. Er hatte eine falsche Identität und war, wie sich später herausstellte, Mitarbeiter des russländischen Geheimdienstes FSB. Das Opfer hatte als Feldkommandeur im Zweiten Tschetschenienkrieg gegen Russlands Streitkräfte gekämpft. Der Täter wurde Ende 2021 wegen Mordes zu lebenslanger Haft verurteilt, wobei die besondere Schwere der Schuld festgestellt wurde, wie es die Bundesanwaltschaft beantragt hatte. Das Gericht sprach von Staatsterrorismus und wies Präsident Vladimir Putin die Rolle des Auftraggebers zu. Die Bundesregierung reagierte auf den staatlichen Auftragsmord mit der Ausweisung von vier Diplomaten.

Der Mann kam in Schwarz. Er trug eine schwarze Perücke, eine schwarze Basecap und dunkle Handschuhe. Es war ein sonniger Tag in Berlin, die Temperaturen lagen um 30 Grad. Im Kleinen Tiergarten im Berliner Stadtteil Moabit saßen die Menschen auf Bänken und vor dem Parkrestaurant „Alverdes". Der Mann, der ein schwarzes Fahrrad bei sich hatte, beobachtete ein Haus in der Lübecker Straße. Dort wohnte Selimchan Changoschwili, ein Tschetschene mit georgischer Staatsbürgerschaft, Asylbewerber in Deutschland. Es war Freitag, der 23. August 2019. Changoschwili verließ das Haus, der Mann in Schwarz hatte auf ihn gewartet. Es war fünf Minuten vor zwölf. Er folgte dem Tschetschenen, näherte sich ihm auf dem Fahrrad von hinten, zog eine Waffe mit Schalldämpfer aus seinem Rucksack und schoss Changoschwili ins linke Schulterblatt, einen weiteren Schuss feuerte er ins Genick. Das Projektil durchschlug den Kopf und trat auf der rechten Wange wieder aus. Auf einem bewegten Objekt zu fahren und eine sich

---

Markus Wehner (1963), Dr. phil., Journalist, Osteuropahistoriker, 1999 bis 2004 Korrespondent der Frankfurter Allgemeinen Zeitung in Moskau, jetzt in Berlin

Von Markus Wehner erschien in OSTEUROPA: Hacker, Propaganda, Wahlmanipulation. Moskaus Informationskrieg im Westen, in: OE, 3–4/2017, S. 3–17 sowie Gescheiterte Revolution: In Russlands Archiven gehen die Uhren rückwärts, in: OE, 5/2009, S. 45–58.

Der vorliegende Beitrag beruht auf der mündlichen und schriftlichen Begründung des Urteils durch das Berliner Kammergericht, auf Hintergrundgesprächen mit deutschen Justiz- und Sicherheitsbehörden sowie Regierungsvertretern und auf veröffentlichten Quellen, unter anderen des investigativen Netzwerks *Bellingcat*. Zum Thema erschien eine kürzere journalistische Version: Markus Wehner: Ein Mord, der ohne Antwort blieb. Frankfurter Allgemeine Zeitung (FAZ), 4.3.2022. Online: Beim Tiergartenmord zeigte Putin, wie skrupellos er ist. <www.faz.net/aktuell/politik/inland/berlin-beim-tiergartenmord-zeigte-purin-wie-skrupellos-er-ist-17849903.html>.

OSTEUROPA, 72. Jg., 11/2022, S. 79–89 **doi: 10.35998/oe-2022-198**

bewegende Person in den Kopf zu treffen, das können nur ausgebildete Schützen. Der Täter rutschte beim Schießen vom Fahrrad ab, zog sich dabei am Schienbein mehrere Hautabschürfungen zu – später konnten in seiner Sporthose Spuren seiner DNA von der Verletzung gefunden werden. Aus nächster Entfernung schoss er dem am Boden liegenden Opfer ins Scheitelbein – ein sogenannter Fangschuss, um den Tod sicherzustellen. Augenzeugen sagten, es habe wie eine „kaltblütige Hinrichtung" gewirkt. Der Täter wirkte ruhig und professionell. Er verstaute die Waffe im Rucksack, fuhr in hohem Tempo mit dem Rad bis zur Lessingbrücke an die Spree, begab sich samt Fahrrad in ein Gebüsch und zog sich um. Mit einem Haarschneidegerät rasierte er sich den Kinnbart ab, zog eine kurze Hose, Sandalen und ein rosa-weiß gestreiftes Oberteil an und setzte sich einen Anglerhut auf. Aus dem schwarzen Mann, der gerade einen anderen erschossen hatte, war ein Tourist geworden. Fahrrad, Pistole und seine abgelegte Kleidung warf er in die Spree.

Es war Zufall, dass zwei junge Männer, die zuvor eine Wohnung am Holsteiner Ufer besichtigt hatten, die sie renovieren wollten, das Ganze beobachtet hatten. Ihnen kam das Verhalten des Mannes suspekt vor. Als er das Fahrrad in den Fluss warf, riefen sie über den Notruf die Polizei.[1] Der Täter ging nun zu Fuß weiter zur Moabiter Brücke, die jungen Männer folgten ihm. Er war sich unsicher, ob er verfolgt wurde, bog deshalb in eine Toreinfahrt ab. Hätte er seinen Weg über die Höfe fortgesetzt, er wäre wahrscheinlich entkommen. Doch er kam auf seinen ursprünglichen Plan zurück, seine Flucht mit einem abgestellten Elektro-Tretroller fortzusetzen. Er versuchte, das Schloss des Rollers mit einem Schlüssel zu öffnen, was ihm nicht sofort gelang. Plötzlich sah er sich von bewaffneten Polizisten umringt, die ihre Maschinenpistolen auf ihn richteten. Ein letzter Kontrollblick, ob er eine Fluchtmöglichkeit hatte, dann ergab er sich. Es war zehn nach zwölf, fünfzehn Minuten nach der Tat. In einem Bauchbeutel des Festgenommenen fand die Polizei einen Reisepass auf den Namen Vadim Sokolov, 3720 Euro und 110 polnische Złoty. Bei seiner Festnahme und beim Verhör am darauffolgenden Tag sagte er, er heiße Sokolov, sei Bauingenieur und wegen der Beziehung zu einer verheirateten Frau in Berlin, weshalb er auf Diskretion bedacht gewesen sei.

Ein Polizist war unmittelbar nach der Festnahme in die Spree gesprungen, er barg das Fahrrad und die Kleidung. Ein Polizeitaucher fand später die Tatwaffe. An den Händen des Festgenommenen und an der aus der Spree geborgenen Kleidung fanden sich Schmauchspuren. Auch die DNA an der Kleidung stimmte mit der des Festgenommenen überein. Die Patronen, mit denen Changoschwili erschossen worden war, stammten aus der Pistole, einer Glock 26, die im Fluss gefunden wurde. Die DNA des Mannes fand sich auch an der Haarschneidemaschine und der Basecap. Es gab keine Zweifel, dass der Mann, der bald des Mordes angeklagt wurde, die Tat begangen hatte.

Eine erfundene Identität

Wäre der Mörder nicht gefasst worden, dann hätte die Mordkommission des Berliner Landeskriminalamtes wohl vor allem im Milieu der organisierten Kriminalität in Deutschland ermittelt, in dem Tschetschenen eine wichtige Rolle spielen. Einen politischen Hintergrund hätte man nicht ausschließen, aber auch kaum beweisen können.

[1] Alexej Hock: Sie sahen das Fahrrad in die Spree fliegen. Die Welt, 25.11.2020.

Doch bald stellte sich durch den Abgleich mit Passdatenbanken in Russland heraus, dass der Pass auf den Namen Vadim Sokolov eine erfundene Identität war. Der Täter hatte den echten Pass einer Person bei sich, die es gar nicht gab. Und er hatte mit diesem Pass offenbar Russland verlassen können, dessen Grenzen vom Geheimdienst FSB kontrolliert werden. Schon die Tatsache, dass der Täter eine echte falsche Identität hatte, war kaum ohne staatliche Hilfe denkbar. Die wahre Identität entdeckte das Landeskriminalamt, weil die Ermittler ein Foto des Täters durch alle Datenbanken laufen ließ. Die Bundesanwaltschaft übernahm die Ermittlungen am 4. Dezember 2019. Es kam heraus, dass Russland ihn schon einmal 2014 über Interpol wegen eines Mordes zur Fahndung ausgeschrieben hatte. Der Recherchedienst *Bellingcat*, der über Kontakte zu russländischen Beamten Zugang zu russischen Passdatenbanken hatte, kam zu demselben Ergebnis. Vadim Sokolov war in Wirklichkeit Vadim Krasikov.[2]

Vorbereitung der Tat

Auch die Ausführung der Tat wies darauf hin, dass es sich offenbar um die Aktion eines russländischen Geheimdienstes handelte. Krasikov hatte in Berlin Helfer, die seine Tat vorbereitet hatten und dabei mit hoher Professionalität vorgegangen waren. Die Herkunft der Dinge, die bei der Tat verwendet wurden, war so gut wie möglich verschleiert worden. So war das Fahrrad, das der Täter benutzte, mehr als zehn Jahre zuvor in Estland verkauft worden. Der E-Scooter, mit dem er fliehen wollte, war kein Leihscooter, sondern ein Roller, dessen Herkunft nicht nachvollziehbar war. Eine Zeugin hatte einen Tag vor der Tat jemanden auf dem Scooter in der Nähe des Tatortes gesehen. An der Kleidung des Täters, die aus der Spree gefischt worden war, fanden sich nicht nur Schmauchspuren und seine DNA, sondern auch sogenannte Misch-DNA, also Spuren von verschiedenen Personen, so als ob die Textilien etwa aus einer Altkleidersammlung stammten. Auch die Pistole, deren Schalldämpfer allein 40 cm lang war, konnte der Täter kaum selbst auf seiner Reise nach Berlin mitgeführt haben. Die Ermittler gingen davon aus, dass ein Team von Geheimdienstleuten zuvor nach Berlin gefahren war, um das Opfer auszuspähen und die Tat vorzubereiten. So waren die Geheimdienste FSB und GRU auch bei anderen Morden an Tschetschenen im Ausland vorgegangen, etwa bei dem Mord an dem ehemaligen tschetschenischen Feldkommandeur Abdulvahid Edelgiriev am 1. November 2015 in Istanbul. Die damals festgenommenen und angeklagten beiden Russen wurden von der Türkei aber ausgetauscht.[3] Eine Anfrage der Bundesanwaltschaft an die Türkei zu dem Fall blieb unbeantwortet.

---

[2] Berlin Assassination: New Evidence on Suspected FSB Hitman Passed to German Investigators. Bellingcat, 19.3.2021, <www.bellingcat.com/news/2021/03/19/berlin-assassination-new-evidence-on-suspected-fsb-hitman-passed-to-german-investigators/>. – Zur Rolle von Bellingcat: Markus Wehner: Der Zeuge G. und seine Quellen. FAZ, 17.2.2021.

[3] FSB's Magnificent Seven: New Links between Berlin and Istanbul Assassinations. Bellingcat: 29.6.2020, <www.bellingcat.com/news/uk-and-europe/2020/06/29/fsbs-magnificent-seven-new-links-between-berlin-and-istanbul-assassinations/>.

Der Prozess

Die Hauptverhandlung begann am 7. Oktober 2020 im Kammergericht Berlin in Moabit, nur wenige hundert Meter entfernt vom Tatort. Man hätte den Täter am Tag der Tat auf der Flucht sehen können, wenn man aus einem Fenster des Saals 700 im Kammergericht Moabit geschaut hätte, sagte der Vorsitzende Richter Olaf Arnoldi bei der Verkündung des Urteils. Das Gericht war mit fünf Berufsrichtern besetzt, zwei Männern und drei Frauen. Bis zur Urteilsverkündung wurde an 56 Tagen verhandelt, 47 Zeugen und zehn Sachverständige wurden angehört. Auf Rechtshilfeersuche antworteten eine Vielzahl von Staaten, so die Ukraine, Georgien, Frankreich, Polen, Estland, Lettland, die Niederlande, die Slowakei. Aus Russland gab es „sehr überschaubare Antworten". Berlin wies im Dezember 2019 während des Prozesses zwei Diplomaten der Russländischen Botschaft, die als Geheimdienstmitarbeiter galten, wegen der Weigerung Russlands aus, in dem Fall tatsächlich zu kooperieren.[4] Nach Auffassung des Gerichts hatten Russlands Außenministerium und die Sicherheitsbehörden an der Identität des Vadim Sokolov festgehalten, ohne irgendwelche Beweise für dessen Existenz vorzulegen, weil es sonst „die eigene Tatbegehung" hätte eingestehen müssen. Für Russland wäre es „ein Leichtes gewesen, die Existenz von Sokolov zu beweisen", sagte der Vorsitzende Richter – wenn es Sokolov denn gegeben hätte. Denn es gebe zu jedem Menschen Geburtsurkunden, Schulzeugnisse, Steuerbescheide, eine Krankenversicherung und eine Vielzahl von Menschen, wie Verwandte, Arbeitskollegen und Nachbarn, die die Existenz eines Menschen beweisen können. So habe Russland durch seine Weigerung, bei der Aufklärung zu helfen, sich selbst belastet.

Die Legende

Vadim Krasikov hatte für seinen Mordauftrag nicht nur einen neuen Namen bekommen. Er hatte dafür auch eine schöne Geschichte parat: eine Touristenreise nach Paris und Warschau. Einen Monat vor der Tat erhielt er einen Reisepass, der auf den Namen Sokolov ausgestellt war. Um ein Visum zu erhalten, brauchte er eine feste Wohnanschrift und den Nachweis eines Arbeitsverhältnisses samt Gehaltsnachweisen. Er gab zum Schein eine Wohnadresse in Sankt Petersburg an, an der er aber tatsächlich niemals wohnte. Die Firma ZAO Rust in St. Petersburg wies „Sokolov" als Bauingenieur aus, der ein Jahresgehalt von 80 000 Rubeln erhalten habe. Tatsächlich war er nicht als Bauingenieur tätig und hatte auch kein Gehalt bekommen. Die Firma entwickelte nämlich so gut wie keine Geschäftstätigkeit, ihr Umsatz lag bei null Rubel. Sie hatte genau einen Mitarbeiter: den Buchhalter, der die fingierte Arbeitgeberbescheinigung ausgestellt hat. Über eine ortsansässige Visa-Agentur besorgte sich Krasikov am französischen Generalkonsulat in Sankt Petersburg ein Touristenvisum für den Schengen-Raum, wobei er auch Hin- und Rückflugticktes nach Paris vorlegte, die er aber nie nutzte. Dass er die Visa beim französischen Konsulat beantragte, dürfte einem Erfahrungswert geschuldet sein. Offenbar wurden Visa dort leichter ausgehändigt als bei den Vertretungen anderer EU-Staaten.

---

[4] Ermittlungen gegen Russland wegen Staatsterrors. FAZ, 5.12.2019.

Am 17. August 2018 flog Krasikov alias Sokolov von Moskau nach Paris, wo er am Vormittag kurz vor halb elf Uhr am Flughafen Paris-Charles-de-Gaulle ankam. In Paris buchte er ein touristisches Programm, ließ sich von einem Fremdenführer durch die Stadt führen und machte Fotos. Ein Foto zeigt ihn vor dem Eiffelturm. Am 20. August flog er weiter nach Warschau, wo er im Hotel Novotel abstieg. Wieder buchte er eine Sightseeing-Tour, diesmal mit einer Fremdenführerin. Er beschwerte sich zunächst, dass sie ihm zu alt sei und verlangte eine jüngere Begleitung; doch dann fand er sich mit der zugeteilten Führerin ab, ging sogar am Abend noch mit ihr essen. In seinem Hotelzimmer in Warschau ließ er sein Reisegepäck und sein Handy zurück, als er sich auf den Weg nach Berlin machte. Später konnten die Ermittler sein Handy entschlüsseln, es enthielt ausschließlich die Urlaubsfotos seiner Reise.
Krasikov wollte von Berlin zurück nach Warschau. Sein Rückflug aus der polnischen Hauptstadt nach Moskau war laut seinem Flugticket für den 25. August gebucht. Wie genau er am 22. August in die deutsche Hauptstadt kam, bleibt unklar. Zwar hat die polnische Polizei alle Überwachungskameras ausgewertet, jene am Flughafen und auch die auf dem Anreiseweg zum Bahnhof in Warschau – ohne Ergebnis. Möglicherweise ist er mit einem Fahrer über die Grenze nach Deutschland gefahren.

Der Täter: Ein FSB-Mann

Wer war dieser Mann? Bei dem Mörder handelt es sich um Vadim Nikolaevič Krasikov, der am 10. August 1965 in Kasachstan geboren wurde. Er lebte seit 1970 im sibirischen Irkutsk, heiratete 1990 und hat aus dieser Ehe einen Sohn und eine Tochter. Ein Jahr nach der Scheidung ging er im Juli 2010 eine zweite Ehe mit einer Ukrainerin ein, aus der eine weitere Tochter hervorging, die im April 2013 geboren wurde. Es war ein Glücksfall für die Ermittlungen, dass die ukrainischen Behörden bei den Angehörigen der Ehefrau, den Schwiegereltern und dem Schwager des Täters eine Durchsuchung durchführten. Dabei konnten 5000 Fotos und Videodokumente beschlagnahmt werden. Es fand sich die Heiratsurkunde, zudem zahlreiche Familienfotos, etwa von der Hochzeit, die Krasikovs Identität zweifelsfrei bestätigten. Ein Foto zeigt eine Tätowierung, die der Täter an der gleichen Stelle hat – zusammen mit Narben und Leberflecken ist sie wie ein Fingerabdruck.[5] Der Schwager Oleksandr V. hatte bei einer ersten Aussage vor dem Berliner Gericht Ende Juli 2021 noch gesagt, er habe Zweifel, ob es sich tatsächlich um Krasikov handele. Später äußerte er in der Ukraine in einem Interview, er habe das nur aus Angst vor Repressionen aus Russland getan, sei sich aber in Wirklichkeit sicher, dass es sich um seinen Schwager handele. Dies trug er auch bei einer zweiten Zeugenvernehmung Anfang November vor dem Gericht vor. „Ja, das ist er“, sagte er. Das Gericht bewertet seine zweite Aussage als glaubwürdig.[6]
Der Schwager sagte vor Gericht, Krasikov habe den Rang eines Oberst innegehabt und sei schon lange mit der Spezialeinheit des Geheimdienstes FSB namens *Vympel* verbunden gewesen. Auch Fotos aus dem Familienbestand deuten darauf hin, dass der Mörder vom Tiergarten schon früh zu *Vympel* gehörte. So gibt es ein Bild, auf dem er ein T-Shirt trägt mit dem Wappen des Zentrums der Spezialkräfte mit Schild und Schwert.

[5] Verräterisches Tattoo. Der Spiegel, 20.3.2011.
[6] Mit der Lizenz zum Töten. Süddeutsche Zeitung, 4.11.2021.

Auch existiert ein Bild vom Schwiegervater, auf dem dieser ein solches T-Shirt trägt. Krasikov hat nach Aussagen seines Schwagers früher solche Devotionalien von *Vympel* für seine Verwandten mitgebracht.[7]

Andere Berichte der Angehörigen über ihn bestätigen seine Geheimdiensttätigkeit. Seine Handynummer soll er ständig gewechselt haben, seine Schwiegereltern besaßen nicht einmal die Handynummer ihrer Tochter. Nach einem Einsatz in der Ukraine im Zusammenhang mit den Protesten auf dem Majdan soll Krasikov ein Mobiltelefon nach einem Telefonat zerstört und die SIM-Karte weggeworfen haben. Nach Recherchen von *The Insider* und *Bellingcat* war Krasikov in den Monaten vor seinem Einsatz in Berlin in zwei Ausbildungsstätten des FSB, darunter das Zentrum für Sondereinsätze (Centr special'nych naznačenij) in Balašicha, geschult worden. Zweifelsfrei beweisen lässt sich das nicht, aber die Funkzellendaten zeigen, dass sein Handy in dieser Zeit im Bereich der Ausbildungsstätten eingeloggt war.[8]

Mutmaßliche frühere Taten

Krasikov hatte offenbar schon früher gemordet. Im Juni 2013 geschah der Mord an dem Geschäftsmann Albert Nazranov in Moskau, bei dem Krasikov als Beschuldigter galt. Wie im Kleinen Tiergarten näherte sich der Täter damals auf einem Fahrrad und ermordete den Geschäftsmann mit vier Schüssen, wie es von einer Videokamera festgehalten wurde.[9] Nach Krasikov wurde deshalb gefahndet, im Februar 2014 erging ein russländischer Haftbefehl, dem im April eine internationale Fahndung durch Interpol folgte. Doch im Juli 2015 wurde die Fahndung überraschend eingestellt. Auch mit einem anderen Mord wird Krasikov in Verbindung gebracht. Im Jahr 2007 verschwand in der karelischen Kleinstadt Kostomukša der Geschäftsmann und Lokalpolitiker Jurij Kozlov, er wurde später erschossen im Wald aufgefunden.[10] Nachdem der Fall lange ungelöst blieb, wurden im November 2014 zwei Verdächtige, Oleg Ivanov und Vladimir Fomenko, verhaftet. Sie blieben acht Monate in Haft. Es soll sich um Offiziere des FSB von der Spezialeinheit *Vympel* gehandelt haben. Ein dritter Verdächtiger blieb flüchtig. Bei ihm soll es sich um Krasikov gehandelt haben. Als das zentrale Staatliche Ermittlungskomitee die Sache an sich zog, wurde das Verfahren aber nach vier Wochen eingestellt und die Verdächtigen wurden freigelassen.[11]

Warum aber wird nach Mitarbeitern des FSB von staatlichen Strafverfolgungsbehörden gefahndet wie im Fall von Krasikov? Warum werden FSB-Offiziere Jahre nach einer Tat als Tatverdächtige festgenommen und in Untersuchungshaft gehalten, wie bei der

---

7 Ebd.

8 „V" značit „Vympel". Kak CSN FSB organizoval ubijstvo Changosvili v Berline. The Insider, 15.12.2020, <https://theins.ru/politika/201728>. – „V" For „Vympel": FSB's Secretive Department „V" Behind Assassination of Georgian Asylum Seeker in Germany. Bellingcat, 17.2.2020, <www.bellingcat.com/news/uk-and-europe/2020/02/17/v-like-vympel-fsbs-secretive-department-v-behind-assassination-of-zelimkhan-khangoshvili/>.

9 Identifying The Berlin Bicycle Assassin: From Moscow to Berlin (Part 1). Bellingcat, 3.12.2019.

10 Schattenkrieger des Kreml. Der Spiegel, 7.12.2019.

11 Identifying The Berlin Bicycle Assassin: Russia's Murder Franchise (Part 2). Bellingcat, 6.12.2019.

Tat in Karelien? Die Antwort darauf ist unklar. Die mögliche Erklärung, der FSB habe einfach einen Kriminellen für die Tat in Berlin gedungen, der sich durch die Tat quasi rehabilitieren und einer Haftstrafe entkommen konnte, scheint abwegig, da Krasikov offenbar schon vorher für den FSB gearbeitet hat. Plausibler ist eine andere Erklärung: Anscheinend gab es in Russlands Justizsystem Inseln der Rechtsstaatlichkeit, also Strafverfolger, die Mörder zur Rechenschaft ziehen wollten, auch wenn es sich bei ihnen um Mitarbeiter des FSB handelt. Erst als eine obere Behörde von der Sache Wind bekam, wurde die Fahndung nach Krasikov eingestellt.

Das Opfer

Warum aber wurde ausgerechnet Selimchan Changoschwili in Berlin ermordet? Changoschwili wurde 1979 im Pankisi-Tal in Georgien geboren. Dort lebt die Volksgruppe der Kisten, bei denen es sich um Tschetschenen handelt. Während der Tschetschenienkriege galt das Tal als Hort islamistischer Kämpfer, die von dort aus in den Kampf gegen die russländischen Truppen zogen oder das Tal als Rückzugsort nutzten. Changoschwili war im zweiten Tschetschenienkrieg spätestens seit Mai 2001 als Kämpfer aktiv. Er war Kommandeur einer Gruppe von 60 Mann, die dem berüchtigten Kommandeur Schamil Bassajew unterstanden, auch wenn Changoschwili – anders als Bassajew – kein Islamist war.

Im Herbst 2004 kehrte Changoschwili zurück ins Pankisi-Tal. Er war dort als „Emir“ eine angesehene Autorität, eine Art Friedensrichter, der zwischen den Einwohnern des Tals und den georgischen Stellen vermittelte. Zwischenzeitlich hatte der ungebildete Mann 2002 eine Ärztin geheiratet, mit der er zwischen 2004 und 2010 vier Kinder bekam. Changoschwili war von Moskau russlandweit als Terrorist zur Fahndung ausgeschrieben worden. Er nannte sich deshalb ab 2005 Tornike Karataschwili, dies war der Mädchenname seiner Mutter. 2006 zog die Familie in die georgische Hauptstadt Tbilissi. Dort war er nach eigenen Angaben Teilhaber an zwei Restaurants, unter anderem will er Honig von Georgien nach Saudi-Arabien exportiert haben. Als es im August 2008 zum Krieg Russlands gegen Georgien kam, stellte Changoschwili eine Einheit mit 200 tschetschenischen Kämpfern auf, um in der Provinz Südossetien die georgische Armee zu unterstützen. Die Einheit kam aber nicht mehr zum Einsatz, da der Krieg nach fünf Tagen mit einer Niederlage Georgiens endete. Nach Auffassung des Gerichts war es das letzte Mal, dass der Mann aus dem Pankisi-Tal zur Waffe gegriffen habe. Bei einem bewaffneten Konflikt spielte er allerdings noch einmal eine Rolle – und zwar als Vermittler. Als sich im August 2012 eine Gruppe bewaffneter Tschetschenen im Lopota-Tal mit Geiseln verschanzt und sich Gefechte mit georgischen Spezialeinheiten geliefert hatte, vermittelte er zwischen den Kämpfern und der georgischen Regierung – so jedenfalls stellte es der ehemalige Vize-Innenminister Georgiens Giorgi Lortkipanidze im Prozess gegen Krasikov dar.[12] Knappe drei Jahre später, am 28. Mai 2015, wurde auf ihn in Tbilissi in der Nähe seiner Wohnung geschossen. Unbekannte eröffneten das Feuer, er wurde von vier Schüssen getroffen. Ob dieses Attentat politisch motiviert oder aber krimineller Natur war, ist ungeklärt. Weil er sich in Georgien nicht mehr

---

12 Silvia Stöber: Der Geheimdienstagent und sein Informant. tagesschau.de, 30.4.2021, <www.tagesschau.de/investigativ/tiergartenmord-prozess-tschetschenen-russland-101.html>.

sicher fühlte, ging er im Oktober 2015 in die Ukraine in die Hafenstadt Odessa. Dort heiratete er nach muslimischem Ritus eine weitere Frau. In Odessa bekam Changoschwili offenbar wirtschaftlich kein Bein auf den Boden. Im September 2016 ging er nach Deutschland und beantragte Asyl. Mit seiner neuen Partnerin lebte er in der Lübecker Straße in Berlin, sie bekamen einen gemeinsamen Sohn.

Changoschwili wurde in Deutschland vom Verfassungsschutz beobachtet, denn er war zunächst als islamistischer Gefährder eingestuft. Diese Einschätzung beruhte darauf, dass Russlands Geheimdienste ihn als Mitglied der Terrororganisation Kaukasisches Emirat (KE) einstuften. Auf einer Liste mit 19 Namen, die der FSB an der Russländischen Botschaft in Berlin am 13. Juli 2012 an das Bundeskriminalamt (BKA) übermittelte, wurde Changoschwili als Unterstützer des KE genannt. Die deutschen Sicherheitsbehörden haben Probleme mit einem kleinen Teil der in der Bundesrepublik lebenden Tschetschenen, die Terrorismus gutheißen oder selbst in terroristische Planungen involviert sind. Deswegen werden solche Hinweise aus Russland ernst genommen und diese Personen überprüft und gegebenenfalls beobachtet. Ob Changoschwili zum Kaukasischen Emirat gehörte, ist allerdings ungewiss. Nach eigenen Angaben war er seit 2005 nicht mehr am aktiven Kampf beteiligt, das Kaukasische Emirat wurde aber erst im Oktober 2007 vom damaligen Anführer Doku Umarow ausgerufen.[13]

Am 1. März 2017 lehnte das Bundesamt für Flüchtlinge und Migration (Bamf) den Asylantrag Changoschwilis ab und forderte ihn auf, nach Georgien auszureisen. Der Asylbewerber klagte gegen diese Entscheidung. Die Klage wurde am 19. Januar 2018 abgewiesen, da das Gericht die Gefahr einer politischen Verfolgung nicht erkannte. „Dies stellte sich später als falsch heraus", befand der Vorsitzende Richter im Prozess gegen Krasikov. Changoschwilis Familie, die lange in Abschiebehaft in Polen gelebt hatte, konnte im Juni 2017 nach Deutschland nachkommen, dort erfuhr sie, dass der Ehemann und Vater noch einmal geheiratet hatte.

Die Rolle der Geheimdienste bei politischen Morden

Präsident Vladimir Putin und die Präsidialverwaltung legen die generelle Linie der russländischen Politik fest. Das gilt auch für die Arbeit der Geheimdienste, einschließlich der politischen Morde. In Russland gilt es als selbstverständlich, dass die Geheimdienste auch die Lizenz zum Töten haben. Zwischen den Diensten herrscht Konkurrenz, wer die Ziele, die vom Kreml vorgegeben werden, am besten und schnellsten erreichen kann. Oft herrscht eine Art Wettlauf, wer sich um einen Fall zu kümmern hat. Neben den Diensten gibt es aber auch privatisierte und informelle Strukturen, die im Umfeld ehemaliger Geheimdienstleute und ehemaliger Oligarchen tätig sind. Dort sind auch Kräfte aktiv, die es als ihre patriotische Pflicht ansehen, Feinde Russlands zu bekämpfen und zu töten.

Ob eine Operation vom Inlandsgeheimdienst FSB oder aber vom Militärischen Auslandsgeheimdienst GRU durchgeführt wird, lässt sich oft schwer bewerten. Denn trotz aller Konkurrenz arbeiten die Dienste auch zusammen. Gemeinhin gelten Operationen

---

[13] Markus Wehner: „Ein Auftragsmord staatlicher russischer Stellen". FAZ, 7.10.2020, <www.faz.net/aktuell/politik/tiergarten-mord-in-berlin-prozess-gegen-russischen-angeklagten-16990511.html>.

der GRU als robuster und weniger gut abgedeckt – so war es etwa im Fall der versuchten Vergiftung des Doppelagenten Sergej Skripal' in Großbritannien.[14] Der Mord im Tiergarten war durch die Reiseroute aus dem benachbarten Ausland, der ausschließlichen Verwendung von Bargeld und der umfangreichen Unterstützung durch Helfer eine typische Geheimdienstoperation. Was die Operation untypisch machte, war der Umstand, dass der Täter gefasst wurde. Denn die Tat war so geplant, dass nichts auf Geheimdienste hinweisen sollte. Pannen gibt es bei gezielten Tötungen durch russländische Geheimdienste allerdings immer wieder. So war die Einleitung lebenserhaltender Maßnahmen durch die Ärzte im sibirischen Omsk im Fall der versuchten Vergiftung Aleksej Naval'nyjs nicht eingeplant – und deshalb aus Sicht der Dienste eine Panne. Auch die rasche Entdeckung der GRU-Agenten, die versucht hatten, Sergej Skripal' zu vergiften, war eine Panne. Dass sie nicht in jedem Fall vermieden werden können, ist offensichtlich in der Kalkulation der Dienste eingepreist.

Bei den Personen, die Ziele politischer Morde durch den russländischen Staat werden, lassen sich drei Opfergruppen unterscheiden. Zum einen sind es Gegner, die militärisch gegen Russland gekämpft haben und als Terroristen eingestuft werden – das ist bei Changoschwili der Fall. Die zweite Gruppe sind Oppositionelle oder Regimegegner, das bekannteste Opfer ist Aleksej Naval'nyj. Die dritte Gruppe sind Abtrünnige oder „Verräter", wie Putin sie gewöhnlich nennt, oft ehemalige Geheimdienstleute, die übergelaufen sind. Beispiele sind Sergej Skripal' oder der schon 2006 in London vergiftete Aleksandr Litvinenko.

Mögliches Motiv: Der Überfall in Nazran' 2004

Warum aber wurde Changoschwili getötet? Und zudem von einem erfahrenen und relativ ranghohen FSB-Offizier, der für solche operativen Einsätze eigentlich schon zu alt war? Changoschwili gehörte zwar zu der Gruppe der militärischen Gegner, war aber ein eher kleiner Feldkommandeur. Dass er auf einer Liste zu tötender Personen stand, könnte mit dem Angriff auf Polizisten und eine Polizeistation in Nazran' zu tun haben, der Hauptstadt von Inguschetien, der Nachbarrepublik von Tschetschenien. Bei dem Überfall am 22. und 23. Juni 2004 gab es mehr als 70 Tote. Es gebe keinen Zweifel, dass Changoschwili „Verantwortung für den Tod von Menschen hat", sagte der Vorsitzende Richter in seiner Urteilsbegründung. Die tschetschenischen Kämpfer gingen damals skrupellos vor. Sie verkleideten sich als reguläre Straßenposten und erschossen bei den angeblichen Verkehrskontrollen Angehörige des russländischen Militärs.[15] Die FSB-Spezialeinheit *Vympel* soll damals vier Offiziere verloren haben – das wären mehr als im gesamten Afghanistan-Krieg. War Changoschwilis Ermordung also die Rache für den Tod der *Vympel*-Offiziere in Nazran'? Das lässt sich schwer beweisen, klingt aber nicht unplausibel – zumal die Tat von einem *Vympel*-Offizier ausgeführt wurde, der möglicherweise seine Kameraden rächen wollte.

---

[14] Mark Urban: Die Akte Skripal. Der neue Spionagekrieg und Russlands langer Arm in den Westen. München 2018.

[15] Dozens killed in raid by Chechen rebels on Ingushetia. The Guardian, 22.6.2004. – Siehe auch: 2004 Nazran raid, <https://en.wikipedia.org/wiki/2004_Nazran_raid>.

Die Rolle Putins: Staatsterrorismus

Ein solcher Mord ist nicht möglich ohne Billigung von ganz oben. Russlands Präsident Vladimir Putin zeigte sich öffentlich gut informiert über den Fall und äußerte sich gleich zweimal dazu, zunächst am 9. Dezember 2019 auf dem Gipfel zur Ukraine in Paris. Die Äußerungen Putins läsen sich „wie eine Rechtfertigung" der Tat, befand das Berliner Gericht. Damals hatte Putin gesagt, das Opfer sei „kein Georgier … sondern ein Kämpfer und ein sehr blutiger und harter Mann". Bei seiner Jahrespressekonferenz Ende Dezember 2019 vor mehr als tausend Journalisten sagte er über Changoschwili: „Das war ein absolut blutiger Mörder. Bei einer einzigen Aktion im Kaukasus hat er 98 Menschen vernichtet." Putin spielte hier ebenfalls auf Nazran' an. Zudem sei Changoschwili an der Organisation von Anschlägen in der Moskauer Metro beteiligt gewesen. „Und das ist nicht die ganze Liste seiner Schandtaten."[16]
Der damalige Außenminister Maas konterte verwundert Putins Vorwurf, Deutschland habe mit Changoschwili einen gewalttätigen islamistischen Terroristen beherbergt:

> Es ist schwierig, im Nachhinein das zu klären. Es gab keine Ermittlungen, es gab auch keine Informationen. Wir sind auch nicht angefragt worden, jemanden auszuliefern. Und es ist auch nicht gesagt worden, was ihm vorgeworfen wird.[17]

Das komme jetzt alles im Nachhinein und klinge reichlich komisch.
Das Gericht wies auch darauf hin, dass eine Tötung zur Gefahrenabwehr nach einem russländischen Gesetz zur Bekämpfung des Terrorismus vom 6. März 2006 auch im Ausland möglich sei.[18] Das bedürfe zwar einer Anordnung des Präsidenten, sei aber „durchaus ein Mittel des politischen Handelns". Da der FSB schon 2012 Changoschwili als Mitglied des Kaukasischen Emirats und damit als Terroristen eingestuft habe, sei das Ziel einer solchen Tötung anzunehmen. Doch sei es nicht, wie von dem Gesetz vorgesehen, um Gefahrenabwehr gegangen, da von Changoschwili keine Gefahr mehr ausgegangen sei. „Das Motiv war nicht Gefahrenabwehr, sondern nichts als Vergeltung und Rache", sagte der Vorsitzende Richter. Dass Changoschwili mitten am Tag vor Zeugen getötet worden sei, sei kein Zufall. Es sollte ein Zeichen gesetzt werden", sagte der Richter, ohne das näher auszuführen. Er fügte aber hinzu: „Das ist nichts anderes als Staatsterrorismus."
Tatsächlich hat die Tat im Kleinen Tiergarten, auch wenn der Täter gefasst und die Urheberschaft offengelegt wurde, einen guten Teil der intendierten Ziele erreicht. Das ausgesuchte Opfer wurde wie geplant getötet. Die Szene der tschetschenischen Russland-Gegner in Deutschland und Europa wurde verunsichert. Ihr wurde zudem die Botschaft übermittelt: Ihr könnt nach Deutschland reisen und dort Asyl beantragen, wir kriegen euch trotzdem. Mehr noch: Die als Hinrichtung inszenierte Tat mitten in einer belebten Hauptstadt setzt auch das Zeichen: Wir kriegen euch überall!

---

[16] Gesine Dornblüth, Sebastian Engelbrecht: Der Tiergartenmord. Ein Verbrechen im Auftrag des Kreml? Deutschlandfunk, 6.10.2020, <www.deutschlandfunk.de/der-tiergartenmord-ein-verbrechen-im-auftrag-des-kreml-100.html>.

[17] Ebd.

[18] Federal'nyj zakon „O protivodejstvii terrorizmu" ot 6.3.2006 N 35-F3 <www.consultant.ru/document/cons_doc_LAW_58840/>.

Die weiche Reaktion der Bundesregierung

Ein Auftragsmord auf deutschem Boden, der von einem Gericht als „Staatsterrorismus“ bezeichnet wird, hätte eigentlich eine harte politische Reaktion zur Folge haben müssen. Doch die Reaktion Berlins erschöpfte sich darin, während des Prozesses zwei als Diplomaten getarnte Geheimdienstmitarbeiter auszuweisen, nach dem Urteil wurden zwei weitere ausgewiesen. Das war eine denkbar zurückhaltende Antwort. Zuvor hatte die Bundesregierung angekündigt, sie wolle das Ende des Verfahrens abwarten, bevor sie Konsequenzen ziehe. Im Vergleich zur britischen Reaktion auf die versuchte Vergiftung von Skripal’ sieht die deutsche Antwort besonders unzulänglich aus. London hatte zunächst 23 russländische Diplomaten ausgewiesen und dann in Folge erreicht, dass in einem Akt der internationalen Solidarität mehr als 140 russländische Diplomaten und Geheimdienstleute aus 28 Staaten ausgewiesen wurden. Im Fall Skripal’ hatte Russland allerdings die international geächtete Chemiewaffe Novitschok eingesetzt und damit das Leben zahlreicher unschuldiger Menschen gefährdet. Der potenzielle Schaden und die Verunsicherung der Bevölkerung waren deutlich größer. Das war ein bis dahin beispielloser Akt gewesen und wog auch nach dem Dafürhalten deutscher Regierungsbeamter schwerer.

Allerdings war im Berliner Fall anders als im Fall Skripal’ ein Mensch tatsächlich ermordet worden. Doch offenbar wollte die Bundesregierung die ohnehin angespannten Beziehungen zu Moskau nicht wegen des Todes eines Mannes belasten, der selbst durch seine Rolle im Zweiten Tschetschenienkrieg Schuld auf sich geladen und Blut an den Händen hatte. Man ging damals im Kanzleramt und im Auswärtigen Amt davon aus, dass man Russland zur Lösung einer Vielzahl von internationalen Konflikten brauchen werde, etwa für ein Ende der Kämpfe im Donbass in der Ukraine, in Syrien oder in Libyen. Zudem machte man geltend, dass die Ausweisung einer größeren Zahl von Diplomaten Deutschland mehr schaden als nützen würde. Denn Russland beantwortet solche Maßnahmen regelmäßig mit der Ausweisung einer ebenso großen Anzahl deutscher Diplomaten.

Aus heutiger Sicht erscheint die inadäquate Reaktion Berlins als ein Ausläufer der Ost- oder besser gesagt Russlandpolitik, wie sie von der Regierung Merkel verfolgt wurde. Ihre Grundlagen wurden in der Zeit des SPD-Kanzlers Gerhard Schröder gelegt, dessen russlandfreundliche Politik vom langjährigen Außenminister Frank-Walter Steinmeier und auch dem Wirtschafts- und späteren Außenminister Sigmar Gabriel zu großen Teilen weiterverfolgt wurde. Mit dem Angriffs- und Vernichtungskrieg Putins gegen die Ukraine ist diese Politik endgültig gescheitert. Erst dann war es möglich, harte Sanktionen gegen Russland zu verhängen und sich der Illusionen über das Regime Putins bewusst zu werden. Der Mord im Tiergarten war aber nur eine von vielen aggressiven Operationen Russlands gegenüber Deutschland, der EU und dem Westen. Die Bundesregierung hätte schon früher den Charakter dieses Regimes erkennen und entsprechend reagieren müssen.

Schlagwörter:
Geheimdienste, FSB, Auftragsmord im Kleinen Tiergarten, Terrorismus, Tschetschenien, Sergej Skripal’

Reiner Haunreiter

Schild und Schwert 2.0

Russlands Spezialdienste im Ausland

Der Föderale Sicherheitsdienst (FSB), die Auslandsaufklärung (SVR) und der militärische Aufklärungsdienst (GRU) sind wichtige Herrschaftsinstrumente in Russland. Sie dienen dem Erhalt des Systems im Inland und der Durchsetzung russländischer Interessen im Ausland. Operationen des GRU und des FSB in Europa, darunter Attentate und Morde, haben weltweit Aufmerksamkeit erregt. Nach Russlands Überfall auf die Ukraine wurden Hunderte Agenten aus der EU ausgewiesen. Diese Zahl ist ein Indikator für die starke Präsenz dieser Dienste in der EU. In Deutschland und der EU fehlt eine wirkungsvolle Spionageabwehr. Gleichzeitig sollte der Kontakt mit Russlands Diensten wieder aufgebaut werden.

Unter Verweis auf Pannen und westliche Abwehrerfolge meinte ein deutscher Experte: „Russlands Geheimdienstbilanz ist negativ“.[1] Der Chef der Auslandsaufklärung, Sergej Naryškin, urteilte anlässlich der 100-Jahr-Feier des SVR hingegen:

> Die Informationen, die wir erhalten, helfen der Führung der Russländischen Föderation, sich ein umfassenderes und klareres Bild von der internationalen Lage zu machen und rechtzeitig wichtige politische Entscheidungen zu treffen, um Zuspitzungen zu verhindern und potenzielle Bedrohungen so früh wie möglich zu stoppen.[2]

Wäre die Bilanz der Auslandsaufklärung negativ, hätte Russlands Präsident vermutlich nicht persönlich an der Feier teilgenommen. Vladimir Putin betonte bei dieser Gelegenheit, dass die Tätigkeit des Auslandsnachrichtendienstes zu einem der wichtigsten Bereiche staatlicher Aktivitäten gehöre. Die Analysen des Auslandsnachrichtendienstes seien von hoher Qualität. Auch die Neutralisierung politischer Bedrohungen gehöre zu seinen Aufgaben.[3] Doch welche Rolle spielen die Spezialdienste im politischen System Russlands, wo, wie und in welchem Umfang operieren sie in Deutschland und in der EU? Und wie kann der demokratische Rechtsstaat der Bundesrepublik Deutschland den Aktivitäten der russländischen Dienste begegnen?

Reiner Haunreiter (1957), Oberst a.D., Generalstabsoffizier im Militärischen Nachrichtenwesen der Bundeswehr, Egmating

Grundlage der vorliegenden Darstellung sind offene Quellen, primär aus Russland. Dazu kommen Erkenntnisse ausgewählter Experten.

1 Christopher Nehring: Russlands Geheimdienstbilanz ist negativ. DW.com, 30.4.2021.

2 Sergej Naryškin: Služba vnešnej razvedki Rossii – vzgljad v buduščee. MK.ru, 16.12.2020.

3 Vladimir Putin: Pozdravlenie s dnem rabotnika organov bezopasnosti, 20.12.2020, <www.youtube.com/watch?v=jX3Vi8X_pek&t=306s>.

OSTEUROPA, 72. Jg., 11/2022, S. 91–110 doi: 10.35998/oe-2022-199

Im Mittelpunkt der vorliegenden Analyse stehen Russlands Spezialdienste:[4] der *Dienst für Auslandsaufklärung* (Služba vnešnej razvedki, SVR), der *Föderale Dienst für die Sicherheit der Russländischen Föderation* (Federal'naja služba bezopasnosti Rossijskoj Federacii, FSB), die beide nach der Auflösung der Sowjetunion 1991 aus dem sowjetischen KGB hervorgingen, sowie die *Hauptverwaltung Aufklärung des russländischen Generalstabs* (Glavnoe razvedyvatel'noe upravlenie, GRU).[5] Weder der *Föderale Dienst für Bewachung* (Federal'naja služba ochrany, FSO) noch die *Nationalgarde* (Federal'naja služba voisk nacional'noj gvardii), die zu den Spezialdiensten gezählt werden könnten, sind bislang durch besondere Aktivitäten jenseits der Grenzen Russlands in Erscheinung getreten.[6] Somit werden hier der spezifische Auftrag, das Selbstverständnis, die Arbeitsschwerpunkte und mögliche Entwicklungstendenzen des SVR, des FSB und des GRU dargestellt.

Russlands Auslandsaufklärungsdienst SVR

Der SVR untersteht direkt dem Präsidenten. Der Direktor des Dienstes hat unmittelbares Vortragsrecht und ist ständiges Mitglied im Sicherheitsrat (Sovet Bezopasnosti). Ein Indikator für die bedeutende Stellung des Dienstes im Machtgefüge ist die Anwesenheit von Präsident Putin bei Jubiläen des Dienstes oder bei offiziellen Feierlichkeiten wie der Amtsübergabe des Direktorenpostens von Michail Fradkov an Sergej Naryškin im Jahr 2016. Der 1954 in Leningrad geborene Sergej E. Naryškin durchlief in den 1980er Jahren eine Ausbildung beim KGB, absolvierte von 1988 bis 1992 als KGB-Offizier in Belgien einen Auslandseinsatz, offiziell als Wirtschaftsattaché der sowjetischen Botschaft getarnt.[7] Danach arbeitete er in der Verwaltung von St. Petersburg als Leiter einer Abteilung des Ausschusses für Wirtschaft und Finanzen. Damals war Putin Leiter des Ausschusses für Außenbeziehungen. Dort dürften die beiden sich kennengelernt haben. Ab 2004 war Naryškin in politisch relevanten Funktionen im Kreml tätig. Im Februar 2007

---

[4] Der Begriff „Geheimdienst" ist in Deutschland aus historischen Gründen (Gestapo, Reichssicherheitshauptamt sowie Stasi) negativ konnotiert. Das beeinträchtigt dessen analytischen Nutzen. Daher verwende ich in Anlehnung an die russische Bezeichnung *specslužba* den Begriff „Spezialdienst". Synonyme für den Auslandsdienst sind „SVR" und „Auslandsaufklärung", für den Inlandsdienst „FSB" oder „Föderaler Sicherheitsdienst" und für die Hauptverwaltung Aufklärung im Generalstab „GRU" oder „Militärischer Dienst".

[5] 2010 wurde der GRU in „Hauptabteilung des Generalstabes" (Glavnoe upravlenie General'nogo štaba) umbenannt. Die Website des Verteidigungsministeriums nutzt nun die Abkürzung GU: <https://structure.mil.ru/structure/ministry_of_defence/details.htm?id=9711@egOrganization>. Präsident Putin sprach in seiner Rede zum 100-jährigen Jubiläum vor GRU-Veteranen und Offizieren des GRU. Putin predložil novoe nazvanie dlja voennoj razvedki. Musavat.com, 3.11.2018. Die Abkürzung GRU wird bis heute genutzt.

[6] Mark Galeotti: Putin's Hydra: Inside Russia's Intelligence Services. ECFR.eu, 11.5.2016. Der FSO wurde mehrfach beauftragt, Stimmungsbilder in der Bevölkerung zu erheben, was je nach Methodik einer nachrichtendienstlichen Aufgabe entspricht. Auch die Nationalgarde hat sich um nachrichtendienstliche Ausrüstung und Aufgaben bemüht. Es geht um Geld und Einfluss. Zur Nationalgarde: Margarete Klein: Russlands neue Nationalgarde. Stärkung der Machtvertikale des Putin-Regimes, in: OSTEUROPA, 5/2016, S. 19–32. Russland setzt die Nationalgarde im Krieg gegen die Ukraine ein.

[7] Naryškins Tätigkeit in Brüssel fehlt im Lebenslauf auf der SVR-Homepage: <http://svr.gov.ru/history/person/naryshkin.htm>. Die „Moscow Times" erwähnte am 28.10.2011 seine Verwendung in Belgien unter Verweis auf die Tageszeitung „Kommersant"".

wurde er stv. Ministerpräsident, im Mai 2008 Leiter der Präsidialverwaltung und am 21. Dezember 2011 Vorsitzender der Staatsduma. Dieses Amt übte er fünf Jahre aus, ehe er am 5. Oktober 2016 zum Direktor des SVR ernannt wurde.[8] Aus Sicht vieler Mitarbeiter des SVR war der asketisch, patriotisch und selbstbewusst auftretende Chef bei seiner Ernennung „einer von uns“, was seine Akzeptanz im Apparat erleichtert haben dürfte.[9] Nach der Annexion der Krim und der Entwicklung in der Ostukraine wurde Naryškin auf die Sanktionsliste der USA und der EU gesetzt.

Doch wie ist das Selbstverständnis des SVR und worin bestehen seine Aufgaben? Evgenij Primakov war Chef der Auslandsaufklärung von 1991 bis 1996. Er hatte während seiner Amtszeit eine sechsbändige Geschichte der russländischen Auslandsaufklärung in Kurzdarstellungen veröffentlichen lassen, die 2018 unter Naryškin in einer qualitativ hochwertigen Neuausgabe erschien.[10] Nicht nur damit unterstrich Naryškin, der auch Vorsitzender der *Russländischen Historischen Gesellschaft* ist, die Kontinuität im Denken, Handeln und Selbstverständnis des Auslandsdienstes. Primakov hatte dieses Selbstverständnis so charakterisiert:

> Möglicherweise bestehen diese Besonderheiten (mögen mich Leser im Ausland nicht verurteilen) in einem etwas größeren Patriotismus und einer etwas größeren Hingabe sowie einem geringeren [. . .] Einfluss des materiellen Faktors als bei anderen auf die Tätigkeiten des Geheimdienstoffiziers, der größeren Bereitschaft zur Selbstaufopferung zum Wohle seines Volkes. [. . .] Russland war, ist und bleibt eine Großmacht. Neben anderen wichtigen staatlichen Strukturen half die Aufklärung Russland in der gesamten Geschichte, schwierige Perioden zu überwinden [. . .] Nicht nur Informationen sammeln, analysieren, synthetisieren und die Entwicklung der Lage vorhersagen, sondern auch eine aktive Rolle bei der Umsetzung der Außenpolitik des Landes zu spielen, ist das historische Feld der Aufklärung, die mit ihren eigenen spezifischen Methoden arbeitet.[11]

Auf seiner Website nennt der SVR als seinen Auftrag:

- dem Präsidenten der Russländischen Föderation, der Föderalversammlung und der Regierung nachrichtendienstliche Informationen bereitzustellen, die sie benötigen, um Entscheidungen auf politischem, wirtschaftlichem, militärisch-strategischem, wissenschaftlich-technischem Gebiet und dem Umweltsektor zu treffen;
- Bedingungen zu schaffen, die einer erfolgreichen Umsetzung der Sicherheitspolitik der Russländischen Föderation förderlich sind (Hervorhebung R.H.);
- die wirtschaftliche Entwicklung, den wissenschaftlichen und technologischen Fortschritt des Landes und die militärisch-technische Sicherheit der Russländischen Föderation zu unterstützen.[12]

---

8 Sergej Naryškin: Dejstvujuščie lica s Nailej Asker-zade. Rossija 1, 10.12.2018, <www.youtube.com/watch?v=9ZROYeo4gMs>. – <http://svr.gov.ru/history/person/naryshkin.htm>. – <http://ladno.ru/person/naryshkin/bio/>.

9 Jacopo Iacoboni, Gianluca Paolucci: Oligarchi. Come gli amici die Putin stanno comprando l'italia. Bari 2021, S. 23–24.

10 Istorija rossijskoj vnešnej razvedki. Očerki, toma I–VI. Moskva 2018.

11 Ebd., Bd. 1, S. 2ff.

12 Celi i zadači Služby, <http://svr.gov.ru/svr_today/celi.htm>.

*Nikolaj Patrušev (*1951)*
Direktor des Sicherheitsrats der RF

*Aleksandr Bortnikov (*1951),*
Direktor des FSB

*Sergej Naryškin (*1954),*
Direktor des SVR

*Igor' Kostjukov (*1961),*
Chef des GRU

Mitnichten beschränkt sich der SVR also auf Analysen für die Staatsführung. Auf der Grundlage seines Selbstverständnisses als Träger eines besonderen Patriotismus tritt der SVR für den Großmachtstatus Russlands ein und übernimmt eine eigenständige Rolle in der Außenpolitik. Hierfür bedient er sich sogenannter „aktiver Maßnahmen". Diese gehörten schon zum Instrumentarium des KGB. Sie zielen auf die politische Einflussnahme im Ausland und reichen von Propaganda und Täuschungsoperationen bis zur Anwendung von Gewalt gegen konkrete Personen. Für die Spionageabwehr oder die Justiz in den Zielländern ist es schwierig, den Nachweis zu führen, inwieweit „aktive Maßnahmen" auf das Konto des SVR gehen.

Welche Zielländer mit welchen Prioritäten und welchem personellen und materiellen Umfang vom SVR bearbeitet werden, orientiert sich an den aktuellen und langfristigen außenpolitischen Interessen der Russländischen Föderation. Im Fokus stehen nach wie vor die USA[13] und Deutschland, Großbritannien, Italien und Frankreich in Europa, aktuell auch die Ukraine, Syrien und Afghanistan. Auch China, Asien allgemein, ausgewählten Staaten im Nahen Osten und in Afrika wie Mali und Libyen schenkt der SVR Aufmerksamkeit.

Über den Umfang der internationalen Zusammenarbeit des SVR ist wenig bekannt. Sicher liegt ein Schwerpunkt auf der Kooperation mit den Diensten der Staaten der Gemeinschaft Unabhängiger Staaten (GUS), in denen der SVR offiziell nicht tätig ist. Erstmalig trafen sich die Leiter der Sicherheitsbehörden und Nachrichtendienste im Dezember 2000, um die nachrichtendienstliche Zusammenarbeit zu sondieren. Dabei wurde das Abkommen „Über die Grundsätze und Hauptrichtungen der Zusammenarbeit der Sicherheitsbereiche der Nachrichtendienste der GUS-Staaten bei nachrichtendienstlichen Aktivitäten" unterzeichnet.[14] Der SVR sucht auch immer wieder die partielle Kooperation mit Auslandsnachrichtendiensten aus NATO-Staaten, der EU sowie der Schweiz. Diese Gespräche, so die Moskauer Erwartung, sollten „auf Augenhöhe" stattfinden. Details werden kaum öffentlich. Dabei geht es etwa um die Aufklärung und Bekämpfung des internationalen Terrors oder des Drogenhandels. Diese Kontakte gestalten sich schwierig, da die Staaten, mit denen der SVR die Zusammenarbeit sucht, gleichzeitig Handlungsräume für Einflussoperationen und aktive Maßnahmen sind.

Nach gängigen Schätzungen hat der SVR 13 000 bis 15 000 Mitarbeiter. Wie viele davon im Ausland tätig sind, lässt sich nur schätzen. Während des Ost-West-Konflikts unterhielt der KGB rund einhundert Vertretungen. Diese Residenturen waren teilweise legal und damit den Gastländern bekannt, teilweise getarnt. Aber auch dort, wo eine legale Residentur existierte, gab es in der Botschaft und außerhalb weitere Mitarbeiter, die dem Gastland nicht angezeigt waren. Der SVR dürfte heute in etwa die gleiche Anzahl unterhalten. Im Jahr 2018 dürften in den USA mindestens 150, in Deutschland rund 200, in Frankreich rund 100, in Italien über 80 Mitarbeiter russländischer Dienste im Einsatz gewesen sein.[15] Die meisten dürften dem SVR angehören. Auch heute dürften

---

[13] Pete Early: Comrade J. The Untold Secrets of Russia's Master Spy in America after the End of the Cold War. Berkeley 2009. – Nach wie vor relevant sind die Aussagen des Überläufers Sergej Tret'jakov. Senior Russian spy's secrets revealed in new book. Reuters, 25.1.2008.

[14] Celi [Fn. 12]. Turkmenistan hat das Abkommen nicht unterzeichnet.

[15] Russia's SVR intelligence agency. BBC, 29.6.2010. – Warren Strobel, John Walcott: Fewer Russian spies in U.S. but getting harder to track. Reuters, 28.3.2018. – Iacoboni, Oligarchi [Fn. 9], S. 13. – Josef Hufelschulte: Als Diplomaten getarnt: Russland schickt 200 Geheimagenten nach Deutschland. Focus, 4.6.2021. – Verfassungsschutzbericht 2021. Berlin 2021. – Mathieu Suc, Jacques

mehrere Hundert SVR-Mitarbeiter in den für Moskau relevanten EU-Ländern tätig sein.[16] Die Zahl der im Ausland tätigen Mitarbeiter, die in der Regel fachlich und fremdsprachlich sehr gut ausgebildet sind, dürfte am Vorabend des großflächigen Einmarsches in die Ukraine zwischen 15 und 20 Prozent des Personalbestands betragen haben.[17] In absoluten Zahlen sind das zwischen 1950 und 3000 Mitarbeiter.
Mit diesem Personal und der relativ schwachen Spionageabwehr in den meisten westlichen Staaten konnte der SVR seine Aufträge sicher erfüllen: der Staatsführung Lageanalysen zu liefern, in der Außenpolitik eine aktive Rolle zu übernehmen und einen Beitrag zur äußeren Sicherheit Russlands zu leisten. Immer wieder ist die grundlegende Perzeption der russländischen Führung unter Präsident Putin zu erkennen, dass die eigene Sicherheit von den USA und dem Westen bedroht werde. Vor dem Hintergrund ist offensichtlich, dass der Einfluss des SVR als politischer Dienst und konstitutiver Bestandteil russländischer Außenpolitik weiterhin eine wesentliche Rolle spielen wird. Die Ausweisung von als Diplomaten getarnten Mitarbeitern der russländischen Spezialdienste nach dem 24. Februar 2022 dürfte die Operationsmöglichkeiten des SVR empfindlich getroffen haben.

Der Russländische Föderale Sicherheitsdienst FSB

Auch der FSB untersteht direkt dem Präsidenten Russlands.[18] Auch der Direktor des FSB hat direktes Vortragsrecht und ist qua Amt Mitglied des Nationalen Sicherheitsrates. Im Mai 2008 übernahm Armeegeneral Aleksandr Bortnikov das Amt von Nikolaj Patrušev, der zum Sekretär des Sicherheitsrates avancierte. Bortnikov wurde 1951 geboren, ist gelernter Eisenbahningenieur und arbeitete seit 1975 beim KGB in St. Petersburg, wo ihn Putin kennen und schätzen lernte. Insbesondere seine Tätigkeit in der Spionageabwehr dürfte prägend gewesen sein.
Er blieb stets im Apparat und strebte nie ein politisches Amt an. Seine Loyalität galt dem KGB bzw. FSB sowie Präsident Putin. Die Charakterisierung als professioneller Apparatschik trifft ihn am ehesten. Spekulationen, nach denen er eine herausragende Rolle bei der Ermordung des Überläufers Aleksandr Litvinenko im Jahre 2006 spielte,[19] passen ebenso in dieses Bild wie die ihm eigene pragmatische Art bei der internationalen Kooperation oder zumindest der Nutzung von Gesprächskanälen. Seit 2014 steht Bortnikov auf den Sanktionslisten der USA, der EU und der Schweiz, was Einreiseverbote und Kontensperren bedeutet. Das hielt allerdings weder die USA (2018)[20] noch vermutlich die Schweiz (2017)[21] davon ab, ihn zu Gesprächen einreisen zu lassen.

Massey: Entre les services secrets français et russes, la guerre froide est de retour. Mediapart.fr, 30.8.2020.

16 Dmitri Trenin: Wir sind einem Krieg näher als je in den vergangenen Jahrzehnten. Die Zeit, 51/2021.

17 So ein mit den russländischen Diensten befasster Experte aus Osteuropa.

18 Dies legt die Schilderung des Ex-CIA-Direktors John O. Brennan nahe. Aus einem Treffen des Nationalen Sicherheitsrates der USA habe er Bortnikov angerufen und binnen 30 Minuten eine von Putin autorisierte Antwort erhalten. John O. Brennan: Undaunted. New York 2020, S. 358.

19 Il'ja Barabanov, Vladimir Voronov: Kto i začem ubil Litvinenko. Newtimes.ru, 12.2.2007.

20 Neuer Sturm im Russiagate-Wasserglas: Chef der russischen Außenaufklärung weilte in Washington. RT.de, 1.2.2018.

21 Ein Insider eines westeuropäischen Nachrichtendienstes bestätigte dem Verfasser, dass sich Bortnikov zu Gesprächen in der Schweiz aufgehalten habe. Was macht der russische Geheimdienstflieger in Kloten? Tagesanzeiger.ch, 1.2.2017.

Der FSB arbeitet auf Grundlage des noch von Präsident El'cin 1995 unterzeichneten Gesetzes, das dem FSB als Hauptaufgaben die Spionageabwehr, die Bekämpfung der Kriminalität sowie die Inlandsaufklärung zuweist.[22] Konkreter werden diese auf der Internetseite des FSB auf rund zwei Seiten dargestellt. Sie umfassen eine weitgehende Allzuständigkeit auf dem Gebiet der Inneren Sicherheit und reichen von der Sicherheit im Cyberraum über Maßnahmen zur Geheimhaltung von Informationen, die von einer Behörde als geheimhaltungsbedürftig eingestuft sind, über die Bekämpfung von Sabotage, illegaler Migration, Schmuggel, Proliferation von Massenvernichtungswaffen, Drogenhandel, Organisierter Kriminalität, Geldwäsche bis zur Korruptionsbekämpfung. Ein Schwerpunkt, der in den letzten Jahren an Bedeutung gewonnen hat, ist die „Überwachung der Opposition". Diese wird nicht exakt definiert. Die Deutungsmacht, wer oder was unter Opposition zu verstehen ist, hat der Kreml. Ebenso definiert er, was unter „Terroraufklärung" und „Terrorbekämpfung" im In- und Ausland firmiert.[23] Folgt man den weitgehend glaubwürdigen Angaben von <www.agentura.ru>, für die der Journalist und Geheimdienstexperte Andrej Soldatov verantwortlich zeichnet, betreibt der FSB seit 1999 auch Auslandsaufklärung in jenen Staaten der GUS, in denen der SVR nicht tätig ist. Spätestens nach den Terroranschlägen in den USA 2001 wurden Russlands Dienste, insbesondere der FSB, autorisiert, Terroristen auch im Ausland gezielt zu töten.[24] Damit geht einher, dass der FSB zuvor eine entsprechende Aufklärung möglicher Ziele in Staaten durchführt, in denen er Terrorverdächtige und Unterstützer vermutet oder lokalisiert.

Eine wachsende Bedeutung für den FSB hat der Themenkomplex „Cyberspace" gewonnen. Dabei geht es nicht nur um den Schutz vor und die Abwehr von Cyberangriffen, sondern auch um offensive Kapazitäten zur Konfliktaustragung. Mag der FSB sich zunächst als schwerfällige postsowjetische Behörde auf die Beobachtung von Hackergruppen beschränkt haben, so hat er ab Anfang der 2000er Jahre viele Hacker vor die Wahl gestellt „Kooperation oder Lager"[25] und etliche dieser Computerfreaks rekrutiert.

Der FSB hat mindestens 150 000 Angehörige. Dazu kommen die 200 000 Mann starken Grenztruppen, die seit 2013 unter dem Kommando des 1. Stv. Direktors des FSB, General Vladimir Kulišov, stehen.[26] Derzeit unterhält der FSB offizielle Kontakte zu 217 Sicherheitsbehörden, Spezialdiensten und Strafverfolgungsbehörden aus 109 Staaten, darunter 56 Grenzbehörden aus 48 Ländern der Welt. In 49 Staaten gibt es offizielle Vertretungen des FSB.[27] Die Kooperation zwischen dem FSB und den Diensten der

---

[22] <www.consultant.ru/document/cons_doc_LAW_6300/>.

[23] Auf der Liste aller inlandsbezogenen Aufklärungsaufgaben stehen die „Organisation und Teilnahme an einer terroristischen Gemeinschaft oder deren Aktivitäten; Erleichterung terroristischer Aktivitäten; öffentliche Aufrufe zu extremistischen oder terroristischen Aktivitäten, öffentliche Rechtfertigung des Terrorismus oder seiner Propaganda [. . .] gewaltsame Machtergreifung oder gewaltsame Machterhaltung". <www.fsb.ru/fsb/supplement.htm>.

[24] Federal'nyj zakon „O protivodejstvii terrorizmu" ot 6.3.2006 N 35-F3, <www.consultant.ru/document/cons_doc_LAW_58840/>. – Peter Finn: In Russia, a secret force widens. Washingtonpost.com, 12.12.2006.

[25] Andrej Soldatov, Irina Borogan: The New Nobility. The Restoration of Russia's Security State and the Enduring Legacy of the KGB. New York 2010, S. 227ff.

[26] Verfassungsschutzbericht 2020. Berlin 2020.

[27] <www.fsb.ru/fsb/international.htm>, <https://fsb-dossier-center.translate.goog/abroad/?_x_tr_sl=auto&_x_tr_tl=de&_x_tr_hl=de>. Das Dossier-Center arbeitet unter der Verantwortung von Michail Chodorkovskij, <https://khodorkovsky.com/dossier-center/>.

GUS-Staaten ist eng. Das demonstriert die jährliche Konferenz der Dienstchefs (Soveščanie rukovoditelej specslužb, organov bezopasnosti i pravoochranitel'nych organov, SORB), die 2021 Naryškin als Direktor des SVR eröffnete und zu der sich Präsident Putin per Video zuschalten ließ.[28] Seit 2002 lud der FSB jährlich zu einer internationalen Konferenz über die Bekämpfung des internationalen Terrorismus ein. An diesem Forum nahmen 2019 in Soči 123 Delegationen aus 79 Staaten, darunter NATO- und EU-Mitglieder sowie die Schweiz und vier internationale Organisationen teil.[29] Von Anfang an nahmen auch deutsche Sicherheitsbehörden an dieser Jahrestagung teil. Vertreten waren gleichzeitig Repräsentanten von „Erbfeinden" wie Armenien und Aserbaidschan, Indien und Pakistan sowie dem Iran, Israel und den USA. Diese Veranstaltung zeigt, dass bis zum Jahr 2020, als Moskau die Konferenz wegen der Corona-Pandemie einstellte, von einer internationalen Isolation Russlands oder des FSB nach Russlands Annexion der Krim im Frühjahr 2014 keine Rede sein kann.
Festzuhalten ist, dass es zu den Kernaufgaben des FSB gehört, Russland vor inneren Gefahren zu schützen. Dieser Kernaufgabe kommt der FSB auch mit Operationen im Ausland nach, wenn von dort vermeintliche Gefahren für die Innere Sicherheit Russlands drohen. Nach dieser Logik ist die gezielte Tötung eines Menschen, den Russlands Dienste als „Terrorist" einstufen, wie etwa die des tschetschenischen Georgiers Selimchan Changoschwili am 25. August 2019 in Berlin aus Moskauer Sicht „auftragsgerecht".[30]
Dass sich der FSB in der Kontinuität der Tscheka und des KGB sieht, wird nirgends deutlicher als im Wappen des FSB, das dem des KGB der UdSSR nachempfunden ist und heute Russlands Doppeladler auf rotem Grund mit Schild und Schwert trägt.

Der Militärische Aufklärungsdienst GRU

Russlands Generalstab wurde 1763 gegründet. Im alten Moskauer Stabsgebäude nahe der Metrostation Arbat hängen Portraits aller Generalstabschefs, Lev Trockij eingeschlossen. In seiner „Geschichte der vaterländischen Militäraufklärung" listet V.V. Kondrašov, der vermutlich selbst als General im GRU diente, alle Führungspersonen des Militärischen Nachrichtendienstes auf. Den Auftakt bildet hier Aleksej Voekov (1778–1825).[31] Ausgespart bleibt auch nicht Jan Berzin, der – von 1924 bis 1935 und 1937 Chef der militärischen Auslandsaufklärung – maßgeblich zur geheimen militärischen Zusammenarbeit der Sowjetunion mit dem Deutschen Reich beitrug, während des Großen Terrors 1937 verhaftet und 1938 als „Volksfeind" erschossen wurde.[32] Die Tradition der militärischen Auslandsaufklärung vom Russländischen Imperium über die Sowjetunion bis heute ist ungebrochen. Sie ist ein Pfeiler des Selbstverständnisses der

---

28 <https://e--cis-info.translate.goog/news/565/95179/?_x_tr_sl=auto&_x_tr_tl=de&_x_tr_hl=de>.

29 Sovbez RF: Terroristy strojat set' dlja upravlenija razroznennymi silami. Rossijskaja Gazeta, 13.10.2019.

30 Markus Wehner: Der Tiergartenmord. Eine Rekonstruktion. Russländischer Staatsterrorismus in Deutschland, in diesem Band, S. 79–89.

31 V.V. Kondrašov: Istorija otečestvennoj voennoj Razvedki, 2-e izd. Moskva 2013.

32 Sergej A. Gorlow: Geheimsache Moskau – Berlin, in: Vierteljahreshefte für Zeitgeschichte, 1/1996, S. 133ff.

Organisation. Wegen der strengen Abschottung des Dienstes ist über seine Struktur, die Arbeitsweise und internationale Kooperationen wenig Gesichertes bekannt.[33]
Der GRU ist als Hauptabteilung Teil des Generalstabes und damit des Verteidigungsministeriums. Chef dieser Hauptabteilung ist ein Generaloberst oder ein Admiral.[34] Der Amtsinhaber gehört weder dem Sicherheitsrat an, noch hat er unmittelbares Vortragsrecht beim Präsidenten.[35] 2018 wurde Admiral Igor' Kostjukov (*1961) als erster Marineoffizier zum Chef des GRU ernannt. Obwohl er seit Beginn des massiven Krieges gegen die Ukraine nicht mehr öffentlich in Erscheinung trat, scheint er noch im Amt zu sein. Abgesehen davon, dass er fünf Jahre als Militärattaché in Griechenland wirkte[36] und maßgeblich am Einsatz der russländischen Streitkräfte in Syrien beteiligt war, ist wenig über ihn bekannt. Allerdings gilt er seit seinem ersten Auftritt 2018 auf der jährlich vom Verteidigungsministerium veranstalteten Moskauer Konferenz zur Internationalen Sicherheit vor allem in Kreisen der britischen und US-amerikanischen Intelligence als Hardliner, wohl weil er in scharfen Worten von einem kommenden Krieg zwischen Ost und West in Asien sprach.[37]
Da der GRU dem Generalstab unterstellt ist, hat er im Machtgefüge ein geringeres Gewicht als der SVR und der FSB. Doch durch die Reformen nach dem Georgien-Krieg 2008 in den Bereichen Operation, Technik und Kommunikation, der Intervention 2014 auf der Krim, die maßgeblich von militärischen Spezialkräften (Specnaz) des GRU durchgeführt wurde, in der Ostukraine sowie in Syrien, wo *Specnaz*-Verbände ebenfalls im Einsatz waren, stärkte der GRU seine Stellung. Daran dürfte auch der für Russland höchst unbefriedigende Verlauf des Ukrainekriegs nichts geändert haben. Die Hauptverantwortung für die mangelhafte Aufklärung und Analyse über die politische Lage der Ukraine vor Kriegsbeginn lag beim FSB. Für die militärische Operationsführung sind die taktischen und militärisch-operativen Aufklärungsergebnisse entscheidend. Die liefert der GRU.
Kernauftrag des GRU ist die Beschaffung von militärisch relevanten Informationen. Zum Auftrag des GRU gehört nach den Angaben des Russländischen Verteidigungsministeriums auch die Lösung von Aufgaben im militärischen, militärpolitischen, militärtechnischen, wehrwirtschaftlichen und umweltpolitischen Bereich. Die Ziele der nachrichtendienstlichen Tätigkeit sind:

---

[33] Der GRU betreibt keine Öffentlichkeitsarbeit, etwa eine Webseite. Beeindruckend sind die Bilder, die vom neuen Hauptquartier öffentlich wurden, das Präsident Putin 2006 einweihte. <www.youtube.com/watch?v=69U-01k2oa0>. – Zur ersten Orientierung bleibt brauchbar: Viktor Suvorov: Inside Soviet Military Intelligence. New York 1984.

[34] Die Ränge „Generaloberst“ oder „Admiral“ mit drei Sternen entsprechen dem Rang eines „Generalleutnant“ bzw. „Vizeadmiral“ der Bundeswehr.

[35] Das schließt nicht aus, dass sich Präsident Putin bei Bedarf direkt unterrichten lässt, wie Luke Harding unter Berufung auf den Journalisten Sergej Kanev behauptet und Spekulationen nährt, dass der gescheiterte Anschlag auf Sergej Skripal' in Großbritannien zur Ablösung und zum Tode des GRU-Chefs Igor' Valentinovič Korobov geführt habe. „A chain of stupidity“: the Skripal case and the decline of Russia's spy agencies. The Guardian, 23.6.2020.

[36] Russia Tempts Greece with Gas Promises. Warsawinstitute.org, 26.12.2018. – GRU vozglavil admiral-geroj Igor' Kostjukov. Kp.ru, 10.12.2018.

[37] Hier eine Aufnahme seines Vortrags 2018: <https://dansmithsblog.com/2018/04/09impressions-from-moscow-mcis-2018/>. Auf der Konferenzseite des Russländischen Verteidigungsministeriums bleibt seine Rede unerwähnt, anders als die von 2020, <https://mil-ru.translate.goog/mcis/news/more.htm?id=12169992@cmsArticle&_x_tr_sl=auto&_x_tr_tl=de&_x_tr_hl=de>. – Russia's new GRU boss named after death of last intelligence chief. Mirror, 22.11.2008.

- die Bereitstellung nachrichtendienstlicher Informationen;
- die *Schaffung von Bedingungen, die der erfolgreichen Umsetzung der Politik der Russländischen Föderation im Bereich der Verteidigung und Sicherheit förderlich sind* (Hervorhebung R.H.);
- die Unterstützung der wirtschaftlichen Entwicklung, des wissenschaftlichen und technologischen Fortschritts des Landes und der militärisch-technischen Sicherheit der Russländischen Föderation.[38]

Sehr verkürzt liest sich dies im deutschen Verfassungsschutzbericht von 2020 so:

> Aufgabenschwerpunkt der GRU ist die Beschaffung von Informationen in den Bereichen Militär und Sicherheitspolitik. Zu den Zielobjekten zählen die Bundeswehr, die NATO und andere westliche Verteidigungsstrukturen sowie organisationsübergreifend militärisch nutzbare Technologien.[39]

Dazu gehört auch Wissenschafts- und Wirtschaftsspionage. Wesentlich für das Selbstverständnis des GRU ist die militärisch verengte Sichtweise auf die von Russlands politischer Führung und den Spezialdiensten wahrgenommene geopolitische Auseinandersetzung, in der sich Russland insbesondere mit den USA und der NATO wähnt. Mark Galeotti spricht zu Recht von einer „risk taking war fighting culture“ im GRU.[40] Sehr deutlich brachte das GRU-Chef Kostjukov im Juni 2021 zum Ausdruck:

> Die Analyse des von den USA . . . eingeschlagenen Kurses lässt daher den Schluss zu, dass Washington das „Gesetz der Gewalt“ nicht aufgeben wird, um seine globale Führungsrolle zu behaupten, und die USA auch weiterhin aufkommende Probleme auf Kosten der Verletzung der Interessen anderer Länder lösen werden.[41]

Russland versucht in seiner Außenpolitik seit 2014, die Uneinigkeit unter Mitgliedstaaten der NATO und der EU auszunutzen. Die potentiellen Schwächen zu analysieren ist vorrangig Aufgabe des SVR. Für den Generalstab ist aber nicht das Verständnis demokratischer Systeme von Interesse. Für taktisch-operative Zwecke benötigt er Kenntnisse über militärische Stärken und Schwächen des Gegners. Die Aufgabe lautet im Rahmen einer umfassenden Sicherheitsstrategie, Maßnahmen zur Schwächung des Gegners oder im Konfliktfall zur Vernichtung der gegnerischen Potentiale vorzubereiten und durchzuführen.

Der GRU deckt alle Weltregionen ab, die russländische Sicherheitsinteressen berühren. Die grundlegende Organisationsstruktur blieb über die Auflösung der UdSSR hinweg intakt. Der Umfang des GRU wird auf 6000 bis 15 000 Personen geschätzt.[42] Ein mit der Thematik vertrauter osteuropäischer Experte geht von rund 30 000 Mitarbeitern aus.

---

38 Glavnoe upravlenie General’nogo štaba Vooružennych Sil Rossijskoj Federacii <https://structure.mil.ru/structure/ministry_of_defence/details.htm?id=9711@egOrganization>.

39 Verfassungsschutzbericht 2020, S. 351.

40 <www.youtube.com/watch?v=j2PT2UuoMuU>.

41 <https://mil-ru.translate.goog/mcis/news/more.htm?id=12169992@cmsArticle&_x_tr_sl=auto&_x_tr_tl=de&_x_tr_hl=de>.

42 Der Verfassungsschutzbericht 2020 [Fn. 39] nennt „mindestens 15 000“, S. 351.

Ausgewählte Operationen des GRU[43]

2014	Ukraine	Ukraine/Krim
2014	Ukraine	diverse Operationen
2014	Tschechien	Anschlag auf Rüstungsbetrieb
2014	Bulgarien	Anschläge auf Rüstungsbetriebe und ein Munitionsdepot
2014/15	Lettland	Operationen zur Beeinflussung der öffentlichen Meinung
2015	Bulgarien	Anschlag auf den Waffenhändler Emilian Gebrev
2015	Deutschland	Hackerangriff auf den Deutschen Bundestag
2016	USA	Ausspionieren der Wahlvorbereitungen der Demokratischen Partei
2016	Kanada	Ausweisung des Militärattachés nach Spionageaktivitäten
2016	Schweiz	Hackerangriff auf die Anti-Doping-Behörde WADA
2016	Montenegro	Vorbereitungen für einen Putsch
2017	Estland	Ausspähung militärisch relevanter Objekte durch GRU-Agent
2017	Frankreich	Hackerangriff auf die Wahlkampagne des Präsidentschaftskandidaten Macron
2017	weltweit	Cyberangriff NotPetya
2018	Großbritannien	Anschlag mit einem chemischen Kampfstoff auf Sergej Skripal'
2018	Niederlande	Versuch, in das WLAN der Organisation für das Verbot chemischer Waffen (OPCW) einzudringen
2020	USA, Kanada, Frankreich, Indien, Südkorea	Versuch, diverse Pharmafirmen und Impfstoffentwickler auszuspähen
2022	USA	Cyberangriff mit der Schadsoftware Cyclop Blink
2022	Polen	Spionage durch angeblichen Journalisten

Dazu kommen noch rund 25 000 Soldaten der militärischen Spezialkräfte *Specnaz,* die vom Auftrag und ihren Fähigkeiten mit den Spezialkräften anderer Armeen vergleichbar sind. Der GRU konnte sich trotz offensichtlicher Schwächen im Georgien-Krieg 2008[44] erfolgreich der Einmischungsversuche des SVR und vor allem des FSB erwehren.[45] Viel

---

43 <www.nzz.ch/international/russlands-geheimdienst-gru-sabotage-gift-und-umsturzplaene-ld.1422839>, <www.themoscowtimes.com/2022/05/11/putin-elevates-gru-in-ukraine-intelligence-gathering-report-a77632>, <www.gov.pl/web/special-services/gru-agent-detained-in-poland>. – FBI operation aims to take down massive Russian GRU botnet. Techcrunch, 6.4.2022, <www.rferl.org/a/gru-unit-29155-russian-military-intelligence/31220707.html>. – <https://en.wikipedia.org/wiki/GRU#cite_note-70>. – Touristen, Spitzel, Pannen. Moskauer Deutsche Zeitung, 15.1.2019.

44 <https://thesecuritydistillery.org/all-articles/the-gru> sowie <https://warontherocks.com /2018 /09/russian-performance-in-the-russo-georgian-war-revisited/>.

45 A Mysterious Death Raises Questions in Russia. Worldview, 6.1.2016.

spricht dafür, dass der GRU sein langfristiges Programm von „Illegalen“ und „Schläfern“ fortsetzt.[46]
Es kam mehrfach zu handwerklichen Fehlern. Diese lassen sich damit erklären, dass jedem Offizier der russländischen Streitkräfte und der Spezialdienste einschließlich des GRU private Auslandsaufenthalte verboten sind. Die Fähigkeiten des GRU zu „direkten Aktionen“ sollten nicht überschätzt werden. Gleichzeitig bleiben die Fähigkeiten zu militärisch relevanter Spionage, Sabotage und (Des-)Informationsoperationen groß.[47]
Was die Fähigkeiten des GRU im Bereich „Cyberspace“ oder „information warfare“ angeht, so gelten diese nach US-Quellen als professionell und modern.[48] Dies liegt auch daran, dass der GRU Mitarbeiter nach Qualifikation und nicht nach Beziehungen rekrutiert. Für junge IT-Experten ist der GRU ein höchst attraktiver Arbeitgeber, da er vergleichsweise hohe Gehälter bezahlt.[49]
Die Arbeitsschwerpunkte des GRU waren durch Russlands Engagement in Syrien, Libyen, die Entwicklung in Zentralasien, insbesondere Afghanistan, sowie die Aufklärung entsprechender Planungen der USA und der NATO bestimmt. Wesentliche Aufmerksamkeit absorbiert seit 2013 die Ukraine. Angesichts der sich dort stellenden militärisch-taktischen, operativen und strategischen Fragen dürfte das Urteil des Militärjournalisten Pavel Fel’gengauer aus dem Jahr 2005,[50] wonach der GRU in bewährter sowjetischer Tradition im Eigeninteresse Sicherheitsrisiken übertreibt und diese Praxis beibehalten hat, nicht mehr haltbar sein. Die Entwicklung in der ersten Phase des Krieges und der gescheiterte Vormarsch auf Kiew lassen darauf schließen, dass den Analytikern des GRU bei der Einschätzung der politischen und militärischen Fähigkeiten und Ressourcen der Ukraine erhebliche Fehler unterliefen. Bereits 2016 hatte der britische Geheimdienstexperte Mark Galeotti geurteilt:

---

[46] Die Urheberschaft des GRU wurde entweder bewiesen oder es liegen den Regierungen entsprechende Indizien vor. Ben Smith: Russian intelligence services and special. House of Commons Library, 30.10.2018, <https://researchbriefings.files.parliament.uk/documents/CBP-8430/CBP-8430.pdf>. – What is Russia’s GRU military intelligence agency? Reuters, 5.10.2018, <www.reuters.com/article/us-britain-russia-gru-factbox-idUSKCN1MF1VK>. – Russia probably has more undercover „sleeper“ agents who can assassinate Western targets today than during the Cold War. Businessinsider.com, 6.3.2018, <www.businessinsider.com/illegals-of-directorate-s-russia-undercover-covert-sleeper-agents-2017-12>. – Gordon Corera: Russians Among Us: Sleeper Cells, Ghost Stories, and the Hunt for Putin’s Spies. New York 2021.

[47] Dazu die Darstellung von Bellingcat über den Abschuss der Malaysia Airlines MH17 über der Ukraine: The GRU’s MH17 Disinformation Operations Part 1: The Bonanza Media Project. Bellingcat.com, 12.11.2020.

[48] Andrew S. Bowen: Russian Military Intelligence: Background and Issues for Congress. Congressional Research Servis, 15.11.2021, <https://sgp.fas.org/crs/intel/R46616.pdf>. – Six Russian GRU Officers Charged in Connection with Worldwide Deployment of Destructive Malware and Other Disruptive Actions in Cyberspace. The United States. Department of Justice, 19.10.2020, <www.justice.gov/opa/pr/six-russian-gru-officers-charged-connection-worldwide-deployment-destructive-malware-and>.

[49] So im nicht öffentlichen Gespräch 2018 mit Experten aus deutschen Sicherheitsbehörden.

[50] Pavel Fel’gengauer: Russia’s Imperial General Staff, in: Perspective, 1/2005, S. 5–6, <https://open.bu.edu/bitstream/handle/2144/3628/perspective_16_1_felgenhauer.pdf?sequence=1&isAllowed=y>.

> Der Auslandsgeheimdienst und der GRU haben ein ausgeprägtes Gespür für die militärischen und technischen Geheimnisse, die sie aufdecken sollen. Aber ihre politischen Ziele sind mitunter naiv. Darin spiegelt sich ein fragwürdiges Verständnis demokratischer politischer Systeme.[51]

Zu vermuten ist, dass der GRU – und wohl auch die anderen russländischen Spezialdienste – völlig dabei versagten, die Stimmung in der ukrainischen Bevölkerung, ihre psychische Verfassung und das Maß an Patriotismus richtig einzuschätzen. Es ist davon auszugehen, dass Verteidigungsminister Sergej Šojgu und Generalstabschef Valerij Gerasimov sich auch der Analysen des GRU bedienten. Aber ob diese Analysen bei der Entscheidung zum Krieg eine Rolle spielten, an der nur wenige Vertraute um Putin mitwirkten, ist offen.[52]

Die Koordination der Dienste oder die Rolle des Sicherheitsrates

Nachrichtendienste, Geheimdienste oder Spezialdienste eines jeden Landes tendieren zur Abschottung untereinander und zur Konkurrenz, schließlich geht es um Renommee, Deutungshoheit, Einfluss, Personal und Budgets. Dies gilt auch für die Spezialdienste in Russland, deren Aufgaben und Ziele sich im Ausland überlappen. Aber falsch wäre es anzunehmen, dass sich die drei Dienste gegenseitig bekämpfen. Trotz aller Konkurrenz teilen sie die strategische Aufgabe, Sicherheit und Stabilität zu garantieren und Russlands Rolle in der Welt zu stärken.[53] Um dies effektiv und ohne Reibungsverluste zu leisten, sind eine strategische Ausrichtung und eine effektive Koordination notwendig. Diese leistet der Sicherheitsrat, dessen Rolle nicht unterschätzt werden sollte.[54]

Der Sicherheitsrat wurde 1992 von Präsident El'cin als Nachfolgeinstitution des entsprechenden Organs der UdSSR geschaffen und 1993 in Artikel 83 der Verfassung der Russländischen Föderation festgeschrieben. Ihm gehören unter Vorsitz des Präsidenten

---

[51] Galeotti, Putin's Hydra [Fn. 8], S. 7.

[52] James Risen: U.S. Intelligence Says Putin Made a Last-Minute Decision to Invade Ukraine. The Intercept, 11.3.2022.

[53] Bezeichnenderweise treten die Chefs des SVR, des FSB und des Verteidigungsministeriums auf den meisten internationalen Konferenzen des Sicherheitsrates gemeinsam auf. Z.B. Vystuplenija učastnikov MCIS-2021, 22.–24.6.2021, <https://mil.ru/mcis/appearance.htm>.

[54] Dazu neigt Mark Galeotti, der in seiner Studie vom Mai 2019 „The Intelligence and Security Services and Strategic Decision-Making" die Rolle des Sicherheitsrates und die des Sekretärs nicht thematisiert. <www.marshallcenter.org/en/publications/security-insights/intelligence-and-security-services-and-strategic-decision-making-0>. – Als ein Indiz für die Bedeutung des Sicherheitsrates ist die Berufung des Chefs der Nationalgarde Viktor Solotov zum Mitglied zu sehen. Als Protegé von Putin wurde er ex officio zu einem Ständigen Mitglied des Sicherheitsrates berufen, wenige Tage später aber auf den Status eines einfachen Mitglieds zurückgestuft. Hier dürften sich die Ständigen Mitglieder des Gremiums durchgesetzt haben. Putin Former chief of Putin's security service appointed Russian National Guard chief. Tass.com, 5.4.2016. – Tat'jana Stanovaja: Kak Sovet bezopasnosti zamenil v Rossii pravitel'stvo. 28.1.2016, <https://carnegie.ru/commentary /62605>. – Ekaterina Schulmann, Mark Galeotti: A tale of two councils: the changing roles of the security and state councils during the transformation period of modern Russian politics, in: Post-Soviet Affairs, 5/2021, S. 453–469.

zwölf ständige Mitglieder (darunter der Verteidigungs-, Innen- und Außenminister sowie die Direktoren des FSB und des SVR) sowie 18 nichtständige Mitglieder an.[55]
Als Sekretär amtiert seit 2008 Nikolaj Patrušev, der seit über 46 Jahren im Sicherheitsbereich bei KGB, FSB und dem Kreml tätig ist.[56] Seine „Fixierung auf die USA und seine Interpretation der Weltgeschichte als eine fortgesetzte amerikanische Verschwörung“[57] sind offensichtlich. Er agierte als Vordenker bei der Ausarbeitung der Nationalen Sicherheitsstrategie und ist oberster Kontrolleur ihrer Umsetzung. Unmissverständlich heißt es unter Punkt 102 der „Nationalen Sicherheitsstrategie der Russländischen Föderation“ vom 2. Juli 2021: „Alle Behörden orientieren sich bei ihrer Tätigkeit an den Bestimmungen dieser Strategie.“[58]
Ob die öffentliche Ausstrahlung der Sitzung des Sicherheitsrates am 21. Februar 2022, also drei Tage vor Kriegsbeginn, auf der formal die Anerkennung der Volksrepubliken Lugansk und Doneck als souveräne Staaten beschlossen wurde, tatsächlich einen Bedeutungsverlust für den Sicherheitsrat markiert, wie internationale Beobachter angesichts des autokratischen Gebarens von Präsident Putin gegenüber den Mitgliedern des Rates vermuteten, bleibt abzuwarten.[59] Auch künftig sollte der Sicherheitsrat ernst genommen werden. Er kann weiterhin als „Politbüro 2.0“ bezeichnet werden.[60] Die Überlegungen des Journalisten und Bloggers Andrej Mal'gin, der nun in Italien lebt, dürften gültig bleiben. Im November 2021 schrieb er über den Sicherheitsrat:

> Wer erfüllt heute die Funktionen des sowjetischen Politbüros in unserem Land? Wie im sowjetischen Politbüro besitzt er eine zweistufige Struktur. Die Mitglieder des modernen Politbüros werden jetzt als „Ständige Mitglieder des Sicherheitsrates der Russländischen Föderation“ bezeichnet, die Kandidaten für die Mitgliedschaft im Politbüro sind einfach „Mitglieder des Sicherheitsrates“.[61]

Mal'gin verwendete in seiner Überschrift den Begriff „Gerontokratie“. Tatsächlich beträgt das Durchschnittsalter des Rates 69 Jahre. Präsident Putin ist 70 Jahre alt, Patrušev 71 Jahre, Bortnikov 71 Jahre und Naryškin 68 Jahre. Die meisten Mitglieder wurden auf dem Höhepunkt der sowjetischen Machtausdehnung politisch und ideologisch sozialisiert. Sie teilen den Großmachtpatriotismus und die Überzeugung, dass die USA und die NATO die globale Hegemonie anstrebten, Russland feindlich gesonnen seien und es schwächen wollten. Entsprechend heißt es in der Nationalen Sicherheitsstrategie:

> Die Aktionen einiger Länder zielen darauf ab, Desintegrationsprozesse in der Gemeinschaft Unabhängiger Staaten (GUS) anzustoßen, um Russlands Verbindungen zu seinen traditionellen Verbündeten zu zerstören. Eine Reihe von Staaten bezeichnet Russland als Bedrohung und sogar als militärischen Gegner.[62]

---

55 <www.scrf.gov.ru/council/composition/>. Die Angaben auf der deutschsprachigen Wikipedia-Seite sind insbesondere in Bezug auf den Status von Viktor Solotov falsch.
56 Nikolaj Patrušev, <web.archive.org/web/20091213183252/http://www.scrf.gov.ru/persons/8.html>.
57 Hans-Henning Schröder: Selbstgespräch in der Wagenburg. Russlandanalysen, 285/2014, S. 26–30.
58 O Strategii nacional'noj Bezopasnosti Rossijskoj Federacii, 2.7.2021, <http://static.kremlin.ru/media/events/files/ru/QZw6hSk5z9gWq0plD1ZzmR5cER0g5tZC.pdf>.
59 Putin's absurd, angry spectacle will be a turning point in his long reign. The Guardian, 21.2.2022.
60 Vladimir Putin's Big Government and the Politburo 2.0. Minchenko.ru, <https://minchenko.ru/netcat_files/File/Big%20Government%20and%20the%20Politburo%202_0.pdf>.
61 V boj idut odin stariki. Andrej Mal'gin – o gerotokratii. Radio Svoboda, 24.11.2021.
62 O Strategii [Fn. 60], Punkt 17.

Der Sicherheitsrat hat die Aufgabe, alle Dienste und staatlichen Institutionen im Hinblick auf die Nationale Sicherheit in einem jährlichen Bericht an den Präsidenten zu bewerten.[63]

„Old habits die hard“: Perspektiven

Die Rolle der Spezialdienste in Russlands Außenpolitik wird sich nicht grundlegend ändern. Allenfalls stellt sich die Frage des Generationswechsels. Dann dürfte das homogene Weltbild, das die Leiter der Spezialdienste aufgrund ihrer gemeinsamen Sozialisation haben, Risse bekommen. Offen bleibt, ob das „band of brothers“[64] hält und sich konkurrierende Interessen der führenden Mitarbeiter der Spezialdienste und der Armee sowie der Wirtschaftsführer austarieren lassen oder es zu offenen Konflikten kommt.
Ebenfalls bleibt abzuwarten, welche Auswirkungen der Generationswechsel an der Spitze der Spezialdienste auf die Frage haben wird, wer die Nachfolge von Präsident Putin antritt. Bislang spricht alles dafür, dass diese Frage im Sicherheitsrat beantwortet wird. Patrušev, Bortnikov und Naryškin haben im Entscheidungsprozess mehr Einfluss als Außenminister Lavrov und sein Ministerium. Auch das wird sich nicht ändern. Müßig ist es zu spekulieren, ob Putins Nachfolger eines Tages aus dem Kreis der *Siloviki* gekürt werden wird. Nach dem gegenwärtigen Stand der Dinge ist nur wahrscheinlich, dass kein Kandidat gegen den vereinten Willen der *Siloviki* Präsident werden wird.
Dass die für das Selbstbild der Dienste gepflegten Werte wie Bescheidenheit und Bereitschaft zum Dienen auch künftig gelten, darf bezweifelt werden. Patrušev hatte im Jahr 2000 geäußert:

> Unsere besten Kollegen, die Ehre und der Stolz des FSB, machen ihre Arbeit nicht des Geldes wegen [. . .] Diese Mitarbeiter sind höchst unterschiedlich, aber sie haben eine ganz besondere Eigenschaft, die sie alle eint. Es ist ihr Sinn für den Dienst. Sie sind, wenn Sie so wollen, unser neuer „Adel“.[65]

Der Autokorso aus 30 Mercedes-Limousinen der G-Klasse, mit denen Absolventen der FSB-Akademie im Juli 2016 zum Abschluss ihrer Ausbildung durch Moskau fuhren und Bilder davon ins Internet stellten, spricht eine andere Sprache. Hier ging es um die Demonstration des materiellen Status und der eigenen Macht.
Kurz- und mittelfristig werden die Dienste im Ausland trotz aller Rückschläge leistungsfähig bleiben: Unabhängig davon, ob es nun eine Gerasimov-Doktrin als Grundlage hybrider Kriegsführung gibt oder nicht,[66] mit „symmetrischen und asymmetrischen

[63] O Strategii [Fn. 60], Punkt 105. Der Sicherheitsrat erörtert zunehmend gesellschaftliche Fragen, etwa Bildungsthemen, die dann an das Bildungsministerium zur Umsetzung überwiesen wurden. Propaganda im Unterricht. Die Welt, 5.6.2022.

[64] Band of brothers. An academic investigation into the networks that control Russia. The Economist, 20.11.2014.

[65] Andrej Soldatov, Irina Borogan: Russia’s New Nobility, in: Foreign Affairs, September/October 2010.

[66] Mark Galeotti: I’m sorry for creating the „Gerasimov Doctrine“. Foreignpolicy.com, 5.3.2018. – Christoph Bilban, Hanna Grininger (Hg.): Mythos Gerasimov-Doktrin. Wien 2019. Ansichten des russischen Militärs oder Grundlage hybrider Kriegsführung? Eine Analyse der Rezeptionen in Europa und China, <www.bundesheer.at/pdf_pool/publikationen/ buch_bilban_grininger_mythos_gerasimov_doktrin_web.pdf>.

Maßnahmen“[67] als Bestandteil der russländischen Außenpolitik bleibt zu rechnen. Dies fällt Russlands Führung umso leichter, wenn sie die Unterstützung der Bevölkerung genießt. Umfragen regierungsnaher Meinungsforscher und des unabhängigen Levada-Zentrums zeigen, dass die Mehrheit der Bevölkerung die Arbeit der Sicherheitsbehörden seit Jahren positiv beurteilt.[68].

Aktive Maßnahmen und gezielte Tötungen im Ausland

Zu den symmetrischen und asymmetrischen Maßnahmen gehören auch die „aktiven Maßnahmen“. Diese sollen den Gegner schwächen und dazu beitragen, die eigenen Interessen durchzusetzen.[69] Sie entsprechen weitgehend dem amerikanischen Begriff „political warfare“.[70] Diese Maßnahmen der Spezialdienste sind in Russlands Gesamtstrategie eingebunden. Es entspricht dem Auftragsprofil des SVR und des FSB, in verschiedenen Ländern der EU politische Strömungen, Parteien und Funktionsträger zu identifizieren und zu unterstützen, um mit ihnen die politische Stabilität dieser Länder und die Kohäsion der EU zu schwächen.

Auch die gezielte Tötung von vermeintlichen „Terroristen“ oder „Verrätern“ im Ausland gehört zum Auftragsspektrum der russländischen Spezialdienste. Wer die operative Verantwortung trägt, ist von Fall zu Fall unterschiedlich. Wenn sich Naryškin während seines Fernsehinterviews im Hauptquartier des SVR im Schießstand filmen lässt,[71] ist das kein Indiz dafür, dass der Waffengebrauch SVR-Routine ist. Ebenso ist die wiederholte Äußerung Naryškins,[72] dass russländische Dienste nicht für die Vergiftung des Ex-Agenten Skripal’ verantwortlich seien, nicht glaubwürdig. Zum Selbstverständnis des SVR als außenpolitisch aktivem Spezialdienst passen aktive Maßnahmen zur politischen Beeinflussung eher als gezielte Tötungen.

Diese entsprechen eher dem Auftragsprofil des FSB, der nach seinem Verständnis auch eine exekutiv tätige „Strafverfolgungsbehörde“ ist. Und sie gehören vor allem zum Auftrag des GRU als dem „Dienst für Grobe“[73]. Die in verschiedenen Ländern zusammengetragenen Indizien der letzten Jahre deuten darauf hin.[74]

---

[67] So die Termini der Sicherheitsstrategie. O Strategii, Punkt 99 [Fn. 58].

[68] Levada-Zentrum: The Role of Institutions, 28.2.2020, <www.levada.ru/en/2020/02/28/the-role-of-institutions/>. – VCIOM, Ranking of Security Agencies, 16.12.2016, <https://wciom.com/press-release/ranking-of-security-agencies>.

[69] Thomas Rid: Active Measures. The Secret History of Disinformation and Political Warfare. London 2020, S. 9ff.

[70] Tim Weiner: Macht und Wahn. Der politische Krieg zwischen den USA und Russland seit 1945. Frankfurt/Main 2021. Es wäre eine Untersuchung wert, wo die Ursprünge der „political warfare“ oder „aktiven Maßnahmen“ liegen. Die These sei gewagt, dass sich vieles in der sowjetischen und russländischen Strategie als Reaktion auf die US-Strategie erklären lässt.

[71] Dazu der Film aus dem Hauptquartier des SVR in Jasenevo im Süden Moskaus <www.youtube.com/watch?v=zhoyLUnbrFQ>.

[72] Naryškin napomnil o mnimych otpravlenijach ėks-sotrudnikov rossijskoj razvedki. Ria.ru, 15.12.2021.

[73] Russlands Militärgeheimdienst ist fürs Grobe zuständig. NZZ, 25.9.2018. – Sabotage, Giftattacken und Umsturzpläne: 13 aufsehenerregende Operationen des russischen Militärgeheimdiensts. NZZ, 3.5.2021.

[74] Sabotage, Giftattacken [Fn. 73]. Siehe dazu auch die diversen Recherchen von Bellingcat, <www.bellingcat.com/>, die trotz einer mutmaßlichen Nähe zu den britischen Diensten MI5 und MI6 als seriös zu bewerten sind.

Wer für eine spezifische „aktive Maßnahme“ die operative Verantwortung trägt, ist schwer zu beweisen. Aber es ist aussagekräftig, wenn Staatspräsident Putin persönlich und öffentlich Skripal’ als „Spion, Verräter am Vaterland und Abschaum“[75] qualifiziert. Diese Aussage hatte zwei Adressaten: die Mitarbeiter der Dienste erhielten die motivierende Botschaft, dass solche Personen aufzuspüren und zu bestrafen seien. Und an Überläufer oder Mitarbeiter, die erwägen auszusteigen und überzulaufen, lautete die implizite Drohung: „Wir finden und bestrafen Verräter, wo immer sie sind und wie lange es auch dauert.“[76]

Es widerspräche dem autoritären Charakter und den starren Befehlsstrukturen des Machtsystems in Russland, wenn nachgeordnete Behörden Handlungsfreiheit hätten. Im Sicherheitsrat laufen die Fäden zusammen. Daher besteht Grund zu der Annahme, dass Maßnahmen, die ein erhebliches außenpolitisches Risiko bergen, etwa die gezielte Tötung einer Person im Ausland, also die Fälle Litvinenko, Skripal’ und Changoshvili,[77] „aktive Maßnahmen“ wie Cyberoperationen zur Beeinflussung der US-Wahlen oder gegen die Infrastrukturen ganzer Staaten im Sicherheitsrat vorbereitet und von Präsident Putin autorisiert werden. Auf dieser politischen Ebene müsste angesetzt werden, um solche Operationen anzusprechen und zu unterbinden. Allerdings setzt dies tragfähige Beziehungen zwischen der EU und Russland voraus. Ob es diese in absehbarer Zeit wieder geben wird, ist kaum vorherzusehen.

Gegenspionage, Spionageabwehr und Kooperation in NATO und EU

Angesichts dieser Lage stellt sich die Frage, ob die relevanten Bereiche in NATO, EU und in Deutschland ausreichend Informationen über die Strukturen, Methoden, Mittel, Absichten, Stärken und vor allem auch Schwächen der russländischen Dienste gesammelt und ausgewertet haben und wie die sogenannte Gegenspionage aufgestellt ist. Wenn die Meldung des *Spiegel* zutrifft, dann wurde in Deutschland erst im Jahr 2018 – also nach dem Anschlag auf Sergej Skripal’ – ein Bereich Gegenspionage mit 50 Mitarbeitern aufgebaut.[78] Aber angesichts des weltweiten BND-Auftrags und der Aktivitäten der Nachrichtendienste Chinas, des Iran und der Türkei[79] in Deutschland ist fraglich, ob der Bereich Gegenspionage die Aktivitäten der russländischen Dienste im Blick hat und in der Lage ist, ein hinreichend differenziertes Bild zu liefern.

Ob die Spionageabwehr über die erforderlichen Fähigkeiten verfügt, ist fraglich. Ein ranghoher Beamter des Verfassungsschutzes äußerte im Juni 2021 angesichts der mutmaßlich 200 in Deutschland tätigen Agenten aus Russland, dass bereits deren bloße

---

75 <www.youtube.com/watch?v=IfJlNyUNDBE>.

76 Corera, Russians among us [Fn. 45], S. 381ff.

77 Luke Harding: A Very Expensive Poison: The Assassination of Alexander Litvinenko and Putin’s War with the West. London 2017. – Mark Urban: The Skripal Files. The Life and Near Death of a Russian Spy. London 2018. – Wehner, Der Tiergartenmord [Fn. 30] sowie Urteil des Kammergerichts Berlin, 15.12.2021, Az. 2-2/20.

78 BND baut Gegenspionage-Einheit auf. Der Spiegel, 16.3.2018. Allerdings wird es lange dauern, um eine auf Erfahrung basierende Expertise aufzubauen. Solide Erfahrung war in der Vergangenheit Voraussetzung für Abwehrerfolge in anderen Ländern, insbesondere wenn es um strategisch und langfristig ausgerichtete Operationen der Gegenseite geht.

79 Deutlich mehr Verfahren wegen geheimdienstlicher Agententätigkeit in 2021. Tagesspiegel, 4.1.2022. – Bericht des BfV von 2020: <www.bmi.bund.de/SharedDocs/downloads/DE/ publikationen/themen/sicherheit/vsb-2020-gesamt.pdf?__blob=publicationFile&v=6>.

Beobachtung schwerfalle.[80] Bei der öffentlichen Anhörung der Chefs der deutschen Nachrichtendienste BND, Bundesamt für Verfassungsschutz und des Militärischen Abschirmdienstes im Oktober 2021 war zu erkennen, dass der politisch vorgegebene Schwerpunkt die Aufklärung des Rechtsextremismus und des Terrorismus ist. Russland wurde fast überhaupt nicht erwähnt.[81] Wenn der Befund des Ex-Chefs des britischen Inlandsdienstes Sir John Sawers vom Frühjahr 2021 zutrifft, dann sind den westlichen Diensten nur zehn Prozent der aggressiven Aktivitäten der russländischen Dienste bekannt.[82] Vor dem Mordanschlag auf Sergej Skripal' konnte nur vermutet werden, dass Handlungsbedarf besteht – und zwar in Deutschland und in der EU. Nach dem Fall Skripal' wiesen 28 Länder 146 als Diplomaten getarnte russländische Agenten aus. Nach Russlands Angriff auf die Ukraine wurden über 400 als Diplomaten getarnte Angehörige russländischer Spezialdienste aus der EU ausgewiesen.[83] Die Zahlen sprechen für sich. Sicherlich hat das die Fähigkeiten der Spezialdienste empfindlich getroffen. Doch es wäre illusorisch anzunehmen, dass all ihre Aktivitäten unterbunden werden könnten. Und ihre Fähigkeit, sich den neuen Umständen anzupassen, sollte nicht unterschätzt werden. Nur bei ausreichender Aufklärung könnten je nach Dienst spezifische Gegenmaßnahmen entwickelt und umgesetzt werden, über die politisch entschieden werden müsste. Die Ankündigung von Innenministerin Nancy Faeser, die Spionageabwehr zu stärken, harrt der Umsetzung.[84]

Auch stellt sich die Frage, wie die internationale nachrichtendienstliche Kooperation in den Bereichen Gegenspionage und Spionageabwehr verbessert werden kann. Während in der NATO der Austausch von militärisch relevanten Lageinformationen institutionalisiert ist,[85] fehlt dieser in der EU. Raphael Bossong hielt bereits 2018 fest, es sei davon auszugehen, dass

> die Mitgliedstaaten operativ relevante oder besonders wertvolle nachrichtendienstliche Informationen häufig für sich behalten. [. . .] Die für die nachrichtendienstliche Arbeit bisher maßgeblichen Normen stehen einer Vertiefung dieser [. . .] Zusammenarbeit eher entgegen.[86]

Anhaltende Diskussionen über die Ausrichtung der politischen Beziehungen der EU zu Russland zeigen, dass in der EU von einer gemeinsamen Spionageabwehr bis zum Angriff auf die Ukraine kaum gesprochen werden konnte.[87] Und es wäre interessant zu

---

80 Als Diplomaten getarnt [Fn. 15].

81 <www.bundestag.de/dokumente/textarchiv/2021/kw43-kontrollgremium-858718>.

82 Ex-MI6 chief Sir John Sawers warns that Western powers only know about 10 % of Russia's „aggressive intelligence activities" in Europe as Czechia blames spies accused of Salisbury Novichok attack for deadly 2014 explosion. Daily Mail, 19.4.2021. – Jim Edwards: „Russia probably has more undercover ‚sleeper' agents who can assassinate Western targets today than during the Cold War". Businessinsider.com, 6.3.2018.

83 Europa weist mehr als 200 russische Diplomaten binnen 48 Stunden aus. Berliner Zeitung, 5.4.2022.

84 Faeser will Spionageabwehr gegen Russland stärken. Berliner Zeitung, 4.6.2022.

85 Joint Intelligence, Surveillance and Reconnaissance. NATO.int, 20.3.2021, <www.nato.int/cps/en/natohq/topics_111830.htm>.

86 Raphael Bossong: Die nachrichtendienstlichen Schnittstellen der EU-Sicherheitspolitik. SWP-Aktuell, 66/2018.

87 Änderungsantrag der Fraktion der Europäischen Konservativen und Reformer (ECR): <www.europarl.europa.eu/doceo/document/A-9-2021-0259-AM-011-020_DE.pdf>.

wissen, ob mittlerweile personenbezogene Informationen über alle Agenten von allen Mitgliedsländern mit allen ausgetauscht werden.[88] Die internationale Kooperation wird durch politische Differenzen darüber gebremst, wie künftig die Beziehung zu Russland gestaltet werden soll.

Personenbezogene Sanktionen gegen die Chefs der russländischen Dienste

Wenn an den erwähnten Konferenzen des FSB oder des russländischen Verteidigungsministeriums Delegationen aus Dutzenden Staaten, darunter auch aus der EU, teilnehmen, kann von einer gelungenen Isolierung Russlands und dessen Spezialdiensten kaum die Rede sein. 2016 reiste CIA-Chef John Brennan nach Moskau zu Gesprächen mit den Chefs der drei Dienste, 2021 wiederholte das sein Nachfolger William Burns.[89] Auch die Chefs des SVR und des FSB reisten 2018 ungeachtet der gegen sie verhängten Sanktionen zu Gesprächen in die USA und 2017 vermutlich auch in die Schweiz.[90] Die USA und die Schweiz haben die Gesprächskanäle zu Russlands Diensten immer offen gehalten.[91] Aus Berlin sind derartige Besuche nicht bekannt, obgleich es über internationalen Terrorismus, Organisierte Kriminalität und Sicherheit im Cyberraum Gesprächsbedarf gäbe. Angesichts dessen stellt sich die Frage, ob personenbezogene Sanktionen gegen die Chefs der russländischen Dienste überhaupt sinnvoll waren.

Im Interesse einer stabilen Sicherheit in Europa wird es irgendwann einen Neuanfang der EU-Russland-Beziehungen geben müssen. Dieser sollte einen pragmatischen Dialog mit den Chefs der russländischen Dienste einschließen. Repräsentativ für den bisherigen Ansatz war die nicht öffentliche Äußerung eines hochrangigen Diplomaten des Auswärtigen Amtes im Jahr 2018, dass es keiner speziellen Gesprächskanäle zu Russlands Diensten bedürfe. Man habe schließlich die Diplomatie und den besten Kanal überhaupt, den von Bundeskanzlerin Merkel zu Präsident Putin. Unabhängig davon, wie sich die Beziehungen von Olaf Scholz und Vladimir Putin entwickeln, greift diese Sicht zu kurz. Ihr liegt eine Verkennung der Machtstrukturen in Russland zugrunde. Das dortige Außenministerium spielt im Entscheidungsprozess eine untergeordnete Rolle. Der Einfluss der Spezialdienste unter Patrušev, Naryškin und Bortnikov auf Präsident Putin war vor dem Beginn des Krieges gegen die Ukraine sehr hoch. Der Ausgang des Krieges und das damit verbundene Schicksal von Putin sind offen.[92] Doch wenn Russlands Herrschaftssystem bestehen bleibt, dürften die Spezialdienste und der Sicherheitsrat weiterhin eine zentrale Rolle spielen, auch bei der Nachfolgeregelung im Amt des Präsidenten. Es wäre damit im deutschen und europäischen Interesse, Gesprächskanäle für Vertrauensbildung und Konfliktmanagement wieder zu öffnen.

Dem sicherheitspolitischen Dialog diente einmal die 2003 eingerichtete „Hohe Arbeitsgruppe Sicherheit" (HAGS). Nach der Annexion der Krim war sie eingestellt worden.

---

[88] These are all the countries that are expelling Russian diplomats. CNN, 28.3.2018.

[89] John O. Brennan: Undaunted. New York 2020, S. 354ff. sowie <www.voanews.com/a/cia-director-makes-rare-trip-to-moscow-for-talks-on-russia-us-ties-/6297373.html>.

[90] Neuer Sturm im Russiagate-Wasserglas: Chef der russischen Außenaufklärung weilte in Washington. Rt.com, 1.2.2018, <https://de.rt.com/international/64530-chef-russischen-aussenaufklarung-besuchte-washington-trump-erklaerungsnot/>. Ein klares Indiz ist: Was macht der russische Agenten-Jet in Kloten? 20min.ch, 1.2.2017.

[91] Patrushev met with the head of the intelligence service of Switzerland. Tellerreport.com, 11.2.2021.

[92] „Putin will be gone by 2023". Daily Mail, 22.5.2022.

2018 wurde die Arbeitsgruppe unter Leitung des Stellvertretenden Außenministers Titov und des deutschen Staatssekretärs im Auswärtigen Amt wiederbelebt. Das war ein richtiger diplomatischer Schritt.[93] Doch solange die Federführung beim Auswärtigen Amt liegt, werden die relevanten Entscheidungsstrukturen und Akteure in Russland verfehlt. Um die Chefs der russländischen Dienste und damit die wichtigen „influencer“ zu erreichen, ist diese „Hohe Arbeitsgruppe Sicherheit“ kaum hilfreich. Der direkte Draht wäre hier der Königsweg: nicht, um sich anzubiedern, sondern um Positionen und Handlungsoptionen im Vorfeld einer möglichen Eskalation anzusprechen. Den deutschen Sicherheitsbehörden sollte keine unangemessene politische Rolle übertragen werden. Aber denkbar wäre schon, den BND oder das BKA in ausgewählten Fällen neben der klassischen Diplomatie als ein weiteres Instrument zu nutzen, um sicherheitspolitische Sachverhalte und Absichten zu erörtern oder „rote Linien“ zu ziehen. Voraussetzung hierfür wäre allerdings eine abgestimmte und auch in der EU transparent erläuterte deutsche Sicherheitsstrategie. Es bleibt abzuwarten, ob und wann es in Deutschland zur Einrichtung eines Nationalen Sicherheitsrates kommt, der eine derartige Sicherheitsstrategie erarbeiten müsste.

In einem solch abgestimmten und Ressortegoismen überwindenden strategischen Rahmen läge es im deutschen und europäischen Sicherheitsinteresse, das vertrauliche Gespräch über sicherheitspolitische Themen über viele Kanäle und eben auch über die Spezialdienste zu führen. Es ist offensichtlich, dass dies andere Staaten, allen voran die USA tun.[94] Vermutlich gilt das auch für Frankreich und Italien. Dadurch könnten sensible Sachverhalte wie Operationen russländischer Dienste in Deutschland und die deutschen Reaktionen direkt erörtert werden, bevor es zu einer öffentlichen Eskalation kommt.[95]

Seit der Auflösung der Sowjetunion sind die Spezialdienste nicht mehr „Schild und Schwert“ der Kommunistischen Partei. Aber sie sind zentrale Elemente des russländischen Machtsystems. Angesichts der Beharrungskräfte des Systems dürften sie dies bleiben. Als „Schild und Schwert 2.0“ dienen die Dienste und der Sicherheitsrat dem Systemerhalt im Inland und der Durchsetzung von Russlands Interessen im Ausland sowie der Regelung der Nachfolge des amtierenden Präsidenten. Das sind Gründe, weshalb Deutschland zu diesen führenden Funktionsträgern wieder Gesprächskanäle aufbauen sollte.

Schlagwörter:
Russland, Spezialdienste, Geheimdienste, FSB, SVR, GRU, Sicherheitsrat, Spionage, Gegenspionage, Spionageabwehr

---

[93] Antwort der Bundesregierung auf eine Kleine Anfrage der Partei „Die Linke“: <https:// dserver.bundestag.de/btd/19/072/1907226.pdf>. – Erklärung des Auswärtigen Amtes zur 15. Plenarsitzung der HAGS am 3.9.2021, <www.auswaertiges-amt.de/de/newsroom/-/2480066>.

[94] <www.wsj.com/articles/the-spy-diplomat-sent-on-bidens-toughest-missions-11654430401>.

[95] Die erforderliche Vernetzung ist im BND gegeben. Das Auswärtige Amt und das Verteidigungsministerium stellen jeweils einen Vizepräsidenten: <www.bnd.bund.de/DE/Der_BND/ Leitung/leitung_node.html;jsessionid=E53550714CE0DA75F446DD7665A20AC8.1_cid377>.

Jan Claas Behrends

Tschekist, Etatist, Imperialist

Anmerkungen zu Vladimir Putins Weltbild

Das tschekistische Weltbild ist bestimmt von Freund-Feind-Denken, Paranoia und Xenophobie. Dazu kommt eine Fixierung auf den autoritären Machtstaat und Russlands weltgeschichtliche Rolle als imperiale Großmacht. Der Einsatz „aktiver Maßnahmen" – von psychologischem Druck bis zu exzessiver Gewalt – gilt als legitimes Mittel im politischen Kampf. Dieses Weltbild hat Russlands Präsidenten seit jeher geprägt. Die Analyse früher Quellen zeigt: Einen „liberalen Putin" hat es nie gegeben.

Als Vladimir Putin im Dezember 1999 als designierter Präsident an die Macht kam, regierte zum ersten Mal seit Jurij Andropov (1982–84) wieder ein Vertreter der Geheimdienste im Kreml. Der Rückbau demokratischer Reformen und die Konsolidierung der Autokratie hatten bereits unter Putins Vorgänger Boris El'cin begonnen. Sowohl in der Verfassungskrise im Oktober 1993 als auch im ersten Tschetschenienkrieg (1994–1996) hatte El'cin auf militärische Gewalt zur Lösung von politischen Konflikten und Machtkämpfen gesetzt. In seiner zweiten Amtszeit umgab sich El'cin zunehmend mit Vertretern der sowjetischen Sicherheitsapparate. Die Wahl Vladimir Putins zu El'cins Nachfolger war Teil einer autoritären Wende in Russlands postsowjetischer Politik. Vladimir Putin setzte den autoritären Kurs energisch fort und baute seine autokratische Machtstellung gezielt aus.

Bereits zu Beginn seiner Amtszeit unterwarf er die Massenmedien, darauf folgte die Ausschaltung der Staatsduma, der regionalen Selbstverwaltung und die strikte Kontrolle sowie Fälschung der Wahlen in Russland.[1] Eine „Machtvertikale" mit ihm an der Spitze war das Ideal des neuen Herrschers. Innenpolitisch profilierte sich Putin durch den Einsatz der Armee und Luftwaffe im zweiten Tschetschenienkrieg, der von Menschen-

---

Jan Claas Behrends (1969), Dr. phil., Historiker, Zentrum für Zeitgeschichtliche Forschung, Potsdam, Professor an der Europa-Universität Viadrina, Frankfurt/Oder

. Von ihm erschien in OSTEUROPA u.a.: Putins negative Ukrainepolitik. Hintergründe und Analogien, in: OE, 7/2021, S. 77–84. – Erbschaften kommunistischer Herrschaft. Ein Versuch zum 100. Jahrestag der Russischen Revolution, in: OE, 6–8/2017, S. 113–132. – Ein Jahr der Gewalt. Russlands Staatskrise und der Krieg gegen die Ukraine, in: OE, 3/2015, S. 47–66.

[1] Zu Putins Biographie: Masha Gessen: Der Mann ohne Gesicht. Wladimir Putin. München 2012. – Fiona Hill, Clifford Gaddy: Mr. Putin. Operative in the Kremlin. Washington, DC 2015. – Steven Lee Myers: The New Tsar. The Rise and Reign of Vladimir Putin. London 2015. – Mark Galeotti: We Need to Talk about Putin. London 2019. – Catherine Belton: Putin's People. How the KGB Took back Russia and then Took on the West. London 2020. – Isabelle Mandraud, Julien Théron: Poutine. La stratégie de désordre. Paris 2021. – Galia Ackerman, Stéphane Courtois (Hg.): Le livre noir de Vladimir Poutine. Paris 2022.

OSTEUROPA, 72 .Jg., 11/2022, S. 111–126 **doi: 10.35998/oe-2022-200**

rechtsverletzungen und Terror gegen die Zivilbevölkerung geprägt war. Von Beginn an versuchte Putin, militärische Gewalt als Mittel der Politik zu normalisieren. In der Außenpolitik ging Russland spätestens nach Putins Rede auf der Münchner Sicherheitskonferenz 2007 auf Konfrontationskurs mit dem Westen.
Im Hinblick auf die Eskalation des Krieges gegen die Ukraine seit Februar 2022 lohnt sich die Frage, inwieweit Putins Sozialisation im sowjetischen Geheimdienst KGB und seine Erfahrungen im postsowjetischen Petersburg sein Vorgehen beeinflussen. Unter Putins Herrschaft begannen die *Siloviki*, die Vertreter der Gewaltapparate, den Staatsapparat zu dominieren.[2] Frühere Angehörige des Geheimdienstes verfügen im Kreml über großen Einfluss und bilden den engen Machtzirkel um Putin. Sie haben die Militärs verdrängt, die in den 1990er Jahren eine prominente Rolle in Russlands Politik spielten.[3]
Aus historischer Perspektive unterscheidet sich das Putin-Regime von der UdSSR dadurch, dass die kommunistische Diktatur auf drei institutionellen Säulen ruhte: erstens auf der Kommunistischen Partei als Staatspartei, zweitens der Armee und drittens der Geheimpolizei. Allerdings waren die Streitkräfte und der KGB der Parteiführung untergeordnet. Sowohl die Sowjetunion als auch Russland unter Putin stehen in der autokratischen Tradition des Russländischen Reiches. Jenseits der Institutionen ist es insbesondere die Macht eines Herrschers, der über dem Gesetz steht und durch informelle Praktiken und persönliche Netzwerke regiert.[4] Diese Tradition konnte zur Errichtung einer persönlichen Diktatur unter der formalen Parteiherrschaft führen, wie das unter Stalin der Fall war, oder zu einem Parteiführer wie Leonid Brežnev, der im Konsens mit anderen Angehörigen der Herrschaftselite handelte.[5]
Am Ende der Perestrojka ließ Michail Gorbačev die führende Rolle der Kommunistischen Partei aus der sowjetischen Verfassung streichen und schuf sich mit dem Präsidentenamt eine neue Machtbasis. Nach dem Zerfall der Sowjetunion konnte Boris El'cin an diese Strukturen anknüpfen. Gorbačev und sein Konkurrent El'cin, der Russlands erster gewählter Präsident werden sollte, hatten autokratische Instinkte aus ihrer Zeit als Gebietsparteisekretäre in Stavropol' und Sverdlovsk in ihre Ämter mitgebracht.[6] Sie waren in der Kommunistischen Partei politisch sozialisiert worden. Das prägte ihr Verhalten an der Macht.[7] 1999 wählte El'cin mit Vladimir Putin einen Nachfolger, der seine Karriere im sowjetischen Geheimdienst KGB begonnen hatte und sich im politischen Leben weniger durch Kompetenz als durch Loyalität auszeichnete.

---

[2] Olga Kryschtanowskaja: Anatomie der russischen Elite. Die Militarisierung Russlands unter Putin. Köln 2004. – Andrei Soldatov, Irina Borogan: The New Nobility. The Restauration of Russia's Security State and the Enduring Legacy of the KGB. New York 2010.

[3] Robert V. Barylski: The Soldier in Russian Politics. Duty, Dictatorship and Democracy under Gorbachev and Yeltsin. New Brunswick 1998.

[4] Brian D. Taylor: The Code of Putinism. Oxford 2018. – Samuel Greene, Graeme Robertson: Putin v. the People. The Perilious Politics of a Divided Russia. New Haven, CT 2019. – Timothy Frye: Weak Strongman. The Limits of Power in Putin's Russia. Princeton 2021.

[5] Stephen Kotkin: Stalin. Paradoxes of Power, 1878–1928. New York 2015. – Susanne Schattenberg: Breschnew. Staatsmann und Schauspieler im Schatten Stalins. Eine Biographie. Köln 2018.

[6] Yoram Gorlizki, Oleg Khlevniuk: Substate Dictatorship. Networks, Loyalty and Institutional Change in the Soviet Union. New Haven, CT 2020.

[7] William Taubman: Gorbachev. His Life and Times. New York 2018. – Leon Aron: Yeltsin. A Revolutionary Life. New York 2000.

7. Mai 2000. Amtseinführung. Im Hintergrund Putins Vorgänger Boris El'cin

31.12.2022. Neujahrsansprache. Im Hintergrund Putins Untertanen

Der letzte Herrscher im Kreml, der aus dem Geheimdienst stammte, war Jurij Andropov. Er war von 1967 bis 1982 Vorsitzender des KGB gewesen, ehe er 1982 Generalsekretär der KPdSU wurde.[8] Andropov scheiterte mit seinem Versuch, die Sowjetunion mit eiserner Hand zu modernisieren, um ihre Großmachtstellung zu erhalten. Andropov war bereits schwerkrank, als er sein Amt antrat. Er starb nach fünfzehnmonatiger Regierungszeit im Februar 1984. Über Jahre war Andropov Putins Vorgesetzter gewesen. Bereits 1999 sorgte Putin dafür, dass am Hauptquartier des Geheimdienstes an der Lubjanka wieder eine Gedenktafel für Andropov angebracht wurde, die nach dem gescheiterten Putsch von 1991 abmontiert worden war.[9] Hier kam Putins Loyalität zum KGB öffentlich zum Ausdruck. In Putins Russland wird Andropov wieder verehrt: Er gilt als Symbol für autoritäre Reformen wie in China, die den Verfall des Imperiums hätten aufhalten können. Damit hebt er sich im offiziellen Geschichtsbild positiv von Michail Gorbačev und Boris El'cin ab, denen die Auflösung der Sowjetunion und die Zerstörung der internationalen Ordnung von Jalta angelastet wird. Trotz seiner körperlichen Gebrechen war Jurij Andropov gewissermaßen der letzte starke sowjetische Herrscher. Sein Hintergrund als langjähriger KGB-Chef gilt dabei nicht als Makel, sondern als Auszeichnung.

Die Mitarbeiter des Geheimdienstes sahen sich seit Beginn der kommunistischen Diktatur als Elite des revolutionären Staates.[10] Seit dem Bürgerkrieg eilte den Angehörigen der „Außerordentlichen Allrussischen Kommission zur Bekämpfung von Konterrevolution, Spekulation und Sabotage", kurz Čeka (Tscheka), der Ruf skrupelloser Gewalttätigkeit voraus. Die Tschekisten galten als blutrünstige Verteidiger der kommunistischen Herrschaft. Schon früh umgab die Tscheka ein Mythos, der zunächst eng mit der Figur ihres Gründers Feliks Dzeržinskij (1877–1926) verbunden war.[11] Der „eiserne Feliks" wurde in der Sowjetunion zum Vorbild für Disziplin und Haltung stilisiert. Doch auch nach seinem Tod spielte die Geheimpolizei unter Stalin eine zentrale Rolle. Der Nachfolger der Tscheka, der NKVD, organisierte die Schauprozesse, Verfolgungen, Deportationen und Massenmorde während des „Großen Terrors" 1936–1938.[12] Auch der Gulag, das Imperium der Zwangsarbeitslager, unterstand der sowjetischen Geheimpolizei. Während des Stalinismus fanden Millionen sowjetischer Bürger durch die Repressionen und den Terror der Geheimpolizei den Tod. Erst mit der Entstalinisierung endete in der Sowjetunion der Massenterror. Doch der tschekistische Mythos blieb unberührt. Im Kalten Krieg florierte der Kult um sowjetische Agenten im Ausland, die sich im Kampf gegen den Nationalsozialismus und später gegen den Westen für die sowjetische Sache bewährt hatten.[13] Der KGB, wie die Geheimpolizei seit 1954 hieß, betrieb eine rege

---

[8] Vladimir Solov'ev, Elena Klepikova: Yuri Andropov: A Secret Passage into the Kremlin. London 1982.

[9] Soldatov, Borogan, The New Nobility [Fn. 2], S. 91–92.

[10] Zur Entwicklung der sowjetischen Geheimdienste J. Michael Waller: Secret Empire. The KGB in Russia Today. Boulder, CO 1994. – N.V. Petrov: Čeka-OGPU-NKVD-NKGB-MGB-MVD-KGB. 1917–1960. Spravočnik. Moskau 1997. – Amy Knight: The KGB. Police and Politics in the Soviet Union. London 1990. –Yevgenia Albats: A State within the State. The KGB and Its Hold on Russia. Past, Present, and Future. New York 2014.

[11] Julie Fedor: Russia and the Cult of State Security. The Chekist Tradition, from Lenin to Putin. London 2011.

[12] Robert Conquest: The Great Terror. Stalin's Purge of the Thirties. New York 1968.

[13] Am Bekanntesten war die Fernsehserie „Siebzehn Augenblicke im Frühling" von 1973 über einen fiktiven sowjetischen Spion im NS-Staat, der einen Sonderfrieden zwischen dem Deutschen Reich und den USA 1944/45 verhindert.

Propaganda in eigener Sache, die den jungen Putin nach eigener Aussage beeindruckte und in ihm den Wunsch aufkommen ließ, Spion zu werden.[14] Vladimir Putin wuchs in einer Zeit auf, als der Terror Lenins und Stalins tabu waren und die Mythologisierung der Tscheka von den Medien konsequent vorangetrieben wurde.

Letztlich können wir nicht wissen, wie es in Putins Kopf aussieht, aber wir haben eine präzise Vorstellung über seine Biographie und seine Sozialisation. Es geht um eine Annäherung an seine persönlichen Werte, die zugleich die kollektiven Vorstellungen abbilden, die Putin und sein Umfeld prägen. Dies speist sich aus dem tschekistischen Selbstverständnis, das die Angehörigen des sowjetischen Geheimdienstes teilten und das diese bis heute prägt. Eine interessante Quelle ist Putins Interviewbuch *Ot pervogo lica* (dt. unter dem Titel: „Aus erster Hand"), das zu seinem Amtsantritt im Jahr 2000 erschien.[15] Ziel des Buches war es seinerzeit, den noch relativ unbekannten Putin einer breiten Öffentlichkeit vorzustellen. Dazu führten die Journalisten Natalija Gevorkjan, Natalija Timakova und Andrej Kolesnikov im Jahr 1999 mehrere Interviews mit Putin und einigen seiner Bekannten. Selbstverständlich sind sämtliche Behauptungen des KGB-Manns Putin auch in diesem Zusammenhang mit Vorsicht zu genießen. Bereits damals hatte Putin – nicht nur, aber insbesondere was seine Petersburger Zeit betraf – einiges zu verschleiern. Dennoch ist das Buch eine aussagekräftige Quelle, da es zu einer Zeit entstand, als Putin sein öffentliches Auftreten noch nicht vollständig einer Vorab-Kontrolle unterworfen hatte. Hier äußerte es sich noch ausgiebig über seine Familie und sein Privatleben. Diese Themen waren bald tabu. Nach der Veröffentlichung des Bandes im Sommer 2000 begann Putin damit, die Massenmedien zu unterwerfen. In den kontrollierten Medien entstand dann in den 2000er Jahren der Führerkult um Vladimir Putin, der eine Stütze seiner autokratischen Herrschaft wurde.[16]

Putins Leitbild: „starker Staat" und Imperium

In *Ot pervogo lica* macht der neue Präsident keinen Hehl aus seiner einfachen Herkunft. Vielmehr präsentiert er sich gezielt als Mann aus dem Volk. Bevor er an der Universität und dann beim KGB Karriere machte, prägte ihn die Welt der Hinterhöfe im Leningrad der Nachkriegszeit. Armut und Gewalt charakterisierten das Leben des Schülers Vladimir Putin, der sich auch wegen seiner kleinen Statur entschloss, mit dem Kampfsport zu

[14] Catharine Theimer Nepomnyashchy: The Blockbuster Miniseries on Soviet TV: Isaev-Stierlitz, the Ambiguous Hero of Seventeen Moments in Spring, in: The Soviet and Post-Soviet Review, 29/2002, S. 257–276. – Zur Erfolgsserie Stirlitz siehe auch den Beitrag von Ulrich Schmid in diesem Band, S. 171–182.

[15] Vladimir Putin: Ot pervogo lica. Razgovory z Vladimirom Putinym. Moskva 2000. – Im Folgenden zitiere ich aus der englischen Ausgabe: Vladimir Putin: First Person. An Astonishingly Frank Self-Portrait by Russia's President Vladimir Putin. New York 2000. Zu seinem politischen Programm: Vladimir Putin: Rossija na rubeže tysiacheletii. Nezavisimaja Gazeta, 20.12.1999. Seit Beginn seiner Karriere in Russland versuchte Putin, sein Image aufzubauen. So ließ er in St. Petersburg einen Film über sich drehen. Belton, Putin's People [Fn. 1], S. 21–22.

[16] Alexandra Engelfried: Das Porträt des Präsidenten. Vladimir Putin zwischen Kunst, Kult und Kommerz, in: OSTEUROPA, 10/2007, S. 51–66. – Dies.: Zar und Star. Vladimir Putins Medienimage, in: OSTEUROPA, 5/2012, S. 47–68. – Helena Goscilo (Ed.): Putin as a Celebrity and Cultural Icon. London 2012. – Anna Arutunyan: The Putin Mystique: Inside Russia's Power Cult. Northhampton, MA 2014.

beginnen. Erst so gelingt es ihm, den Hooligans in der Schule und auf der Straße Respekt abzuverlangen. Putin hatte bereits in der Jugend, zum Beispiel in seinen Kampfsportgruppen, Kontakt zu dem Milieu, aus dem sich die sowjetische Unterwelt rekrutierte.[17] Eigentlich habe sich, so erinnerte sich Putin, zu dieser Zeit „sein ganzes Leben" auf der Straße abgespielt. Er sei nicht zu den Pionieren gegangen, da er kein guter Schüler, sondern ein „Hooligan" und „wirklich schlimmer Junge" gewesen sei.[18] Seinerzeit gehörte die Aufnahme in die staatliche Jugendorganisation zu den *rites de passage* der sowjetischen Jugend. Erst sein Entschluss, in den KGB einzutreten, habe ihn schließlich dazu veranlasst, die akademische Ausbildung als Karriereweg ernst zu nehmen. Putin hatte eingesehen, dass der KGB zu seiner Zeit – im Unterschied zu den Anfangsjahren der Tscheka – kein Platz für Schläger und Kriminelle mehr war. Er wollte ein professioneller Agent werden – und dafür benötigte er eine Ausbildung. Eine KGB-Karriere ebnete ihm den Weg in die sowjetische Elite. Dennoch ging er nicht als überzeugter Kommunist in den Geheimdienst, sondern weil er sich – wie andere aus seiner Generation – Prestige, Ansehen und Aufstieg erhoffte. Es war sein Weg aus der rauen Welt der Leningrader Hinterhöfe, die dennoch weiter seine Werte, seine Sprache und seinen Habitus prägten.[19] Putins Einstellung unterschied sich vermutlich nicht stark von der Oleg Kalugins, einem Ex-Spion, der zum Kritiker des KGB wurde. Im Rückblick schrieb Kalugin über die Tschekisten der Brežnev-Zeit:

> Wie die gesamte sowjetische Elite lebten auch wir in einem privilegierten Kokon, der uns von den Mühen des sowjetischen Alltags weit entfernt hielt. Für uns war der Kommunismus in der Tat eine gute Sache, denn alle unsere Bedürfnisse wurden befriedigt. Wir schwebten über den Dingen, waren unempfindlich für die Schlangen, die Erniedrigung und das Elend, die zu Markenzeichen der Sowjetexistenz geworden waren.[20]

Andrej Soldatov und Irina Borogan sehen gerade in den Privilegien der Geheimpolizisten die Grundlage dafür, weshalb der Dienst im Spätsozialismus attraktiv war:

> Die überwältigende Mehrheit der Offiziere war in die Reihen des KGB eingetreten, nicht etwa weil sie von kommunistischen Idealen oder der Verlockung der allmächtigen sowjetischen Geheimpolizei inspiriert gewesen wären, sondern wegen der Garantie auf einen stabilen, gut bezahlten Arbeitsplatz mit unbefristeter Festanstellung, Pension, Gesundheitsfürsorge und Unterkunft.[21]

Die herausgehobene Stellung und der relative Wohlstand der Geheimpolizisten gingen einher mit ihrer weitgehenden Isolation vom gewöhnlichen sowjetischen Alltag, den sie zwar überwachten, den sie aber nicht teilten. Zudem war ihre Überzeugung, dass die

---

[17] Zur organisierten Kriminalität in der späten UdSSR, Mark Galeotti: The Vory. Russia's Super Mafia. New Haven, CT 2018, S. 81–108.

[18] Putin, The First Person [Fn. 15], S. 15, S. 18.

[19] Zu Putins Zeit im KGB siehe Myers, The New Tsar, S. 23–51.

[20] Oleg Kalugin: The First Directorate. My 32 Years in Intelligence and Espionage against the West. New York 1994, S. 236–237.

[21] Soldatov, Borogan, The New Nobility, S. 23.

Bevölkerung von der politischen Macht ferngehalten werden sollte, ein Credo, das sie in die postsowjetische Epoche mitnahmen.[22]

Neben dieser Verachtung des Volkes trat, wie Kalugin und andere ausführen, im Spätsozialismus eine wachsende Distanz zur Kommunistischen Partei, die von den Tschekisten als korrupt, erstarrt und inkompetent wahrgenommen wurde. Aus der Sicht des KGB fehlte es gewöhnlichen Apparatschiks an Professionalität, Ausbildung und Korpsgeist. Insbesondere im Rückblick werden sie für den Niedergang der UdSSR verantwortlich gemacht. In der Selbstwahrnehmung der Geheimdienstler diskreditierte sich die Partei durch Korruption und ideologischen Mief, während die Sowjetische Armee seit 1979 in Afghanistan ihren Nimbus der Unbesiegbarkeit einbüßte.[23] Damit stand der KGB als einzige Säule der Macht zum Ende der UdSSR relativ unbeschadet dar.

Putin berichtete darüber, dass Quereinsteiger, die aus der Kommunistischen Partei in den KGB wechselten, ein schlechtes Ansehen genossen: „Leute, die aus Parteipositionen kamen, waren häufig Nichtsnutze, Gammler und Karrieristen."[24] Als Oleg Kalugin in den 1980er Jahren im Leningrader KGB arbeitete, sah er es als seine Aufgabe an, die schlimmsten Exzesse des lokalen Parteichefs Grigorij Romanov („eine aufgeblasene Mediokrität") zu verschleiern.[25] Putin wiederum äußerte, er sei nur in die Kommunistische Partei eingetreten, weil dies zwingende Voraussetzung für den Dienst im KGB gewesen sei. Ohne es direkt auszusprechen, deutet er an, dass die Teilnahme an Parteiveranstaltungen eher eine lästige Pflicht war. Oleg Kalugin drückte eine ähnliche Einstellung zur Partei aus:

> Auf allen Ebenen drängten Apparatschiki der Kommunistischen Partei – oberflächliche, kriecherische, unprofessionelle Figuren – in Machtpositionen. Obwohl ich Andropovs Scharfsinn und Härte respektierte, war auch er dafür verantwortlich, dass Legionen von Parteibürokraten in den KGB kamen, die den KGB letztlich schwächten [. . .]. Dieser Zustrom von Parteibürokraten in den KGB war katastrophal. Sie wussten wenig über das Geheimdienstgeschäft und noch weniger über die Welt außerhalb der Sowjetunion.[26]

Wie Putin betonte auch Kalugin das elitäre Selbstverständnis der Agenten und begründete es mit ihrer Weltläufigkeit. Im Unterschied zu normalen Sowjetbürgern oder den Apparatschiki kannten sie den Westen und verstanden die Welt jenseits des abgeschotteten sowjetischen Kosmos. Daraus leiteten sie ihr Überlegenheitsgefühl gegenüber dem Gros der sowjetischen Gesellschaft ab. Das setzte sich auch nach dem Ende der Sowjetunion fort, als in der Wahrnehmung der Angehörigen der Putin-Kohorte im KGB galt: „Es war der Kommunismus gewesen, der das Imperium im Stich gelassen hatte."[27] Es war die Partei und nicht der KGB, die Verantwortung für die Krise der späten Sowjetunion trug, die zur Auflösung führte.

---

[22] Der Publizist, Polittechnologe und Putin-Berater Gleb Pavlovskij formulierte später, dass in Putins Kreml die Überzeugung herrsche, „den Massen darf kein Zugang zur Macht gewährt werden". Hill, Gaddy, Mr. Putin [Fn. 1], S. 192.

[23] William E. Odon: The Collapse of the Soviet Military. New Haven, CT 1998.

[24] Putin, The First Person [Fn. 15], S. 48.

[25] Kalugin, First Directorate [Fn. 20], S. 305–307.

[26] Kalugin, First Directorate [Fn. 20],S. 108–109.

[27] Belton, Putin's People [Fn. 1], S. 95.

Diese Emanzipation von der Partei und der kommunistischen Idee setzte bereits in der späten Sowjetunion ein. Die Geheimdienstler aus Putins Generation definierten sich nicht mehr als „Schild und Schwert der Partei“, sondern als Diener des Staates und des sowjetischen Imperiums. An die Stelle des utopischen Fernziels „Kommunismus“ trat die Konkurrenz zu anderen Großmächten in der internationalen Politik. Schleichend wurden aus Tschekisten *gosudarstvenniki*, Vertreter eines starken, autoritären Staates, der nach innen die Macht der Elite sicherte und nach außen auf Augenhöhe mit den Vereinigten Staaten in der Weltpolitik auftrat. Diese gemeinsame Weltsicht, die Überzeugung, dass Russland eine Großmacht war, ist und sein muss (*deržavnost'*) sowie gegenseitige Loyalität verband die Angehörigen des KGB. Das Gefühl der Überlegenheit kommt auch in Putins Darstellung seiner Zeit in der DDR, wo er seit 1985 in Dresden stationiert war, zum Ausdruck. Die Angehörigen des KGB verhielten sich gegenüber den Kollegen der Stasi bis zum Schluss wie Vertreter einer omnipotenten Besatzungsmacht.[28] Die DDR war für sie nur eine Kolonie, die Stasi-Mitarbeiter ihre Untergebenen. Im Rückblick bezeichnete Putin die DDR als „totalitären Staat“ – im Unterschied zur Sowjetunion! Damit meinte er nicht die Herrschaftsmethoden, sondern die Rolle der Ideologie in Staat und Gesellschaft: „Es war eine Tragödie, dass (in der DDR, J.B.) viele Menschen ehrlich an die kommunistischen Ideale glaubten.“ Putins damalige Frau Ljudmila fügte hinzu, dass ihre Dresdner Nachbarn, allesamt Stasi-Offiziere, nach der Volkskammerwahl eine Woche geweint hätten, weil ihre Welt zusammengebrochen sei. Sie hätten alles verloren, woran sie ihr Leben lang geglaubt hatten.[29] Die Putins blickten mitleidig auf die ostdeutschen Kommunisten und ihre Tschekisten. Für sie handelte es sich um Relikte aus einer anderen Epoche. In der Sowjetunion habe man den Glauben an den Kommunismus seit Jahrzehnten hinter sich gelassen.

Den eigenen Aussagen nach zu urteilen, verstand sich Vladimir Putin bereits vor 1991 als *gosudarstvennik* und *deržavnik,* der seine Identität aus der Zugehörigkeit zur Großmacht Russland ableitete. In seinem Interviewband zitiert er Henry Kissinger, den er in den 1990er Jahren in St. Petersburg getroffen hatte, und legte ihm die Worte in den Mund, dass jede große Karriere im Geheimdienst beginne.[30] Das sei bei ihm nicht anders gewesen. Anders ausgedrückt: Putin sah sich weiterhin als Angehöriger einer internationalen Elite. Als er 1991 in die Petersburger Administration unter Bürgermeister Anatolij Sobčak eintrat, ließ er das Lenin-Porträt aus seinem Büro entfernen und ersetzte es durch ein Bild von Peter dem Großen.[31] So trat symbolisch der erste Kaiser des Russländischen Imperiums an die Stelle des Führers der kommunistischen Revolution. Als Putin an die Macht kam, inszenierte sich Vladimir Putin dann als Wiedergänger Peters I., da auch er Russland modernisiere und eine Zeit der Wirren und schwachen Herrscher – die 1990er Jahre – beendet habe.[32]

In der Rückschau kommen Fiona Hill und Clifford Gaddy 2015 zu dem Schluss, dass Putin mit seiner imperialen Prägung ein typischer Repräsentant seiner Generation der Tschekisten sei:

---

[28] Douglas Selvag, Georg Herbstritt (Hg.): Der „große Bruder“. Studien zum Verhältnis von KGB und MfS 1958–1989. Göttingen 2022.

[29] Putin, The First Person [Fn. 15], S. 77–79.

[30] Putin, The First Person [Fn. 15], S. 80–81.

[31] Putin, The First Person [Fn. 15], S. 90.

[32] Bo Petersen: The Putin Predicament. Problems of Legitimacy and Succession. Stuttgart 2021, S. 55–60.

> Vladimir Putin ist unter seinen KGB-Kollegen nicht der einzige, der sich als Diener seines Staates präsentiert. Die Ideale, die er über den Staat und die ihm untergeordnete Gesellschaft vertritt, gehören zu einem deutlich erkennbaren und seit langem bekannten Korpus des russischen konservativen politischen Denkens.[33]

Insgesamt stellte die Kohorte um Putin damit so etwas wie den kollektiven Gegenentwurf zu der Mannschaft um Michail Gorbačev dar, die von westlichen Ideen beeinflusst die Perestrojka vorangetrieben hatte.[34]

Prekäre Ordnung, überall Feinde und die Demütigung von 1989

Obwohl sie sich von der kommunistischen Ideologie emanzipiert hatten, blieben Tschekisten wie Vladimir Putin tief vom sowjetischen Weltbild geprägt. An die Stelle des Konzepts des sozioökonomisch fundierten Klassenkampfes trat das ewige Ringen Russlands mit seinen inneren und äußeren Feinden. Dieser Kampf mit den Gegnern eines starken Staates war aus der Sicht der Herrschenden – unabhängig vom Regime auch schon vor der Revolution – die Begründung für die Notwendigkeit, eine schlagkräftige Geheimpolizei zum Schutz des Staates zu unterhalten. Darüber hinaus blieben die postkommunistischen Tschekisten einem dichotomen Weltbild verpflichtet: so wie man nur Kommunist oder Faschist sein konnte, kann man nur für oder gegen Russland sein. Für Ambivalenz oder Pluralismus bleibt in ihrem Denken kein Raum.

Putin und den Geheimdienstlern seiner Couleur blieben soziale Gruppen wie die Intelligencija suspekt. Kritiker des sowjetischen Staates oder des postsowjetischen Russlands gelten ihnen nicht nur als illoyal und als Instrumente des Westens, sondern als Verräter. Das Projekt eines starken Staates, für das sich Putin unmittelbar nach seinem Amtsantritt stark machte, und der Wiederherstellung des imperialen Russlands, das die Fehler der sowjetischen Vergangenheit hinter sich lässt, erfordert die unbedingte Loyalität der russländischen Staatsbürger.

Für Putin war bereits 1999 klar, dass Kritik am eigenen Staat Verrat an der eigenen Sache ist. So kritisierte Putin in *Ot pervogo lica* den russischen Journalisten Andrej Babickij (1964–2022), der für den amerikanischen Sender RFE/RL gearbeitet und im zweiten Tschetschenienkrieg aus Groznyj kritisch über Russlands Kriegsführung gegen die Zivilbevölkerung berichtet hatte.[35] Babickij war – wohl als Vergeltung für seine Kritik – von russländischen Einheiten in Tschetschenien verschleppt und in einem Kriegsgefangenenlager festgehalten worden, ehe er an tschetschenische Rebellen übergeben wurde. Der Fall war bereits damals als ein Anzeichen für eine Verschärfung des Vorgehens gegen die Presse interpretiert worden. Auf den Fall angesprochen, äußerte sich

---

[33] Hill, Gaddy, Mr. Putin [Fn. 1], S. 42.

[34] Jan C. Behrends: Inside the System: The CPSU Central Committee, Mikhael Gorbachev's komanda, and the End of Communist Rule in Russia, in: Rüdiger Bergien, Jens Gieseke (Hg.): Communist Parties Revisited. Sociocultural Approaches to Party Rule in the Soviet Bloc, 1956–1991. New York 2018, S. 326–351.

[35] Emma Gilligan: Terror in Chechnya. Russia and the Tragedy of Civilians in War. Ithaca, NY 2009.

Putin negativ über den Reporter. Babickij und seinesgleichen – nicht das Vorgehen der Armee – seien für die Niederlage im ersten Tschetschenienkrieg (1994–1996) verantwortlich gewesen, weil sie mit ihren Berichten die Moral der russländischen Gesellschaft untergraben hätten. Putin drohte, Babickij werde bei seiner Rückkehr nach Moskau zur Vernehmung einbestellt werden. Im Unklaren ließ er, welches Delikt er eigentlich dem Journalisten zur Last legte. Er warf Babickij vor: „Er arbeitete direkt für den Feind. Er war keine neutrale Informationsquelle. Er arbeitete für die Banditen."[36] Putin wurde in diesem Teil des Interviews emotional und beschuldigte Babickij, er sei für das Köpfen russischer Soldaten mitverantwortlich zu machen. Die Interviewer blieben skeptisch und lieferten sich einen seltenen Schlagabtausch mit dem neuen Präsidenten:

> Was ist, wenn das alles nicht wahr ist?
> *Putin*: Sie können mich ein anderes Mal über die Wahrheit im Krieg befragen. Und auch dazu, was mit Leuten passiert, die auf der Seite des Feindes kämpfen . . .
> Journalisten kämpfen nicht!
> *Putin*: Was Babickij getan hat, ist viel gefährlicher als das Abfeuern eines Maschinengewehrs.[37]

Im weiteren Verlauf des Gesprächs bestritt Putin, dass Babickij ein russischer Journalist sei. Auf den Einwand, dieser sei doch russländischer Staatsbürger, antwortete der Präsident, dann solle er sich auch an Russlands Gesetze halten. Anders ausgedrückt: Wer den Staat kritisiert, der verwirkt seinen Schutz als Staatsbürger, weil er aus der vorgestellte Gemeinschaft loyaler Russen heraustritt. Als KGB-Mann sah Putin den Tschetschenienkonflikt nicht nur als eine militärische Auseinandersetzung, sondern auch als Informationskrieg und als Schlacht um die Loyalität der Bevölkerung. Je länger Putins Präsidentschaft dauerte, desto stärker wurde die Pressefreiheit eingeschränkt und der Zugang der Journalisten zum Machthaber engmaschiger kontrolliert.[38]

Schon zu Beginn seiner Präsidentschaft im Jahr 2000 stellte ein kritischer Journalist nicht nur eine lästige Störung dar; er war für Putin ein Feind, den es zu bekämpfen galt. Offensichtlich hatte die kritische Berichterstattung über den ersten Tschetschenienkrieg den Präsidenten bereits gestört. Mit dem in Russland breit rezipierten Interviewband *Ot pervogo lica* sandte er das unmissverständliche Signal an die Gesellschaft, dass die Zeit des kritischen Journalismus und des Medienpluralismus zu Ende gehe. An der Staatsspitze, so die Botschaft, stehe nun ein Präsident, unter dem kritische Journalisten nicht mehr unter dem Schutz der Verfassung und der Pressegesetze stünden. Putin machte bereits 1999 klar, dass für ihn eine freie Berichterstattung kein Wert an sich darstellt, sondern er diese als Teil einer hybriden Kriegsführung fremder Mächte gegen den russländischen Staat ansieht. Andrej Babickij war mit Sicherheit auch deshalb ein rotes Tuch für Putin, weil er für *Radio Liberty* arbeitete, einen amerikanischen Auslandssender, der während des Kalten Krieges gegründet worden war, um in der kommunistischen Welt unterdrückte Nachrichten zu verbreiten. In der Person Babickij verschmolzen damit der

[36] Putin, First Person [Fn. 15], S. 171.
[37] Putin, First Person [Fn. 15], S. 173.
[38] Hill, Gaddis, Mr. Putin [Fn. 1], S. 220–221.

„innere Feind" und der „äußere Feind", gegen die Vladimir Putin seit seinem Eintritt in den KGB tätig war.

In Babickij sah er keinen kritischen Journalisten, sondern einen Russen, der von ausländischen Diensten bezahlt wird, also einen Verräter. In dieser Wahrnehmung kam bereits in dieser frühen Phase das Konzentrat aus Freund-Feind-Denken, Paranoia und Xenophobie zum Ausdruck, die stets Teil der tschekistischen Weltanschauung waren. Wer zu sowjetischen Zeiten, in der Putin sozialisiert wurde, Kontakt zu Ausländern pflegte, wer sogar für sie arbeitete, der konnte nur ein Feind sein. Und dieses Denken wirkt ungebrochen bis heute fort.

Ähnlich kritisch sah Putin bei seinem Amtsantritt die westliche Außenpolitik, vom Ende des Kalten Krieges bis zu den Balkankriegen. Er bedauerte explizit den Untergang des sowjetischen Imperiums. Den Gewaltverzicht von 1989, der maßgeblich auf Michail Gorbačev und seine Reformmannschaft zurückgegangen war, die Einheit Deutschlands und die Unabhängigkeit der ostmitteleuropäischen Staaten waren für ihn keine positiven Bezugspunkte. Vielmehr sah er sich im Rückblick in seiner Dresdner KGB-Zeit nach dem Mauerfall zur Passivität verdammt.[39] Für Putin hatte Moskau damit gegenüber dem Westen Schwäche gezeigt, die verheerende geopolitische Folgen nach sich zog.

Bereits 1999 verortete Vladimir Putin die NATO als Gegner Russlands und setzte sich in *Ot pervogo lica* dafür ein, dem Westen aus einer Position der Stärke zu begegnen.[40] Im Hinblick auf den Luftkrieg der NATO gegen Jugoslawien bestand er auf ein Mitspracherecht für Russland. Putin bedauerte ausdrücklich, dass Russland seine europäische Position verloren habe, die es durch den Sieg über das nationalsozialistische Deutschland 1945 errungen hatte.[41] Für ihn bildete die Ordnung von Jalta weiterhin den Orientierungspunkt für den Raum legitimer russländischer Macht- und Sicherheitsinteressen in Europa.[42] Dass die NATO nach 1989 zur bestimmenden militärischen Kraft in Europa aufstieg, nahm er als Bedrohung Russlands wahr. Zugleich machte er deutlich, dass er die NATO als Instrument amerikanischer Dominanz in Europa auffasse. Russland, so Putin, sei Teil der europäischen Kultur, aber nicht der „NATO-Kultur".[43] Damit bestätigte er, dass Russland zwar europäisch, aber nicht westlich geprägt ist. Letztlich stellte sich Putin hier in die Tradition der sowjetischen Außenpolitik, die während des Ost-West-Konflikts beharrlich versuchte, einen Keil zwischen die USA und Westeuropa zu treiben.[44]

Das Buch *Ot pervogo lica* zeigt, dass Putins grundlegende außenpolitische Überzeugungen bereits bei seinem Amtsantritt existierten. Er vertrat die Position, dass die Wiederherstellung eines „starken Staates" im Inneren die Grundlage für Russlands Geltung als Großmacht war. Damit stellte er sich in die Tradition der zarischen und der sowjetischen staatsbedingten und staatszentrierten autoritären Modernisierung. Europa sah er als

---

39 Jan C. Behrends: Oktroyierte Zivilisierung. Genese und Grenzen des sowjetischen Machtverzichts 1989, in: Martin Sabrow (Hg.): 1989 und die Rolle der Gewalt. Göttingen 2012, S. 401–424. – Stephen Kotkin: Armageddon Averted. The Soviet Collapse, 1970–2000. Oxford 2000.

40 Angela Stent: Putin's World. Russia against the West and with the Rest. New York 2019.

41 Putin, First Person, [Fn. 15], S. 177

42 Serhii Plokhy: Yalta. The Price of Peace. New York 2011.

43 Zum Thema Russland in Europa: Jan C. Behrends: Europäisch, aber nicht westlich. Gedanken zu Russland und Europa (1697–2020), in: Arnd Bauerkämper, Hartmut Kaelble (Hg.): Europa – Visionen und Praxis im 20. und 21. Jahrhundert. Berlin 2021, S. 143–153.

44 Odd Arne Westad: The Cold War. A World History. London 2017.

einen Zwischenraum, um den er werben wollte und den es aus der Umklammerung der USA zu befreien galt. Die Vereinigten Staaten sah er weiterhin als Gegner, deren Ziel es sei, Russland im Inneren – etwa durch die Unterstützung kritischer Journalisten oder NGOs – und auf der internationalen Bühne zu schwächen. Um seine Ziele zu erreichen, musste Putin die von Gorbačev begonnene Liberalisierung im Inneren endgültig revidieren. Hierbei knüpfte er an Ideen einer nationalistischen Opposition an, die während der Perestrojka ihre Stimme erhoben hatte.[45] Ideologisch beriefen Putin und sein Gefolge sich auf den russischen Nationalismus, der nach dem Tod Stalins im Umfeld der Kommunistischen Partei entstanden war.[46] Hier wurde besonders der slavische und imperiale Charakter des Staates betont. Bereits unter Brežnev handelte es sich um eine wirkungsmächtige ideologische Strömung, die den Marxismus-Leninismus zunehmend in den Schatten stellte. Unter Putin stieg sie zur staatlichen Ideologie Russlands auf.

Diese Mischung aus tschekistischer Weltsicht, der politischen Sozialisation im Kalten Krieg und dem russischen Nationalismus der Brežnev-Zeit kennzeichnen das politische Denken und Handeln Putins seit seinem Aufstieg ins Zentrum der Macht. Aus diesen Ansichten speist sich die Ablehnung der Ordnung von 1989, die der sowjetische Präsident Gorbačev 1990 mit der Unterzeichnung der Charta von Paris und Russlands Präsident Boris El'cin 1997 mit der Unterzeichnung der NATO-Russland-Akte bestätigt hatten. Die Putin-Kohorte sah es als ihre Aufgabe an, den Abstieg der Großmacht Russland rückgängig zu machen. Die Frage war nur, welche Mittel sie zu nutzen bereit war, um Russlands imperiale Geltung wiederherzustellen.

Die Instrumente: Täuschung, „aktive Maßnahmen", Gewalt und Krieg

Das tschekistische Weltbild führt zu einem spezifischen Blick auf Gesellschaft und Politik. Ein Tschekist bewegt sich stets in einer Welt der Feinde und Verschwörungen. Nichts ist so, wie es scheint. Und Russland ist eine belagerte Festung, die mit Einnahme und Vernichtung rechnen muss. Nach dieser Logik konnte der Zusammenbruch der Sowjetunion und das Ende der Ordnung von Jalta nur als Sieg der inneren und äußeren Feinde Russlands verstanden werden. Durch Konsequenz und Hinterlist sei es diesen gelungen, die 1945 erkämpfte Position Moskaus zu unterminieren. Aus tschekistischer Sicht besiegelten Gorbačevs Naivität und fehlende Härte diese Niederlage.[47]

Bereits kurz nach der Auflösung der Sowjetunion bildete sich in konservativen Kreisen der russländischen Elite ein Versailles-Syndrom. Sie sahen die Ordnung nach 1989 in Europa als illegitim an. Zunehmend entwickelte sich Russland zu einer revisionistischen Macht, die darauf zielte, ihre imperiale Vormachtstellung in Osteuropa wiederherzustellen. Das zeigte sich im Begriff „nahes Ausland", der suggerierte, dass es einen Raum gebe, in dem Russland besondere Interessen habe und in dem die dortigen Staaten nur

[45] Jan C. Behrends: Die dunkle Seite der Perestroika. Autoritäre Strukturen, russischer Nationalismus und imperiales Denken unter Gorbačev und El'cin, in: Jahrbuch für Historische Kommunismusforschung 2022, S. 149–164.

[46] Nikolaj Mitrochin: Die „russische Partei". Die Bewegung der russischen Nationalisten in der UdSSR 1953–1985. Stuttgart 2014. – Yitzhak M. Brudny: Reinventing Russia. Russian Nationalism and the Soviet State, 1953–1991. Cambridge, MA 2000, S. 150–335.

[47] Eine ähnliche These vertritt: Vladislav M. Zubok: Collapse and Fall of the Soviet Union. New Haven, CT 2021.

eingeschränkt souverän seien. In der Republik Moldova mischte sich Russland 1992 mit regulären Armeeeinheiten zur Unterstützung der Separatisten in Transnistrien ein. Im Baltikum versuchte Russland, die europäische und atlantische Integration dieser Republiken zu torpedieren. Belarus und die Ukraine standen permanent im Fokus des Kreml. Es war der Versuch, im postsowjetischen Raum eine indirekte Herrschaft mittels lokaler Kollaborateure auszuüben. Moskau finanzierte einzelne Parteien und Organisationen. Ein Oligarch wie Viktor Medvedčuk in der Ukraine agierte als Statthalter des Kreml. Doch überwiegend stieß dieser Versuch auf politischen und gesellschaftlichen Widerstand.[48]

Im Jahr 2005 bezeichnete Vladimir Putin die Auflösung der Sowjetunion als „größte geopolitische Katastrophe des 20. Jahrhunderts". Je länger Vladimir Putin an der Macht blieb, desto deutlicher trat offener Revanchismus neben Revisionismus. Nun gab sich Moskau mit den bisherigen Methoden der Einflussnahme im „nahen Ausland" nicht mehr zufrieden. Putin setzte 2013/2014 in der Ukraine auf seine Geheimdienste und das Militär.[49] Darüber hinaus intervenierte Russland in Syrien und setzte zunehmend auf Spezialeinheiten und Söldner, die in Syrien, Zentralafrika, aber auch in der Ukraine eine bedeutende Rolle spielen.[50]

Der Rückgriff auf KGB-Methoden, die „aktiven Maßnahmen", hatte bereits unmittelbar nach Putins Amtsantritt als Premierminister begonnen und beschränkte sich keineswegs auf ein Politikfeld.[51] Im Vorfeld des zweiten Tschetschenienkrieges war es 1999 zu mehreren Bombenanschlägen auf Wohnblocks in Moskau und anderen Städten Russlands gekommen. Bereits damals hatte es Indizien dafür gegeben, dass der Geheimdienst an den Attentaten mitgewirkt hatte. Dieser Verdacht konnte nie ausgeräumt werden.[52] In den folgenden Jahren wandten Dienste wie der FSB und der Militärgeheimdienst GRU im In- und Ausland „aktive Maßnahmen" an. Die Bandbreite reicht von Desinformation über die Unterstützung radikaler Gruppen bis zu Sabotage, Geiselnahme und Mord in Tschetschenien. In England setzten russländische Agenten chemische und radioaktive Stoffe ein, um Zielpersonen zu töten.[53] Als neues Element kamen das Hacken und Angriffe auf westliche digitale Infrastruktur hinzu. Das erste Opfer einer umfassenden Cyber-Attacke wurde 2007 Estland. Diese wenigen Beispiele zeigen, dass ein Präsident mit einer tschekistischen Weltsicht die Renaissance von KGB-Methoden im In- und Ausland begünstigte.

Unter Vladimir Putin nahm nicht nur der Einsatz des Geheimdienstes, sondern auch der des Militärs gegen vermeintliche innere und äußere Feinde zu. Kurz nach Putins

---

[48] Paul D'Anieri: Ukraine and Russia. From Civilized to Divorce to Uncivil War. Cambridge 2019, S. 207–210. – Anne Colin Lebedev: Jamais Frères? Ukraine et Russia. Une tragédie postsoviétique. Paris 2022. – Dominique Arel, Jesse Driscoll: Ukraine's Unnamed War. Before the Russian Invasion of 2022. Cambridge 2023, S. 23–66. – Andrea Graziosi: L'Ucraina e Putin. Tra Storia e ideologica. Bari, Roma 2022.

[49] Mark Galeotti: Putin's Wars. From Chechnya to Ukraine. Oxford 2022.

[50] Andreas Heinemann-Grüder: Russlands irreguläre Armeen. Das Beispiel Wagner in diesem Band, S. 127–156. – Marat Gabidullin: Wagner. Putins geheime Armee. Berlin 2021.

[51] Thomas Rid: Active Measures. The Secret History of Disinformation and Political Warfare. New York 2020.

[52] John Dunlop: The Moscow Bombings of September 1999: Examinations of Russian Terrorist Attacks on the Onset of Vladimir Putin's Rule. Stuttgart 2012.

[53] Luke Harding: A very expensive Poison. The Assassination of Alexander Litvinenko and Putin's War with the West. New York 2017.

Ernennung zum Premierminister begann Russland den zweiten Tschetschenienkrieg. Seitdem ist Russlands Armee de facto ständig im Einsatz. Sämtliche Kriege dienen der Wiederherstellung des Imperiums – zuerst im Kampf gegen die Separatisten im eigenen Land und dann im Krieg gegen andere Nachfolgestaaten.[54] Russlands Eintritt in den Syrienkrieg im September 2015 zur Rettung des Assad-Regimes hatte auch die Funktion, den Anspruch Russlands als Großmacht zu demonstrieren. Letztlich zeigt sich, wie Putin und seine Generation vom Kalten Krieg geprägt sind. Sie sehen Russlands *raison d'être* in der Großmachtkonkurrenz mit den Vereinigten Staaten.[55]

Bereits in seinem Interviewband *Ot pervogo lica* hatte sich Putin über Krieg geäußert. Als er über die Einsätze seines Vaters im Zweiten Weltkrieg befragt wurde, der hinter der Front Sabotageeinsätze ausgeführt hatte, rechtfertigte Putin diese Taktik trotz der starken Verluste und der geringen militärischen Vorteile. Putin argumentierte, dass es im Krieg darauf ankomme weiterzukämpfen, auch wenn die Lage schwierig oder sogar aussichtslos sei:

> Ich glaube, dass in Kriegen immer wieder viele Fehler gemacht werden. Das ist unvermeidbar. Aber wenn man kämpft und immer nur über die Fehler nachdenkt, dann kann man nicht gewinnen. Man sollte eine pragmatische Einstellung haben. Und man muss immer weiter an den Sieg glauben.

Vor dem Hintergrund des Ukrainekrieges ist das eine bemerkenswerte Aussage. Wieder zeigt sich Putins Einstellung zu Militär und Gewalt: Er ist davon überzeugt, dass man beim Einsatz der Gewalt skrupellos sein müsse, auch im Angesicht eigener Verluste nicht nachlassen dürfe. Seit Februar 2022 zeigt sich, dass Putin eine rücksichtslose, genozidale Kriegführung gegen die Ukraine befohlen hat. Das folgt einem Muster, das in Tschetschenien begann, über den Donbass und Syrien bis in den Krieg der Gegenwart führt, in dem Putin Kriegsverbrecher für ihre Taten ausgezeichnet hat.[56]

Diese Orientierung an militaristischen Vorstellungen zeigte sich auch am Ende des Interviewbandes, als Putin nach politischen Vorbildern gefragt wird. Putin antwortet zunächst, sein Vorbild sei „Napoleon Bonaparte", um sich dann schnell zu korrigieren und noch „de Gaulle" und „Ludwig Erhard" hinzuzufügen.[57] Dennoch bleibt die spontane Antwort signifikant. Er entschied sich für einen Eroberer, der die Revolution beendete und Frankreich auf dem Schlachtfeld zu neuer Größe führte. Dass Napoleon letztlich im Krieg gegen Russland scheiterte, hatte Putin offenkundig nicht im Kopf.

Seine Rechtfertigung des gewaltsamen Vorgehens gegen Journalisten und seine Haltung zum Krieg zeigen ihn als einen Politiker, der kompromissloses Vorgehen bevorzugt und bereit ist, seine Gegner zu unterwerfen. Er hält nicht nur die Gewalt, sondern jedes Mittel aus dem Arsenal des KGB für legitim – selbstverständlich und grundlegend auch die

---

[54] Der Kreml unterstützte je nach Interessenlage auch Separatisten. Jan C. Behrends: Post-Soviet Separatism in Historical Perspective, in: Mikhail Minakov u.a. (Hg.): Post-Soviet Secessionism. Nation-Building and State-Failure after Communism. Stuttgart 2021, S. 213–242.

[55] Dies unterscheidet Putin von Volodymyr Zelens'kij und der ukrainischen Führung um, die der „Unabhängigkeitsgeneration" angehört und westliche Werte vertritt. Olga Onuch, Henry E. Hale: The Zelensky Effect, London 2022.

[56] Owen Matthews: Overreach. The Inside Story of Putin's War Against Ukraine. London 2022. – Luke Harding: Invasion. Russia's Bloody War and Ukraine's Fight for Survival. London 2022.

[57] Putin, The First Person [Fn. 15], S. 194.

Verschleierung der eigenen Absichten. Das gilt auch für den Band *Ot pervogo lica*. Putin weicht häufig der direkten Frage aus oder lässt sein Gegenüber im Unklaren über seine Vergangenheit oder seine Ansichten. Wer diesen Band über zwei Jahrzehnte später liest, kommt um den Befund nicht herum: Einen „liberalen Putin" hat es nie gegeben. Putins Weltbild hat sich seit Beginn der 1980er Jahre kaum verändert. Seine Einstellungen radikalisierten sich allenfalls durch den Kollaps der Sowjetunion. Durch diese Verlusterfahrung kam ein revanchistisches Element hinzu. Doch bereits vorher war er ein *gosudarstvennik*, ein russischer Imperialist und ein KGBler, der die Welt als Abfolge von Verschwörungen und Intrigen sieht. Dass er sich später an der Schaltstelle der Macht mit ideologischen Versatzstücken einzelner konservativer Denker wie dem nach der Oktoberrevolution aus Russland emigrierten Monarchisten Ivan Il'in schmückte und ihn zu einem Vordenker seines Russland stilisierte, bedeutete nicht, dass diese Lektüre sein Weltbild geformt hätte. Il'in oder auch Dostoevskij passten nur gut in das autoritäre Denken, das Putin aus der UdSSR mitgebracht hatte.[58]

Im Kern ist Putin die Mischung aus Hooligan, Tschekist und Imperialist geblieben, wie er uns in *Ot pervogo lica* begegnet. Der Historiker und Publizist Gerd Koenen nennt ihn mit Recht einen „schauerlichen ideologischen Hybrid".[59]

Schlussbetrachtung

Am 20. Dezember 2017 hielt Vladimir Putin eine kurze Ansprache. Anlass war der 100. Jahrestag der Gründung der Tscheka. In seiner Rede dankte er den Tschekisten in Geschichte und Gegenwart für ihren Dienst am Staat. Die „absolute Mehrheit" der Geheimdienstler seien stets „wahre Staatsdiener" und „Patrioten" gewesen.[60] Kritik an der Organisation und ihrem Erbe ließ er nicht gelten. Wo andere eine Geschichte der Unterdrückung und des Terrors sehen, wünschte der Präsident seinen Tschekisten weitere Erfolge im Dienste des Staates sowie im Kampf gegen ausländische Spione. Putin bekannte sich 2017 offen zum Erbe des KGB. Vladimir Putin ist ein typischer Vertreter jener Generation sowjetischer Geheimdienstler, die in der Brežnev-Epoche sozialisiert wurden. Verstört von der Perestrojka und der Auflösung der Sowjetunion leben sie bis heute in der autoritären Welt der Sowjetunion und repräsentieren deren Werte.

Aus dem Geheimdienst hat Vladimir Putin sein dichotomes Weltbild und den Blick auf eine Umwelt mitgebracht, die voller Feinde und Verschwörungen ist. Als *gosudarstvennik* sieht er sich als Diener seines Staates, wobei die eigenen Interessen mit jenen Interessen des Staates oftmals gleichgesetzt werden. An die Stelle der Stärke des Rechts tritt bei ihm das Recht des Stärkeren: in der Innenpolitik und der Außenpolitik.

Aus der Tatsache, dass Teile der politischen Elite die Auflösung der UdSSR als Demütigung wahrnahmen, schöpfte Putin Kraft und Unterstützung für die Revanche gegen den Westen. Für Putin war der Kalte Krieg nie zu Ende. Vor und nach 1991 sah er die USA und die NATO als Feinde Russlands an, deren Ziel es sei, Russland zu zerstören.

---

[58] Michel Eltchaninoff: In Putins Kopf. Die Philosophie eines lupenreinen Demokraten. Stuttgart [2]2022 [[1]2016].

[59] Gerd Koenen: Russland gründlich entzaubert. Vom Ende eines deutschen Komplexes, in: OSTEUROPA, 1–3/2022, S. 19–32.

[60] Gala evening marking Security Agency Worker's Day, 20.12.2017, <http://en.kremlin.ru/events/president/news/56452>.

Diesen Staat versteht Putin als Imperium mit einer antiwestlichen Mission. Aufgabe der Tschekisten sei es, die Dienstklasse des Imperiums zu sein und bei der Verfolgung eigener Ziele keine Skrupel zu kennen. Unter Putin wurden die Tschekisten von Bewahrern der sowjetischen Herrschaft zu Wiederbegründern des Imperiums. Da der Westen Putin zunächst kaum etwas entgegensetzte, erweiterte der Autokrat seine Ziele und radikalisierte seine Mittel. Putin hat die Lektionen der KGB-Schulung verinnerlicht: Schwäche und verwirre den Feind, breche seinen Willen, zerstöre die Einheit des Westens. Wer Putins öffentliche Äußerungen von Beginn seiner politischen Laufbahn an verfolgt hat, den hat seine Politik weniger überrascht.

Schlagwörter:
Vladimir Putin, Geheimdienst, KGB, FSB, Sowjetunion, Tscheka

Andreas Heinemann-Grüder

Russlands irreguläre Armeen

Das Beispiel „Wagner"

Die Bedeutung von irregulären Militärfirmen für Russlands Einflusspolitik nimmt seit der Annexion der Krim und dem Krieg gegen die Ukraine ab 2014/2015 zu. Russlands Militärfirmen sind Ausdruck der Verschmelzung von Business und *Siloviki* zu sogenannten „Siloarchen". Sie sind Stoßtrupps des russländischen Regimes im Nahen Osten und in Afrika zur Verdrängung westlicher Mächte und prowestlicher Politiker. Zugleich sind sie Kriegsgewinnler und Einsatzgruppen für Aufgaben mit erhöhtem Risiko und Geheimhaltungsbedarf. Die Militärfirmen handeln in Abstimmung mit dem Verteidigungsministerium, dem FSB, dem Auslandsgeheimdienst sowie der Präsidialverwaltung im Kreml. Sie sind also nicht privat. Sie praktizieren eine exterminatorische Kriegsführung, die auf den Erfahrungen aus den Tschetschenienkriegen basiert und weiter entwickelt wurde.

Gewaltkonflikte bieten stets reichlich Gelegenheit zur Bereicherung, Plünderung, Ausbeutung, verdeckten Einflussnahme und für Feindseligkeiten durch irreguläre bewaffnete Gruppen. Kaum ein Krieg ist je nur mit regulären Soldaten geführt worden. Bis zur Einführung der allgemeinen Wehrpflicht kämpften Soldaten nicht für eine Sache, eine Nation oder Religion, sondern für Geld, Trophäen oder das Recht zum Plündern. Private Militärfirmen, die von Staaten beauftragt werden, stehen in der Tradition von früheren Wandersoldaten, allerdings ist ihr Kern keine Meute aus Kriminellen, Marodeuren, Abenteurern, Glücksrittern oder Vagabunden, sondern es sind Profis, selbst wenn Schwerverbrecher von russischen Militärfirmen rekrutiert werden.[1] Sie agieren heute als – mal mehr, mal weniger effektive – Parallel- oder Schattenarmeen. Selbst im Falle gravierender Verletzungen des humanitären Völkerrechtes und von Menschenrechten können sie nur selten zur Rechenschaft gezogen werden.

Im 20. Jahrhundert wurden Kriege durch Wehrpflicht und Massenmobilisierung zu einer öffentlichen Angelegenheit, welche die gesamte Gesellschaft betraf. Sie trugen damit tendenziell auch zur Demokratisierung bei – Soldaten wollten wahlberechtigt sein. Private Militärfirmen dienen indes der Verschleierung der organisierten Gewalt. Darin liegt

---

Andreas Heinemann-Grüder (1957), Dr. phil. habil., Politikwissenschaftler, apl. Professor an der Universität Bonn und Senior Researcher am Bonn International Centre for Conflict Studies
Von Andreas Heinemann-Grüder erschien in OSTEUROPA zuletzt: Sieg, Auszehrung, Regimezerfall. Drei Szenarien des Krieges, in: OE, 1–3/2022, S. 173–177. – Geiselnehmer oder Retter des Staates? Irreguläre Bataillone in der Ukraine, in: OE, 3–4/2019, S. 51–80.
Für Hinweise zum vorliegenden Manuskript danke ich Hanns Bühler, Igor' Gus'kov, Boubacar Haidar, Reiner Haunreiter und Reiner Schwalb.

[1] Christopher Kinsey: Die Söldner*innen, outgesourcte Soldat*innen, in: Bruno Cabanes (Hg.): Eine Geschichte des Krieges. Vom 19. Jahrhundert bis in die Gegenwart. Bonn 2021, S. 95–102.

OSTEUROPA, 72. Jg., 11/2022, S. 127–155 doi: 10.35998/oe-2022-201

ihr Nutzen für Staaten, die Skrupel haben, sich für die Risiken und Verluste regulärer Truppen rechtfertigen zu müssen. Während mit der Charta der Vereinten Nationen und den Nürnberger Prozessen der Angriffskrieg und Verbrechen gegen die Menschlichkeit strafbar wurden und damit Kriege schwerer führbar, erweitern private Militärfirmen das Repertoire der Kriegsführung. Sie entziehen sich den völkerrechtlichen Beschränkungen des *ius ad bellum* und des *ius in bello*. Die politische und rechtliche Kontrolle privater Sicherheits- und Militärunternehmen ist verglichen mit der des Militärs mangelhaft. Sie handeln mit staatlicher Erlaubnis oder in staatlichem Auftrag, im Vordergrund steht freilich das wirtschaftliche Interesse der Gewaltunternehmer, das Ziel, durch die Bereitstellung von Truppen und Material aus dem Krieg Profit zu ziehen.

Russland betrat den Markt privater Militärfirmen vergleichsweise spät. Aufmerksamkeit erlangten irreguläre Truppen während der Annexion der Krim im Jahr 2014, die Putin mithilfe nicht gekennzeichneter „grüner Männchen" durchführte. An den Militärinterventionen im Donbass und im Jahr 2015 in Syrien wirkten Militärfirmen aus Russland und irreguläre Bataillone mit. Die Aktivitäten dieser Firmen variieren, das Feld ist heterogen. Das Wissen der westlichen Geheimdienste über Russlands Söldner ist begrenzt. Während es zu westlichen privaten Militärfirmen zahlreiche Veröffentlichungen gibt,[2] fehlt es an einschlägigen wissenschaftlichen Publikationen zu Militärfirmen aus Russland.[3]

Einer systematischen Tatsachenfeststellung sind aufgrund der klandestinen Operationsweise der Militärfirmen und ihres ungeklärten Rechtsstatus, der offiziellen Leugnung evidenter Beobachtungen, von Desinformation, Falschinformation, massiven Einschränkungen der Pressefreiheit und Repression handfeste Grenzen gesetzt. Gleichwohl lassen sich die Tätigkeitsprofile und die Funktionen von Söldnerfirmen in Russlands politischem Regime einordnen sowie die Bedeutung von Söldnertrupps im Rahmen russländischer Interventionen, ihre Operationsart, die von ihnen ausgehenden Gefahren sowie ihre Schwachstellen identifizieren.

Bereits die Sowjetunion setzte in Krisengebieten Soldaten der Roten Armee als „Militärberater" ein, bisweilen sogar in Regimentsstärke, aber stets, um den Anschein zu vermeiden, mit regulären Truppen zu intervenieren. Auch die USA griffen während des „Kalten Krieges" zu irregulären, verdeckten Methoden der Kriegsführung. Doch erst nach dem Ende des Ost-West-Konfliktes begann der private Gewaltmarkt im Umfeld von Militärinterventionen und inneren Kriegen zu boomen.[4] Die Privatisierung von öffentlichen Dienstleistungen seit dem Siegeszug des Liberalismus in den 1980er Jahren, die Verschlankung von Massenarmeen nach 1989/90 und die Zunahme asymmetrischer

---

[2] Walter Feichtinger: Private Sicherheits- und Militärfirmen: Konkurrenten – Partner – Totengräber? Wien 2008. – Matthias Döring: Private Militärfirmen der Gegenwart. Hintergrund, Typologisierung, völkerrechtliche Aspekte und Perspektiven. Hamburg 2008. – Thomas Jäger, Gerhard Kümmel (Hg.): Private Military and Security Companies. Chances, Problems, Pitfalls and Prospects. Wiesbaden 2007. – Deborah D. Avant: The Market for Force: The Consequences of Privatizing Security. Cambridge 2005.

[3] Eine Ausnahme ist: Kimberly Marten: Russia's Use of Semi-state Security Forces: The Case of the Wagner Group, in: Post-Soviet Affairs, 3/2019, S. 181–204.

[4] Seth G. Jones, Catrina Doxsee, Brian Katz, Eric McQueen, Joe Moye: Russia's Corporate Soldiers. The Global Expansion of Russian PMCs. Center for Strategic and International Studies, 2021 <www.csis.org/analysis/russias-corporate-soldiers-global-expansion-russias-private-military-companies>. – Thomas Rid: Active Measures: The Secret History of Disinformation and Political Warfare. London 2020.

Kriege ließen ab den 1990er Jahren einen globalen Markt für private Militärfirmen entstehen. Seit gut drei Jahrzehnten konkurrieren private Sicherheits- und Militärfirmen auf dem internationalen Markt. Allerdings ist der Markt nicht frei, er wird von politischen Auftraggebern beherrscht. Den „Wettbewerb" beherrschen politische Interessen. Russische Söldner dienen dazu, westliche Militärpräsenz zu verdrängen und UN-mandatierte Missionen systematisch zu beeinträchtigen oder zu beenden.

Das Portfolio

Die *Encyclopedia Britannica* definiert eine private Militärfirma (private military company, PMC) als ein

> unabhängiges Unternehmen, das nationalen Regierungen, internationalen Organisationen und substaatlichen Akteuren militärische Dienstleistungen anbietet. Private Militärfirmen stellen ein wichtiges und äußerst umstrittenes Element der privatisierten Militärindustrie dar. PMCs sind auf die Bereitstellung von Kampf- und Schutzkräften spezialisiert.[5]

Obschon Militärfirmen kommerzielle Interessen verfolgen, sind ihr „privater" Charakter und ihr Kombattantenstatus strittig, denn ihr Auftrag, die Ressourcen und der Schutz vor Strafverfolgung gehen meist auf Staaten zurück. Private Militärfirmen sind eine Form irregulärer bewaffneter Gruppen, die nur selten ohne staatliche Auftraggeber und die Logistik staatlicher Gewaltapparate wie der Armee oder paramilitärischer Polizeiverbände einsetzbar sind. Irreguläre bewaffnete Gruppen komplementieren in der Regel konventionelle Sicherheits- und Militäreinsätze. Seit April 2019 operieren private Militärfirmen aus Russland zum Beispiel mit MiG-29 und Su-24 Kampfflugzeugen in Libyen und setzen Pantsir S-1 Boden-Luft-Raketen ein – schwere Waffen, die nur Russlands Verteidigungsministerium zur Verfügung hat stellen können. Fremde Staaten können auch als Sponsoren fungieren, so finanzieren die Vereinigten Arabischen Emirate in Libyen die Wagner-Gruppe, um den aufständischen General Khalifa Haftar und dessen Libysche Nationalarmee gegen die international anerkannte Regierung zu stärken.
Das Tätigkeitsfeld privater Militärfirmen lässt sich nach den Bereichen a) Logistik, b) Aufklärung und geheimdienstliche Methoden, c) Desinformation und psychologische Kriegsführung, d) Beratung und Ausbildung, e) Objekt- und Personenschutz sowie das Betreiben von Gefangenenlagern, f) Finanzdienstleistungen, g) Vermittlung bei der Beschaffung von Rüstungsgütern, h) Organisation von Aufständen und i) Durchführung von Kampfeinsätzen unterscheiden.[6] Klassische geheimdienstliche Methoden und militärische Aufklärung gehören ebenfalls zum Angebot von privaten Militärfirmen. Das

---

5 <www.britannica.com/topic/private-military-firm>.

6 Peter W. Singer: Corporate Warriors: The Rise of the Privatized Military Industry and its Ramifications for International Security, in: International Security, 3/2001/2002, S. 186–220. – Peter W. Singer: Die Kriegs-AGs. Über den Aufstieg der privaten Militärfirmen. Frankfurt/Main 2006. – Jeremy Scahill: Blackwater: Der Aufstieg der mächtigsten Privatarmee der Welt. Reinbek 2008. – Laurent Joachim: Der Einsatz von „Private Military Companies" im modernen Konflikt. Ein neues Werkzeug für „Neue Kriege"? Berlin 2010. – Stephan Blancke: Private Intelligence. Geheimdienstliche Aktivitäten nicht-staatlicher Akteure. Berlin 2011. – Thomas Eppacher: Private Sicherheits- und Militärfirmen. Wesen, Wirken und Fähigkeiten. Berlin 2012. – Deborah D. Avant: The Market for Force: The Consequences of Privatizing Security. Washington D.C. 2005.

bedeutendste Tätigkeitsfeld ist zweifellos die Bereitstellung von Kombattanten oder Sicherheitskräften sowie von Rüstungsgütern.
Anfänglich dominierten private Militärfirmen vor allem aus den USA, Großbritannien, Südafrika und Israel den Markt. Im Irak engagierten sich US-Militärfirmen, als nach dem Sturz von Saddam Hussein ein Bürgerkrieg ausbrach. Da die amerikanische Regierung unter Präsident George W. Bush den Tod von US-Soldaten im Einsatz vermeiden wollte, der innenpolitisch höchst unpopulär ist, schloss sie Verträge mit Militärfirmen. Private Militärfirmen beteiligten oder beteiligen sich auch an innerafrikanischen Kriegen, darunter in Angola und Sierra Leone (insbesondere die südafrikanische Firma *Executive Outcomes*), in Kenia und Madagaskar, am Afghanistankrieg ab 2001 (u.a. *Dyncorp*), am Irakkrieg ab 2003 (*Blackwater*, *Dyncorp*, *Halliburton*), sie operieren seit Gaddafis Sturz im Jahr 2011 in Libyen sowie in Mali, Somalia, Tschad, Nigeria (*Northbridge Services Group Ltd.*), in Jemen und der Zentralafrikanischen Republik.
Private Militärfirmen aus Russland operieren insbesondere in Afrika, im Nahen Osten, in Asien und in Lateinamerika, darunter mit militärisch ausgerüsteten Verbänden in der Ukraine, in der Zentralafrikanischen Republik, Libyen, Mali, Sudan, Syrien und Venezuela.[7] Einigen Berichten zufolge sollen Mitarbeiter der Wagner-Gruppe während des Krieges zwischen Armenien und Aserbaidschan um Bergkarabach im Herbst 2020 Panzerabwehrstellungen für die armenischen Streitkräfte bemannt haben.[8] All die genannten Länder sind von außenpolitischem Interesse für Russland, weil westlicher Einfluss zurückgedrängt werden soll.
International tätige Wirtschaftsunternehmen verfügen selten über das Personal und die Ausrüstung, um Sicherheit zu gewährleisten, die über den Objektschutz im friedlichen Umfeld hinausgeht. Diese Fähigkeiten bieten private Sicherheitsunternehmen. Sicherheitsfirmen mit Kampfverbänden begehen Körperverletzung und Tötungsdelikte und setzen häufig Kriegswaffen ein. Das alles kann nicht unmittelbar auf den Auftraggeber zurückgeführt werden. Private Militärfirmen rekrutieren ehemalige Geheimdienstmitarbeiter, Spezialkräfte und Polizisten, einige sind hoch spezialisiert, andere bieten ein weites Portfolio an. Die US-Firma *Halliburton*, der Dick Cheney bis zu seiner Amtsübernahme als US-Vizepräsident im Jahr 2000 vorstand, wurde zum Sinnbild für Kriegsgewinnler, die gleichzeitig in führender Position dem Staat dienen. Das „outsourcing“ von staatlichen Sicherheitsdiensten zieht regelmäßig eine privilegierte, intransparente Auftragsvergabe durch den staatlichen Auftraggeber an die Militärfirmen, überteuerte Rechnungen und die Vermengung des Gewinnstrebens der Militärfirmen mit den „Sicherheitsinteressen“ der politischen Auftraggeber nach sich. Eine Kontrolle durch Rechnungshöfe, öffentliche Ausschreibungen oder Parlamente fehlt.

– Simon Chesterman, Chia Lehnardt (eds.): From Mercenaries to Market: The Rise and Regulation of Private Military Companies. Oxford 2009. – Amy E. Eckert: Outsourcing War: The Just War Tradition in the Age of Military Privatization. Ithaca 2016. – Robert Mandel: Armies Without States: The Privatization of Security. Boulder 2002. – Predrag Petrovic, Marko Milosevic, Jelena Unijat, Sonja Stojanovic: Private Security Companies – a Friend or a foe? Monterrey 2008.

7 Seth G. Jones: Russia's Corporate Soldiers. The Global Expansion of Russia's Private Military Companies. Center for Strategic & International Studies, July 2021, <www.opinionglobal.cl/russias-corporate-soldiers-the-global-expansion-of-russias-private -military-companies/>.

8 Die Rechercheplattform *Bellingcat* konnte die Beteiligung von Wagner am Krieg um Nagornyj Karabach allerdings nicht bestätigen. Wagner-Affiliated Telegram Channel Trolls Nagorno-Karabakh Conflict Analysts. Bellingcat, 7.10.2020, <www.bellingcat.com/news/uk-and-europe/2020/10/07/wagner-affiliated-channel-trolls-nagorno-karabakh-conflict-analysts/>.

Schattenarmeen und hybrider Krieg

Private Militärfirmen werden in der Literatur oft zum Kern „hybrider“ Kriegsführung Russlands gezählt. Damit meinen einige Autoren verdeckte Operationen, andere die gesamte Bandbreite konventioneller Operationen, Aufstände, Terrorismus und dessen Bekämpfung, Milizen, Guerillataktiken und Informationskriege.[9] Der Begriff der „hybriden Kriegsführung“ ist leider recht hybrid. Ein Weißbuch des US-Kommandos für Spezialoperationen von 2014 setzte hybride Kriege mit unkonventioneller Kriegsführung gleich. Gemeint war das Zusammenwirken von staatlichen und nicht-staatlichen Akteuren (Stellvertretern, Kriminellen, Terroristen), die alle verfügbaren Mittel zur Destabilisierung nutzten, darunter konventionelle Streitkräfte, ökonomische Einschüchterung, die Demonstration von Stärke und diplomatische Einmischung. Der Begriff schien sich in dieser Lesart auf die Ausübung von Zwang und physischer Gewalt unterhalb der Schwelle eines offenen Krieges zu beziehen.[10]

Die Tatsache, dass Russland irreguläre bewaffnete Gruppen einsetzt, darunter kommerzielle Dienstleister, ist mitunter auch als Ausdruck einer umfassenden „Gerasimov-Doktrin“ interpretiert worden, benannt nach Russlands Generalstabschef, der 2013 eine Rede hielt, um neuere US-Strategien zu beschreiben.[11] Verdeckte Formen der organisierten Gewaltanwendung umfassen ein breites Repertoire von Subversion, Sabotage, Spionage und vorsätzlicher materieller Schädigung. Diese Formen organisierten Gewalthandelns existieren jedoch nicht isoliert, sondern sind Teil strategischer Einwirkung, und sie ersetzen nicht den physischen Krieg. Russlands irreguläre bewaffnete Gruppen operieren „unkonventionell“, aber sie wirken mit regulären Streitkräften zusammen, nicht als deren Alternative, ihr Hauptbetätigungsfeld ist die Kriegsführung. Private Militärfirmen verstärken reguläre Streitkräfte und füllen Fähigkeitslücken der regulären Einsatzkontingente Russlands. Private Militärfirmen sind ein Element des sich dynamisch entwickelnden Feldes von Multi-Domain-Operationen.

Was manchmal von US-Autoren salopp als „politischer Krieg“ oder „hybrider Krieg“ bezeichnet wird, ist Teil einer Systemauseinandersetzung. „Hybrid“ an der hybriden Kriegsführung ist vor allem das Narrativ: Die Kriegspartei bestreitet, dass sie einen Krieg führt, sie versucht, auf Seiten des Gegners entfremdete oder desillusionierte Bevölkerungsteile zu mobilisieren, Meinungen zu manipulieren und setzt systematisch auf Desinformation. Militärische Gewalt muss durch politische, ökonomische, informationelle und humanitäre

---

[9] Samuel Charap: Das Gespenst Hybrider Krieg. Russland hat keine Doktrin für eine hybride Kriegsführung, in: IPG Journal, 25.4.2016. – Christoph Bilban, Hanna Grining: Mythos „Gerasimov-Doktrin“. Ansichten des russischen Militärs oder Grundlage hybrider Kriegsführung? Wien 2019. – Lawrence Freedman: The Future of War. A History. London 2017, S. 222–229.

[10] United States Army Special Operations Command: Counter-Conventional Warfare, White Paper, 26.9.2014, <https://info.publicintelligence.net/USASOC-Counter UnconventionalWarfare.pdf>. – Hans-Georg Ehrhart: Unkonventioneller und hybrider Krieg in der Ukraine: Zum Formenwandel des Krieges als Herausforderung für Politik und Wissenschaft, in: Zeitschrift für Außen- und Sicherheitspolitik, 9/2016, S. 223–241.

[11] Valerij Gerasimov: Cennost’ nauki v predvidenie, in: Voenno-promyšlennyj kur’er 476/2013.

Maßnahmen ergänzt werden, sonst kann sie nicht erfolgreich sein.[12] Russlands private Militärfirmen werden in einigen Ländern wie der Zentralafrikanischen Republik und Mali durch PR-Kampagnen unterstützt. In anderen Ländern bevorzugen sie es, anonym zu bleiben. Selbst wenn eine private Militärfirma, Medien-Holdings und Troll-Fabriken zum Portfolio eines „Siloarchen" wie dem Unternehmer Evgenij Prigožin gehören, steckt die systematische Integration von Cyber-Angriffen, Medienkampagnen, Kampfeinsätzen und illegalen Finanztransaktionen erst in den Anfängen.[13]

Analytisch ist es ratsam, Krieg, auch in seinen „hybriden" Formen, von „Einflusspolitik" zu unterscheiden. „Aktive Maßnahmen", also verdeckte Operationen zur Desinformation und Diskreditierung des Gegners, der Verbreitung von Verschwörungstheorien sowie der Manipulation von Medien, Parteien, Wahlen, Akademikern und sozialen Bewegungen gehörten zum sowjetischen Repertoire und sind unter Putin reaktiviert worden.

Irreguläre Militärfirmen, die sich nicht auf Sicherheit beschränken, sind allerdings ein Instrument realer Kriegsführung, sie arbeiten mit der Androhung oder dem Einsatz physischer Gewalt. Diese Firmen können unterhalb der Schwelle von offenen Kampfhandlungen agieren, aber sie verfügen auch über militärische Gewaltmittel. Russlands Militärfirmen operieren primär auf dem Feld der „hard power", nicht der „soft power", sofern sich ihre Tätigkeit nicht auf Sicherheitsdienstleistungen beschränkt.[14] Obschon die Übergänge zwischen Krieg und Frieden fließend sind, sollte der Begriff „Krieg" nicht inflationär gebraucht oder durch Adjektive marginalisiert werden. Krieg setzt auf Unterwerfung oder Liquidation des Gegners, er ist keine Fortsetzung der Politik mit anderen Mitteln, sondern deren Ersatz.

Gemeinsamkeiten westlicher und russischer Militärfirmen

„Meritokratie", Legitimation durch Leistung
kommerziell
Ex-Berufssoldaten, Professionalität
staatliche Auftraggeber
Sicherheitsdienstleistungen, Training
Kampfeinsätze
Missachtung des Völkerrechtes, Praktiken des irregulären Krieges
extreme Gewalt
Rekrutierung lokalen Personals
Loyalität gegenüber Herkunftsstaat, patriotisch

---

[12] Frank G. Hoffman: Conflict in the 21st Century: The Rise of Hybrid Wars. Arlington 2007. – Frank Hoffman: On-not-so-new-warfare: Political Warfare vs. Hybrid Threat, 28.7.2014, <http://warontherocks.com/2014/07/on-not-so-new-warfare-political-warfare-vs-hybrid-threats>.

[13] Emma Schroeder, Gavin Wilde, Justin Sherman, Trey Herr: Hackers, Hoodies, and Helmets: Technology and the Changing Face of Russian Private Military Contractors. Cyber Statecraft Initiative, Juli 2022, <www.atlanticcouncil.org/wp-content/uploads/2022/07/Technology-and-the-Changing-Face-of-Russian-Private-Military-Contractors.pdf>.

[14] Joseph N. Nye: Soft Power, in: Foreign Policy, 80/1990, S. 153–171. – Joseph N. Nye, Wang Jisi: Hard Decision on Soft Power: Opportunities and Difficulties for Chinese Soft Power, in: Harvard International Review, 2/2009, S. 18–22. – Joseph N. Nye: Get Smart: Combining Hard and Soft Power, in: Foreign Affairs, 4/2009, S. 160–163.

Unterschiede westlicher und russischer Militärfirmen

westliche Militärfirmen	**russische Militärfirmen**
ersetzen reguläre Militärs in postheroischen Gesellschaften	ergänzen reguläres Militär
agieren sichtbar	agieren verschleiert
agieren nach dem Verhaltenskodex „International Code of Conduct for Private Security Service Providers"	agieren i.d.R. nicht nach dem internationalen Verhaltenskodex
nach öffentlichen Skandalen wurden Verhaltensnormen entwickelt	keine öffentlichen Skandale
stützen proamerikanische Regime	stützen prorussische Regime
in Handelsregistern registrierte Firmen	überwiegend nicht registrierte Firmen
Kämpfer erhalten keine staatlichen Auszeichnungen	Kämpfer erhalten staatliche Auszeichnungen
gezielte Tötungen	unterschiedslose Gewalt gegen ganze Bevölkerungsgruppen
lokale Hilfstruppen unter westlichem Kommando	russisches Kommando bei Operationen
unterstützen UN-mandatierte Missionen	unterminieren UN-mandatierte Missionen

Rechtliche Stellung

Umgangssprachlich werden private Militärfirmen oft als Söldner bezeichnet. Artikel 47 des ersten Zusatzprotokolls von 1977 zu den Genfer Konventionen gibt sechs Kriterien für Söldner an: 1) wer im Inland oder Ausland zu dem besonderen Zweck angeworben ist, in einem bewaffneten Konflikt zu kämpfen, 2) wer tatsächlich unmittelbar an Feindseligkeiten teilnimmt, 3) wer an Feindseligkeiten vor allem aus Streben nach persönlichem Gewinn teilnimmt und wer von oder im Namen einer am Konflikt beteiligten Partei tatsächlich die Zusage einer materiellen Vergütung erhalten hat, 4) wer weder Staatsangehöriger einer am Konflikt beteiligten Partei ist noch in einem von einer am Konflikt beteiligten Partei kontrollierten Gebiet ansässig ist, 5) wer nicht Angehöriger der Streitkräfte einer am Konflikt beteiligten Partei ist und 6) wer nicht von einem nicht am Konflikt beteiligten Staat in offiziellem Auftrag als Angehöriger seiner Streitkräfte entsandt worden ist.[15]

Diese Definition zielt darauf ab, klassische Söldner zu kriminalisieren und reguläre Kombattanten von Söldnern abzugrenzen. Dem breiten Spektrum an Aktivitäten von privaten Militärfirmen wird die Definition nicht gerecht. In der Praxis ist sie auch kaum anwendbar, denn mindestens ein Kriterium – meist sogar mehrere – fehlt in der Regel.

Das humanitäre Völkerrecht unterscheidet in internationalen bewaffneten Konflikten zwischen Kombattanten, d.h. Personen, die berechtigt sind, unmittelbar an Feindseligkeiten teilzunehmen, und Nichtkombattanten. Kombattanten gelten als Angehörige von

[15] Zusatzprotokoll zu den Genfer Abkommen vom 12. August 1949 über den Schutz der Opfer internationaler bewaffneter Konflikte, <www.fedlex.admin.ch/eli/cc/1982/1362_1362_1362/de#a47>.

Streitkräften und müssen als solche auch identifizierbar sein, sie sind berechtigt zu Gewalthandlungen, aber nur insoweit, als sie durch eine Konfliktpartei dazu autorisiert worden sind und die Regeln des Kriegsvölkerrechts beachten. Kombattanten können für ihre Teilnahme an Gewalthandlungen nicht per se bestraft werden, während Nichtkombattanten mit strafrechtlicher Verfolgung rechnen müssen.[16] Rechtlich gelten Mitarbeiter von kommerziellen Sicherheits- und Militärunternehmen als Zivilisten. Zu Kombattanten im Sinne der Genfer Konventionen werden sie nur dann, wenn sie dem Kommando regulärer Streitkräfte unterstehen. Russlands „private" Militärfirmen bestehen de facto aus Kombattanten, auch wenn ihr Status de jure bestritten werden mag.
Das Völkerrecht zählt Kombattanten zu den Streitkräften einer Konfliktpartei, d.h.

> der Gesamtheit der organisierten bewaffneten Verbände, Gruppen und Einheiten, die einer Führung unterstehen, welche dieser Partei für das Verhalten ihrer Untergebenen verantwortlich ist.[17]

Allerdings gilt der Kombattantenstatus nur für einen zwischenstaatlichen bewaffneten Konflikt, d.h. nicht für sogenannte Bürgerkriege bzw. innere Kriege. Mitarbeitern von privaten Militärfirmen kann der Status von Kombattanten zuerkannt werden, auch wenn sie nicht Angehörige regulärer Streitkräfte sind, sie wären dann auch legitime militärische Ziele, sie könnten als Kriegsgefangene behandelt und auch strafrechtlich verfolgt werden.[18] Ob private Sicherheits- oder Militärfirmen in die Kommandostrukturen regulärer Streitkräfte integriert sind, lässt sich indes oft nicht ausmachen. Gerade der unklare Status – rechtmäßig oder unrechtmäßig? – erlaubt Staaten den willkürlichen Einsatz, denn als Kombattanten wären Mitarbeiter privater Militärfirmen verpflichtet, sich an das humanitäre Völkerrecht zu halten.
Als juristische Personen können Rechtsverstöße privater Militärfirmen nicht von internationalen oder nationalen Strafgerichten verfolgt werden, nur eine individuelle strafrechtliche Verantwortung für Kriegsverbrechen, Verbrechen gegen die Menschlichkeit oder Völkermord ist möglich. Private Militärfirmen könnten bestenfalls für materielle Schäden haftbar gemacht werden. Private Militärfirmen schließen mit den beauftragenden Staaten jedoch in der Regel Immunitätsvereinbarungen ab.[19] Zudem ändern private Militärfirmen oft ihren Namen, um sich einer Strafverfolgung zu entziehen oder sich

---

16 <www.humanitaeres-voelkerrecht.de/Kombattanten%20&%20Nichtkombattanten.html>.

17 Ebd.

18 Hin-Yan Liu: Leashing the Corporate Dogs of War: The Legal Implications of the Modern Private Military Company, in: Journal of Conflict and Security Law, 1/2010, S. 141–168. – Knut Ipsen: Kombattanten und Nichtkombattanten, in: Dieter Fleck (Hg.): Handbuch des humanitären Völkerrechts in bewaffneten Konflikten. München 1994, S. 56–88. – Christian Schaller: Private Sicherheits- und Militärfirmen in bewaffneten Konflikten. Völkerrechtliche Einsatzbedingungen und Kontrollmöglichkeiten. Berlin 2005 [= SWP-Studie 24]. – Marija Nebol'sina: Regulirovanie dejatel'nosti častnych voennych i ochrannych kompanii. Sravnitel'nyj analiz politiki meždunarodnych organizacii i mirovych deržav. Moskva 2018.

19 Medicins sans frontieres: Private Military Companies. Overview of the Phenomenon, <https://guide-humanitarian-law.org/content/article/3/private-military-companies/>. – Lindsey Cameron: Private Military Companies: Their Status under International Humanitarian Law and Its Impact on Their Regulation, in: International Review of the Red Cross, 863/2006, S. 573–611. – Simon Chesterman. Chia Lehnardt: From Mercenaries to Market: The Rise and Regulation of Private Military Companies. Oxford 2007.

von Untaten der Vorgängerfirma zu distanzieren. Staaten für das Verhalten von privaten Militärfirmen rechtlich zur Verantwortung zu ziehen, ist fast unmöglich.
Auf private Militärfirmen, so auch die russischen, sind grundsätzlich eine Reihe von Übereinkommen zum Söldnerwesen anwendbar, darunter das Internationale Übereinkommen gegen die Anwerbung, den Einsatz, die Finanzierung und die Ausbildung von Söldnern (ICRUFTM),[20] das Zusatzprotokoll (I) zu den Genfer Konventionen über den Schutz der Opfer internationaler bewaffneter Konflikte[21] und das Übereinkommen der Organisation für Afrikanische Einheit zur Beseitigung des Söldnerwesens in Afrika (OAU CEM).[22] Ein Versuch, die privaten Sicherheits- und Militärunternehmen einem Verhaltenskodex zu unterwerfen, ist das im September 2008 verabschiedete Montreux-Dokument, das bis 2021 von 58 Staaten – nicht aber von Russland, Israel und der Türkei – unterzeichnet wurde. Es ist völkerrechtlich unverbindlich.[23]
In Russland sind „bewaffnete Formationen" nach der Verfassung und dem Strafgesetzbuch illegal. In Art. 13/5 der Verfassung heißt es:

> Die Bildung und die Tätigkeit gesellschaftlicher Vereinigungen, deren Ziele oder Handlungen auf gewaltsame Änderung der Grundlagen der Verfassungsordnung und auf Verletzung der Integrität der Russländischen Föderation, auf Untergrabung der Sicherheit des Staates, auf Bildung von bewaffneten Formationen oder auf Entfachen sozialer, rassischer, nationaler und religiöser Zwietracht gerichtet sind, sind verboten.[24]

Und nach Artikel 208 des Strafgesetzbuches sind strafbar:

> 1) die Bildung einer bewaffneten Formation (Vereinigung, Abteilung, Druschina oder andere Gruppe), die nicht durch das Bundesgesetz vorgesehen ist, sowie die Führung einer solchen Formation oder deren Finanzierung, 2) die Teilnahme an einer bewaffneten Formation, die nicht durch Bundesgesetz vorgesehen ist, sowie die Teilnahme an einer bewaffneten Formation auf dem Territorium eines ausländischen Staates, die nicht durch die Gesetzgebung dieses Staates vorgesehen ist und die den Interessen der Russländischen Föderation zuwiderläuft.[25]

Seit 2017 bemühen sich private Militärfirmen in Russland, darunter Sicherheitsfirmen, um eine gesetzliche Regelung ihres Status. Sie sehen ihre Unternehmen als eingetragene privatwirtschaftliche Struktur, die mit Fachleuten besetzt ist, vom Staat kontrolliert wird und in dessen Interesse arbeitet.[26] Kommerzielle russische Sicherheitsfirmen haben das

---

20 <https://legal.un.org/avl/ha/icruftm/icruftm.html>.
21 <https://fedlex.data.admin.ch/filestore/fedlex.data.admin.ch/eli/cc/1982/1362_1362_1362/20140718/de/pdf-a/fedlex-data-admin-ch-eli-cc-1982-1362_1362_1362-20140718-de-pdf-a.pdf>.
22 <https://au.int/sites/default/files/treaties/37287-treaty-0009_-_oau_convention_for_the_elimination_of_mercenarism_in_africa_e.pdf>.
23 <www.eda.admin.ch/eda/en/fdfa/foreign-policy/international-law/international-humanitarian-law/private-military-security-companies/participating-states.html>.
24 <http://www.constitution.ru/de/part1.htm>.
25 <https://rulaws.ru/uk/Razdel-IX/Glava-24/Statya-208/>.
26 Michail Chodarenok: Častnye armii želajut uzakonitsja. Na kakich osnovanijach rabotajut rossijskie ČVK, 26.6.2017, <www.gazeta.ru/army/2017/06/26/10736969.shtml>.

Interesse, sich von Söldnern oder Terroristen abzugrenzen, vor allem aber möchten sie Rechtssicherheit für ihre Mitarbeiter und Unternehmungen erlangen. Seit März 2022 wird ein Gesetzentwurf in der Duma verhandelt, der den Einsatz von privaten Militär- und Sicherheitsfirmen im Ausland auf rechtlicher Grundlage ermöglichen soll.[27] Um ihren Forderungen Nachdruck zu verleihen, klagten bereits im Jahr 2018 357 aktive und ehemalige Angehörige von russischen privaten Militärfirmen vor dem Internationalen Strafgerichtshof in Den Haag und forderten die Anwendung von Artikel 7 (zwangsweises Verschwindenlassen von Personen) und Artikel 25 (individuelle strafrechtliche Verantwortlichkeit) des Rom-Statuts, und zwar gegen ihre eigenen Auftraggeber, die ihnen keinen Versicherungsschutz zukommen ließen.[28] Russland ist kein Unterzeichner des Rom-Statuts, insofern war die Klage eher ein Aufschrei der Kombattanten, die nicht länger Kanonenfutter in unerklärten Kriegen sein wollten, ohne Rechtsschutz und ohne Absicherung bei Verletzungen oder im Todesfall.

Russische Sicherheits- und Militärfirmen

Obschon die *Gruppe Wagner* medial am meisten Aufmerksamkeit erfährt, sind fast ein Dutzend weitere russische Anbieter auf dem Markt. Namentlich bekannt sind die *Gruppe Wagner*, die *RSB-Gruppe*, *MAR*, *Ščit* (Щит = „Schild"), die *Moran Security Group*, *Patriot*, *Redut-Antiterror* (Zentrum R) und *Antiterror-Orel*. Das Profil dieser Firmen lässt sich nur aus Indizien zusammenfügen. Manches bleibt im Dunkeln: etwa die jeweilige Finanzierung, das internationale Netzwerk von Scheinfirmen und die Kooperation mit ausländischen Auftraggebern.

Ab Frühjahr 2014 kämpften prorussische Freiwilligen-Bataillone im Donbass gegen ukrainische Kräfte. Dabei waren die Übergänge zwischen diesen Freiwilligen-Bataillonen und privaten Militärfirmen fließend. Das Personal wechselte von sogenannten Freiwilligenverbänden zu Militärfirmen. Die Motive und Organisationsmuster ähneln sich. Die folgende Übersicht erhebt keinen Anspruch auf Vollständigkeit.

Die RSB-Gruppe (Russkaja Služba Bezopasnosti, Russischer Sicherheitsdienst) bietet Prävention gegen „militärische-terroristische Operationen" an. Auf ihrer Webseite heißt es:

> Die Aktivitäten des Unternehmens werden streng nach der russländischen Gesetzgebung sowie nach der Gesetzgebung der Länder durchgeführt, in denen das Unternehmen die Interessen russischer Unternehmen schützt. Es ist wichtig, dass die RSB-Gruppe nicht an bewaffneten Konflikten teilnimmt, wir werden nicht von Kriegsgruppen angeheuert und bieten keine Beratung für Organisationen und Gruppen an, die Beziehungen zu terroristischen Organisationen haben. Die RSB-Gruppe beteiligt sich nicht an Regierungsumstürzen und Aktionen, die zur Verletzung von Menschenrechten, von internationalen Gesetzen und von Konventionen führen können.[29]

[27] B Gosdumu vnesen proekt o častnych voennych kompanijach. RG.ru, 31.3.2022.

[28] <https://novayagazeta.ru/news/2018/11/19/146904-rossiyskie-voennye-obratilis-v-mezhdunarodnyy-sud-s-trebovaniem-privlech-k-otvetstvennosti-organizatorov-chvk>.

[29] <https://rsb-group.org/about>.

Die RSB-Gruppe wirbt für ihre Dienstleistungen damit, einschlägige UN-Sicherheitsratsresolutionen und die UN Charta zu achten und sich an den internationalen „Code of Conduct for Private Security Companies" zu halten.[30] Die RSB-Gruppe versteht sich als Sicherheitsdienstleister, nicht als Vermittler von Söldnern. RSB ist spezialisiert auf maritime Sicherheit gegen somalische Piraten, auf Geisel-Befreiung und Spionage. Sie ist in Moskau und auf den Virgin Islands registriert. Nach Angaben ihres PR-freudigen Direktors Oleg Krinicyn, einem früheren Offizier der FSB-Grenztruppen, kann RSB bis zu tausend Mitarbeiter aufbringen – mal werden auch zweitausend genannt –, sie werden jeweils für spezielle Aufgaben angeheuert, d.h. sie sind nicht dauerhaft beschäftigt. Die Mitarbeiter sind angeblich ehemalige Armeeoffiziere mit Kampferfahrung.[31]
Jan Marsalek, flüchtiger Ex-Vorstand der Firma *Wirecard*, gegen die die Staatsanwaltschaft München wegen bandenmäßigen Betrugs ermittelt, machte nach Recherchen von „Report München" mit der RSB-Gruppe Geschäfte. Die RSB-Gruppe räumte 2016 in Libyen Minen auf dem Gelände einer Zementfabrik, die mehrere Investoren 2015 gekauft hatten, zu denen Marsalek gehört haben soll. *Wirecard* hat laut Unterlagen, die „Report München" einsah, an die RSB-Gruppe in Dubai Software für Prepaid-Kreditkarten geliefert – für 1,4 Millionen Euro.[32] Vermuten lässt sich, dass die RSB-Gruppe entweder nach einer Möglichkeit suchte, Finanzsanktionen zu umgehen oder selbst Finanztransaktionen vornimmt.
Marsalek hat sich vermutlich der Strafverfolgung in Deutschland entzogen und hält sich in Moskau auf.[33] Die Münchner Tageszeitung *Merkur* berichtete, dass der FSB dem Bundesnachrichtendienst (BND) ein Treffen und eine Befragung Marsaleks in Moskau angeboten hatte.

> Die BND-Zentrale in Berlin sei über das Angebot informiert worden. Darin baten die Moskauer BND-Beamten dem Bericht zufolge um Weisung, ob ein Treffen mit Marsalek stattfinden solle und wie der mutmaßliche Milliardenbetrüger vernommen werden solle.

Die BND-Zentrale reagierte nicht, das Bundeskanzleramt wurde jedoch über das russländische Gesprächsangebot informiert[34] – ein Interesse an Aufklärung durch den BND bestand im Kanzleramt nicht. Die Münchner Staatsanwaltschaft wandte sich wiederum auf der Suche nach Marsalek an die russländische Regierung und ersuchte vor Ostern 2022 um Inhaftnahme.[35]

---

30 <https://observatoire-securite-privee.org/en/content/international-code-conduct-private-security-service-providers-icoc>.

31 <https://rsb-group.org/about>.

32 Jan Marsalek und seine Russland-Verbindungen. Neue Recherchen zum Wirecard-Skandal, report München, 16.3.2021, <www.br.de/fernsehen/das-erste/sendungen/report-muenchen/wirecard-marsalek-verbindungen-russland-100~attachment.pdf>.

33 <www.bild.de/bild-plus/politik/ausland/politik-ausland/jan-marsalek-hier-wohnte-der-wirecard-betrueger-79809662,view=conversionToLogin.bild.html>.

34 Lisa Mayerhofer: Bericht: Gesuchter Wirecard-Manager Marsalek in Moskau untergetaucht – BND wusste Bescheid. Merkur, 12.4.2022.

35 Bild-Zeitung: Justiz bittet Russland um Rechtshilfe im Wirecard-Skandal. Beck-aktuell. Heute im Recht, 19.4.2022, <https://rsw.beck.de/aktuell/daily/meldung/detail/bild-zeitung-justiz-bittet-russland-um-rechtshilfe-im-wirecard-skandal>.

Die GmbH MAR war in St. Petersburg von 2014–2018 registriert. Gegründet wurde sie von Aleksej Marušenko, als Generaldirektor fungierte bei der Registrierung Denis Vladimirovič Šet'ko. Eine Seite von MAR auf Vkontakty, dem russischen Pendant zu Facebook, liefert nur dürre Informationen.[36] Die Firma spezialisierte sich auf Wachdienste, führte Detektivdienste für Privatkunden durch und „begleitete" „humanitäre Konvois" und evakuierte Menschen aus Kampfzonen im Donbass.[37] Nachdem MAR diese „Mission" im Donbass erfüllt hatte, wurde die GmbH aufgelöst.

Mehrere russische Militärfirmen sind in Syrien tätig. Eine davon ist *Ščit*, die 2018 gegründet wurde und ihren Sitz in Kubinka bei Moskau hat – ganz in der Nähe einer Einheit der Sondereinheit der Luftlandetruppen (Specnaz). Die *Novaja Gazeta* schrieb, dass höhere Generäle des Verteidigungsministeriums hinter Ščit stünden. Deren Namen sind allerdings nicht bekannt. Einige Kämpfer wechselten offenkundig von der Gruppe Wagner zu Ščit. Die Aufgabe von Ščit in Syrien bestand darin, Objekte der Firma *Strojgaztrans* zu bewachen, die einem Bekannten von Putin, Gennadij Timčenko, gehört und bereits seit Anfang der 2000er Jahre in Syrien tätig ist. *Strojgaztrans* ist beteiligt an der Phosphatlagerstätte Al Sharqiya bei Palmyra, an zwei Gasverarbeitungsanlagen und einer Gaspipeline. Die Männer von Ščit schützen etwa fünf Fabriken in Syrien, jeweils 25–30 Personen, die alle drei Monate rotieren, über schwere Handfeuerwaffen verfügen, aber nicht über Panzer oder Artillerie.[38] Ščit war offenkundig auch an Kampfhandlungen beteiligt, so wurde im Juli 2019 der Tod von drei Mitarbeitern von Ščit gemeldet.[39] Laut Igor' Strelkov, dem während der Annexion der Krim 2014 und des von Russland befeuerten Krieges im Donbass zu Berühmtheit gelangten Ex-Offizier des Militärgeheimdienstes GRU, ist auch die Firma *Redut* zum Schutz der Tochterfirmen von Gennadij Timčenko in Syrien im Einsatz. Die Firma *Patriot* agiert ebenfalls in Syrien, angeblich unter direkter Kontrolle des russländischen Verteidigungsministers Šojgu.[40]

Das Militärunternehmen *Antiterror-Orel* gehört zu den ältesten in Russland. Es wurde von Reservisten und Veteranen des GRU und der Marine sowie von Angehörigen der FSB-Abteilung *Vympel* gegründet.[41] Seit 1998 ist es im Objektschutz tätig und bietet militärische Ausbildung an. Orel führt auch Entminungsarbeiten durch.[42] Orel beschützte vor allem russische Firmen, die im Irak tätig waren. Von Orel spaltete sich die *Moran Security Group* ab. Die Moran-Gruppe unter Führung von Igor' Nikov und Sergej Emelin, beides frühere Kapitäne der russländischen Marine, wirbt auf ihrer Webseite

---

36 <https://vk.com/topic-125694898_39355147>.

37 Sergej Volčkov: Rebjata leteli tranzitom: Osnovatel' peterburgskoj ČVK „Mar", bojcov kotoroj jakoby zaderžali v Belorussii, rasskazal o clučivšemja. Moskovskij Komsomolec, 30.7.2020.

38 Častnaja armija „Ščit". V Rossii razoblačena ešče odna ČVK, naemniki kotorij gibnut v Sirii. TSN, 29.7.2019.

39 V Sirii ubity troe naemnikov iz rossijskoj ČVK „Ščit". Ona zanimaetsja ochranoj ob"ektov, prinadležaščich Gennadiju Timčenko. Meduza, 29.7.2019.

40 „Patriot" i „Redut": Pomimo „Vagnera" v Sirii dejstvujut ešče 2 ČVK iz Rossii. TRT na russkom, 1.6.2021.

41 *Vympel* ist ein Verein von FSB-Offizieren einer Spezialeinheit, angeführt von Eduard Bendersky, der die Vorbereitung und Durchführung des Mordes an Zelimchan Changošvili am 23.8.2019 im Berliner Tiergarten koordinierte. „V" for „Vympel": FSB's Secretive Department „V" Behind Assasination of Georgian Asylum Seeker in Germany. Bellingcat, 17.2.2020. – Siehe dazu auch die Fallstudie von Markus Wehner: Der Tiergartenmord. Eine Rekonstruktion. Russländischer Staatsterrorismus in Deutschland, in diesem Band, S. 79–90.

42 <www.infoorel.ru/company/choo-centr-antiterror.html>.

damit, dass sie seit 1999 Sicherheitsdienstleistungen erbringt. Allerdings endet die Liste der Referenzen im Jahre 2010.[43] Danach befreiten Mitarbeiter der Moran-Gruppe im Auftrag der Vereinigten Arabischen Emirate einen von Sudanesen gekaperten Tanker, organisierten die sichere Verschiffung von Erdöl per Tanker in der Straße von Hormuz, gewährleisteten gegen Piraten die Sicherheit für Handelsschiffe im indischen Ozean, schützten mehrfach im Auftrag eines russischen Unternehmens LKW-Konvois im Irak und bargen Diebesgut in der Umgebung von Mosul. Für einen russischen Auftraggeber organisierte Moran die Rückführung von Erdölausrüstung zu einem Ölfeld in der Nähe des irakischen Tikrit und sicherte die Erdölbohranlagen in der Region Kara-Tepe, wo Moran Plünderungen gestoppt habe. Überdies habe Moran im Auftrag eines russischen Unternehmers und des irakischen Ölministeriums im Irak die Sicherheit der Pipeline Basra-Karbala untersucht. In der Zentralafrikanischen Republik, in Nigeria und Kenia schulte Moran lokales Sicherheitspersonal für Begleitschutz von VIP. Im Irak habe Moran zudem ausstehende Schulden bei einem irakischen Ministerium für ein deutsches Unternehmen eingetrieben.

Die Gruppe Wagner

Die russische Söldnertruppe Wagner ist medial am bekanntesten, zugleich jedoch umgeben von Geheimhaltung und Desinformation.[44] Eine Untersuchung des *Center for Security and International Studies* identifizierte Wagner-Söldner in Syrien, im Sudan, im Südsudan, in Libyen, in der Zentralafrikanischen Republik, in Madagaskar und Mosambik, in Botswana, Burundi, Tschad, in der DR Kongo, in Kongo-Brazzaville, Guinea, Guinea-Bissau, Nigeria, Simbabwe und auf den Komoren-Inseln.[45] Der frühere Generalmajor des ukrainischen Geheimdienstes SBU, Igor' Gus'kov, der sich jahrelang mit der Wagner-Gruppe befasste und zusammen mit Kollegen nach sieben Jahren Recherche eine Datenbank zu gefallenen und aktiven Wagner-Söldnern veröffentlichte, hält die Wagner-Gruppe für eine vom russländischen Militärgeheimdienst GRU kontrollierte Einheit. Die GRU würde die Gruppe Wagner vollständig ausstatten, ausbilden und befehligen.[46]

Der Versuch, Licht in das Dunkel zu bringen, kann lebensgefährlich sein. 2018 erklärte Putin per Dekret Berichte über irreguläre Nachrichtendienstmitarbeiter zum Staatsgeheimnis. Über die Gruppe Wagner oder andere zu berichten, ist mithin strafbar.[47] Angst und Schrecken zu verbreiten, gehört zum Portfolio der Wagner-Söldner. Maksim Borodin, ein damals 32-jähriger Journalist, der zu den ersten gehörte, die den Wagner-Söldnern in Syrien nachspürten, fand am 12. April 2018 den Tod, als er von seinem Balkon im fünften Stock in Ekaterinburg stürzte. Bereits am Tag zuvor hatten maskierte

---

43 <http://moran-group.org/en/about/index>.

44 Kimberly Marten: Russia's Use of Semi-state Security Forces: The Case of the Wagner Group, in: Post-Soviet Affairs, 3/2019, S. 181–204.

45 Častnye voennye podrjadčiki ukrepljajut rossijskoe vlijanie v Afrike. Golos Ameriki, 8.2.2022.

46 Net nikakoj častnoj voennoj kompanii Vagnera, ona polnost'ju podčinjaetsja voennoj razvedke RF – general-major zapasa SBU. Novosti.ua, 30.7.2020.

47 Aleksej Nikol'skij, Svetlana Bočarova: Prezident zasekretil svedenija o nekadrovych rzvedčikach. Teper' gostajnoj možet stat' i informacija o bojcach ČVK Vagnera, sčitajut eksperty. Vedomosti, 4.9.2018.

Männer versucht, über den Balkon in seine Wohnung zu stürmen. Borodin wollte aufdecken, wie angeblich mehr als 100 Wagner-Kämpfer am 7. April 2018 in Syrien durch einen amerikanischen Luftangriff ums Leben gekommen waren. Kriminalistische Untersuchungen zum Tod von Borodin fanden nicht statt, es gab angeblich keine Anzeichen für ein Verbrechen.[48]

Denis Korotkov, ein Journalist und früherer Polizist aus St. Petersburg, der seit 2013 für die St. Petersburger Zeitschrift *Fontanka* über russische private Militärfirmen, insbesondere Söldner in Syrien, berichtete, erhielt Drohungen über soziale Medien. Er sah sich gezwungen, zeitweilig unterzutauchen.[49] Am 30. Juli 2018 wurden die drei russischen Journalisten Kirill Radčenko, Aleksandr Rastorguev und Orchan Džemal, die im Auftrag von Michail Chodorkovskij über die Gruppe Wagner recherchierten, in der Zentralafrikanischen Republik umgebracht. Mehrere Russen, die mit Evgenij Prigožin, dem Eigentümer der Gruppe Wagner in Verbindung standen, hatten die drei Journalisten in der Zentralafrikanischen Republik offenkundig in einen Hinterhalt gelockt. Unter den Verdächtigen, die Michail Chodorkovskijs „Dossier Center" in seiner Untersuchung anschließend identifizieren konnte, fand sich Michail Burčik. Im Report von Robert Mueller für den US-Generalstaatsanwalt zur russländischen Einflussnahme auf den amerikanischen Präsidentschaftswahlkampf von 2016, wurde Burčik gemeinsam mit Prigožin der Einmischung bezichtigt. Er hatte für die „Internet Research Agency", eine Trollfabrik in St. Petersburg, die zu Prigožins Firmen-Imperium gehört, gearbeitet.[50]

Einen illustrativen Insider-Bericht über die Gruppe Wagner liefern die im Jahr 2022 unter dem Namen „Marat Gabidullin" zunächst auf Französisch publizierten Erinnerungen eines Wagner-Söldners, der vor allem über die Kämpfe in Syrien berichtet. Die selektiven, oft vagen, durch zahlreiche Auslassungen gekennzeichneten Reminiszenzen bieten Einblicke in Kommandostrukturen, den Korpsgeist, die Ausrüstung und die Beziehungen zur syrischen und zur russländischen Armee.[51] Der Wagner-Aussteiger, ein mehrfach ausgezeichneter Kommandeur einer Aufklärungseinheit, schweigt sich allerdings über Art und Umfang seiner Kampferfahrung im Donbass (2014/15) weitgehend aus.

Die Anfänge der Gruppe Wagner gehen auf das Jahr 2013 zurück, als zwei Mitarbeiter der *Moran-Security Group* (MSG), Vadim Gusev und Evgenij Sidorov, in Honkong die private Militärfirma *Slavjanskij Korpus* (Slavonic Corps Limited) registrierten.[52] Etwa 250 Mitarbeiter des Slavjanskij Korpus, die zuvor unter ehemaligen Angehörigen der Armee angeworben worden waren, begaben sich ab 2013 nach Syrien, wo sie für mehrere tausend Dollar Sold im Monat Ölpipelines, Stromversorgungseinrichtungen und Förderstätten bewachten. Das Slavjanskij Korpus quartierte sich auf dem Militärstützpunkt in Latakia ein, der damals von einem syrischen Feldkommandeur kontrolliert wurde, der gegen Präsident Baschar al-Assad kämpfte. Angeblich kamen 90 Prozent der

---

[48] Pisat' o „ČVK Vagner" v Rossii opasno? InoPressa, 17.4.2018.

[49] Istorija pro „gruppu Vagnera" do sich por kažetsja mne polnym bredom. Interv'ju žurnalista „Fontanki" Denisa Korotkova. Meduza, 29.4.2017. – Neil Hauer: Russia's Favorite Mercenaries. The Atlantic, 27.8.2018.

[50] Naši ljudi v Vašingtone. Novaja Gazeta, 19.2.2018. – The Mueller Report, introduced and analysed by Rosalind S. Helderman, Matt Zapotosky, Peter Finn. New York 2019.

[51] Marat Gabidullin: Wagner – Putins geheime Armee: Ein Insiderbericht. Russlands brutale Schattenarmee und seine Söldner. Berlin 2022.

[52] Andrej Gekiev: Častnaja armija Putina: načalo. Myc.news, 19.12.2021.

Söldner des Slavjanskij Korpus bei den Kämpfen gegen die Regierungstruppen in Syrien im Jahre 2013 ums Leben.[53] Die beiden Anführer des Slavjanskij Korpus, Gusev und Sidorov, wurden nach ihrer Rückkehr nach Moskau im Oktober 2013 vom FSB festgenommen, vernommen und ein Jahr später zu drei Jahren Haft als illegale Söldner verurteilt. Für Geld hatten sie auf der „falschen" Seite in Syrien gekämpft.[54]

Die Gruppe Wagner wurde im Frühjahr 2014 vom ehemaligen Oberstleutnant Dmitrij Utkin gegründet. Utkin hatte bereits für die erwähnte Moran Security Group gearbeitet, er war zuvor Angehöriger der 2. Spezialaufklärungsbrigade des Militärgeheimdienstes GRU und einer der Kommandeure des Slavjanskij Korpus in Syrien. Die Gruppe Wagner setzte sich aus früheren Mitarbeitern des Slavjanskij Korpus, des Militärgeheimdienstes GRU, der Luftlandetruppen, verschiedener Specnaz-Einheiten sowie des Verteidigungsministeriums zusammen. Die Truppe wurde anfänglich zusammengestellt, um die Separatisten im Donbass militärisch zu unterstützen. Beteiligt waren auch Kombattanten, die bereits in Tschetschenien oder in Georgien gekämpft hatten, zudem einige ausländische Söldner, z.B. aus Serbien. Sie wurden im grenznahen Rostov-na Donu auf einer Militärbasis für den Kampf in der Ukraine ausgebildet.

Angeblich bestand Utkin im Ukrainekrieg 2014/15 darauf, dass seine Truppe Helme trägt, die denen der Wehrmacht im Zweiten Weltkrieg nachgebildet sind. Als Tätowierungen trägt Utkin die Siegrunen der Waffen-SS und einen Reichsadler mit Hakenkreuz auf der Brust.[55] Der Name „Wagner" bezieht sich auf den Komponisten Richard Wagner, den Utkin verehrt. Utkin wurde am 9.12.2016 im Kreml mit dem Tapferkeitsorden ausgezeichnet, ein Foto zeigt ihn mit Präsident Putin.[56] 2017 wurde Utkin Generaldirektor des Gastronomieunternehmens *Konkord*, das dem Oligarchen Evgenij Prigožin gehört. Laut „fontanka.ru" besteht seit 2016 eine geschäftliche Verbindung zwischen Prigožin und Utkin.

Evgenij Prigožins Karriere begann als Krimineller in St. Petersburg, er saß für einen Raubüberfall eine neunjährige Haftstrafe ab, gründete nach der Entlassung aus dem Gefängnis eine Restaurantkette und stieg später mit seiner Cateringfirma *Konkord* zum Lieferanten des Kreml auf, weswegen er auch „Putins Koch" genannt wird. Zu Prigožins Unternehmen gehört die Firma *Megalajne*, die Militärbasen in den Gebieten Belgorod und Omsk errichtet. Eine weitere mit *Konkord* verbundene Firma erhielt den Auftrag, Unterkünfte in verschiedenen Garnisonen der Gebiete Moskau, Brjansk und Tver' zu errichten. Prigožins Unternehmen erhielten wiederholt Großaufträge vom Verteidigungsministerium für das Catering, die Gebäudereinigung und Bauvorhaben der Armee. Im Oktober 2019 wurde die Mediaholding *Patriot* gegründet, in welche die seit 2017 existierende *Fabrika Media* einging, hinter der nach Recherchen der Tageszeitung RBK wiederum Prigožin stand.[57] In Syrien engagierte Prigožin sich mit seiner Öl-Firma *Evro-Polis*, um im Auftrag des syrischen Energieministeriums besetzte Öl- und Gasfelder zurückzuerobern.[58] 25 Prozent der Gewinne aus den Öl- und Gasfeldern sollten nach der

---

53 Sergej Chazov-Kassia: Projekt „Mjasorubka". Rasskazyvajut tri komandira „CVK Vagnera". Radio Svoboda, 7.3.2018.

54 „Slavjanskij korpus" verboval boevikov dlja islamistov. Kommersant", 15.1.2015.

55 <www.duhoctrungquoc.vn/wiki/de/Dmitri_Walerjewitsch_Utkin>.

56 Vagneru sozdali dvojnika. Daily Storm, 19.12.2018.

57 Andrej Zacharov, Polina Rusjaeva: Rassledovanie RBK: Kak iz „fabriki trollej" vyrosla „fabrika media". RBK, 24.3.2017,

58 Evgeny Berg: People think it does not affect them, but it affects everyone. Meduza, 30.8.2017.

Befreiung von der Kontrolle durch den Islamischen Staat an *EvroPolis* fallen, mit der Eroberung wurde die Gruppe Wagner beauftragt.
Zum Geschäftsimperium von Prigožin gehört auch die Troll-Fabrik *Internet Research Agency* (IRA) in St. Petersburg, die 2013 registriert wurde, ihre Tätigkeit vermutlich aber schon früher aufgenommen hatte. Ihr Generaldirektor ist Michail Bystrov, ein ehemaliger Polizeioberst und Abteilungsleiter in der Polizei- und Ordnungsbehörde des Stadtbezirks Moskau von St. Petersburg. Erkenntnisse über die Troll-Fabrik trugen die Zeitungen *Moj Rajon*, die *Novaja Gazeta* und Hacker von „Anonymous International" sowie der Mueller-Report zusammen. Später sperrte Facebook Konten, die mit der Troll-Fabrik in Verbindung standen.[59] Demnach arbeiteten 2015 etwa 400 Mitarbeiter für die Troll-Fabrik IRA; sie verbreiteten über soziale Medien Falschnachrichten, insbesondere im Jahre 2016, um den US-Wahlkampf zugunsten von Donald Trump zu beeinflussen. Facebook schloss einige Netzwerke aufgrund von Verbindungen zu Prigožin, der im Mueller-Report der Wahlbeeinflussung in den USA bezichtigt wurde und der mitsamt seinen Unternehmen auf mehreren Sanktionslisten steht.
Aufgrund der Beteiligung von Wagner an Gewaltkonflikten wurden bekannte Wagner-Mitarbeiter wiederholt von der US-Regierung mit Sanktionen belegt. Im Jahr 2016 verhängte das US-Finanzministerium so Sanktionen gegen Prigožin wegen seiner „umfangreichen Geschäftsbeziehungen mit dem russischen Verteidigungsministerium" und wegen des Baus von Stützpunkten zur Unterstützung russländischer Militäroperationen in der Ukraine. Zuletzt aktualisierte das US-Finanzministerium im Juli 2020 die Sanktionen aufgrund der Wagner-Aktivitäten im Sudan.
Die EU verhängte Sanktionen gegen Prigožin aufgrund der Finanzierung der Gruppe Wagner in Libyen – in Umgehung des UN-Waffenembargos. Prigožin wiederum klagte vergeblich vor einem EU-Gericht, er behauptete, er habe „keine Kenntnis von einer als Wagner-Gruppe bekannten Organisation". Fotos bewiesen jedoch persönliche Treffen zwischen Prigožin und dem libyschen Warlord Khalifa Haftar.[60] Am 15.8.2022 kam der Stab der Wagner-Kämpfer im ukrainischen Popasna unter ukrainischen Artilleriebeschuss, ein Foto zeigte kurz darauf Prigožin – unverletzt – vor dem zerstörten Wagner-Stabsgebäude.[61] Die gesamte Wagner-Gruppe soll in den letzten Jahren in den Besitz von Prigožin übergegangen sein. Ende September 2022 bekannte Prigožin dann endlich öffentlich, hinter der Gruppe Wagner zu stecken. Mitte September 2022 war zudem ein Video in Telegram-Kanälen aufgetaucht, das Prigožin bei der Anwerbung von Strafgefangenen für die Kämpfe in der Ukraine zeigt.[62]
Anfang 2016 hatte die Gruppe Wagner ca. 1000 Mitarbeiter, im August 2017 wuchs die Zahl auf angeblich 5000 und im Dezember 2017 auf ca. 6000 an. Insgesamt haben etwa 10 000 Mann bereits für die Gruppe Wagner gekämpft. Gegenwärtig verfügt Wagner schätzungsweise über 5000 Kombattanten. Exakte Zahlen können kaum angegeben werden, da die Söldner Zeitverträge abschließen und nach Einsätzen eine Rotation erfolgt.[63] Der ukrainische Geheimdienst identifizierte bis Dezember 2021 4184 Wagner-Söldner

[59] The Mueller Report [Fn. 51].
[60] EU court rejects alleged Wagner Group financer's appeal against Libya sanctions. Radio France International, 1.6.2022
[61] < https://www.pravda.com.ua/eng/news/2022/08/14/7363237/>.
[62] Friedrich Schmidt: Prigoschin bekennt sich zur „Gruppe Wagner". FAZ, 26.9.2022.
[63] Glava apparata SBU Igor' Gus'kov: kto nam „slivaet" informaciju o boevikach „Vagnera"? Ja ne mogu raskryvat' naši istočniki v FSB. Ukrajins'ki Novini, 8.10.2018.

namentlich, sie stammten aus 15 verschiedenen Ländern: 2708 aus Russland, 222 aus der Ukraine, 17 aus Belarus, elf aus Kasachstan, neun aus Moldova, acht aus Serbien, vier aus Armenien, vier aus Usbekistan, drei aus Bosnien-Herzegowina, zwei aus Kirgistan, zwei aus Tadschikistan, zwei aus Syrien, zwei aus Turkmenistan und einer aus Georgien. Die Nationalität der übrigen Söldner konnte nicht eindeutig identifiziert werden.[64] Angehörige der Gruppe Wagner nehmen an Kampfhandlungen teil, sie werden dafür als „Dienstleister" bezahlt. Zur Gruppe Wagner gehören auch Strafgefangene, meist Schwerverbrecher, die seit Sommer 2022 für den Ukrainekrieg gegen das Versprechen von Strafbefreiung direkt in Straflagern rekrutiert werden. Das Oberhaupt der russisch-orthodoxen Kirche, Metropolit Kiril, erteilte den Kämpfern gegen die Ukraine Ende September 20222 schon vorab die Absolution, sie würden von allen vorherigen Sünden reingewaschen.[65]

Wagner bildet seine Mitglieder in einer Einrichtung des russländischen Verteidigungsministeriums auf dem Übungsgelände Mol'kino im Gebiet Krasnodar aus. Es gilt eine hohe Geheimhaltung. Die Mitarbeiter dürfen keine Fotos, Texte, Audio- und Videoaufnahmen oder andere Informationen, die sie während ihrer Ausbildung erhalten, im Internet veröffentlichen, auch dürfen sie niemandem ihren Aufenthaltsort mitteilen. Mobiltelefone, Tablets und andere Kommunikationsmittel werden in der Firma zurückgelassen und zu einem bestimmten Zeitpunkt mit Genehmigung des Kommandanten ausgegeben. Pässe und andere Dokumente werden abgegeben, stattdessen erhalten die Söldner eine Marke mit einer persönlichen Identitätsnummer. Offiziere des russländischen Militärs fungieren als Ausbilder für die Rekruten. Der ukrainische Geheimdienst SBU behauptete, dass Wagner-Mitarbeiter im Jahr 2018 von Russlands Militärgeheimdienst GRU massenhaft internationale Pässe ausgestellt bekommen hätten, was das investigative Recherchenetzwerk *Bellingcat* zum Teil bestätigen konnte.[66]

Das Gehalt von Wagner-Kombattanten reicht von 80 000 bis 250 000 Rubel, mitunter gar 300 000 Rubel. Der Ex-Söldner Gabidullin bestätigt:

> Während der Ausbildung belief sich der Sold auf 80 000 Rubel, was umgerechnet etwa 1000 Euro entsprach. Das war zwar weniger als das, was für Missionen bezahlt wurde (120 000 Rubel), und etwas mehr als die Hälfte dessen, was die Teilnehmer an Kampfeinsätzen erhielten (150 000 Rubel).[67]

Auch wenn unklar ist, auf welches Jahr sich diese Angaben beziehen, ist offensichtlich, dass erst die Teilnahme an Kampfhandlungen den Söldnerdienst attraktiv machte. Zwar ist der durchschnittliche Monatssold der Wagner-Kämpfer im Jahr 2021 angeblich von 240 000 Rubel (entsprach im Jahr 2019 ca. 2600 €) auf 160 000 Rubel gesunken, doch liegt diese Summe immer noch weit über den Durchschnittslöhnen in Russland. Für

---

64 Michael Weiss, Holger Roonemaa, Mattias Carlsson, Liliana Botnariuc, Pierre Vaux: The Fallen Mercenaries in Russia's Dark Army, in: News Lines Magazine, 19.12.2021.

65 Friedrich Schmidt: Russlands Streitkräfte: Zu wenige wollen für Putin kämpfen. FAZ, 5.9.2022. Patriarch of Moscow: Any Russian Soldier Who Dies in the War in Ukraine is Forgiven for his Sins, Orthodox Times 26.09.2022, https://orthodoxtimes.com/patriarch-of-moscow-any-russian-soldier-who-dies-in-the-war-in-ukraine-is-forgiven-for-his-sins/.

66 Wagner Mercenaries with GRU-issued Passports: Validating SBU's Allegation, 30.1.2019, <www.bellingcat.com/news/uk-and-europe/2019/01/30/wagner-mercenaries-with-gru-issued-passports-validating-sbus-allegation/>.

67 Gabidullin, Wagner [Fn. 52], S. 46.

Kampfeinsätze werden Prämien gezahlt, die das reguläre Salär verdoppeln; wird ein Wagner-Kombattant verwundet, erhält er eine Kompensation von 30 000 bis 180 000 Rubel, wird er im Einsatz getötet, erhalten seine Hinterbliebenen drei Millionen Rubel.[68] In einem Interview im Dezember 2018 sagte Präsident Putin zur Gruppe Wagner, dass sich „alle innerhalb des rechtlichen Rahmens bewegen sollten“ und die Generalstaatsanwaltschaft „eine rechtliche Bewertung vornehmen sollte“, wenn die Gruppe Wagner gegen das Gesetz verstoße. Wenn sie jedoch nicht gegen russländisches Recht verstoße, so Putin, hätten sie das Recht, im Ausland zu arbeiten und ihre Geschäftsinteressen zu verfolgen.[69] Damit wurde zumindest die Existenz und Legitimität der Gruppe nicht mehr bestritten.

In der Gruppe Wagner gibt es keine Dienstgrade, sondern Funktionen wie Divisionskommandeur, Kompaniechef oder Zugführer.[70] Hierarchien richten sich nach den Aufgaben, nicht den Epauletten, den Dienstjahren oder der Anzahl der Orden. Der Ex-Söldner Gabidullin schreibt:

> In der Armee wird jedes Problem durch einen Befehl gelöst, egal, was der gesunde Menschenverstand fordert. In einer Söldnerarmee muss man seine Vorstellungskraft und Kreativität viel stärker einsetzen.[71]

Die „Meritokratie“ in der Wagner-Gruppe hat allerdings auch Kehrseiten, nämlich übersteigertes Selbstvertrauen, Arroganz, mangelnde Selbstkontrolle und einen stark auf persönlicher Autorität basierenden inneren Zusammenhalt.

Wagner in der Ukraine

Wagner-Kombattanten stellten einen Teil der „kleinen grünen Männchen“, welche die Annexion der Krim im Jahr 2014 durchführten und danach im Donbass auf Seiten der Separatisten kämpften, zunächst mit zwei Einheiten, genannt Luna und Steppe, die jeweils ca. 250 Mann stark waren. Eine der Einheiten stellten die Männer um Dmitrij Utkin. Nach der Annexion der Krim schlossen sich rund 300 Wagner-Leute den vom GRU-Oberst Igor’ Girkin (Strelkov) angeführten Separatisten im Donbass an. Die Gruppe Wagner trug ab Mai 2014 dazu bei, die ukrainischen Sicherheitskräfte zu überwinden, Lokalverwaltungen einzunehmen, Munitionslager zu erobern, Städte zu kontrollieren und „Aufklärung“ zu betreiben. Laut dem ukrainischen Geheimdienst SBU war die Gruppe Wagner am Abschuss eines ukrainischen Militärflugzeugs Anfang Juni 2014 (einer IL-76 mit 49 Insassen), an der Erstürmung des Flughafens von Luhans’k und am Sturm auf Debal’ceve beteiligt. Die Gruppe Wagner schoss im Donbass mit schwerer Artillerie und führte Aufklärungs- und Sabotagemissionen über die Waffenstillstandslinie hinweg durch. Der SBU konnte 1570 Namen und Identitäten von Wagner-Kämpfern in der Ukraine ermitteln, einschließlich derer, die in der Ukraine ums Leben kamen.[72] Die Wagner-Gruppe fungierte später als persönliche Garde des Exekutivchefs

---

68 Sergej Chazov-Kassia: Proekt „Mjasorubka“. Radio Svoboda, 7.3.2018.

69 Putin: „ČVK Vagnera“ ne narušaet rossijskogo zakonodatel’stva. Novaja Gazeta, 20.12.2018.

70 Gabidullin, Wagner, S. 46 [Fn. 52], S. 15 und S. 46.

71 Ebd., S. 122.

72 SBU opublikovala ličnye dannye ČVK Vagnera. Liga Novosti, 7.10.2017. Die Zahl von 4184 oben erwähnten Wagner-Kombattanten bezieht sich auf die gesamte Wagner-Gruppe, nicht nur auf jene, die als Kämpfer in der Ukraine identifiziert wurden.

der „Lugansker Volksrepublik“ (LNR), Igor’ Plotnickij (bis 27.11.2017 in dieser Funktion), während die „Volksrepublik Doneck“ unter der Kontrolle des FSB stand.
Wagner-Männer trugen später in der „Lugansker Volksrepublik“ dazu bei, das „Gewaltmonopol“ gegen eigenwillige prorussländische Bataillone durchzusetzen.[73] Die Präsenz der Wagner-Söldner bedeutete, dass die oft alkoholisierten und plündernden Separatisten diszipliniert wurden. Den gewaltsamen Tod von Aleksandr Bednov am 1. Januar 2015, Kommandeur des prorussländschen Bataillons „Batman“, schreiben einige Separatistenführer der Wagner-Gruppe zu. Die Wagner-Leute hätten die Morde an Bednov und dessen Mitstreitern im Auftrag von Igor’ Plotnickij verübt.[74]
Im März 2022 zog die Wagner-Gruppe nach Angaben des Militär- und Strategieexperten Oberst Adel Abdel Kafi rund 1300 ihrer Söldner aus Libyen ab; sie sollten in Russlands Krieg gegen die Ukraine zum Einsatz kommen. Wenig später berichtete die *New York Times*, dass etwa tausend russische Söldner mit Kampferfahrung in Syrien und Libyen am Krieg gegen die Ukraine teilnähmen.[75] Die britische Tageszeitung *The Times* berichtete, dass schon im Januar 2022 zwischen 2000 und 4000 Wagner-Kämpfer über Belarus in die Ukraine eingedrungen seien, von denen rund 400 nach Kiew geschickt wurden, um 23 hochrangige ukrainische Politiker, darunter Präsident Zelens’kij, zu töten.[76] Der *Spiegel* meldete schließlich, dass an dem Massaker in Buča neben den Truppen des tschetschenischen Präsidenten Kadyrov auch die Gruppe Wagner maßgeblich beteiligt war.[77] Der BND, der Abgeordnete des Bundestages informierte, ging hingegen davon aus, dass eine andere russische Militärfirma als Wagner an den Massakern in Buča beteiligt war, was allerdings Erkenntnissen des britischen Verteidigungsministeriums widerspricht.[78] Seit Anfang August 2022 rekrutiert und bildet die Gruppe Wagner auch in Belarus Söldner für den Einsatz in der Ukraine aus, und zwar Angehörige der belarussischen Sicherheitsfirma *Gard Servis*.[79]
Die Gruppe Wagner praktiziert in der Ukraine, was sie in Syrien und Afrika gelernt hat: skrupelloses, unterschiedsloses Morden. Allerdings ist der Modus operandi nur in einem Umfeld erfolgreich, in dem die Gruppe Wagner auf örtliche Kollaborateure zurückgreifen kann, staatliche Strukturen zusammengebrochen sind und Feldschlachten in offenem Gelände überwiegen. In Städten und gegen Partisanen erweist sich die Gruppe Wagner hingegen als sehr verletzbar. In Anspielung auf den Namen Wagner trainiert seit 2022 eine Truppe aus ehemaligen US-Spezialkräften unter dem Namen *Mozart Group* ukrainische Rekruten.[80]

---

[73] ČVK Vagnera razoružaet brigadu „Odessa“, 10.1.2015, <https://web.archive.org/web/20160915101646/http://voenkor.info/content/5570>.
[74] Opolčency obvinili Plotnickogo v organizacii ubijstva Bėtmena. Lenta.ru, 2.1.2015.
[75] More Russian Mercenaries Deploying to Ukraine to Take on Greater Role in War. New York Times, 25.3.2022.
[76] Volodymyr Zelensky: Russian Mercenaries Ordered to Kill Ukraine’s President. The Times, 28.2.2022.
[77] Melanie Amann, Matthias Gebauer, Fidelius Schmid: Horror von Butscha: Soldaten besprachen Gräueltaten gegen Zivilisten über Funk. Der Spiegel, 7.4.2022.
[78] BND hat Erkenntnis über russische Verantwortung. Tagesschau, 7.4.2022.
[79] Sotrudnikov belorusskogo ČOPa gotovjat k diversijam na territorii Ukrainy. Udf.by, 3.9.2022.
[80] Jeffrey Gettleman: An American in Ukraine Finds the War He’s Been Searching For. New York Times, 9.10.2022.

„Orchester ‚W' – Für Heimat, Ehre, Freiheit!" Ekaterinburg im November 2022

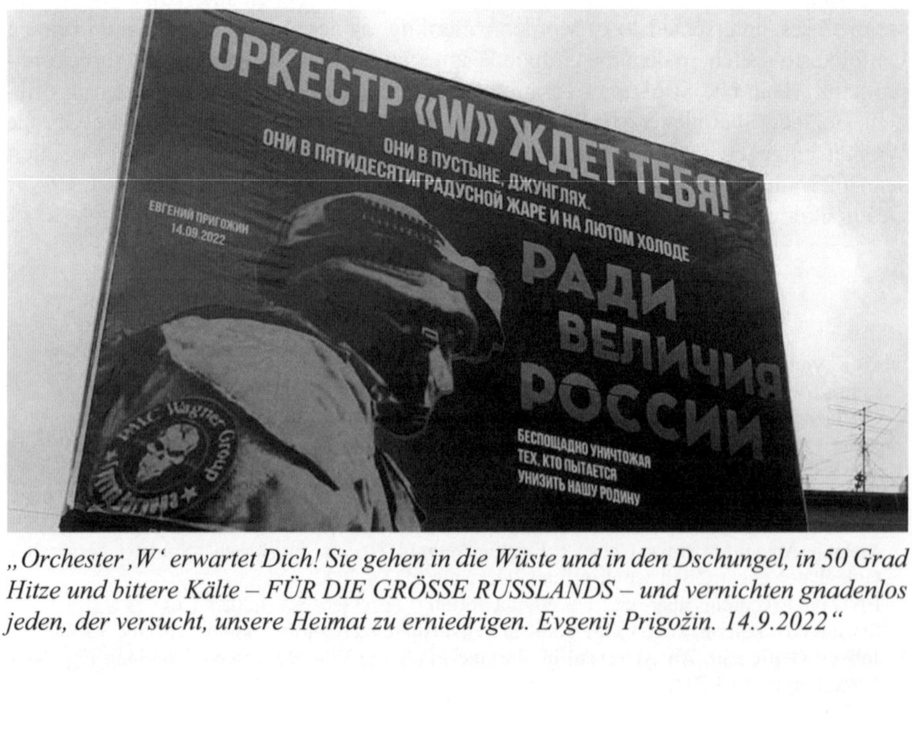

„Orchester ‚W' erwartet Dich! Sie gehen in die Wüste und in den Dschungel, in 50 Grad Hitze und bittere Kälte – FÜR DIE GRÖSSE RUSSLANDS – und vernichten gnadenlos jeden, der versucht, unsere Heimat zu erniedrigen. Evgenij Prigožin. 14.9.2022"

Wagner in Syrien

Nachdem Wagner sich im Donbass „bewährt“ hatte, schloss sich die Gruppe der Militärintervention Russlands in Syrien ab September 2015 an. Die Wagner-Gruppe agierte mit über 1000 Kämpfern in Syrien, sie spielte eine maßgebliche Rolle bei der Einnahme von Palmyra und Deir ez-Zor. Wagner operiert nach wie vor in Syrien als Teil des russländischen Militärs, sie werden in Militärflugzeugen nach Syrien gebracht, in Militärkrankenhäusern in Russland behandelt, kämpfen mit regulären russländischen Truppen und werden mit offiziellen Medaillen der Armee ausgezeichnet. In Syrien trug die Gruppe zum Objektschutz bei, bildete örtliche Militärs aus, spionierte und führte Kampfeinsätze gegen Stellungen des Islamischen Staates durch.[81]

Ausgerüstet und bewaffnet durch das russländische Verteidigungsministerium und aus der Luft von russländischen Kampffliegern unterstützt, erledigten die Wagner-Söldner die „Drecksarbeit“ gegen den IS am Boden. Die Wagner-Söldner unterstanden in Syrien nicht direkt Russlands Verteidigungsministerium, sondern erhielten ihre Aufträge von der syrischen Armee, die von dem Ex-Söldner Gabidullin durchweg als unfähig, unwillig, unzuverlässig, korrupt, angeberisch und als permanentes Sicherheitsrisiko dargestellt wird. Regelmäßig sei die syrische Armee erst aufgetaucht, nachdem Wagner-Söldner sich in Gefahr gebracht und IS-Kämpfer bekämpft hätten, um sich dann selbst als Sieger ablichten zu lassen. Den IS beschreibt er demgegenüber als fanatisch und rücksichtslos, aber auch als hochmotiviert und ebenbürtigen Gegner.[82]

Die Gruppe Wagner bildete selbst zwei syrische Militärfirmen aus, mit deren Kämpfern sie dann gemeinsam operierte. Wagner-Leute und der russländische Militärgeheimdienst GRU, der sich angeblich selbst nicht an Kampfhandlungen beteiligte, trainierten syrische Kämpfer parallel. Die Wagner-Gruppe unterhielt in Syrien zudem eine Tochterfirma mit einheimischen Kämpfern, die von den Russen angeführt, bezahlt und befehligt wurden. Die syrische Sicherheitsfirma, die als Unterauftragnehmer für Wagner fungiert, entsandte auch etwa 300 syrische Kämpfer nach Libyen. Syrische Wagner-Söldner, die in Libyen operierten, sollen in der zweiten Märzhälfte 2022 zudem nach Russland geflogen worden sein, um am Krieg gegen die Ukraine teilzunehmen.[83] Der *Guardian* behauptete, 20 000 syrische Wagner-Kämpfer seien für Kämpfe in den Donbass geschickt worden, Belege dafür gibt es nicht.[84]

Im Jahre 2017 wurde ein Deserteur der syrischen Armee, Muhammad Taha Elismail Alabdullah (Bouta genannt), vor laufender Kamera in der Nähe der syrischen Stadt Homs gefoltert und grausam mit einem Vorschlaghammer ermordet. An dem Mord waren vier Wagner-Männer beteiligt. Das *Syrian Center for Media and Freedom of Expression*, die *International Federation for Human Rights* und das *Menschenrechtszentrum Moskau* reichten Klage gegen Russlands Ermittlungskomitee wegen Untätigkeit

---

[81] Gekiev, Častnaja armija Putina [Fn. 52].

[82] Gabidullin, Wagner [Fn. 52], S. 28.

[83] Ukraine: Wagner Group Begins Relocating Syrian Fighters from Libya to Russia. Stj-sy.org, 21.3.2022.

[84] Danny Makki: Why haven’t Syrian Fighters Joined Russia’s War Efforts yet? The New Arab, 27.4.2022.

vor dem Basmannyj Bezirksgericht in Moskau ein.[85] Der Fall wurde dort zurückgewiesen. Im Juni 2022 wurde dann eine Klage beim Europäischen Gerichtshof für Menschenrechte eingereicht. Russland ist seit dem 16.3.2022 nicht mehr Mitglied des Europarates, unterliegt aber nach wie vor der Europäischen Menschenrechtskonvention, die es unterzeichnet hat.[86]

Die *New York Times* berichtete, dass von US-Kommandos in Syrien, unterstützt von der US-Luftwaffe, bei einem Zusammenstoß Anfang Februar 2018 etwa 200 bis 300 Pro-Assad-Kämpfer in der ölreichen Provinz Deir al-Zur getötet wurden, die untereinander auf Russisch kommunizierten. Ob die getöteten Russen nur von der Gruppe Wagner stammten, konnte nicht zweifelsfrei geklärt werden. Russische Offizielle bestätigten später den Tod von vier Russen.[87] Der ukrainische SBU identifizierte indes 206 Wagner-Söldner, die an den Kämpfen in Deir al-Zur teilgenommen hatten, 80 Kämpfer seien gefallen und ungefähr hundert verletzt worden.[88] Obschon Kommunikationskanäle zwischen amerikanischen und russländischen Militärs in Syrien existierten, um direkte Zusammenstöße zu vermeiden, waren die Wagner-Kämpfer offensichtlich nicht gewarnt worden – möglicherweise war dies auf mangelnde Koordination zwischen den regulären russländischen Truppen und den Wagner-Söldnern zurückzuführen.

Trotz enger Koordination und der Abhängigkeit von militärischen Ressourcen belastet die Eigenständigkeit von Wagner das Verhältnis zum regulären Militär. Die Offiziere der russländischen Streitkräfte nahmen angeblich wenig Rücksicht auf die Sicherheit und Logistik der Wagner-Söldner. Das Verhältnis zwischen den Streitkräften und der Wagner-Gruppe war auch deshalb wiederholt angespannt, weil sich die regulären Militärs gern mit Erfolgen brüsteten, die auf die Söldner zurückzuführen waren, die aber offiziell unsichtbar bleiben mussten.

Wagner in Libyen

Ab 2020 unterstützten Wagner-Kämpfer die Truppen von General Khalif Haftar in Libyen, finanziert unter anderem aus den Vereinigten Arabischen Emiraten. Im Frühjahr 2022 waren angeblich 2200 Wagner-Kombattanten in Libyen, nach dem Abzug Richtung Ukraine sollen ca. 900 in Libyen verblieben sein.[89] Nach Auskunft des Vorsitzenden des libyschen „Hohen Staatsrates“ Khalid al-Mishri vom Dezember 2021 sollen sich zeitweilig sogar 7000 Wagner-Kämpfer in Libyen befunden haben, die über 30 Kampfflugzeuge verfügten. Allerdings sind die Angaben mit Vorsicht zu genießen, stammen sie doch von der Türkei, die selbst in Opposition zu General Haftar steht.[90]

---

[85] Michael Weiss, Mattias Carlsson, Saeed Alnahhal: A Syrian Army Deserter Was Savagely Killed by Putin’s Wagner. Now His Family Seek Justice in Russia. News Lines Magazine, 22.12.2021. – Amy Mackinnon: Russia’s Wagner Group Doesn’t Actually Exist. Foreign Policy, 11.6.2020.

[86] Syrian Center for Media and Freedom of Expression (SCM): Wagner in Syria: Complaint filed with European Court of Human Rights following the dismissal of the case in Russia. Syrian Centre for Media and Freedom of Expression, 9.6.2022.

[87] Thomas Gibbons-Neff: How a 4-Hour Battle Between Russian Mercenaries and U.S. Commandos Unfolded in Syria. New York Times, 24.5.2018.

[88] SBU obnarodovala ličnye dannye naemnikov ČVK „Vagnera“. Bukvy, 26.7.2018.

[89] Russia’s Wagner Group Withdraws Fighters in Libya to Fight in Ukraine. Middle East Monitor, 26.3.2022.

[90] Over 7000 Russian mercenaries still in Libya: Al-Mishri. Daily Sabah, 12.12.2021.

Ein Untersuchungsbericht der UNO über den Zeitraum von März 2021 bis April 2022 belegte, dass die Wagner-Gruppe bei der Unterstützung von Khalif Haftar durch den wahllosen Einsatz von Minen in zivilen Gebieten sowie den Einsatz von Sprengfallen, die den Tod von zwei Minenräumern verursachten, gegen das Völkerrecht verstoßen hat.[91] Ein BBC-Bericht deckte andere Kriegsverbrechen der Wagner-Gruppe auf, darunter die Tötung von Zivilisten.[92]

Wagner in Subsahara-Afrika

Während des Zerfalls der Sowjetunion brach auch das Engagement in Afrika zusammen. 2006 schloss Russland erstmals ein Abkommen mit Algerien über Waffenverkäufe im Gegenzug zur Abschreibung von algerischen Altschulden. Zwischen 2014 und 2019 stieg Russland zum größten Waffenlieferanten in Afrika auf, mit einem Anteil von 49 Prozent aller verkauften Waffen auf dem Kontinent (USA: 14 Prozent, China: 13 Prozent, Frankreich: 6,1 Prozent).[93] Private Militärfirmen sind Teil einer umfassenderen Strategie zur Rückgewinnung Afrikas als Bündnispartner Russlands.

Wagner-Söldner wurden ab 2017 in den Sudan, die Zentralafrikanische Republik, nach Madagaskar, Libyen, Mali und Mosambik entsandt. Die Wagner-Gruppe war Ende 2019 bereits in 20 afrikanischen Ländern mit einem Büro vertreten. Im September 2019 schickte Wagner zwischen 160 und 200 seiner Mitarbeiter nach Mosambik im Auftrag der dortigen Regierung, um den Aufstand der sogenannten Zentralafrikanischen Provinz des Islamischen Staates (IS-CAP) einzudämmen. Mosambiks Regierung hatte Angebote von Firmen aus den USA und Russland geprüft und entschied sich für den billigeren Anbieter. Zugleich schlossen Russland und Mosambik ein Abkommen, das russischen Unternehmen die Förderung von verflüssigtem Erdgas ermöglichte. Die Unfähigkeit der Wagner-Truppe, den Aufstand des IS-CAP zu bekämpfen, führte im Dezember 2019 zu einem demütigenden Abzug.[94]

Nach einem Treffen zwischen Präsident Putin und Omar al-Bashir, dem damaligen Präsidenten Sudans, 2017 in Soči, nahm die Sicherheitskooperation mit Sudan Fahrt auf. Ende Juli tauchten 500 Wagner-Kämpfer an der Grenze zwischen Sudan und der Zentralafrikanischen Republik auf.[95] Der Militärputsch im Jahre 2021 in Sudan, der die zivile Übergangsregierung ablöste, wurde von Russlands Regierung unterstützt. In Sudan erhielt Prigožins Firma *Miroe Gold*, die auf einer US-Sanktionsliste steht, die Möglichkeit, Gold von einer sudanesischen Mine zu exportieren. Beaufsichtigt wurde das Goldgeschäft in Sudan von Aleksandr Kuznecov (noms de guerre: Ratibor und Radimir),

---

91 UN report unveils Wagner Group's violations in support of Haftar in Libya. The Libya Observer, 26.5.2022.

92 Ilya Barabanov, Nader Ibrahim: Wagner: Scale of Russian mercenary mission in Libya exposed. BBC News Russian & BBC News Arabic, 11.8.2021.

93 Boubacar Haidara: La société militaire privée Wagner, l'instrument d'une guerre par procuration de la Russie contre la France dans son „pre-carré“ africain? In: Autre terre magazine, 2022 (i.E.).

94 Daniel Sixto: Russian Mercenaries: A String of Failures in Africa. Geopolitical Monitor, 24.8.2020.

95 Marc Espanol: Russia, Wagner Group expand ties with Sudan. AL-Monitor, 13.4.2022.

einem verurteilten Kidnapper, der seit 2014 zu den ersten Wagner-Kommandeuren gehörte.[96]

Im März 2018 erklärte der Kreml, dass 170 „zivile Berater" in der Zentralafrikanischen Republik (ZAR) eingetroffen seien, um die Regierungstruppen auszubilden. Bereits 2017 hatte der UN-Sicherheitsrat ein Waffenembargo gegen die ZAR ausgesetzt und der Entsendung von 175 russischen Ausbildern für örtliches Militär zugestimmt. Mit Ausnahme von fünf Soldaten handelte es sich durchweg um Wagner-Söldner. In der ZAR diente sich die Wagner-Gruppe dem Präsidenten Faustin-Archange Touadéra als Sicherheitsberater an. Seit Dezember 2020 sollen zusätzlich 300 Soldaten der russländischen Armee den Präsidenten gegen Rebellen der Opposition unterstützt haben. Russländische Spezialkräfte (Specnaz), Wagner-Söldner und zentralafrikanische Regierungsmilitärs schützten den Präsidenten Touadéra bei Wahlkampfveranstaltungen im Dezember 2020 und unternahmen gemeinsame Militäroperationen im Bangui-Gebiet.[97] Dmitrij Sytyi, ein langjähriger Assistent des Wagner-Beauftragten für Afrika, betreibt eigens eine Kommunikationsfirma, um das Image des Präsidenten und die Kooperation mit Russland medial zu fördern.[98]

Eine Arbeitsgruppe der UNO zu Menschenrechtsverletzungen durch Söldner berichtete dem UN-Menschenrechtsrat, dass in der Zentralafrikanischen Republik „private Auftragnehmer bei mehreren Gelegenheiten direkt an Feindseligkeiten beteiligt waren". Der UN-Bericht bezichtigt russische Söldner, gemeinsam mit der Regierungsarmee FACA schwerwiegende Menschenrechtsverletzungen begangen zu haben: Vergewaltigungen, Hinrichtungen im Schnellverfahren und gezielte Tötungen, Folter, gewaltsames Verschwindenlassen von Menschen und Morde.[99] Im Frühjahr 2021 häuften sich Berichte, wonach die Gruppe Wagner gemeinsam mit der Regierungsarmee die zentralafrikanischen Städte Boda und Bambari von Rebellen (als „Seleka" bekannt) „befreite". Die Gruppe Wagner operiert zunehmend unabhängig von der Regierungsarmee, selbst wenn sie die FACA weiter trainiert und koordiniert.[100] CNN und das Investigativ-Team „Sentry" haben durch Befragung zahlreicher Augenzeugen Gruppenerschießungen, Vergewaltigungen, unterschiedslose Angriffe auf Zivilisten und das Abbrennen von Häusern dokumentiert.[101] Auf Seiten der Gruppe Wagner kämpften nach Augenzeugenberichten auch Araber, mutmaßlich in Syrien angeheuerte Kombattanten.[102] Die Anwesenheit der *Wagner-Gruppe* erschwert erheblich die Durchführung der UN-Mission MINUSCA in

---

96 Nima Elbagir, Barbara Arvanitidis, Tama Qiblawi, Gianluca Mezzofiore, Mohammed Abo Al Gheit, Darya Tarasova: Russia is Plundering Gold in Sudan to Boost Putin's War Effort in Ukraine. CNN World, 29.7.2022.

97 Diamonds are Forever: Russia Doubles Down on Central African Republic (CAR). T-Intelligence, 12.1.2021.

98 Mathieu Olivier: Café, cash et alcohol: au cœur du système Wagner, de Douala à Bangui. Jeune afrique, 12.8.2022.

99 Mandates of the Working Group on the use of mercenaries, Reference AL OTH 182/2021, Geneva, 26.3.2021, <https://spcommreports.ohchr.org/TMResultsBase/ DownLoadPublicCommunicationFile?gId=26304>.

100 Wagner Group Operations in Africa. Civilian Targeting Trends in the Central African Republic and Mali. Acled, 30.8.2022.

101 „It was our children they killed". CNN, 15.6.2021.

102 Mohammed Amin: Syrian fighters participated in Wagner Group massacres in Central African Republic. Middle East Eye, 9.6.2022.

der Zentralafrikanischen Republik, denn deren Bewegungsfreiheit wird durch die Söldner eingeschränkt und die Ahndung von Menschenrechtsverletzungen unterbunden.
Seit der Einnahme von Boda exportiert die russisch kontrollierte Firma *Bois Rouge* in großem Umfang Edelhölzer nach Russland. Importeur in Russland ist *Broker Expert* aus St. Petersburg, ein Handelspartner von Prigožins Imperium.[103] Unternehmen aus Russland wie *Sewa Services*, *Midas Resources* und *Lobaye Invest* erhielten langjährige Lizenzen insbesondere für Gold- und Diamanten-Minen in Bambouri, Bornou und Adji. Ein Film, der von einer Prigožin-Firma produziert wurde, dokumentiert die Zusammenarbeit der russischen Söldner mit Regierungstruppen in der ZAR.[104]
Die verbreitete Antipathie in der Zentralafrikanischen Republik zu Frankreich macht die Wagner-Gruppe zu einer attraktiven Alternative als „Sicherheitsanbieter", so auch in anderen frankophonen Ländern, die der kolonialen Attitüde französischer Politik überdrüssig sind.[105] Die Präsenz der Söldner steht in Konkurrenz zu französischen (oder anderen europäischen) Kräften, die infolge der russischen Söldnerpräsenz über kurz oder lang abgezogen werden. Die russischen Söldner sind zudem eine Alternative zu UN-Missionen. Anstelle der von Seiten der Vereinten Nationen bzw. der EU geförderten Sicherheitssektorenreform vor Ort operieren die russischen Söldner nach der Devise: „Morden, Plündern und Vertuschen".

Wagner in Mali

Der Wagner-Einsatz in der Zentralafrikanischen Republik kann als Rollenmodell für Mali gedeutet werden – während französische Einheiten und UN-Missionen über Jahre hinweg keine Erfolge gegen Islamisten vorweisen konnten, „lösen" die Wagner-Söldner die Konflikte mit Aufständischen vermeintlich innerhalb von Wochen.
In Mali operieren seit Herbst 2021 ca. tausend Kämpfer der Wagner-Gruppe, was zwar von der malischen Regierung bestritten wird, aber offensichtlich ist: Das Wagner-Kontingent hat sein Camp direkt am Flughafen von Bamako aufgeschlagen.[106] Der Fall Mali illustriert die Zugangsmöglichkeiten und den Einfluss der Wagner-Gruppe in einem fragilen Staat. Wagner konnte nur vor dem Hintergrund des Scheiterns der Trainings-Mission der EU in Mali (mit maßgeblicher französischer und deutscher Beteiligung) Zugang finden. Während der EU-Mission verschlechterte sich die Sicherheitssituation in Mali kontinuierlich, weder die EU noch die UN-Mission MINUSMA vermochten gegen die Jihadisten vorzugehen. Die von vielen Fulani-Dörfern zwangsweise geduldeten oder auch unterstützten Jihadisten wurden vielmehr stärker. Teile der Bevölkerung optierten für Gespräche und Kompromisse mit den Jihadisten, andere für ein resolutes Vorgehen. Zwar sollte die malische Armee im Kampf gegen „Terroristen" ertüchtigt werden, aber

---

[103] Oliver Imhof, Nicola Naber, Rafael Buschmann: Wie die Zentralafrikanische Republik ihren Wald an Russland verscherbelte. Der Spiegel 26.7.2022. – Come Follow the Redwood Trees – Tracking Wagner's Forestry Business in CAR. Alleyesonwagner.org, 26.7.2022.
[104] Russian mercenaries get the big-screen treatment. The reality behind the film is as murky as the plot. CNN, 28.5.2021.
[105] Haidara, La société militaire privée Wagner [Fn. 94].
[106] Laut USA sind russische Söldner in Mali. Tagesschau, 22.1.2022.

sie war in Teilen selbst korrupt und unterstützte die irregulären Dogon-Milizen bei ihren mörderischen Angriffen auf Fulani-Dörfer.[107]

Die Gruppe Wagner offerierte Mali im Auftrag des Kreml fünf Hubschrauber (die der EU-Mission gefehlt hatten), vor allem aber war die Gruppe Wagner bereit, in Fulani-Dörfern Massaker zu verüben. Die Wagner-Gruppe genoss unter den malischen Soldaten – im August 2020 hatten sich Militärs an die Macht geputscht – auch deshalb einen vergleichsweise guten Ruf, weil sie Material und Lebensmittel bereitstellten, gemeinsam mit malischen Truppen zu Kampfeinsätzen ausrückten und die Missachtung von Menschenrechten bei den Partnern aus Russland keine Bedenken hervorrief.[108] Mit der Zeit sind malische Truppen jedoch zunehmend ernüchtert über die Wagner-Truppe, da sie gemeinsame Operationen dominiert. Eine Folge der unterschiedslosen Mordoperationen der Wagner-Truppe ist zudem, dass Angehörige von willkürlich getöteten Dorfbewohnern sich erst recht den Jihadisten anschließen. Insbesondere das Massaker Ende März 2022 in Moura, einer malischen Ortschaft mit Bewohnern der Ethnien Peul und Fulani, bei dem laut MINUSMA zwischen 200 und 400 Menschen umgebracht wurden, zeigte, dass bei Mordeinsätzen der Armee und von Wagner nicht zwischen Jihadisten und Zivilisten unterschieden wird.[109]

Während die malische Armee vor den Jihadisten zuvor die Flucht ergriffen hatte, demonstrierte Wagner ihre Bereitschaft, im „Antiterrorkampf“ gegen Jihadisten ganze Dörfer auszulöschen. In Mali standen die Franzosen wiederum im Verdacht, die Jihadisten militärisch auszurüsten, um so die eigene Präsenz fortsetzen und legitimieren zu können. Russland und Wagner standen dagegen in Teilen der öffentlichen Wahrnehmung für die endgültige und resolute Lösung des Jihadismus-Problems.[110] Die malische Bewegung *Yèrèwolo débout sur les remparts* rief mehrere Jahre zum Abzug der französischen Truppen auf. Der Chef der Bewegung erhielt für seine Medienkampagnen angeblich finanzielle Unterstützung von Prigožin.[111] Das Bild von der öffentlichen Unterstützung für die Wagner-Truppe dürfte so auch auf PR-Kampagnen zurückzuführen sein.

Für Russland ist Mali der Beginn einer militärischen Machtprojektion in Westafrika. Präsident Macrons Niederlage in Mali bedeutete den Einstieg für Russland. Da Mali die Söldner aus Russland nicht bezahlen kann, werden sie entweder von Russland bezahlt oder sie beziehen Einkünfte aus den Goldminen Malis. Viele malische Offiziere haben eine Ausbildung in Russland genossen, die Kooperation mit der Sowjetunion ist positiv in Erinnerung. Wagner ist vor Ort von der Logistik, der Feindaufklärung durch malisches Militär und den örtlichen Sprach- und Kulturkenntnissen ihrer Auftraggeber abhängig, dies macht sie leicht verletzbar, wie schon zuvor in Mosambik zu beobachten.

Das Vorgehen der Wagner-Söldner gleicht dem in Tschetschenien, der Ukraine oder in Syrien: Rücksichtslose Killer-Truppen kommen zum Einsatz. Wagner löst freilich keins der Probleme, die zum Aufkommen der Jihadisten führten. So wird kein Vertrauen in den Staat erzeugt, keine Schule eröffnet, kein Job geschaffen. Taktisch und kurzfristig

[107] Tor A. Benjaminsen, Boubacar Ba: Conflicts as Insurgency and Counterinsurgency, in: African Security African Security, 1/2021, S. 4–26.

[108] Haidara, La société militaire privée Wagner [Fn. 94].

[109] Benjamin Roger: Mali's Army and Wagner Accused of Committing a „Massacre“ in Moura. The Africa Report, 6.4.2022. – John Emerson: Mali: Massacre by Army, Foreign Soldiers. Human Rights Watch, Nairobi, 5.4.2022.

[110] Interview mit Boubacar Haidara, Bonn, 16.8.2022.

[111] Haidara, La société militaire privée Wagner [Fn. 94].

mögen russische Militärfirmen den Auftraggebern und „Geschäftspartnern“ Vorteile bringen, aber längerfristig können sie weder Regierungen noch Staaten stabilisieren. Durch die Art ihrer Einsätze und deren oft brutale und rücksichtslose Durchführung wirken sie letztlich kontraproduktiv. In Mali werden voraussichtlich mehr Menschen in die Arme der Jihadisten getrieben als durch die europäischen Truppen zuvor.

Russland als „Siloarchie“

Die Bedeutung von irregulären Militärfirmen für Russlands Einflusspolitik nimmt seit der Annexion der Krim und dem Beginn des Krieges gegen die Ukraine 2014/2015 zu. Russlands Militärfirmen sind Ausdruck der Verschmelzung von Business und *Siloviki* zu sogenannten „Siloarchen“. Sie sind Einflussagenten des Regimes und zugleich Kriegsgewinnler, aber keine Condottieri mit einem Monopol auf militärische Macht, sondern eine Hilfstruppe staatlicher Sicherheitsorgane für Aufgaben mit erhöhtem Risiko und Geheimhaltungsbedarf. Russische private Militärfirmen interagieren mit dem russländischen Verteidigungsministerium, insbesondere dem Militärgeheimdienst GRU, mit dem FSB, dem Auslandsgeheimdienst SVR sowie der Präsidialverwaltung im Kreml, sie ergänzen, ersetzen aber nicht die regulären Sicherheitsorgane.
Russlands Militärfirmen sind eine organisatorische Fortsetzung jener Art der Kriegsführung, die in den beiden Tschetschenienkriegen praktiziert wurde. Russlands Militärfirmen sind spezialisiert auf die Einnahme von Städten sowie von Stellungen, die von irregulären Truppen der Gegenseite gehalten werden. Sie stellen agile Bodentruppen für die Aufklärung, Sabotageoperationen und „Säuberungen“ dar, d.h. die unterschiedslose „Liquidierung“ von Menschen, die der gegnerischen Seite zugeschrieben werden. Gruppen wie Wagner sind schnell zu verlegen, Kommandeure „verdienen“ sich ihre Autorität nicht durch die Anzahl der Orden, sondern durch taktisch-operative Fähigkeiten, sie kommen dem Credo von „mission command“, d.h. dem eigenverantwortlichen, dynamischen, situativen, von hierarchischen Befehlsketten relativ unabhängigen Agieren mobiler Gruppen am nächsten.[112] Zugleich gibt es wiederholt Klagen von irregulären Kombattanten, dass Russlands reguläre Armee sie bei der Ausstattung mit Waffen, Munition, Fahrzeugen, Essen und sonstigen Versorgungsgütern benachteiligt oder sie eigens in hochriskante Einsätze geschickt werden.[113]
Neben dem Angebot von privaten Dienstleistungen auf dem globalen Sicherheitsmarkt sind Russlands Militärfirmen ein Instrument der russländischen Außen- und Sicherheitspolitik, sie sind mitnichten „privat“. Sie sind flexibel und verdeckt einsetzbar und können für Verbrechen nicht oder nur begrenzt zur Verantwortung gezogen werden, geschäftliche Interessen und militärische Ziele vermengen sich, schließlich können sie eine reguläre militärische Kooperation vorbereiten. Irreguläre Militärfirmen wie die Gruppe Wagner bieten zwei wesentliche Vorteile: Ihr mörderisches Wirken lässt sich leugnen und sie fungieren als ein Instrument der verdeckten Kriegsführung.[114]

---

[112] Stephen Webber, Donald Vandergriff, Darrell Fawley (Hg.): Mission Command: The Who, What, Where, When and Why. Createspace Independent Publishing Platform 2017.

[113] Putins freiwillige Kämpfer fühlen sich schikaniert. NTV, 14.8.2022.

[114] Am 1.5.2022 stritt Außenminister Lavrov ab, dass die Gruppe Wagner in irgendeiner Beziehung zum russländischen Staat stünde, es gäbe auch keine Kämpfer der Gruppe Wagner in der Ukraine. Lavrov: na Ukraine gruppa „Vagner“ ne vojuet, no v VSU est’ zapadnye ČVK. IA Krasnaja Vesna, 1.5.2022.

Russlands Militärfirmen dienen der Destabilisierung prowestlicher und der Stabilisierung antiwestlicher Regierungen und der Ausbildung von Spezialkräften. Irreguläre Militärfirmen wie die Gruppe Wagner sind professioneller als irreguläre Bataillone, wie sie Russland anfänglich im Donbass einsetzte, sie bereiten den Einsatz regulärer Truppen vor, unterstützen und komplementieren diese, und sie dürften insgesamt kostengünstiger sein, da sie sich teilweise selbst refinanzieren, keine dauerhaften Unterhaltsansprüche bedient werden müssen und Tote und Verletzte unter den Kombattanten offiziell unsichtbar sind.[115]

Die Gruppe Wagner ist eine militärische Frontorganisation, dazu geschaffen, die Grenzen dessen auszuloten, was der Kreml militärisch und wirtschaftlich in einem umkämpften Umfeld erreichen kann. Mit überschaubarem Risiko für Russlands offizielle Politik dringen Truppen in Regionen begrenzter oder fragiler Staatlichkeit ein und liquidieren dort Gegner. Die Ausbeutung von lukrativen Gold-, Diamanten-, Öl- oder Gasvorkommen ist Ausdruck der ökonomischen und politischen „Siloarchie“ in Russland, sie steht stellvertretend für die Betriebsweise des Regimes. Das Geflecht von militärischen, politischen und kommerziellen Interessen ist nicht durchstrukturiert, Autonomie und hierarchische Unterstellung existieren nebeneinander. Einige Firmen unterstehen unmittelbar Russlands Verteidigungsministerium, andere bewahren ihre kommerzielle Autonomie. Das Geschäftsmodell der privaten Militärfirmen macht Schule, Erfolge führen zur Nachahmung, Misserfolge zu Um- oder Neugründungen oder zum Abzug der Truppen. Russland imitierte zunächst angelsächsische Erfahrungen mit privaten Militärfirmen und macht nun ähnliche Erfahrungen wie die USA: Die Söldnertruppen erweitern den Handlungsspielraum, sind jedoch keine Gewähr für militärische, geschweige denn politische Erfolge, und sie führen eher zur Schrecken bei der lokalen Bevölkerung, als dass „Herzen und Köpfe“ gewonnen würden. Russlands Söldner werden ähnliche Erfahrungen machen wie die USA im Irak und in Afghanistan: Mit militärischer Zerstörung schafft man nur noch mehr Feinde, die eigenen Kämpfer werden zu bevorzugten Zielen.

[115] Nathaniel Reynolds: Putin's not to Secret Mercenaries. Patronage, Geopolitics, and the Wagner Group. Carnegie Endowment for International Peace, 8.7.2019.

Die russischen privaten Militärfirmen agieren, sofern nicht auf konventionellen Objektschutz beschränkt, überwiegend in einem kulturell, sprachlich, ethnisch und religiös unbekannten Umfeld. Dies verringert die Möglichkeiten der Nachrichtenbeschaffung und der Logistik und macht Gruppen wie Wagner angreifbar. Sofern die privaten Militärfirmen mit regulärem Militär zusammen operieren, sind Konflikte über Befehlsketten, Berichts- und Informationsflüsse sowie die Bezahlung unvermeidlich. Der Krieg gegen die Ukraine beschneidet das künftige Expansionspotential der privaten Militärfirmen drastisch. Die Gruppe Wagner lässt sich mit den Einsatzgruppen des Sicherheitsdienstes der SS und der Sicherheitspolizei, mit der Waffen-SS und mit Todesschwadronen vergleichen.[116] Wagner repräsentiert das Rollenmodell für willkürliche Gewalt, für die gänzliche Aufhebung rechtlicher und ziviler Standards, für die Dopplung von legalen Sicherheitsapparaten und jenseits jeglicher Legalität operierenden Gewaltunternehmern sowie für die Aufwertung von Mörderbanden zu willfährigen, nicht justiziablen Vollstreckern eines generalisierten Führerwillens. Die Gruppe Wagner ist eine staatsterroristische Verfügungsgruppe und damit Inbegriff dessen, was die russländische Propaganda dem extrem nationalistischen ukrainischen Regiment Azov vorhält. Wagner verkörpert die Trennung von unbegrenzter Militanz einer funktionalen Gewaltelite und der alltäglichen Normalität von Sympathisanten der Diktatur. Jene, die in der Sprache von Heinrich Böll vom „Sakrament des Büffels" gegessen haben, sind abgetrennt von den Lämmern, den Claqueuren, Opportunisten und Mitläufern.

Schlagwörter:
Russland, Ukrainekrieg, hybrider Krieg, irreguläre Armeen, Söldner, Gruppe Wagner, private Militärfirmen, Evgenij Prigožin

---

[116] Zur Funktion (para-)militärischer Organisationen für totalitäre Regime und Bewegungen vgl. Hannah Arendt: The Origins of Totalitarianism. London 1966, S. 482–494.

Michael Rochlitz

Verspielte Zukunft

Russlands Wirtschaft unter dem Druck der Geheimdienste

Seit 2008 stagniert Russlands Wirtschaft. Unter der Interimspräsidentschaft von Dmitrij Medvedev von 2008 bis 2011 gab es Versuche, die Wirtschaft zu modernisieren. Seit Vladimir Putins Rückkehr ins Präsidentenamt im März 2012 hat Wirtschaftswachstum keine Priorität mehr. Stattdessen setzt eine kleine Gruppe von Geheimdienstlern um Präsident Putin auf Repressionen zur Kontrolle der Gesellschaft und auf Konfrontation mit dem Westen. Mit dem Krieg in der Ukraine hat diese Entwicklung einen neuen Höhepunkt erreicht. Die langfristigen wirtschaftlichen Folgen für Russland sind katastrophal. Auch Wissenschaft und Forschung stehen offen unter der Kontrolle des Geheimdienstes.

Seit über zehn Jahren stagniert Russlands Wirtschaft. Lag das Bruttoinlandsprodukt pro Kopf im Jahr 2008 bei 11 187 US-Dollar, so waren es im Jahr 2020 – zwölf Jahre später – mit 11 786 US-Dollar nur 600 Dollar mehr.[1] Für ein Schwellenland wie Russland, mit gut ausgebildeter Bevölkerung, reichen Vorräten an Bodenschätzen, immer noch relativ niedrigen Einkommen und einer strategisch günstigen Lage zwischen China und Europa sind solche Wachstumsraten viel zu niedrig. Mittlerweile haben andere Schwellenländer mit ihrer wirtschaftlichen Entwicklung Russland weit hinter sich gelassen. So hat sich zum Beispiel das Bruttoinlandsprodukt (BIP) pro Kopf der Volksrepublik China im Zeitraum 2008 bis 2020 mehr als verdoppelt, von 4711 US-Dollar auf 10 430 US-Dollar. 2023 wird das BIP pro Kopf Chinas voraussichtlich zum ersten Mal über dem Russlands liegen. Auch im weltweiten Vergleich verliert Russland an Boden. Machte Russlands BIP im Jahr 2008 noch ungefähr zwei Prozent der weltweiten Wirtschaftsleistung aus, so waren es Anfang 2022 nur noch 1,7 Prozent.

Mit dem großangelegten Angriff auf die Ukraine wird sich die angespannte wirtschaftliche Situation Russlands noch einmal dramatisch verschlechtern. Um die Zukunftsaussichten der russländischen Wirtschaft einschätzen zu können, ist es unabdingbar, neben den Auswirkungen der Sanktionen auch die grundsätzlichen Probleme des russländischen Wirtschaftssystems zu verstehen.

Michael Rochlitz (1981), PhD, seit 2019 Professor für Institutionenökonomik am Fachbereich Wirtschaftswissenschaft der Universität Bremen

Von Michael Rochlitz ist in OSTEUROPA erschienen: (gemeinsam mit Anton Kazun und Andrei Yakovlev): Unter Räubern. Investitionsrisiko Unternehmensplünderungen, in: OSTEUROPA, 5/2016, S. 95–110.

[1] Konstante Preise von 2015, Daten: Weltbank.

Es gibt mehrere Gründe für Russlands wirtschaftliche Stagnation seit 2012. Ein Hauptgrund sind die dysfunktionalen politischen Institutionen im Land, insbesondere der zunehmende Einfluss der Geheim- und Sicherheitsdienste auf Wirtschaft und Wissenschaft. Nach der Finanzkrise von 2008 hatte die neue Regierung unter Präsident Dmitrij Medvedev erkannt, dass das bis dahin erfolgreiche Wachstumsmodell – hohe Ölpreise in Verbindung mit makroökonomischer Stabilität – als Motor für weiteres Wirtschaftswachstum nicht mehr ausreichen würde. Auf Initiative einiger Reformer und Technokraten wurde eine Reihe von Maßnahmen in die Wege geleitet, um Unternehmen besser vor Übergriffen des Staates zu schützen, die Korruption zu bekämpfen und Russlands Wirtschaft zu diversifizieren.[2] Diese Maßnahmen zeigten erste Erfolge, und wirtschaftsnahe Kräfte in Russland begannen auf eine zweite Amtszeit von Präsident Medvedev und die Fortsetzung der Reformen zu hoffen.

Abbildung 1: Russlands wirtschaftliche Entwicklung im Vergleich

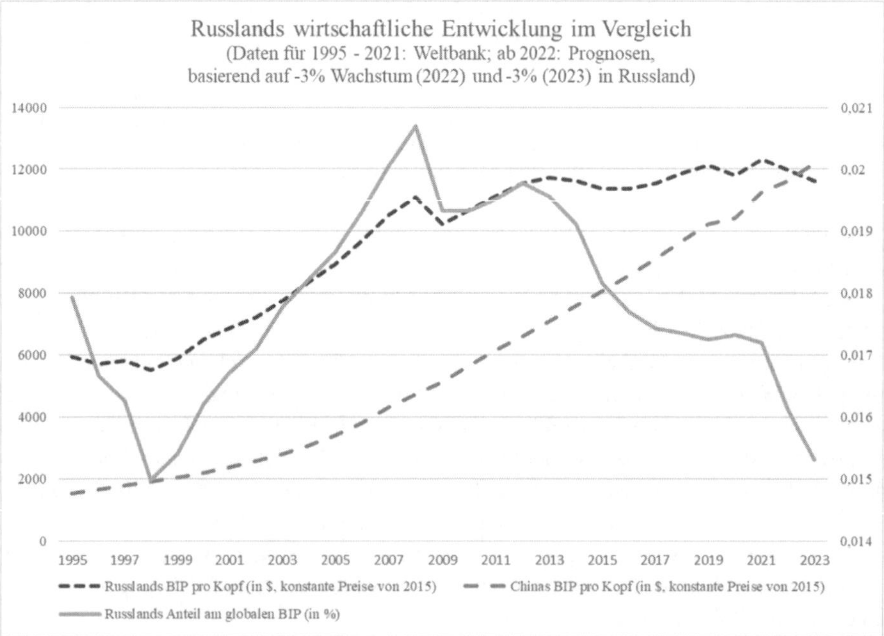

Mit Vladimir Putins Rückkehr in das Präsidentenamt im März 2012 wurden diese Hoffnungen enttäuscht. Relativ schnell wurde klar, dass im Kreml mit einem Personalaustausch auch ein Paradigmenwechsel stattfand. Unter Medvedev hatte eine Gruppe junger Technokraten versucht, die russländische Wirtschaft unternehmerfreundlicher zu gestalten – unter anderem Igor' Šuvalov und Arkadij Dvorkovič als Vize-Premierminister, El'vira Nabiullina und Stanislav Voskresenskij als Ministerin und Vize-Minister für wirtschaftliche Entwicklung, die Ökonomin Tat'jana Golikova als Gesundheits- und Sozialministerin, aber auch Quereinsteiger aus der Wirtschaft wie der Banker Ruben

[2] Michael Rochlitz, Anton Kazun, Andrei Yakovlev: Property Rights in Russia after 2009: From Business Capture to Centralized Corruption? Post-Soviet Affairs, 5–6/2020, S. 434–450.

Aganbegjan oder der Versicherungsexperte Evgenij Jur'ev.[3] Nach Putins Rückkehr verloren die Reformer schnell an Einfluss, während gleichzeitig Mitglieder der Geheim- und Sicherheitsdienste, die sogenannten Siloviki, an politischem Gewicht gewannen.[4] Seitdem spielen der Chef des FSB Aleksandr Bortnikov, der Sekretär des Sicherheitsrates Nikolaj Patrušev, Verteidigungsminister Sergej Šojgu und Innenminister Vladimir Kolokol'cev eine wichtige Rolle, ebenso Dmitrij Kozak als Putin-Vertrauter und Dmitrij Rogozin, zuerst als stellvertretender Minister für die Verteidigungsindustrie und von Mai 2018 bis Juli 2022 als Chef der russländischen Weltraumorganisation *Roskosmos*.
Die Ziele und Weltanschauung der Siloviki unterschieden sich maßgeblich von jenen der wirtschaftlichen Reformer. Während Wirtschaftswachstum, unternehmerische Dynamik und wirtschaftliche Diversifikation als Ziele in den Hintergrund rückten, wurden die Leitlinien der Politik von nun an vor allem durch zwei Ziele bestimmt: politische Kontrolle über die Opposition im Inland und außenpolitische Konfrontation mit dem Westen.

Russland als „Limited Access Order"

Russland wurde damit zu einem Paradebeispiel für ein Land, in dem eine auf Kontrolle und Unterwerfung zivilgesellschaftlicher Institutionen zielende Politik zu Stagnation in Wirtschaft und Wissenschaft führt. Die Ökonomen Douglass North, John Wallis, Steven Webb und Barry Weingast haben diese Situation als „Limited Access Order" beschrieben.[5] Eine regierende Elite nutzt die Geheim- und Sicherheitsdienste dazu, Mitbewerbern und neuen Gesichtern in Wirtschaft und Politik den Zugang zu ökonomischer und politischer Tätigkeit zu verwehren, da andernfalls die eigene Monopolstellung gefährdet werden könnte. Die herrschende Elite verwendet einen Teil der von ihr kontrollierten staatlichen Einkünfte dazu, die Kontrolle über die Sicherheitsdienste zu erhalten, indem sie diese großzügig finanziell unterstützt. Gleichzeitig führt die Monopolstellung der Eliten dazu, dass Akteure mit neuen Ideen keine Möglichkeiten haben, diese umzusetzen und zu verfolgen. Mangelnder Wettbewerb führt zu überhöhten Preisen und niedriger Qualität bei Dienstleistungen, Konsumgütern und staatlichen Leistungen. Fehlende Kontrollmechanismen sind ein Grund für die ausufernde Korruption staatlicher Eliten.
In eine ähnliche Richtung wie North & Co. zielt Daron Acemoglu und James Robinsons Unterscheidung extraktiver und inklusiver Institutionen.[6] Inklusive Institutionen ermöglichen es, die Eigentumsrechte einer breiten sozialen Schicht zu schützen. Kurzfristige

---

[3] Craig Mellow: Medvedev's Team: How a Group of Reformers Hope to Revitalize Russia's Economy. Institutional Investor, 20.12.2010.

[4] Ein Silovik, abgeleitet von *sila* (russ.: Kraft, Stärke) ist die Bezeichnung für einen Angehörigen eines Geheimdienstes oder des Gewaltapparates. Während Russlands hohe Militärs kaum Einfluss auf politische und wirtschaftliche Fragen haben, spielen die Geheimdienste, allen voran der FSB, und die Sicherheitsdienste wie die Polizei und die Nationalgarde eine wichtige Rolle im Entscheidungsprozess. Andrei Soldatov, Michael Rochlitz: The Siloviki in Russian Politics, in: Daniel Treisman (Hg.): The New Autocracy: Information, Politics, and Policy in Putin's Russia. New York 2018, S. 83–108.

[5] Douglass North, John Wallis, Steven Webb, Barry Weingast: Access Orders in the Developing World: A New Approach to the Problems of Development, in: Policy Research Working Paper No. 4359, World Bank, Washington, DC 2007.

[6] Daron Acemoglu, James Robinson: Why Nations Fail: The Origins of Power, Prosperity, and Poverty. New York 2012.

Monopole werden durch Patente gewährleistet und schaffen so Anreize für Forschung und Entwicklung, während langfristig Markt und Politik offen sind für neue Ideen. Bei extraktiven Institutionen sind nur die Eigentumsrechte der Eliten sicher. Deren Monopolstellung wird durch staatliche Institutionen und vor allem durch die Geheim- und Sicherheitsdienste geschützt, während die Eigentumsrechte eines Großteils der Bevölkerung nicht sicher sind. Dadurch wird die von Joseph Schumpeter als Motor moderner Volkswirtschaften beschriebene „kreative Zerstörung" außer Kraft gesetzt, da neue Ideen kaum eine Chance haben, existierende Praktiken zu verbessern oder zu ersetzen.[7]

Beide Theorien eignen sich gut, um Russlands politische und wirtschaftliche Stagnation der letzten Jahre zu verstehen.[8] Politisch gab es in Russland bis vor kurzem durchaus eine junge und aktive Opposition mit neuen Ideen. Dieser wurde jedoch die Beteiligung an politischen Prozessen zunehmend erschwert. Ein Meilenstein waren die Moskauer Dumawahlen vom September 2019, als praktisch alle Oppositionskandidaten mit formellen Gründen daran gehindert wurden, an den Wahlen teilzunehmen.[9] Mit der Zerschlagung der Organisation von Aleksej Naval'nyj und dem Weg in die Militärdiktatur seit Ende Februar 2022 wurde die außerparlamentarische Opposition schließlich ausgeschaltet.

Wirtschaftlich sind die fehlende Sicherheit von Eigentumsrechten und das Fehlen einer langfristigen wirtschaftlichen Strategie die größten Probleme der russländischen Volkswirtschaft. Vor allem kleinere, junge und innovative Betriebe sind nicht davor sicher, von korrupten Staatsorganen und insbesondere dem FSB angegriffen zu werden.[10] Nachdem sich die Situation unter Medvedev etwas entspannt hatte,[11] haben die Angriffe auf Unternehmen seit 2014 wieder zugenommen. Exemplarische Fälle sind die Festnahme des Investors Michael Calvey im Februar 2019, die in Unternehmerkreisen großen Unmut auslöste, die Erpressung des Unternehmers Valerij Chožilo durch den FSB im Gebiet Magadan, der Angriff auf die IT-Firma Nginx oder die Strafverfolgung des Mäzens und *Wimm-Bill-Dann*-Gründers David Jakobašvili im Jahr 2019.[12] Nachdem die Strafverfolgung von Unternehmern durch die russländischen Justizbehörden von 2011 bis 2014 leicht zurückgegangen war, ist sie zwischen 2014 und 2019 wieder um 59 Prozent

---

[7] Joseph Schumpeter: Capitalism, Socialism and Democracy. New York 1942.

[8] Für den Kulturwissenschaftler Alexander Etkind ist Russland gar ein hyperextraktiver Staat. Danach gewinnt die Elite ihren Wohlstand direkt aus der Rohstoffrente, während die Bevölkerung nur noch eine Nebenrolle spielt. Alexander Etkind: Putin's Russia: An Exemplary Case of Hyper-Extractive State, in: World Financial Review, 25.1.2015, <https://worldfinancialreview.com/putins-russia-an-exemplary-case-of-hyper-extractive-state/>.

[9] Mikhail Turchenko, Grigorii Golosov: Smart enough to make a difference? An empirical test of the efficacy of strategic voting in Russia's authoritarian elections, in: Post-Soviet Affairs, 1/2021, S. 65–79. Die Strategie des „Smart Voting", also eine Absprache aller Oppositionskräfte, für den vielversprechendsten Kandidaten gegen die Partei der Macht zu stimmen, bescherte der Opposition zwar Achtungserfolge. Sie konnte aber nicht verhindern, dass echten Oppositionskandidaten die Teilnahme an Wahlen und in der Politik verwehrt bleibt.

[10] Michael Rochlitz, Anton Kazun, Andrei Yakovlev: Unter Räubern. Russland: Investitionsrisiko Unternehmensplünderungen, in: OSTEUROPA, 5/2016, S. 95–110.

[11] Rochlitz, Property Rights in Russia [Fn. 2].

[12] Yulia Krylova, Jude Deane, Louise Shelley: Reiderstvo 2.0: The Illegal Raiding Pandemic in Russia, TraCCC Consulting LLC, June 2021 <https://reiderstvo.org/wp-content/uploads/2021/06/Reiderstvo-2.0-The-illegal-raiding-pandemic-in-Russia-1.pdf>. – Maxim Trudolyobov: Another Link in the Chain: The Kremlin's Punishment of Businessmen Continues, Washington, 28.6.2019. <www.wilsoncenter.org/blog-post/another-link-the-chain-the-kremlins-punishment-businessmen-continues>.

angestiegen, von etwa 200 000 auf 317 627 Fälle pro Jahr.[13] Dabei korreliert das Risiko von Angriffen auf Unternehmen in Russlands Regionen messbar negativ mit Investitionen.[14] Das Problem der Unternehmensplünderungen oder „Raiding-Attacken“ wird dadurch verstärkt, dass Russlands Führung um Vladimir Putin bei Angriffen auf Unternehmen durch die Geheim- und Sicherheitsdienste oft ein Auge zudrückt. Ähnlich wie in feudalistischen Systemen wird die Möglichkeit, den Siloviki wirtschaftliche Einflussbereiche zu gewähren, dazu verwendet, die Loyalität der miteinander konkurrierenden Sicherheitsdienste zu gewährleisten.[15] Die Kosten in Form niedriger Investitionen und wirtschaftlicher Stagnation werden in Kauf genommen.

Die Machtübernahme der Siloviki

Warum dominieren die Siloviki seit 2012 Russlands Politik? Obwohl Unternehmensplünderungen durch die Sicherheitsdienste auch zwischen 1999 und 2008 schon ein Problem waren,[16] fielen sie aufgrund des Wirtschaftswachstums damals nicht so sehr ins Gewicht. Gleichzeitig hielten sich auf nationaler Ebene die Vertreter der Sicherheitsdienste und liberale Technokraten in der Waage, so dass keine Fraktion zu viel Einfluss auf politische Entscheidungen gewinnen konnte.[17]

Mit Dmitrij Medvedevs Antritt als Präsident schienen die Technokraten sogar die Oberhand gewonnen zu haben. Damals war vielen Angehörigen der russländischen Elite klar, dass es nach der Wirtschaftskrise von 2008 und 2009 nötig sein würde, auf das Unternehmertum als Wachstumsmotor zu setzen. Im Juli 2008, also wenige Monate nach seiner Ernennung zum Präsidenten betonte Medvedev in einem Grußwort zur „Tagung über den Schutz der Eigentumsrechte von Kleinunternehmen und Mittleren Unternehmen“, dass die Strafverfolgungsbehörden und die Staatsorgane aufhören sollten, Unternehmer einzuschüchtern.[18] In einem vielbeachteten Artikel „Vorwärts, Russland! (*Rossija, vpered*!)“ stellte er am 10. September 2009 sein Reformprogramm vor.[19] Dieses enthielt sowohl Elemente zur Innovationsförderung wie den geplanten Aufbau des Skolkovo Innovation Centers[20] und staatliche Förderungen für High-Tech Sektoren wie z.B. die

---

[13] Krylova, Reiderstvo 2.0 [Fn. 12], S. 8.

[14] Israel Marques, Irina Levina, Anton Kazun, Andrei Yakovlev: Calling the Cavalry: Firm-Level Investment in the Face of Decentralized Expropriation, in: Journal of Institutional Economics, 4/2020, S. 503–518.

[15] Mark Galeotti: Putin’s Hydra: Inside Russia’s Intelligence Services, in: European Council on Foreign Relations, Policy Brief 169/2016. – Michael Rochlitz: Corporate Raiding and the Role of the State in Russia, in: Post-Soviet Affairs, 2–3/2014, S. 89–114.

[16] Thomas Firestone: Criminal Corporate Raiding in Russia, in: International Lawyer, 4/2008, S. 1207–1229.

[17] Sharon Werning Rivera, David W. Rivera: The Russian Elite under Putin: Militocratic or Bourgeois? In: Post-Soviet Affairs, 2/2006, S. 125–144. – David W. Rivera, Sharon Werning Rivera: Is Russia a Militocracy? Conceptual Issues and Extant Findings Regarding Elite Militarization, in: Post-Soviet Affairs, 1/2014, S. 27–50.

[18] <http://special.kremlin.ru/catalog/keywords/40/events/993>.

[19] <http://kremlin.ru/events/president/news/5413>.

[20] Slavo Radosevic, Imogen Wade: Modernization through Large S&T Projects: Assessing Russia’s Drive for Innovation-Led Development via Skolkovo Innovation Centre, in: Economics and Business Working Papers No. 131, Centre for Comparative Economics. London 2014.

Nanotechnologie,[21] als auch eine Reihe von konkreten Maßnahmen, um Unternehmer besser vor den Sicherheitsdiensten zu schützen.

Um die hohe Zahl unschuldig verhafteter Unternehmer zu reduzieren, wurde 2010 ein Gesetz verabschiedet, welches verbot, Unternehmer während einer laufenden Untersuchung in Haft zu nehmen. 2011 wurde mit staatlicher Unterstützung die NGO „Business gegen Korruption“ gegründet, welche sich für verfolgte Unternehmer einsetzte und deren Verteidigung organisierte,[22] sowie die „Agentur für Strategische Initiativen“, welche die Interessen mittelständischer Unternehmen vertreten sollte. Im gleichen Jahr verabschiedete die Duma eine umfassende Polizeireform. Um Korruption im Polizeiapparat zu bekämpfen, wurden die Zahl der Beamten um 20 Prozent gekürzt und die Gehälter substanziell erhöht.[23] Anfang 2012 folgte ein 100-Schritte-Programm, um Russlands Position im „Doing Business“ Ranking der Weltbank zu verbessern.[24]

Man erhoffte sich von diesen Maßnahmen eine Diversifizierung der russländischen Wirtschaft. Die Abhängigkeit von Öl und Gas sollte reduziert, die Gründung von Unternehmen angeregt werden. Ein 2012 veröffentlichter Bericht der Europäischen Bank für Wiederaufbau und Entwicklung blickte relativ optimistisch in die Zukunft und unterstrich das in Russlands regionaler Diversität vorhandene Potential für eine dynamische wirtschaftliche Diversifizierung, vor allem im verarbeitenden Sektor.[25]

Nach Vladimir Putins Rückkehr ins Präsidentenamt schien es zunächst noch, als würde der wirtschaftsfreundliche Kurs fortgesetzt. Mit Boris Titov ernannte Putin im Juli 2012 einen Bevollmächtigten für Unternehmerrechte, welcher ein Jahr später eine Amnestie für inhaftierte Unternehmer durchsetzte.[26] Auf Titovs Initiative verabschiedete die Duma im Jahr 2015 ein Gesetz, nach dem staatliche Kontrollen bei kleineren Betrieben bis 2018 ausgesetzt wurden, da solche Kontrollen oft für Unternehmensplünderungen missbraucht wurden.[27]

Allerdings zeigte sich bald, dass Medvedevs Team mit Putins Rückkehr erst langsam und dann immer schneller an Einfluss verlor. Als Reaktion auf den Arabischen Frühling und die politischen Proteste im Winter 2011/2012 wurden die Daumenschrauben für die politische Opposition angezogen. Kontrollen über das Internet und die Medien nahmen zu.[28] Im April 2012 wurde zum ersten Mal die Idee einer Nationalgarde diskutiert, welche schließlich zu einer substanziellen Stärkung des Siloviki-Machtblocks in der Regierung

---

21 Richard Connolly: State Industrial Policy in Russia: The Nanotechnology Industry, in: Post-Soviet Affairs, 1/2013, S. 1–30.

22 Andrei Yakovlev, Anton Sobolev, Anton Kazun: Means of Production versus Means of Coercion: Can Russian Business Limit the Violence of a Predatory State? In: Post-Soviet Affairs, 2–3/2014, S. 171–194.

23 Brian Taylor: Police Reform in Russia: The Policy Process in a Hybrid Regime, in: Post-Soviet Affairs, 2–3/2014, S. 226–255.

24 Rochlitz, Property Rights in Russia [Fn. 2], S. 438–439.

25 European Bank for Reconstruction and Development: Diversifying Russia – Harnessing Regional Diversity. London 2012, <www.ebrd.com/downloads/research/economics/publications/specials/diversifying-russia.pdf>.

26 <www.reuters.com/article/us-russia-amnesty/glimmer-of-hope-for-russias-jailed-entrepreneurs-idUSBRE9680P420130709>.

27 Putin Frees Small Business From Inspections for 3 Years, The Moscow Times, 14.7.2015. – Siehe auch: <http://government.ru/meetings/18356/>.

28 Lilia Shevtsova: The Authoritarian Resurgence: Forward to the Past in Russia, in: Journal of Democracy, 2/2015, S. 22–36.

führen sollte.[29] Gleichzeitig wurde im Juli 2012 mit Sergej Glaz'ev ein Ökonom zu Putins Chefberater in Wirtschaftsfragen, welcher in seinen wirtschafts- und außenpolitischen Ansichten der Weltsicht der Siloviki sehr nahestand. Im Gegensatz zu den Ökonomen im Team von Dmitrij Medvedev befürwortet Glaz'ev eine interventionistische Wirtschaftspolitik, einen starken Staat, und eine konfrontative Politik gegenüber der Ukraine und dem Westen. Im Dezember 2014 kommentierte der Ökonom Konstantin Sonin in einem Interview im Nachrichtenmagazin *Der Spiegel* Glaz'evs Einfluss wie folgt:

> Putin hat ein exzellentes Wirtschaftsteam. In den Ministerien und in der Zentralbank arbeiten beste Leute. Das Problem ist, dass ihr Einfluss beständig sinkt. Stattdessen geben Männer den Ton an, die primitive Vorstellungen von Ökonomie haben. Sie verstehen die Mechanismen der Wirtschaft nicht. Sie bestreiten, dass es ökonomische Probleme waren, die zum Zusammenbruch des Kommunismus geführt haben.[30]

Anfang 2014 war von der wirtschaftspolitischen Aufbruchstimmung, die unter Präsident Medvedev geherrscht hatte, nicht mehr viel zu spüren. Außenpolitisch verfolgte der Kreml unter Putin einen zunehmend konfrontativen Kurs gegenüber dem Westen. Auf dem Höhepunkt der gesellschaftlichen Protestbewegung des Euromajdan in der Ukraine im Winter 2013/2014 annektierte Russland im März 2014 die Krim. Darauf reagierten westliche Staaten zum ersten Mal mit Sanktionen gegen Russland. Im politischen Entscheidungsprozess Russlands verloren die wirtschaftsnahen Ministerien, insbesondere das Finanzministerium und das Ministerium für wirtschaftliche Entwicklung, danach massiv an Einfluss.

In einer Reihe von Interviews, die ich zwischen Ende 2014 und Anfang 2015 mit ausländischen und russländischen Unternehmern in Moskau geführt habe, kam die Frustration mit dieser Entwicklung wiederholt zum Vorschein. Die Unternehmer berichteten, dass sie weiterhin gute Kontakte zum Wirtschafts- und Finanzministerium pflegten. Allerdings seien diese Kontakte zunehmend nutzlos. Bedeutende Entscheidungen würden mehr und mehr von Vertretern der Geheim- und Sicherheitsdienste getroffen, ohne dass die wirtschaftsnahen Ministerien vorab informiert würden. Ein Interviewpartner illustrierte dies, indem er von einem Frühstück berichtete, an dem auch Beamte des Wirtschafts- und Finanzministeriums teilgenommen hatten:

> Die Idee [was zu tun sei, um Russlands Wirtschaftskrise anzugehen; M.R.] wurde mehrmals während des Frühstücks geäußert, vom Minister für wirtschaftliche Entwicklung, vom Finanzminister, vom Leiter des Haushaltsausschusses der Duma, jedes Mal im Sinne von *wenn wir nur an der Macht wären*, wüssten wir genau, was zu tun ist.[31]

---

[29] V Rossii možet pojavit'sja Nacional'naja gvardija prezidenta. Kommersant" 2.4.2012, <www.kommersant.ru/doc/1906687>. – Zur Nationalgarde: Margarete Klein: Russlands neue Nationalgarde. Stärkung der Machtvertikale des Putin-Regimes, in: OSTEUROPA, 5/2016, S. 19–32.

[30] „Putin wird sich bis zuletzt an die Macht krallen.“ Interview mit Konstantin Sonin. Der Spiegel, 11.12.2014.

[31] Michael Rochlitz: Collective Action Abroad: How Foreign Investors Organize – Evidence from Foreign Business Associations in the Russian Federation, in: Basic Research Program Working Papers, Working Paper BRP 32/PS/2016, Higher School of Economics.

Die Weltsicht der Sicherheitsdienste

Auf welcher Grundlage treffen die Siloviki ihre Entscheidungen? Verschiedene Studien haben versucht, die Denkweise der Siloviki zu charakterisieren.[32] Eine gute Quelle sind Interviews des aus dem FSB stammenden Sekretärs des Sicherheitsrats Nikolaj Patrušev.[33] Die Weltsicht der Siloviki lässt sich in drei Punkten zusammenfassen:

- Die Siloviki befürworten einen „starken Staat“. Dessen Entscheidungsketten sollen zentralisiert, die Sicherheitsdienste und die Armee finanziell gut ausgestattet sein, so dass diese den Staat nach innen und außen verteidigen können. Der starke Staat soll politisch und ökonomisch eine aktive Rolle spielen, um das Land vor Konkurrenten und den Folgen der Globalisierung zu beschützen.
- Ein „starker Staat“ sei notwendig, da Russland von ausländischen Mächten und Interessen bedroht werde, die es um seine reichen Ressourcen und seinen Großmachtstatus bringen wollten. Das sei das Ziel insbesondere der USA und der NATO. Russland ist eine belagerte Festung, die es zu verteidigen gilt.
- Schließlich sind viele Siloviki davon überzeugt, dass liberale Kräfte in Russland diese Bedrohung nicht erkennen oder unterschätzen. Nur die Siloviki verstünden, wie die Welt im Allgemeinen und internationale Politik im Besonderen funktioniert. Für sie handelt es sich primär um ein Spiel mit Lügen und Täuschungen, das man beherrschen müsse, um zu überleben.

Die Siloviki verstehen jeden wirtschaftlichen, gesellschaftspolitischen, aber auch wissenschaftlichen Prozess als Nullsummenspiel: Was der eine gewinnt, muss der andere verlieren. Infolgedessen sehen die Sicherheitsdienste es als ihre Aufgabe an, das Erreichte durch umfassende Kontrollen gegen feindliche Kräfte im In- und Ausland zu verteidigen. Gleichzeitig scheinen sie wenig Verständnis dafür aufzubringen, dass exzessive Kontrollen die dynamische Entwicklung einer modernen Volkswirtschaft massiv beeinträchtigen. Zudem scheint die Überzeugung weit verbreitet zu sein, dass den Siloviki aufgrund ihrer wichtigen Rolle als Verteidiger der Nation ein Zugriffsrecht auf die wirtschaftlichen Ressourcen des Landes gebührt.[34] Die negativen Auswirkungen dieser Politik für die russländische Wirtschaft sind gravierend.

---

[32] Ian Bremmer, Samuel Charap: The Siloviki in Putin’s Russia: Who They Are and What They Want, in: The Washington Quarterly, 1/2007, S. 83–92. – Andrei Soldatov, Michael Rochlitz: The Siloviki in Russian Politics, in: Daniel Treisman (Hg.): The New Autocracy: Information, Politics, and Policy in Putin’s Russia. New York 2018, S. 83–108.

[33] Exemplarisch: Patrušev: „Zapad sozdal imperiju lži predpolagajuščuju uničtoženie Rossii“. Rossijskaja gazeta, 26.4.2022. – Nikolaj Patrušev: Effektivnoe protivostojanie sankcijam pozvolit provesti strukturnuju perestrojku ėkonomiki. Rossijskaja gazeta, 2.6.2022. – Vyzov prinjat. Nikolaj Patrušev: podgotovlena obnovlennaja Strategija nacional’noj bezopasnosti RF. Rossijskaja gazeta, 22.12.2015. —„Za destabilizaciej Ukrainy sryvaetsja popytka radikal’nogo oslablenija Rossija. Sekretar’ Sovbeza RF Nikolaj Patrušev o glavnych ugrozach dlja bezopasnosti Rossii. Kommersant“, 22.6.2015. – Nikolaj Patrušev: „Otrezvlenie“ ukraincev budet žestkim i boleznennym. Rossijskaja gazeta, 15.10.2014. – Andrej Kolesnikov: Cholodnaja vojna Andreja Patruševa. Forbes, 16.10.2014, <www.forbes.ru/mneniya-column/tsennosti/270739-kak-plokhaya-publitsistika-formiruet-politiku-rossiiskogo-gosudarstv>.

[34] Interview mit einem pensionierten FSB-Agenten im Dezember 2015. – Galeotti, Putin’s Hydra [Fn. 15], S. 5–6.

Die Dominanz der Siloviki und ihre wirtschaftlichen Folgen

Ein großes, seit über zwanzig Jahren bestehendes Problem ist der massive Druck der Geheim- und Sicherheitsdienste auf Unternehmen und die daraus resultierenden unsicheren Eigentumsrechte. In Russland operieren neben Staatsanwaltschaft und Polizei zahlreiche weitere Geheim-, Nachrichten- und Sicherheitsdienste, von denen viele auch auf regionaler Ebene aktiv sind. So hat der FSB in jeder Region einen einflussreichen Vertreter, welcher oft in direktem Konflikt mit dem Regionalgouverneur steht.[35] Diese verwenden ihre Vollmachten, um mit Hilfe von oft übertriebenen Kontrollen insbesondere junge, erfolgreiche oder innovative Unternehmen zu erpressen oder zu enteignen.[36] Gleichzeitig konkurrieren sie miteinander um wirtschaftlichen Einfluss und verteidigen vehement ihre jeweiligen Interessensphären. Nach Einschätzung verschiedener Beobachter wird diese Konkurrenz sowie die Möglichkeit wirtschaftlicher Einflussnahme von Putin bewusst aufrechterhalten, um die verschiedenen Dienste gegeneinander auszuspielen und diese damit unter Kontrolle zu behalten.[37]
Nach einer relativen Abschwächung in den frühen 2010er Jahren hat das Phänomen der Unternehmensplünderungen seit 2014 wieder zugenommen.[38] Die Auswirkungen auf unternehmerische Anreize, Investitionen und die Neugründung von Firmen sind fatal. Schon der EBRD-Report von 2012 hatte festgestellt, dass die Zahl von neuen Unternehmensgründungen in Russland – welche im Jahr 1998 noch über dem europäischen Durschnitt lag – zwischen 1998 und 2008 stark zurückging, so dass im Jahr 2008 Russland weit unter dem europäischen Durchschnitt lag. Als wichtige Erklärung wurden schon damals unsichere Eigentumsrechte und der Druck der Sicherheitsdienste ausgemacht.[39] Eine quantitative Studie aus dem Jahr 2020 ergab, dass die Bereitschaft von Firmen, in russländischen Regionen zu investieren, geringer wird, je größer das jeweilige Enteignungsrisiko ist.[40] Eine 2022 veröffentlichte Studie findet einen messbaren negativen Zusammenhang zwischen der Verfolgung kleiner und mittlerer Betriebe und deren Wachstum.[41] In Regionen mit einem hohen Risiko ist außerdem die Wahrscheinlichkeit höher, dass Unternehmen in der Schattenwirtschaft operieren. Durch das Vermeiden offizieller Kontakte ist das Risiko geringer, dass räuberische Behörden auf die Tätigkeit insbesondere kleiner Unternehmen aufmerksam werden.[42]

---

[35] Andrei Yakovlev, Anton Aisin: Friends or Foes? The Effect of Governor-Siloviki Interaction on Economic Growth in Russian Regions, in: Russian Politics, 4/2019, S. 520–545.

[36] Firestone: Criminal Corporate Raiding in Russia [Fn. 16]. – Rochlitz: Corporate Raiding and the Role of the State in Russia [Fn. 15]. – Anton Kazun: Violent Corporate Raiding in Russia: Preconditions and Protective Factors, in: Demokratizatsiya: The Journal of Post-Soviet Democratization, 4/2015, S. 459–484.

[37] Galeotti, Putin's Hydra [Fn. 15]. – Soldatov, Rochlitz, The Siloviki [Fn. 32]. – Zum Konflikt zwischen Innenministerium (MVD) und FSB: The Double Sting. A Power Struggle Between Russia's Rival Security Agencies. The New Yorker, 27.7.2015.

[38] Krylova, Reiderstvo 2.0 [Fn. 12], S. 8.

[39] EBRD: Diversifying Russia – Harnessing Regional Diversity [Fn. 21], S. 32.

[40] Israel Marques, Calling the Cavalry, [Fn. 14].

[41] Ivan Judin, Gennadii A. Porosenkov: Assessing the impact of criminal prosecution of entrepreneurs on small and medium-sized enterprises in Russia, in: Voprosy Ėkonomiki, 7/2022, S. 68–84.

[42] Michael Rochlitz: Violent Pressure on Business and the Size of the Informal Economy: Evidence from Russian Regions, in: Abel Polese u.a. (Hg.): The Informal Economy in Global

In den vergangenen Jahren hat auch der Druck auf ausländische Unternehmen zugenommen. Zum einen haben diese besonders sowohl unter den westlichen als auch den russländischen Sanktionen gelitten,[43] zum anderen sind ausländische Investoren wie der einflussreiche US-amerikanische Investor Michael Calvey zunehmend ins Fadenkreuz der Sicherheitsdienste geraten. Der Gründer der Private-Equity-Firma *Baring Vostok* war im Februar 2019 mit fünf Kollegen angeklagt und im August 2021 nach zwei Jahren Hausarrest zu einer Bewährungsstrafe von 5 ½ Jahren verurteilt worden. Die Vorwürfe und das Verfahren hatten viele Beobachter als fingiert beschrieben.[44] Nachdem der zunehmende Druck schon vor 2022 zu einer wachsenden Abwanderung ausländischer Investoren und Firmen aus Russland geführt hat,[45] ist die Abwanderung nach dem 24. Februar 2022 zu einem Exodus geworden. Mittlerweile haben über 1000 ausländische Firmen ihre Aktivitäten in Russland stark eingeschränkt oder beendet, während nur noch wenige hundert Unternehmen wie vor dem Krieg aktiv sind.[46]

Neben negativen Auswirkungen auf Unternehmer hat der Druck der Sicherheitsdienste auch einen negativen Effekt auf Anreize für Bürokraten und Beamte. In der Volksrepublik China waren bis vor kurzem positive Karriereanreize für regionale Staatsbeamte ein wichtiger Wachstumsfaktor. Wer es schaffte, als Bürgermeister oder Gouverneur einer Region für Wirtschaftswachstum zu sorgen, wurde befördert.[47] In Russland gilt der gegenteilige Effekt. Hier zeigte sich, dass Gouverneure von wirtschaftlich erfolgreichen Regionen signifikant seltener in ihrem Amt bleiben als Gouverneure in wirtschaftlich schlechten Regionen.[48] Für dieses Ergebnis gibt es mehrere Gründe. Zum einen könnten wirtschaftlich erfolgreiche Gouverneure an Popularität gewinnen und sich eine Machtbasis aufbauen, die ihnen eine unabhängige Rolle in der nationalen Politik ermöglichen könnte, wie im Falle des inhaftierten Gouverneurs der Region Chabarovsk, Sergej Furgal. Ein weiterer Grund besteht darin, dass wirtschaftlich aktive Gouverneure öfters in Konflikte mit den regionalen Vertretern des FSB geraten.[49] Allein zwischen 2015 und 2017 brachte der FSB fünf Gouverneure zu Fall: Aleksandr Chorošavin im Gebiet Sachalin,

---

Perspective. Basingstoke 2017, S. 173–193. – Iudin, Assessing the impact [Fn. 41]. Etliche Kleinunternehmer in Russland, mit denen ich Interviews führte, betonten, wie wichtig es sein, „unter dem Radar" der Sicherheitsbehörden zu bleiben. Das Erpressungsrisiko lasse sich verringern, wenn man offizielle Kontakte vermeide.

[43] Rochlitz, Collective Action Abroad [Fn. 24].

[44] Der Investmentbanker Rair Simonjan gab in einem Interview mit The Bell an, die Verhaftung von Michael Calvey habe dem Investitionsklima in Russland enorm geschadet. <www.dekoder.org/de/article/rair-simonjan-investitionen-sanktionen>.

[45] Russian Firms with Foreign Links Down 40 % in 3 Years. The Moscow Times, 17.9.2021.

[46] Over 1,000 Companies Have Curtailed Operations in Russia – But Some Remain. Yael school of management. 25.7.2022, <https://som.yale.edu/story/2022/over-1000-companies-have-curtailed-operations-russia-some-remain>.

[47] Hongbin Li, Li-An Zhou: Political turnover and economic performance: the incentive role of personnel control in China, in: Journal of Public Economics, 9–10/2005, S. 1743–1762. – Yao Yang, Muyang Zhang: Subnational leaders and economic growth: evidence from Chinese cities, in: Journal of Economic Growth, 2015, S. 405–436.

[48] Michael Rochlitz: Political Loyalty vs Economic Performance: Evidence from Machine Politics in Russia's Regions, in: Basic Research Program Working Papers, Working Paper BRP 34/PS/2016, Higher School of Economics.

[49] Andrei Yakovlev, Friends or Foes? [Fn. 35].

Vjačeslav Gajzer in der Republik Komi, Nikita Belych im Gebiet Kirov, Aleksandr Solov'ev in Udmurtien und Leonid Markelov in Marij Ėl.[50]

Russlands Bürgermeister stehen ebenfalls unter großem Druck. Eine neue Studie hat die Biographien aller Bürgermeister in Russlands 221 wichtigsten Städten kodiert, und herausgefunden, dass zwischen 2002 und 2018 über zehn Prozent ihre Karriere im Gefängnis beendet haben. In den meisten Fällen lautete das Urteil Korruption, was aufgrund der weitgefassten russischen Anti-Korruptionsgesetzgebung den Sicherheitsdiensten viel Interpretationsspielraum lässt. Gleichzeitig ist die Wahrscheinlichkeit, verhaftet zu werden, für Bürgermeister der Opposition viermal höher als für Mitglieder der Partei der Macht *Edinaja Rossija*.[51] Die ständige Angst, ins Fadenkreuz der Sicherheitsdienste zu gelangen, verringert die Anreize für regionale Beamte, wirtschaftlich aktiv zu werden. Wer Initiative zeigt und versucht, seine Region zu entwickeln, macht sich angreifbar. Wie im Fall von Unternehmern versuchen Beamte, unter dem Radar der Sicherheitsdienste zu bleiben, anstatt durch überdurchschnittliche Aktivitäten aufzufallen.[52]

Ein Problem besteht darin, dass die Angehörigen der Sicherheitsdienste nach einem Anreizsystem arbeiten und befördert werden, das dem der Regionalbeamten widerspricht. Während Gouverneure – wenigstens auf dem Papier – ihre Regionen wirtschaftlich fördern sollen, werden die Beamten der Sicherheitsdienste danach beurteilt, wie viele Straftäter sie hinter Gitter bringen. Dieses sogenannte *paločnaja sistema* ist eine der Ursachen für die hohe Zahl von Unternehmern und Staatsbeamten in Russlands Gefängnissen.[53]

In manchen Fällen führt die Angst vor den Sicherheitsdiensten auch zu vorauseilendem Gehorsam. Eine 2017 durchgeführte experimentelle Studie fand heraus, dass in regionalen Wirtschaftsförderagenturen Unternehmer, die mit der politischen Opposition verbunden sind, systematisch benachteiligt werden.[54] Während des Experiments gaben einige Mitarbeiter der Agenturen an, Angst vor Beschattung durch den regionalen Geheimdienst zu haben. In der Annahme, der Staat verlange von ihnen die Diskriminierung politisch nicht genehmer Unternehmer, handelten sie entsprechend.

Staatliche Kontrolle und Wissenschaft

Während Russlands Unternehmer seit langem unter dem Druck der Siloviki leiden, war die Situation im Wissenschaftssektor lange Zeit entspannter. Dies hat sich seit Mitte der 2010er Jahre geändert. Als Reaktion auf ein zunehmend repressives Umfeld nehmen seitdem Fälle von Selbstzensur und vorauseilendem Gehorsam zu, vor allem in den

---

[50] Dela gubernatorov. FSB. Centr „Dos'e": 2020–2022, <https://fsb.dossier.center/gubernators/>.

[51] Noah Buckley, Ora John Reuter, Michael Rochlitz, Anton Aisin: Staying Out of Trouble: Criminal Cases Against Russian Mayors, in: Comparative Political Studies, 9/2022, S. 1539–1568. <https://doi.org/10.1177/00104140211047399>.

[52] Alexander Libman, Michael Rochlitz: Federalism in China and Russia: Story of Success and Story of Failure. Cheltenham 2019, Kapitel 4.

[53] Lauren McCarthy: The day-to-day work of the Russian police, in: Russian Analytical Digest, 151/2014, S. 5–8.

[54] Michael Rochlitz, Evgeniya Mitrokhina, Irina Nizovkina: Bureaucratic Discrimination in Electoral Authoritarian Regimes: Experimental Evidence from Russia, in: European Journal of Political Economy, 66/2021, 101957, https://doi.org/10.1016/j.ejpoleco.2020.101957

Sozialwissenschaften. Viele Sozialwissenschaftler widmen sich nur noch Themen, die als „politisch unbedenklich" gelten.[55]

Seit 2019 gibt es auch zunehmend offenen Druck auf Russlands Universitäten. Selbst die *Higher School of Economics,* lange Zeit ein Hort freier Wissenschaft, geriet immer mehr in Schwierigkeiten. Nach den Protesten im Umfeld der Wahlen zur Moskauer Stadtduma im September 2019 musste eine Reihe liberaler Professoren die Universität verlassen, nachdem sie sich offen auf die Seite protestierender Studierender gestellt hatten.[56] Der regierungskritischen Studentenzeitung *Docha* wurde der Status als Studentenorganisation aberkannt.[57] Im Juni 2021 kam es zu einem tiefen Einschnitt, als der langjährige Rektor Jaroslav Kuzminov zurücktrat und durch einen eher unbekannten Bürokraten ersetzt wurde.[58] Kuzminov, der mit der Chefin der russländischen Zentralbank, El'vira Nabiullina, verheiratet ist, hatte es lange Zeit vermocht, die Universität vor dem zunehmenden Druck durch den FSB abzuschirmen. Als im Dezember 2021 Sergej Rožkov, der ehemalige Chef des Inlandsgeheimdienstes FSB der Region Belgorod zum neuen Prorektor der HSE ernannt wurde, der formal die Zuständigkeit für Sicherheitsfragen wie Anti-Terrorschutz, Brandschutz und Informationssicherheit übertragen bekam, wurde klar, dass das Kapitel der Universität als Insel liberalen Denkens sein Ende gefunden hatte.[59]

Während bis 2021 der Druck durch den FSB noch eher hinter den Kulissen stattfand, ist seit Februar 2022 der FSB nicht mehr darum bemüht, seinen Einfluss zu verbergen. Studiengänge und Neueinstellungen müssen nun offen mit Vertretern des FSB abgestimmt werden. Programme wie der Studiengang „Human Rights and Democratic Governance" an der Higher School of Economics wurden eingestellt, die verantwortlichen Dozenten entlassen.[60]

Der Druck auf Russlands Universitäten ist nicht auf die Sozialwissenschaften begrenzt. Im Jahr 2021 wurden mehrere Natur- und Ingenieurwissenschaftler festgenommen – unter der Anklage, dass sie wissenschaftliche Geheimnisse an Vertreter ausländischer Staaten weitergegeben hätten. Dieser Vorwurf traf den Direktor des Petersburger Instituts für Überschallsysteme Aleksandr Kuranov oder die theoretischen Physiker Valerij Golubkin und Anatolij Gurbanov.[61] An jedem dieser Fälle zeigt sich, dass den Siloviki das Verständnis für die Funktionsweise wissenschaftlichen Arbeitens fehlt. Statt die Bedeutung des freien Austauschs von Informationen und der Einbindung in internationale akademische Diskussionen anzuerkennen, setzen die Siloviki auf Abschottung und Kontrolle.

---

[55] Alexander Libman: Vorauseilender Gehorsam: Russlands Sozialwissenschaften unter Druck, in: OSTEUROPA, 11–12/2015, S. 119–124.

[56] Putin Critics Ousted from Elite University Set Up „Free" Rival. Bloomberg 3.10.2020.

[57] Rukovodstvo VŠĖ isključilo studenčeskij žurnal DOCHA iz čisla studenčeskich organizacij. MBK-News, 3.12.2019.

[58] Andrei Kolesnikov: How One University Rector Forever Changed Russian Education. The Moscow Times, 6.7.2021.

[59] V VŠĖ naznačili prorektorom po bezopasnosti ėks-glavu belgorodskogo FSB, RBK: 19.12.2021. – Sergej Vladimirovič Rožkov: <www.hse.ru/org/persons/536469820>. – Viele Mitarbeiter der HSE sehen in Rožkovs Ernennung ein Symbol für den direkten Einfluss des FSB auf die Universität.

[60] Alesya Marokhovskaya, Irina Dolinina: „Before, it never occurred to anyone to consider education as a threat to security." Istories, 8.4.2022.

[61] Russia arrests hypersonic technology scientist on treason charges. DW, 12.8.2021. – Anna Rara-Avis: In Russia, there is a battle going on – for the future of science, in: OpenDemocracy, 15.12.2021, <www.opendemocracy.net/en/odr/russia-academic-freedom-threat-precarity/>.

Dass dies ein sicherer Weg auf ein wissenschaftliches Abstellgleis ist, ist den Vertretern der Sicherheitsdienste offensichtlich nicht bewusst.[62]
Mit der Festnahme des Rektors der angesehenen, nichtstaatlichen „Moskauer Schule für Sozial- und Wirtschaftswissenschaften" (Shaninka-Universität), Sergej Zuev, im Oktober 2021, sowie der Festnahme des Rektors der „Russländischen Akademie für Volkswirtschaft und Öffentlichen Dienst" Vladimir Mau im Juni 2022, hat die Verfolgung von Wissenschaftlern eine neue Qualität erlangt. Insbesondere die Festnahme des in Bezug auf politische Fragen sehr vorsichtig agierenden Ökonomen Vladimir Mau kann als klares Signal an alle Wissenschaftler in Russland interpretiert werden, dass von nun an niemand mehr sicher ist. Vor diesem Hintergrund liest sich Vladimir Putins Ankündigung Mitte Februar 2022, Russland für ausländische Wissenschaftler attraktiver zu machen, wie bittere Ironie.[63]

Auf dem Weg in Richtung Nordkorea

Seit Putins Rückkehr ins Präsidentenamt im März 2012 fehlt der russländischen Regierung eine wirtschaftspolitische Strategie.[64] Politische Entscheidungen werden zunehmend von Putin getroffen, ohne dass die wirtschaftlichen Auswirkungen in Betracht gezogen werden.[65] Beratungen scheinen höchstens noch in dem kleinen Kreis von Siloviki stattzufinden, dem Aleksandr Bortnikov, Nikolaj Patrušev und vielleicht noch Verteidigungsminister Sergej Šojgu angehören. Den Geheimdienstlern fehlt jedoch das Verständnis für die Funktionsweise einer modernen Volkswirtschaft. Sie verkennen insbesondere die große Bedeutung von Innovationen, internationalem Austausch und Unternehmertum. Für den Kreml hat die wirtschaftliche Entwicklung seit längerem keine Priorität mehr. Stattdessen setzt das Regime auf Kontrolle und Repression im Inneren, um auf Proteste und mögliche soziale Folgen der wirtschaftlichen Stagnation vorbereitet zu sein, und Konfrontation mit dem Westen.[66]
Mit dem großflächigen Angriffskrieg gegen die Ukraine hat diese Entwicklung einen neuen Tiefpunkt erreicht. Die massiven westlichen Sanktionen werden die russländische Volkswirtschaft auf Jahre hinaus hart treffen. Schon heute ist der Import westlicher

---

62 Fiona Murray, Philippe Aghion, Mathias Dewatripont, Julian Kolev, Scott Stern: Of Mice and Academics: Examining the Effect of Openness on Innovation, in: American Economic Journal: Economic Policy, 1/2016, S. 212–252.

63 Putin poručil sozdat' uslovija dlja privlečenija inostrannych učenych v Rossiju. Ria Novosti, 11.2.2022.

64 Andrei Yakovlev: Composition of the ruling elite, incentives for productive usage of rents, and prospects for Russia's limited access order, in: Post-Soviet Affairs, 5/2021, S. 417–434. – Michael Rochlitz: Why is Russia Lacking an Economic Strategy for the Future, in: Russian Analytical Digest, 285/2022, S. 9–12.

65 Bei einem Empfang in Soči im Oktober 2015 fragte der amerikanische Politikwissenschaftler Daniel Treisman Putin, ob die Annexion der Krim langfristig geplant war. Putin antwortete: „Keineswegs. Das war spontan. Wir sahen, was in Kiew passierte, und *ich traf eine Entscheidung*." [Hervorhebung von M.R.]. Treisman, The New Autocracy [Fn. 4], S. 279. Die Entscheidung zum Angriff auf die Ukraine im Februar 2022 scheint ebenso von Putin allein getroffen worden zu sein.

66 Nikolay Petrov, Michael Rochlitz: Control over the Security Services in Periods of Political Uncertainty: A Comparative Study of China and Russia, in: Russian Politics, 4/2019, S. 546–573.

Technologien kaum noch möglich. Gleichzeitig ist Russlands Wissenschaftssystem vom Rest der Welt abgeschnitten. Russland hat weder die wirtschaftlichen noch die wissenschaftlichen Fähigkeiten, den Exportstopp von westlichen Technologien und Wissen zu kompensieren. Gleichzeitig scheint China nicht bereit zu sein, das Risiko westlicher Sanktionen auf sich zu nehmen, um Hochtechnologie nach Russland zu exportieren, da Chinas Volkswirtschaft zumindest für einige Jahre weiterhin auf westliche Technologie angewiesen sein wird.

Russland droht damit das Schicksal Nordkoreas. China wird günstig Energie und Rohstoffe aus Russland beziehen, im Tausch gegen Konsumgüter. Russlands Wirtschaft wird technologisch den Anschluss verlieren und stagnieren, während dem Land politisch ein Abgleiten in den Totalitarismus droht. Plötzlich scheint die 2006 im Roman *Der Tag des Opritschniks* von Vladimir Sorokin entworfene Dystopie erschreckend nahe an der Realität zu sein: Ein von der Geheimpolizei beherrschtes Russland existiert in völliger Abgeschlossenheit vom Westen und wirtschaftlicher Abhängigkeit von China hinter einer großen Mauer, die nach einem verlorenen blutigen Krieg in Osteuropa um das Land herum errichtet wurde.[67]

Schlagwörter:
Russland, Wirtschaft, Geheimdienste, Ukrainekrieg, Siloviki

---

[67] Vladimir Sorokin: Der Tag des Opritschniks. Köln 2008.

Ulrich Schmid

Stierlitz und seine Enkel

Russlands Geheimdienste in Literatur und Film

In jüngster Zeit gewinnt die Arbeit der Geheimdienste als Stoff für die Kulturproduktion in Russland an Bedeutung. Mit der Verhärtung des politischen Kurses des Putin-Regimes werden die Geheimdienste in der russländischen Gesellschaft zunehmend mit einem positiven Image ausgestattet. Neue Fernsehserien beruhen auf einer doppelten Traditionslinie, in der einerseits die Kultserie *17 Frühlingsmomente* eine stilbildende Funktion ausübt, andererseits aus Hollywood stammende Sehgewohnheiten berücksichtigt werden. Eine kritische literarische oder filmische Auseinandersetzung mit den Aktivitäten der diversen Geheimdienste Russlands ist zur Zeit nicht möglich.

Am 18. April 2022 begann der Erste Kanal des russländischen Staatsfernsehens mit der Ausstrahlung der achtteiligen Serie *Der Chef der Aufklärung* (Načal'nik razvedki). Die aufwändig produzierte Serie verherrlicht Pavel Fitin (1907–1971), der während des Zweiten Weltkriegs den sowjetischen Auslandsgeheimdienst leitete. Die Serie dient ganz offensichtlich der historischen Legitimierung aktueller Themen der patriotischen Propaganda. Fitin hatte die Auskundschaftung von Hitlers Plänen organisiert und wichtige Informationen für das sowjetische Atomprogramm geliefert. In den Hintergrundinformationen des Ersten Kanals zu dieser Serie wird die Idolatrie bereits in einem Statement des Schauspielers Sergej Marin deutlich:

> Einerseits bedeutete die Aufgabe, einen solchen Helden wie Pavel Fitin zu spielen, eine große Verantwortung. Andererseits hatte ich so die Gelegenheit, diesem Menschen wie auch anderen Mitarbeitern des Auslandsgeheimdienstes, die nicht nur einen enormen Anteil am Sieg über das faschistische Deutschland, sondern auch an der Bewahrung des Friedens nach dem Krieg haben, meine Dankbarkeit auszudrücken.[1]

Ulrich Schmid (1965), Dr. phil., Slavist, Professor für Kultur und Gesellschaft Russlands, Universität St. Gallen. Il'ja Kukulin sei Dank für wertvolle Hinweise.

Von Ulrich Schmid erschien in OSTEUROPA zuletzt: Anatomie einer Diskreditierung. Russlands Staatsmedien und Memorial, in: OE, 8–9/2021, S. 225–240. – Der Abgeordnete des russischen Waldes. Leonid Leonovs Engagement für den Umweltschutz, in: OE, 7–9/2020, S. 91–101. – Romantik und Politik. Stanisław Srokowski und das patriotische Narrativ der PiS, in: OE, 3–4/2020, S. 179–192. – Heidegger in Russland. Rezeptionslinien und Aktualisierungen, in: OE, 1–2/2020, S. 61–83.

[1] „Tjaželo poverit' čto takie ljudi-glyby byvajut". Počemu nel'zja propustit' serijal „Načal'nik razvedki", <www.1tv.ru/movies/statyi/tyazhelo-poverit-chto-takie-lyudi-glyby-byvayut-pochemu -nelzya-propustit-serial-nachalnik-razvedki>.

OSTEUROPA, 72. Jg., 11/2022, S. 171–182 doi: 10.35998/oe-2022-203

Der Chef der Aufklärung, RU 2022

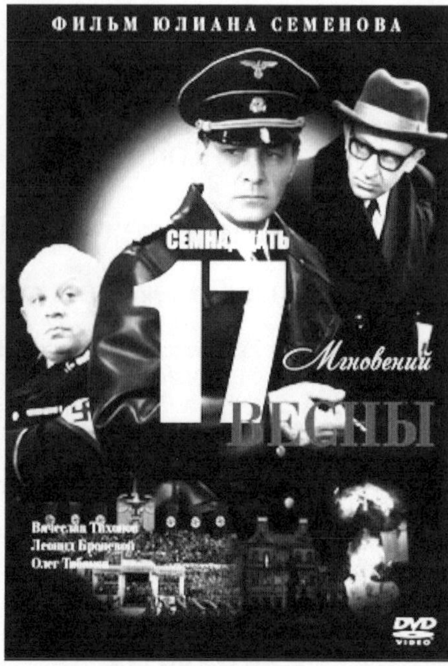

17 Frühlingsmomente, SU 1973

Fitin berichtet Stalin. Szene aus 17 Frühlingsmomente

Vorangegangen war dem Biopic über Fitin der Dokumentarfilm *Eustace an Alex. Eben jener Alex* („Justas – Aleksu". Tot samyj Aleks; Regie: Michail Elkin), der im Dezember 2020 auf demselben Sender ausgestrahlt wurde. „Eustace an Alex" ist ein berühmtes Zitat aus der Kult-Fernsehserie *17 Frühlingsmomente* (Semnadcat' mgnovenij vesny). Der Held Stirlitz verwendet den Codenamen „Eustace", um mit „Alex", dem Leiter des Auslandsgeheimdienstes, in Kontakt zu treten. „Alex" ist in Tat und Wahrheit niemand anderes als Pavel Fitin. Der Dokumentarfilm *Eustace an Alex* wurde von Russlands *Služba vnešnej razvedki* (SVR), dem Auslandsgeheimdienst, gefördert. Dessen Chef Sergej Naryškin tritt an prominenter Stelle als Experte auf und enthüllt ein Fitin-Denkmal vor dem Moskauer Sitz des Auslandsgeheimdienstes SVR. Fitin ist ein idealer Held unserer Zeit. Sein Dienst deckte auf, dass Churchill kurz nach Kriegsende eine Untersuchung in Auftrag gab, die Chancen eines britisch-amerikanischen Angriffs auf die Rote Armee in Mitteleuropa unter Beteiligung ehemaliger Wehrmachtsoldaten ausloten sollte („Operation Unthinkable"). Bereits 1941 trieb er die Nuklearphysikspionage voran, die zur Entwicklung der sowjetischen Atombombe beitrug. Beide Themen fügen sich nahtlos ein in die Hauptthesen Präsident Putins und der gegenwärtigen russländischen Propaganda nach dem massiven bewaffneten Angriff auf die Ukraine: Der Westen mache mit Nazis gemeinsame Sache und müsse deshalb wie Nazis bekämpft werden. Russland gebühre es als Atommacht, auf Augenhöhe mit den übrigen ständigen Vertretern des UN-Sicherheitsrates über die Gestaltung einer multipolaren Weltordnung mitzuentscheiden.

Die in Schwarz-Weiß gedrehte Serie *17 Frühlingsmomente* kam im Jahr 1973 auf die sowjetischen Fernsehbildschirme und signalisierte die Verhärtung des kultur-politischen Kurses in der Sowjetunion. Das Tauwetter, das 1956 durch den Parteichef Nikita Chruščev eingeleitet worden war und 1962 in der Publikation von Aleksandr Solženicyns Lagererzählung *Ein Tag im Leben des Ivan Denisovič* seinen Höhepunkt gefunden hatte, war vorbei. Solženicyn galt mittlerweile als Staatsfeind. Das Politbüro schwankte in seinem Umgang mit dem Nobelpreisträger des Jahres 1970 zwischen Ausweisung und Verhaftung.

An der Verherrlichung des Geheimdienstes in der Serie *17 Frühlingsmomente* lässt sich ablesen, dass Sozialismus in der Sowjetunion nicht mehr international gedacht wurde; im Fokus stand nun die russisch-nationale Kultur. Unterschwellig betrieb die Serie sogar eine Rehabilitierung Stalins: Sie zeigt ihn als vorausschauenden Führer, der aufgrund dieser Eigenschaft jenseits konventioneller moralischer Grenzen steht.[2] Die Anregung für das Fernsehprojekt, das auf einem Romanzyklus von Julian Semenov basiert, kam von Jurij Andropov persönlich, dem damaligen Chef des KGB. Der Held des Stoffes ist der sowjetische Agent Maksim Isaev, der unter der falschen Identität des SS-Offiziers Max von Stirlitz das Reichssicherheitshauptamt ausspioniert. Die Handlung spielt in den letzten Monaten des Zweiten Weltkriegs. Stirlitz muss Informationen überprüfen, nach denen die westlichen Alliierten einen Separatfrieden mit Nazi-Deutschland erwägen, um eine neue Front gegen die Sowjetunion zu bilden. Er gerät in gefährliche Situationen und muss sorgfältig darauf achten, dass seine biographische Tarnung nicht auffliegt.

---

[2] Tarik Cyril Amar: Between James Bond and Iosif Stalin. Seventeen Moments of Spring, a Soviet Cultural Event of the Cold War and the Post-Thaw, in: Kritika, 21/2020, S. 627–658, hier S. 631.

Stirlitz ist ein Vorbild patriotischer Selbstaufopferung. Er stellt seinen Dienst über sein privates Glück, er riskiert sein Leben für sein Vaterland und rettet selbstlos Witwen und Waisen. Letztlich ist Stirlitz ein Wiedergänger des positiven Helden aus der Stalinkultur. Er macht keine Entwicklung durch, sondern steht von Anfang bis zum Schluss für seine Prinzipien ein. Auch seine unbewegliche und ernste Physiognomie erinnert an die Porträts und Statuen aus der Stalinzeit – Stirlitz verkörpert die Wachsamkeit und das Engagement des neuen Menschen, der die Gemeinschaft über das Individuelle stellt.[3] Der ultranationalistische Autor Aleksandr Prochanov nannte *17 Frühlingsmomente* einen „genialen Film" und lobte die „Magie" der Darstellung.[4]
2009 legte der Regisseur Sergej Ursuljak unter dem Titel *Isaev* ein Prequel zu *17 Frühlingsmomente* vor. Die 16-teilige Fernsehserie stützt sich auf drei Prosastücke aus Julian Semenovs Isaev-Zyklus, die Handlung ist in den 1920er Jahren angesiedelt. Der junge Isaev wird vom Čeka-Chef Feliks Dzierżyński zuerst nach Tallinn geschickt, um dort in das „weiße" Exilmilieu einzudringen. Später reist Isaev nach Vladivostok und spioniert dort feindliche Aktivitäten aus. Isaev erntete das Wohlwollen des FSB, das sowohl den Regisseur als auch den Darsteller der Hauptfigur mit einem Preis auszeichnete.[5]

Semenov: Im Zentrum des sowjetpatriotischen Michalkov-Lagers

Die Glorifizierung des Geheimdienstlers Isaev war schon in den Romanvorlagen von Julian Semenov (1931–1993) angelegt. In siebzehn Romanen und einer Erzählung schuf Semenov einen „Zyklus politischer Chroniken", in dem Isaev Schlüsselmomente der Geschichte Russlands des 20. Jahrhunderts durchlebt. Explizit benennt Semenov „die Ereignisse der Revolution, den Bürgerkrieg, die spanische Tragödie, den Großen Vaterländischen Krieg". Der Autor weist darauf hin, dass Isaev/Stirlitz als kollektives Porträt verschiedener Geheimdienstler zu verstehen sei, denen er für ihr „großartiges, ehrliches und mutiges Leben" danke.[6] Semenov hat nie einen Hehl aus seinen nationalistischen Ansichten gemacht und den Zusammenbruch der Sowjetunion stets beklagt. 1955 hatte er Ekaterina Michalkova (1931–2019) geheiratet, die Stieftochter des linientreuen Staatsdichters Sergej Michalkov (1913–2009), der sich an verschiedenen Hetzkampagnen etwa gegen Pasternak, Sinjavskij und Solženicyn beteiligte und den reaktionären Putsch gegen Gorbačev im August 1991 unterstützte. Mit den beiden patriotischen Filmregisseuren Andrej Končalovskij und Nikita Michalkov war Semenov mithin verschwägert. Die Nähe zum Michalkov-Clan erlaubte es Semenov, Kontakte zum KGB zu

---

[3] Isabelle de Keghel: Seventeen Moments of Spring, a Soviet James Bond Series? Official Discourse, Folklore, and Cold War Culture in Late Socialism, in: Euxeinos, 25–26/2018, S. 82–93, <https://gce.unisg.ch/-/media/dateien/instituteundcenters/gce/euxeinos/de-keghel_euxeinos-25-26.pdf>.

[4] Aleksandr Prochanov: Metafizika fašizma. In: Ders.: Choždenie v ogon'. Putešestvie po sobstvennoj žizni. Moskva 2011, S. 341–355, hier S. 349.

[5] Seit 2006 verleiht der FSB jeweils drei Preise in den Rubriken Fernseh- und Radioprogramme, Belletristik und Journalistik, Musik, Kino und Fernsehfilme, Schauspielkunst, bildende Kunst. <http://www.fsb.ru/fsb/premiya.htm>.

[6] Neizvestnyj Julian Semenov. Umru ja nenadolgo . . . Pis'ma, dnevniki, putevye zametki. Moskva 2008, S. 12, 18.

knüpfen, die er für seine historischen Recherchen ausnutzte.[7] Übrigens spielt Nikita Michalkov in seinem Gerichtsfilm *12* (2007) selbst den Vorsitzenden eines Geschworenengerichts, der früher beim KGB gearbeitet hat. Er lässt in dieser Rolle durchblicken, dass man aus dem Geheimdienst niemals austreten könne.
In Semenovs Romanen tritt immer wieder ein allwissender Erzähler auf, der Isaevs Denken kommentiert. Dabei werden auch normative Aussagen zur Agententätigkeit und zum Verhalten des Spions getroffen. Wichtig ist etwa das Zusammenspiel von Sensibilität und Selbstkontrolle:

> Der Agent, der im Brennpunkt wichtiger Ereignisse steht, muss ein unendlich emotionaler, sogar empfindsamer Mensch sein – wie ein Schauspieler; aber diese emotionale Entblößung muss ganz mit der Kaltblütigkeit grausamer Logik überdeckt werden.[8]

Der hohe Stellenwert der Selbstkontrolle erinnert an das Programm des Leiters des Moskauer Künstlertheaters, Konstantin Stanislavskij, der von seinen Schauspielern forderte, sie müssten sich in ihre Rolle „einleben". Man spielt also nicht mehr seinen Part, man ist vielmehr die Person, die man darstellt. Bei Semenov kommt dieser Ansatz in prominenter Weise zum Tragen:

> Wenn Stirlitz sich nachts, und auch das nur selten, gestattete, sich als Isaev zu fühlen, dann argumentierte er so: Was heißt es, ein wahrer Agent zu sein? Informationen zu sammeln, objektive Daten zu bearbeiten und sie ans Zentrum zu schicken – für die politische Verallgemeinerung und die Entschlussfassung? Oder seine eigenen, zutiefst individuellen Schlüsse zu ziehen, seine eigene Perspektive zu zeichnen, seine eigenen Auslegungen vorzustellen? Und angenommen, dass du, ausgerechnet du genau fühlst, was die Zukunft bringt – hast du, Maksim Isaev, das Recht, diese Zukunft zu beeinflussen? Die Geißel der Aufklärung, so glaubte Isaev, besteht darin, dass ein Übermaß an vorliegender Information die Perspektive überschwemmt, sie verbirgt, so dass Entscheidungen subjektiv getroffen werden, nicht als objektive Schlussfolgerungen aus der Analyse der Wahrheit – wie schrecklich oder glückbringend diese auch sei. Isaev dachte, wenn man der Aufklärung erlaube, sich mit politischer Planung zu beschäftigen, dann könnte es geschehen, dass es viele Empfehlungen, aber wenig Erkenntnisse gebe. Isaev glaubte, dass er, der Aufklärer, in erster Linie zur Objektivität verpflichtet sei. Es sei sehr schlecht, wenn die Aufklärung ganz einer politischen, von vornherein abgestimmten Linie folgen müsse. So war es bei Hitler, als er – von der Schwäche der Sowjetunion überzeugt – nicht auf die vorsichtigen Stimmen hörte: Russland ist nicht so schwach wie es scheint. Ebenfalls schlecht war es, wenn die Aufklärung sich die Politik unterwerfen wollte. Ideal war, wenn der Aufklärer die Perspektive der Entwicklung der Ereignisse erfasste und den Politikern eine Reihe möglicher und aus seiner Sicht zielgerichteter Entscheidungen vorschlug.[9]

---

7 Michail Zolotonosov: Kak KGB rabotalo s Bondarčukom, Michalkovym i drugimi dejateljami, in: Gorod 812, 18.12.2017, <https://gorod-812.ru/kak-kgb-rabotalo-s-bondarchukom-mihalkovyim-drugimi-deyatelyami>.

8 Julian Semenov: Tajnaja vojna Maksima Maksimoviča Isaeva. Moskva 1974, S. 280.

9 Ebd., S. 392.

Semenov sieht hier sehr deutlich die Gefahren einer ideologischen Verblendung der Aufklärungsarbeit. Vorsichtigerweise schildert er die Problematik in Bezug auf Nazi-Deutschland, doch es ist klar, dass auch die sowjetische Ideologie zu Fehldeutungen vorliegender Informationen führen konnte. Der Geheimdienstler sei deshalb zur kritischen Reflexion seines eigenen Tuns verpflichtet:

> Der Aufklärer, so nahm Isaev an, hat das Recht, an der Unfehlbarkeit seiner eigenen Voraussagen zu zweifeln, nur ein Recht hat er nicht: von der objektiven Methode der Untersuchung der Wirklichkeit abzuweichen.[10]

Prochanov: Sehnsucht nach der imperialen Vergangenheit

Der als „Nachtigall des Generalstabs“ verspottete ultranationalistische Schriftsteller Aleksandr Prochanov (geb. 1938) hat einen Geheimdienst-„Heptateuch“ vorgelegt. Im Zentrum der sieben Bücher, die zwischen 1982 und 2002 entstanden, steht Viktor Belosel'cev, General des Auslandsgeheimdiensts im Ruhestand, der über eine außergewöhnliche Intuition und kombinatorische Intelligenz verfügt. Prochanov hat seine sieben Romane immer wieder überarbeitet und die verschiedenen Fassungen unter unterschiedlichen Titeln veröffentlicht. Der erste Roman *Der Traum von Kabul* entstand 1982 unter dem Eindruck des sowjetischen Afghanistankriegs und wurde nach dem Zusammenbruch des Sowjetsystems um eine Rahmenhandlung erweitert. Im Jahr 2001 veröffentlichte Prochanov eine neue Fassung des Romans, die mit einem Abgesang auf den vergangenen Glanz des Sowjetimperiums beginnt. Die Erzählung setzt ein mit einem melancholischen Rückblick auf eine globale Agententätigkeit, die mit dem Untergang der Sowjetunion obsolet geworden ist.

Die Einheiten, mit denen er in Amerika, Afrika und Asien gekämpft hatte, waren längst zerschlagen. Die Operationen, die er ausgearbeitet hatte, erwiesen sich als sinnlos. Die Regime, denen er half, waren im Erdboden versunken. Die sowjetische Aufklärung – und mit ihr das riesige Land, das einst unbesiegbar und ewig schien – war zu Staub geworden, zu einem „Ramschmarkt“, zu faulenden Überbleibseln zerfallener kraftloser Strukturen, mit denen er nichts mehr zu tun haben wollte. Von den großen Doktrinen und Heldentaten, von den ruhmvollen Armeen und Flotten, vom allmächtigen roten Imperium, dem er leidenschaftlich gedient hatte, blieb nur eine enorme, wandfüllende Schmetterlingssammlung.[11]

---

[10] Ebd., S. 397f.

[11] Aleksandr Prochanov: Son o Kabule. In: Ders.: Vojna s Vostoka. Kniga ob afganskom pochode. Moskva 2001, S. 181–526, hier S. 181.

Das Schmetterlingsmotiv, das Prochanov hier einsetzt, ist bezeichnend: Die Vergangenheit ist nicht verloren, sie hat sich nur eingepuppt und wartet auf eine Wiedergeburt in noch schönerer Gestalt. Belosel'cev ist natürlich eine autobiographische Symbolfigur, in der Prochanov seine eigenen heilsgeschichtlichen Erwartungen spiegelt. 2002 erschien der letzte Roman des „Heptateuchs" *Herr Hexogen*, dessen Handlung um den von Putin entfesselten Zweiten Tschetschenienkrieg kreist. Auf den dahinter stehenden politischen Plan reagiert General Belosel'cev mit einer Mischung aus Faszination und Schrecken:

> Belosel'cev erschrak über die Einfachheit des verrückten Vorhabens, das an die Phantasie eines Besessenen erinnerte. Er war erregt, wie ein Spion, dem es durch einen glücklichen Zufall gelingt, einen Plan aufzudecken, dem er lange Zeit nachgespürt hat.[12]

Prochanov erzählt in diesem Roman vom Übergang des zerfallenden Staates unter Präsident El'cin, der im Roman als „Götze" bezeichnet wird, zum neuen System von Vladimir Putin, der als „Auserwählter" auftritt. Der Roman endet mit einer Gegenüberstellung des authentischen Belosel'cev und der artifiziell anmutenden Figur des „Auserwählten", der in der Phantasie des Generals möglicherweise nur eine „Plastikfigur mit einem unbeweglichen Zelluloidgesicht" ist.[13]
Prochanovs Zweifel an der Leistungsfähigkeit des Hoffnungsträgers sollten sich später erhärten. Im Jahr 2011 veröffentlichte er ein Buch mit dem programmatischen Titel *Putin, an den wir glaubten.*[14] Prochanov kritisierte darin die zurückhaltende Politik Putins, der seiner Meinung nach nicht entschieden genug gegen die Liberalen in Russland vorging. 2014 dagegen begrüßte er begeistert die Annexion der Krim und die Präsenz russländischer Kämpfer im Donbass.[15] Russlands Überfall auf die Ukraine im Februar 2022 deutete Prochanov als Überwindung jenes „furchtbaren Schnitts" von 1991, der „Scheidung" der Ukraine von Russland.[16]

Ardamatskij: Der Geheimdienst als Familie

Vasilij Ardamatskij (1911–1989) begann seine literarische Karriere als Journalist. Ein Wendepunkt war für ihn eine längere Dienstreise nach Lettland, wo er 1940 die deutsche Spionagetätigkeit beobachten konnte. Ein gutes Beispiel für seine zahlreichen Spionagetexte ist der Roman *Gegenoperation* (Otvetnaja operacija, 1959), der im Berlin der Nachkriegszeit spielt. Eine eingeschworene Truppe von Agenten vereitelt eine US-amerikanische Operation. Leutnant Kovan'kov, ein zuverlässiger Spion, wird vom amerikanischen Geheimdienst entführt und soll vor Journalisten die sowjetischen Aktivitäten in Ostberlin denunzieren.

---

[12] Aleksandr Prochanov: Gospodin Geksogen. Moskva 2002, S. 189.
[13] Ebd., S. 470.
[14] Aleksandr Prochanov: Putin, v kotorogo my verili. Moskva 2011.
[15] Ulrich Schmid: Technologien der Seele. Vom Verfertigen der Wahrheit in der russischen Gegenwartskultur. Berlin 2015, S. 124–130.
[16] Aleksandr Gamov: Aleksandr Prochanov o specoperacii na Ukraine. Komsomol'skaja Pravda, 26.2.2022.

Sein Kollege Subbotin gewinnt unter falscher Identität das Vertrauen des amerikanischen Majors, der die Operation leitet. Bald wird Subbotin Direktor einer Schule für amerikanische Spione, die Sabotageakte in der Sowjetunion ausführen sollen. Allerdings bildet Subbotin Doppelagenten aus. Der Roman endet mit dem Fallschirmabsprung dreier amerikanischer Agentenpaare über sowjetischem Territorium. Die vermeintlichen Diversanten melden sich per Funk und kündigen erste Aufklärungsaktionen an. Allerdings werden sie den amerikanischen Geheimdienst mit sorgfältig konstruierten Falschinformationen füttern. Der sowjetische Geheimdienst wird in diesem Roman als große Familie beschrieben, die jedem Einzelnen Rückhalt gibt. Jeder Mitarbeiter verfügt über mindestens zwei Identitäten und kann sich gegenüber den Amerikanern als Deutscher oder als Antikommunist ausgeben. Alle sind überzeugte Patrioten. Die Amerikaner bieten Leutnant Kovan'kov ein neues Leben in den USA an. Kovan'kov lehnt dieses Angebot ab, weil er bald schon in seiner Heimat der Kommunistischen Partei beitreten kann.

Eine Mitarbeiterin des sowjetischen Geheimdienstes in Berlin hat eine unorthodoxe Laufbahn hinter sich und muss noch die letzte Hürde nehmen. Ihr Werdegang wird im Roman so beschrieben:

> Die Menschen kommen auf verschiedene Arten zum Geheimdienst. Bei Nataša war es so: Nachdem sie das Fremdspracheninstitut absolviert hatte, wurde sie nach Deutschland geschickt, zur Sowjetarmee. Hier wurde sie Übersetzerin bei der Spionageleitung. In der Abteilung, wohin man sie kommandierte, fiel bald auf, dass die Übersetzerin einen schnellen und scharfen Verstand hatte. Sie war rasch vertraut mit der neuen Arbeit und erfüllte, anders als andere Übersetzer, nicht nur einfach ihre Pflicht, sondern wurde von sich aus aktiv. Wie von selbst geschah es, dass die Mitarbeiter, die mit ihr arbeiteten, begannen, sie um Rat zu fragen und ihr einfache Aufgaben zu übertragen, die sie schnell und gut erledigte. Nach einem Jahr wurde Nataša operative Mitarbeiterin und konnte sich schon gar nicht mehr vorstellen, jemals einen anderen Beruf auszuüben. [Ihr Vorgesetzter, Oberst Semin, U.S.] sagte ihr: „Ein kalter Beamter ist in unserem Beruf fehl am Platz. Jeder muss leidenschaftlich in seinen Auftrag verliebt sein, muss ihn mehr als alles in der Welt lieben, mehr als das eigene Leben. Aber dabei muss unser Verstand ganz kalt bleiben. Die erste Eigenschaft haben Sie, soweit ich weiß, die zweite nicht. Wir hoffen, dass sie sich mit der Erfahrung einstellen wird. Aber wenn nicht …", der Oberst machte eine Handbewegung, als wischte er Staub vom Tisch, „dann bleiben Sie nicht bei uns." Nataša erinnerte sich wohl ihr ganzes Leben lang an diese Worte und an die nachlässige Geste des Obersten.[17]

[17] Vasilij Ardamatskij: „Ja – 11-17". Otvetnaja operacija. Povesti. Moskva 1976, S. 131.

Das hier geschilderte Berufsethos der Geheimdienstler beruht auf einer exklusiven Bindungskraft innerhalb der Gruppe, die sich ganz mit ihrer Aufgabe identifiziert. Gleichzeitig behalten alle Agenten immer die Contenance. Der Roman endet mit einem Treffen der Gruppe im Büro des Obersten Semin, der sie zu ihrem „ausgezeichneten Dienst" beglückwünscht. Darauf „glänzen die Augen" der Agenten „freudig".
In Ardamatskijs Roman gibt es auch auf der sowjetischen Seite finstere Gestalten. Der ehemalige Bergmann Barkov aus dem Donbass, der während der deutschen Besatzung mit den Nazis kollaboriert hat, trägt nun seine Dienste den Amerikanern an. Im Gegensatz zu den aufrichtigen Kommunisten, die ihren patriotischen Persönlichkeitskern in immer wieder neue, selbstgewählte Masken hüllen können, ist Barkov in seiner doppeldeutigen körperlichen Erscheinung gefangen. Der Hüne hat einen männlichen, muskulösen Körperbau, aber zarte weibliche Hände und ein feminines Gesicht. Seine persönliche Falschheit wird schon durch die ambivalente Geschlechtsidentität angezeigt.

Koževnikov: Das Individuum und die Geschichte

Putins Lieblingsserie Ščit i meč, von und mit Vladimir Basov (1968)

Vadim Koževnikov (1909–1984) verfasste 1965 seinen erfolgreichen Spionageroman *Schwert und Schild* (Ščit i meč), der zwei Jahre später vom Schauspieler und Regisseur Vladimir Basov (1923–1987) verfilmt wurde. Der Titel *Schwert und Schild* verweist auf das offizielle Wappen des KGB, in dem das Schwert den Angriff und der Schild die Abwehr symbolisiert. Koževnikov war ein treuer Diener der Sowjetmacht und langjähriger Chefredakteur der Zeitschrift *Znamja*. Seine Loyalität ging so weit, dass er das Manuskript von Leonid Grossmans Roman *Leben und Schicksal* dem ZK der KPdSU übergab und 1973 in einem offenen Brief die Abschiebung Solženicyns forderte.[18] Vladimir Putin erklärte in einem Interview zu Beginn seiner ersten Amtszeit als Präsident, es sei unter anderem die Heldenerzählung von Schwert und Schild gewesen, die ihn bewogen habe, in den KGB einzutreten:

> Bücher und Filme wie *Schild und Schwert* taten das Ihre. Am meisten erstaunte mich, wie man mit wenig Kraft, buchstäblich der Kraft eines einzelnen Mannes, etwas erreichen kann, das ganze Armeen nicht schaffen. Ein Spion entschied über das Schicksal von tausend Menschen.[19]

Putin hebt hier einen zentralen Aspekt von Koževnikovs Geheimdienstpoetik hervor: Der Agent erringt durch seinen Wissensvorsprung einen Vorteil gegenüber dem Lauf der Geschichte, der er seinen Willen aufzwingen kann.

[18] Semen Lipkin, Anna Berzer: Žizn' i sud'ba Vassilja Grossmana. Moksva 1990, S. 60.
[19] Natalija Gevorkjan, Andrej Kolesnikov, Natal'ja Timakova: Ot pervogo lica. Razgovory s Vladimirom Putinym. Moskva 2000, S. 24.

Der Held im Roman und Film *Schild und Schwert* ist der sowjetische Agent Aleksandr Belov, der während des Zweiten Weltkriegs unter dem Decknamen Johann Weiß nach Deutschland reist und schließlich zum Hauptsturmführer SS aufsteigt. Der vierteilige Film war äußerst erfolgreich. Der Titelsong *Womit beginnt die Heimat?* (S čego načinaetsja Rodina?) wurde zu einem beliebten Schlager; 2014 wurde er in einem russischen Remake der israelischen Serie *Hatufim* (2010) und in deren amerikanischer Adaption *Homeland* (2011) des Kinoregisseurs Pavel Lungin (geb. 1949) wieder eingesetzt, das auch den Titel *Womit beginnt die Heimat?* trägt. Das Grundmotiv aller drei Serien ist die Rückkehr eines gefangenen Soldaten aus einer traumatisierenden Gefangenschaft – aus dem Libanon, dem Irak oder aus Tschetschenien. Lungin zeichnet in seiner Version ein sehr positives Bild des FSB, der effizient und mit hohen moralischen Maßstäben arbeitet.
Auf ähnliche Weise lehnte sich die Blockbusterproduktion *Die Verteidiger* (2017) des Komödienregisseurs Sarik Andreasjan (geb. 1984) an das amerikanische Vorbild der *Avengers* an. In diesem Fantasy-Film verfügen die vier Superhelden über übermenschliche Kräfte und verteidigen Moskau gegen eine Armee von bösartigen Klonen. Ihr Kampfsymbol ist ein Wappen, das sich eng an die Heraldik von Schwert und Schild im KGB und FSB anlehnt. Die Heldengruppe ist politisch korrekt zusammengesetzt: Die Anführerin ist eine Moskauerin, ihr stehen ein Kaukasier, ein Asiate und ein Sibirjake zur Seite. Damit verkörpern sie die „russländische Nation“, ein politisches Projekt Vladimir Putins, das er 2016 sogar gesetzlich verankern wollte, das aber am Widerstand nichtrussischer Föderationssubjekte wie etwa Tatarstan oder Dagestan scheiterte.

Ėkk und Pyr'ev: Der Geheimdienst als Besserungsanstalt

Lungin und Andreasjan führen mit der filmischen Lobpreisung des FSB eine Traditionslinie des Sowjetkinos fort. 1931 hatte Nikolaj Ėkk (1902–1976) den Dokumentarfilm *Fahrkarte ins Leben* gedreht, in dem er Laiendarsteller auftreten ließ. Der Film wurde in einem Erziehungslager der OGPU gedreht, die Schauspieler spielten ihr eigenes Leben: Viele von ihnen waren als Straßenkinder aufgewachsen und sollten nun unter der Aufsicht sowjetischer Beamter zu vollwertigen Mitgliedern der sozialistischen Gesellschaft werden. Die Handlung gipfelt in einem Kampf zwischen einer Jugendbande und einer Gruppe bereits umerzogener Jugendlicher. Der Film war nicht nur die Verfilmung eines Experiments, sondern im Sinn seiner Nähe zur sozialen Realität selbst ein Experiment.[20] Sein propagandistisches Ziel bestand im filmischen Nachweis der Wirksamkeit der OGPU-Methoden.
Eine wichtige Rolle spielt die Geheimpolizei auch in Ivan Pyr'evs (1901–1968) Film *Der Parteiausweis* (1936). Die Hauptfigur, die überzeugte Kommunistin Anna, erkennt im Lauf der Handlung, dass ihr gutaussehender Ehemann Pavel ein Volksfeind ist. Der Film spielt geschickt mit verschiedenen Identitäten des Bösewichts, der sich unter einer freundlichen Maske verbirgt. Dabei sind die Protagonistin und das Publikum nicht auf

---

[20] Cristina Vatulescu: Police Aesthetics. Literature, Film, and the Secret Police in Soviet Times. Stanford 2010, S. 135.

demselben Informationsstand: Die Protagonistin vertraut ihrem Ehemann noch zu einem Zeitpunkt, als das Publikum schon längst um sein schädliches Wirken weiß.[21]
Pyr'ev inszeniert das zentrale stalinistische Motiv der „Wachsamkeit" (bditel'nost'), die hinter dem Schein das Sein erkennen muss. Das Publikum durchlebt denselben schmerzlichen Erkenntnisprozess wie die Heldin Anna. Die Schlussszene wurde bezeichnenderweise auf Geheiß von Stalin höchstpersönlich eingefügt, der den Film in einer privaten Vorführung gesehen hatte: Als Anna ihren Ehemann endlich entlarvt, tauchen im Hintergrund ein NKVD-Kommissar und zwei Rotarmisten auf, die den Volksfeind verhaften.[22] Damit wird der Geheimdienst als immer schon anwesender Garant der gesellschaftlichen Wahrheit in das private Geschehen präsentiert.

Grossman & Solženicyn: Innenansichten von Geheimdienstinstitutionen

In scharfem Kontrast zur staatlichen Präsentation der Geheimdienstpraktiken stehen Aussagen von Schriftstellern, die vom NKVD gefoltert wurden. Der Dichter Nikolaj Zabolockij (1903–1958) wurde 1938 verhaftet und verfasste später einen Bericht über seine Gefangenschaft in der Leningrader Geheimpolizeizentrale. Darin beschrieb er, wie man ihn tagelang auf einem Stuhl fesselte und ihm sowohl Nahrung als auch Schlaf vorenthielt. Vasilij Grossman (1905–1964), der 1948 in Moskau Zabolockijs Nachbar wurde, übernahm diese Schilderung und baute sie in sein Romanepos *Leben und Schicksal* (1950–1959) ein. Hier wird der überzeugte Kommunist Nikolaj Krymov verhaftet und in der Ljubjanka gefoltert. Der stalinistische Terror wird zum Leitmotiv von *Leben und Schicksal.* Grossman lässt seine Anklage des brutalen Überwachungs- und Strafsystems in einem Vergleich zwischen Stalinismus und Nationalsozialismus gipfeln, den er allerdings vorsichtigerweise einem deutschen Offizier in den Mund legt.[23]
Auch Aleksander Solženicyn (1918–2008) schilderte in seinem Roman *Im ersten Kreis der Hölle* (1955–1958) ein Speziallager des MVD und MGB, in dem eingesperrte Wissenschaftler an einem Spracherkennungssystem arbeiten. Für die Insassen beginnt ein Gewissenskonflikt, als ein sowjetischer Diplomat bei der amerikanischen Botschaft in Moskau anruft und vor dem Diebstahl von wissenschaftlichem Material zum Bau einer Atombombe warnt. Die Aufzeichnung des Gesprächs gelangt in das Speziallager und soll dort ausgewertet werden, damit der Verräter identifiziert und verhaftet werden kann. Im Roman wird der Diplomat allerdings nicht einfach als Bösewicht dargestellt, sondern als russischer Patriot, dem klar geworden ist, dass sein Vaterland und der sowjetische Staat nicht mehr dasselbe sind. Solženicyn stützte sich beim Verfassen seines Romans auf seine eigenen Erfahrungen in einem solchen Speziallager; die Figur des Mathematikers Gleb Neržin ist als Selbstporträt des Autors zu lesen. Die Haftbedingungen für die gefangenen Spezialisten waren nicht allzu streng. Solženicyn führt im fünften Kapitel seines Romans mit Leutnant Serafima Vital'evna sogar eine MVD-Mitarbeiterin ein, die sich während seiner Haftzeit in ihn verliebt hatte.[24]

---

[21] Julie A. Cassiday: The Enemy on Trial. Early Soviet Courts on Stage and Screen. DeKalb 2000, S. 185.
[22] Vatulescu, Police Aesthetics [Fn. 20], S. 114.
[23] Alexandra Popoff: Vasily Grossman and the Soviet Century. New Haven, London 2019, S. 219, 221, 239.
[24] Ljudmila Saraskina: Solženicyn. Moskva 2009, S. 345.

Zusammenfassung

Die sowjetischen wie russischen Spionageromane und -filme sind durch zahlreiche Überschneidungen und Referenzen miteinander verbunden. Im Fluchtpunkt vieler Produktionen steht die Kultserie *17 Frühlingsmomente*, die zur Grundlage moderner Dokumentarfilme und Fernsehfilme wird. In jüngster Vergangenheit kommt es immer öfter vor, dass die Geheimdienste selbst Filmproduktionen in Auftrag geben oder unterstützen. Damit wollen sie ihre Aktivitäten in ein günstiges Licht rücken und ihre gesellschaftliche Akzeptanz erhöhen. Oft werden dabei heroische Begebenheiten aus der Sowjetzeit, vorzugsweise der Stalin-Ära, neu gestaltet. Die Figur Stalins wird dabei behutsam rehabilitiert: Er steht als besonnener Staatslenker einem Geheimdienstapparat vor, der vor allem die Aggression des nationalsozialistischen Deutschland und das amerikanische Hegemonialstreben bekämpft. Paradoxerweise lehnen sich einzelne Produktionen dabei an Vorbilder aus der amerikanischen Populärkultur wie etwa *Homeland* oder *Avengers* an. Es scheint fast, als sei eine alte stalinistische Losung in abgeänderter Formulierung wieder in Kraft getreten: „National im Inhalt, international in der Form."

Schlagwörter:
Russland, Geheimdienste, russischer Film, russische Literatur

Valerij V'jugin

Make love, not war

Russische Spionagekomödien der 1990er–2010er Jahre

Die Spionagekomödie ist in Russland ein eher neues und seltenes Genre, das sich erst ab den 1990er Jahren entwickelt. Es spiegelt den Geist der politischen Öffnung, das Ende des Kalten Krieges, aber auch tieferliegende Kontinuitäten. Die Konfrontation der Blöcke, insbesondere zwischen den USA und der Sowjetunion/Russland, löst sich in diesen Filmen in Freundschaft oder freundliche Rivalität auf; oft steht eine Liebesgeschichte im Vordergrund. Zugleich zeigt sich an Konstanten wie der bildlichen Präsenz des sowjetischen Geheimdienstgründers Dzeržinskij, dass die Autoritäten der Vergangenheit nicht begraben sind. An dem verschiedenen Umgang der Filme mit diesen Konstanten lässt sich das gesellschaftliche und politische Klima ihrer Zeit ablesen.

In Spionagefilmen spiegeln sich stets Vorstellungen über die internationalen Beziehungen. Das galt für sowjetische Produktionen wie Aleksandr Mačerets *Ošibka inženera Kočina* (Ingenieur Kočins Fehler, 1939), oder Tat'jana Lioznovas berühmte TV-Serie *Semnadcat' mgnovenij vesny* (Siebzehn Frühlingsmomente, 1973) ebenso wie für Filme, die nach 1991 in Russland gedreht wurden. Und es gilt auch für einen besonderen Zweig dieses Genres, die Spionagekomödie. Diese war in der Sowjetunion anders als in Westeuropa und den USA kaum entwickelt:[1] Abgesehen von einem frühen Kassenschlager, dem Stummfilm *Miss Mend* (1926) von Fedor Ocep und Boris Barnet, dürfte Efim Gamburgs ebenfalls sehr populärer Zeichentrickfilm *Špionskie strasti* (Agentenintrigen, 1967) das einzige sowjetische Beispiel sein, das eindeutig in diese Kategorie fällt.[2] Auch in den vergangenen 30 Jahren sind in Russland nur vier einschlägige Spielfilme und eine Fernsehserie dieses Genres entstanden.[3] Nicht alle diese Produktionen waren große Publikumserfolge, aber alle vermitteln ein prägnantes Bild von dem Geist, der zur Zeit ihrer Entstehung in Russland herrschte.

Valerij V'jugin (1962), Philologe und leitender wissenschaftlicher Mitarbeiter am Institut für russische Literatur (Puškin-Haus) in St. Petersburg. Die Arbeit am vorliegenden Aufsatz wurde vom Russländischen Wissenschaftsfonds gefördert (Projekt Nr. 19-18-00414, Sovetskoe segodnja: Formy kul'turnogo resajklinga v rossijskom iskusstve i ėstetike povsednevnogo. 1990–2010-e gody).

[1] In Europa wurde die erste Spionagekomödie *Spy Fever* bereits 1911 gedreht, siehe Alan Burton: Historical Dictionary of British Spy Fiction. Lanham 2016, S. 358.

[2] Zwei weitere, sehr viel weniger bekannte und auch viel weniger „sowjetische" Filme sind hier noch zu nennen: Gennadij Polokas gefährlich ironischer und zugleich pathetischer *Odin iz nas* (Einer von uns, 1970) wurde einige Monate nach seinem Kinostart aus dem Verkehr gezogen. 1989 folgte vom selben Regisseur *A byl li Karotin?* (Gab es Karotin überhaupt?).

[3] Dazu kommen einige weitere Low-Budget-Kurzfilme – meist Parodien der berühmten Serie *Semnadcat' mgnovenij vesny* und ihres Protagonisten Stierlitz.

OSTEUROPA, 72. Jg., 11/2022, S. 183–203 doi: 10.35998/oe-2022-204

Der erste dieser Filme wurde 1991, noch vor dem offiziellen Ende der Sowjetunion gedreht, der jüngste 2017–2019. Alle diese Produktionen haben einen gemeinsamen Masterplot, auch bestimmte Verhaltensweisen der russischen wie der nichtrussischen Agentenfiguren ähneln sich. Was sie verbindet ist eine „Rhetorik von Frieden und Liebe“:[4] Sie bauen an einer Nische, in der das Motto „Make love, not war“ gilt.

Siegeszug der Liebe

Er: Ein unverheirateter Mann, Anfang-Mitte dreißig, der noch bei seiner Mutter lebt und völlig unter deren Pantoffel steht. Sie weckt ihn morgens, macht ihm Frühstück, schickt ihn zur Arbeit. Sie: eine junge Prostituierte mit romantischen Ideen, die davon träumt, eine Musikakademie aufzubauen. Die beiden begegnen sich zufällig und verlieben sich ineinander. Ehe sie zueinanderfinden, müssen sie jedoch eine Reihe von komischen und melodramatischen Verwicklungen überstehen. Das ist die Story von Sebastián Alarcóns chilenisch-russischer Koproduktion *Agenty KGB tože vljubljajutsja* (Auch KGB-Agenten verlieben sich, 1991).[5]

Der Film wäre eine romantische Komödie wie viele andere, wäre sein Protagonist kein Agent. Er wird in geheimer Mission nach Chile entsandt, ohne zu wissen, worin diese Mission eigentlich besteht. Umso mehr Zeit bleibt ihm für Affären und Partys. Erst am Schluss des Films stellt sich heraus, dass seine eigentliche Aufgabe darin besteht, seinen Kollegen beim Aufbau eines chilenisch-russischen *joint venture* zu unterstützen. Die Firma entpuppt sich als Bordell – und hat großen Erfolg, weil die KGB-Agenten ihre Kunden gegen Geld mit erektionsförderndem Bergziegensperma aus Russland versorgen.[6] Die einzigen Themen, die die Macher des Films interessieren, sind offenbar Liebe, Sex und Geschäfte. Subversive Tätigkeiten oder politische Pläne kommen nicht vor, sie werden nicht einmal erwähnt. Der traditionelle Feind des KGB, die CIA, taucht nur in einer Szene ganz am Anfang auf, als der Protagonist, der zu diesem Zeitpunkt noch einer öden Bürotätigkeit nachgeht, die Archive des KGB für ein Schäferstündchen mit einer Mitarbeiterin der Kantine nutzt. Just zur selben Zeit bieten seine Vorgesetzten – ein Ergebnis der Politik der Öffnung, der Glasnost – einer Delegation von CIA-Mitarbeitern eine Führung durch die Räume des KGB-Hauptsitzes am Ljubjanka-Platz in Moskau an, bei der das Paar in flagranti überrascht wird.

Reale Spionageoperationen gehören der Vergangenheit an, sie wecken nur noch nostalgische Gefühle. Die lebhaftesten Erinnerungen der Agenten haben entweder wiederum mit ihren sexuellen Erfolgen zu tun oder mit dem Bild ihres Berufsstands im Film: Bei einem Fest unter Kollegen wird gemeinsam der berühmte Titelsong aus der sowjetischen Spionageserie *Semnadcat' mgnovenij vesny* gesungen.[7]

---

[4] Der Begriff der Rhetorik wird hier im Sinn von Wayne Booths „Rhetoric of Fiction“ (Chicago 1961) verwendet.

[5] Einige Komödien der frühen 1990er Jahre wurden von Produktionsgesellschaften außerhalb Russlands gedreht, manche in ehemaligen Sowjetrepubliken. Zum Zeitpunkt ihrer Entstehung galten diese Gebiete jedoch – zumindest in Russland – noch als gemeinsamer Raum, alle Filme liefen in Russland, und ihre Stars hatten ihre Karriere als sowjetische Schauspieler begonnen.

[6] Zufällig kontrolliert auch Ian Flemings berühmter russischer Spion Le Chiffre ein Netz von Bordellen in Frankreich.

[7] Tat'jana Lioznovas Serie ist unstrittig die bekannteste Spionagegeschichte im postsowjetischen Russland, ihre Popularität lässt sich allenfalls mit der der James-Bond-Filme vergleichen, die

Die überschießende Präsenz des Themas Sexualität, die den Spionageplot in *Agenty KGB* völlig verdrängt, weist den Film als typisches Produkt der frühen 1990er Jahre aus: Nach der verordneten Zurückhaltung der Sowjetzeit herrschte in dieser Phase erheblicher Nachholbedarf. Allerdings ging Alarcón, dessen Helden ihre beruflichen Ideale ganz offen mit Füßen treten, in dieser Hinsicht weiter als andere Vertreter des Genres, deren Figuren doch in erster Linie Spione bleiben.

Dennoch folgen alle späteren postsowjetischen Spionagekomödien dem Masterplot, den *Agenty KGB* prägte. Stets gibt es zwei Hauptfiguren, einen männlichen Protagonisten und eine weibliche Figur, in die der Held sich verliebt. Mindestens einer der beiden ist ein Spion; häufig haben sie verschiedene Staatsangehörigkeiten. Ihre Mission besteht vor allem darin, einander zu finden, daneben gibt es jedoch oft weitere Handlungsstränge, darunter meist ein Kampf gegen einen gemeinsamen Feind, eine „dritte Macht“. Das Paar entzieht sich erfolgreich allen Geheimdiensten, nicht zuletzt dem, für den einer der beiden insgeheim arbeitet. Meist wird dieser Konflikt mit friedlichen Mitteln ausgetragen, es gibt jedoch auch Ausnahmen. Die verschiedenen Interessen der beteiligten Individuen und Institutionen führen zu Reibereien zwischen Vorgesetzten und Untergebenen, die oft auch die Form eines Generationenkonflikts annehmen.

Darüber hinaus kehren in allen postsowjetischen Spionagekomödien bestimmte Motive wieder. Das auffälligste sind Bilder und Porträts von führenden Männern des Geheimdienstes oder Staates. Die jungen Helden stehen zu ihnen in einer kontroversen, uneindeutigen Beziehung; häufig sehen sie sie als ihre entfernten, „archetypischen“ Vorläufer. In Alarcóns Film zieren die Porträts der beiden letzten sowjetischen Staatsführer vor der Perestrojka, Leonid Brežnev and Jurij Andropov, die Wände des Bordells, das in einem ehemaligen KGB-Domizil untergebracht ist. Der Zuschauer sieht sie im Hintergrund eines Reigens von halbnackten Mädchen; den Protagonisten motiviert der Anblick von Brežnevs Bild dazu, dessen senile Marotten zu parodieren.

Odessa – Brighton Beach und retour

Deutlich erfolgreicher als *Agenty KGB* war die 1992 gedrehte Komödie *Na Deribasovskoj chorošaja pogoda, ili Na Brajton-Bič opjat' idut doždi* (In Odessa keine Wolke am Himmel, oder Erneut Regen in Brighton Beach) des gefeierten sowjetischen Komödienregisseurs Leonid Gajdaj. Die Handlung dieses Films ist in der jüngsten Vergangenheit angesiedelt, also in einer noch intakten, aber schon stark durch die Politik der Perestrojka geprägten Sowjetunion.

---

in der Sowjetuion allerdings verboten waren. Siehe Elena Prokhorova: Spring Time for Schtirlits: *Seventeen Moments of Spring* and Camp Totalitarianism. In: Dies.: Fragmented Mythologies: Soviet TV Mini-Series of the 1970s. PhD diss., University of Pittsburgh, 2003, S. 81–113. – Mark Lipovetsky: The Art of Alibi: Stierlitz as the Soviet intelligent. In: Ders.: Charms of the Cynical Reason: The Trickster's Transformations in Soviet and Post-Soviet Culture. Brighton 2011, S. 210–230. – Cécile Vaissié: False Nazis And True Chekists, Treacherous Allies And Close Enemies: The Soviet Series „Seventeen Moments Of Spring“. In: Lori Maguire (Hg.): The Cold War and Entertainment Television. Newcastle upon Tyne 2016, S. 81–113. – Erik Jens: Cold War Spy Fiction in Russian Popular Culture: From Suspicion to Acceptance via Seventeen Moments of Spring. In: Studies in Intelligence, 2/2017, S. 31–41. – Siehe auch den Beitrag von Ulrich Schmid in diesem Band, S. 171–182.

Überschießende Präsenz: Vorne Rundung, hinten Andropov. Szene aus „Agenty KGB"

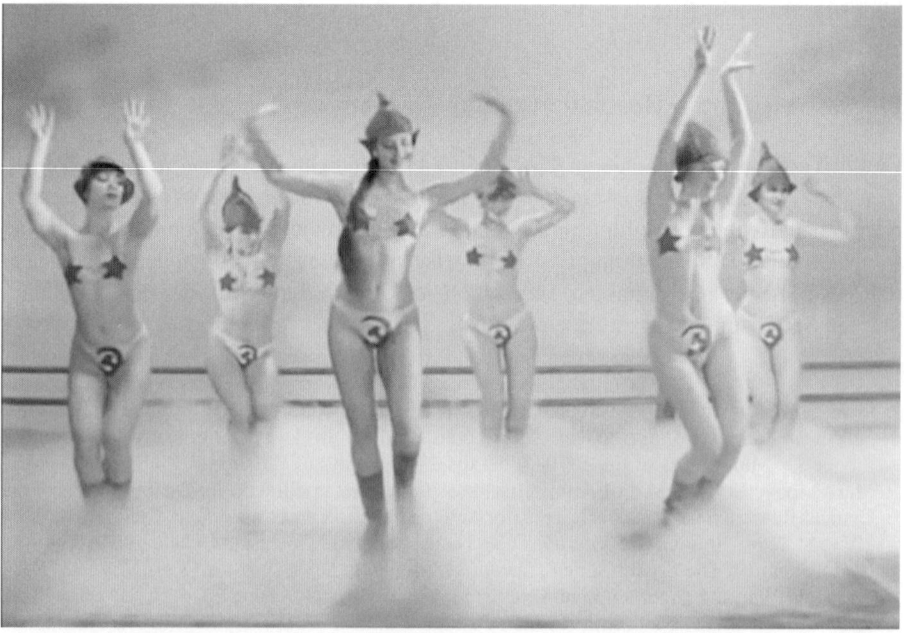

Hammer und Sichel: Szene aus „Na Deribasovskoj chorošaja pogoda"

Im Gegensatz zu Alarcóns schwachem Helden ist Gajdajs Protagonist kein Muttersöhnchen, sondern ein wahrer Superheld: In seiner ersten Szene erledigt er einen gefährlichen Sexualverbrecher in Odessa, kurz darauf sehen wir ihn in der Kabine eines Sportflugzeugs, das gerade auf dem Roten Platz landet – die Parallele zu dem realen Coup des jungen Deutschen Matthias Rust fünf Jahre zuvor ist unübersehbar. Als nächstes wird er zu einer geheimen Mission in die USA entsandt, die er zweifellos erfüllen wird.
Bei allen Unterschieden haben die Filme von Alarcón und Gajdaj doch auch starke Ähnlichkeiten. Auffällig ist das gemeinsame Wertesystem, das beide implizit propagieren:[8] In beiden Komödien gibt es keinen äußeren politischen oder militärischen Feind. Weder die CIA noch der britische SIS noch irgendein anderer westlicher Geheimdienst stellen eine Bedrohung für die Bürger Russlands dar. In Alarcóns Film betätigen die KGB-Agenten sich nebenbei als Geschäftsleute, Gajdajs Superagent kämpft gegen die russische, genauer: die multinationale sowjetische Mafia in den USA. Überdies sind die Geheimdienste der USA bei Gajdaj Partner des KGB. Außerhalb ihrer offiziellen Verpflichtungen vergnügen die hochrangigen russischen und amerikanischen Beamten sich in Moskau gemeinsam bei Banja-Besuchen und Landpartien; ihre weniger hochrangigen Kollegen machen in Brighton Beach zusammen Jagd auf den Mafiaboss.
Das Thema Liebe ist die zweite Verbindung zwischen den beiden Plots: In *Na Deribasovskoj* ist auf amerikanischer Seite eine weibliche Superagentin an der Operation beteiligt; die Geschichte endet angemessen melodramatisch: Der russische Spion und die amerikanische Spionin retten sich gegenseitig vor einem Giftgasanschlag, indem sie sich küssen. Auch Gajdaj kann ein gewisses Interesse an der bis kurz zuvor noch tabuisierten Erotik nicht verhehlen: So kommen KGB- und CIA-Mitarbeiter bei einem gemeinsamen Banja-Besuch in den Genuss einer Tanzperformance einer uniformierten russischen Mädchentruppe (Thema: der russische Bürgerkrieg), die überraschend in eine Striptease-Show übergeht.
Bei Gajdaj haben KGB und CIA einen gemeinsamen Feind: die sowjetische Mafia. Sie sind Verbündete, aber nicht vollkommen gleichwertige Partner. Es sind oft kleine Nuancen in der Figurenzeichnung, die klarmachen, wer wem zumindest eine Spur überlegen ist, wem die Zuschauer mehr Respekt entgegenbringen sollen. Mehrfach bitten etwa die amerikanischen Geheimdienstleute ihre russischen Kollegen um Hilfe, weil nur diese das Denken sowjetischer Krimineller verstehen. Damit erkennen sie von Anfang an die Überlegenheit der Russen an – zumindest auf diesem Feld. Die Chefs der Geheimdienste schließen regelmäßig Wetten ab, wer besser informiert ist über bestimmte Details aus der russischen Kulturgeschichte, oder wessen Top-Agent eine bestimmte Situation besser meistern wird. Der Verlierer – üblicherweise ist es der amerikanische General – kassiert jeweils einen *ščelban,* einen Fingerschnalzer gegen die Stirn, doch als die Wette zum Ende des Films erstmals anders ausgeht, ist dies zugleich das einzige Mal, dass die Kamera die scherzhaft-demütigende Geste des Gewinners nicht zeigt.
Gajdaj scheint einerseits zeigen zu wollen, dass die Spione beider Länder einander ebenbürtig sind, andererseits aber Angst vor der eigenen Courage zu haben: Der Gedanke, dass Russland auch einmal nur den zweiten Rang einnehmen könnte, soll möglichst nicht aufkommen.

---

8 Zur Verwendung der Begriffe „Werte", „Ethik" und „Moral" in Bezug auf die hier analysierten Filme vgl. Didier Fassin: Introduction: Toward a Critical Moral Anthropology. In: Ders. (Hg.): A Companion to Moral Anthropology. Chichester 2012, S. 1–19.

Alarcóns Figuren pflegen in Bezug auf die sowjetische Vergangenheit eine Haltung ironisch, bisweilen auch sarkastisch gefärbter Nostalgie; dem Protagonisten sind die alten Zeiten eher gleichgültig. Am Ende des Films steht das Bild einer Straße ins Offene – Allegorie einer ungewissen Zukunft, die ihn und seine Geliebte ruft. Bei Gajdaj ist die Lage komplizierter. Einerseits ist der Kalte Krieg definitiv zu Ende, aus ehemaligen Feinden sind Freunde geworden. Andererseits erscheint die sowjetische Geheimpolizei in *Na Deribasovskoj* – ganz in der einheimischen Tradition – als durch und durch menschenfreundliche Organisation, ja, als große Familie. So hat der Top-Agent auf seinem Flug nach Moskau eine hausgemachte Delikatesse aus Odessa dabei, ein Präsent der dortigen Kollegen für ihren Chef an der Lubjanka. Auch der Protagonist selbst ist Teil dieser Familie, er verdankt seine außerordentlichen Fähigkeiten der alten tschekistischen Schule. Natürlich wird auch dieses Thema hier genrekonform auf komische Weise abgehandelt – das ändert jedoch nichts daran, dass der Film ein ungetrübt positives Bild des sowjetischen Geheimdiensts transportiert.

Mit den „zivilen" politischen Führern der Sowjetunion bis zur Perestrojka geht Gajdaj weniger pietätvoll um: Der russische Mafiaboss, ein gnadenloser Killer mit dem Spitznamen „Artist", ist bei den Treffen der Bande abwechselnd als Vladimir Lenin, Iosif Stalin, Leonid Brežnev und Nikita Chruščev maskiert – eine groteske Parodie. Auch über Michail Gorbačev und Ronald Reagan – letzterer kaum erkennbar – macht der Film sich lustig; sie werden als nette, aber kleingeistige Figuren dargestellt.

So zentral die Motive Liebe und Hedonismus sind, im Zentrum steht bei Gajdaj, anders als bei Alarcón, doch immer noch oder wieder – der KGB.

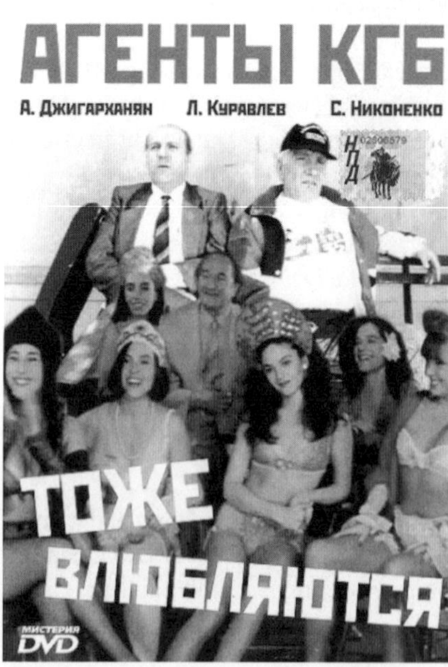

Auch KGB-Agenten verlieben sich

In Odessa keine Wolke am Himmel

Romantische Konvergenz

Ein Jahr später kam eine weitere Spionagekomödie über die Konkurrenz zwischen russischen und amerikanischen Geheimdiensten in die Kinos: Sergej Nikonenkos *Choču v Ameriku* (Ich will nach Amerika, 1993). Wie bei Alarcón spielen auch hier erotische Topoi und Bilder eine zentrale Rolle, anders als bei ihm aber keine dominierende Rolle. Die Geschichte, die *Choču v Ameriku* erzählt, dreht sich um zwei Erfindungen, die eine mechanischer, die andere chemischer Art. Die erste stammt von einem Studenten: Er erfindet ein Gerät, mit dem man jedes beliebige Fahrzeug oder jeden Motor aus der Ferne stoppen kann. Sowohl die CIA als auch Russlands Geheimdienste versuchen daraufhin, des Studenten und seines Apparats habhaft zu werden. Die zweite Erfindung – sie geht auf das Konto der russischen Dienste – besteht in einer mikroskopisch kleinen Munition, die ein nicht-tödliches Gift enthält, eine Art Amorpfeil und hochwirksames Aphrodisiakum in einem. Die Substanz löst unkontrollierbares sexuelles Verlangen nach jeder Person des anderen Geschlechts aus, die dem Opfer über den Weg läuft. Die russischen Agenten setzen es ein, um den begabten Erfinder im Land zu halten: Er verstrickt sich in eine Serie von Liebesabenteuern mit rasch wechselnden Frauen, die ihrerseits außerstande sind, seiner künstlich verstärkten Anziehungskraft zu widerstehen.

Obwohl die Erfindung des Protagonisten wohl auch als Waffe eingesetzt werden könnte, wird sie hier vor allem als unpolitische technische Meisterleistung gezeigt. Die Rivalität zwischen CIA und russischer Spionageabwehr gleicht bei Nikonenko eher einem wirtschaftlichen Wettlauf als einem Kampf zwischen „echten" Spionen: Die einen agieren letztlich als Headhunter, die anderen versuchen, in Zeiten offener Grenzen den *brain drain* zu verhindern.

Der amerikanische Agent und sein russischer Gegner, beide Talentjäger und Trickster,[9] unternehmen alle Anstrengungen, damit die andere Seite ihr Ziel nicht erreicht; das hindert sie jedoch nicht, gute Freunde zu sein. Ihr Verhältnis ist sogar mehr als freundschaftlich, es ist beinahe brüderlich, denn sie teilen dieselben Erfahrungen: Spione zu sein, im Feindesland zu leben und dort eine Familie zu gründen, enttarnt und verhaftet zu werden, bei einem Gefangenenaustausch wieder freizukommen.

Die zentrale Botschaft des Films liegt offen zutage: „Nach Amerika" will, wie sich herausstellt, vor allem der hochrangige russische Geheimdienstler – während sein amerikanischer Kollege von der CIA in vielem die Russen beneidet. Nikonenkos „Philosophie" zufolge fehlt beiden Seiten etwas, das für ein erfülltes Leben nötig ist: Der eine sucht mehr materiellen Wohlstand, der andere eine „spirituellere" Lebensform – und beide sprechen darüber ganz offen, bei einem Glas Wodka.

---

9 Dem Typus des Tricksters – der keineswegs nur als „Betrüger" oder „Gauner" zu verstehen sei – rechnet Mark Lipovetskyetwa auch die Hauptfigur von Tat'jana Lioznovas 1973 gedrehter TV-Serie *Semnadcat' mgnovenij vesny*, Max Otto von Stierlitz zu (siehe Lipovetsky, Art of Alibi [Fn. 7], S. 11. Hier ist der Begriff in einem engeren Sinn gefasst, er beinhaltet eine fundamentale Unaufrichtigkeit und kann daher nicht auf den trotz seines professionellen Inkognitos zutiefst ehrlichen Stierlitz angewendet werden. Stirlitz' Identität ist in der Serie klar zu erkennen – die Spione der postsowjetischen Komödien dagegen werden mehr und mehr zu uneindeutigen, schillernden Figuren und damit zu „echten" Trickstern.

Ich will nach Amerika

Die Struktur der Spionagekomödie verändert sich in den frühen 1990er Jahren rasch: Während die russischen Agenten bei Alarcón noch in Ermangelung eines offensichtlichen Feindes zu dubiosen Geschäftsleuten degenerieren, die einander wechselseitig den Besitz streitig machen, kehren sie kurz darauf wieder zu ihren beruflichen Pflichten zurück, auch wenn sie parallel dazu eigene wirtschaftliche Interessen verfolgen. Da jedoch der traditionelle Feind, die CIA, zum Verbündeten geworden ist, spielt nun eine dritte Kraft die Rolle des Bösen: Bei Gajdaj ist dies die Mafia, bei Nikonenko der *deus ex machina* einer nahöstlichen Terrorzelle, die einen Anschlag auf ein Raumschiff der NASA plant. Dass die Katastrophe abgewendet wird, ist allein der Zusammenarbeit des jungen russischen Erfinders und einer amerikanischen Spionin zu verdanken – die einander am Ende des Films folgerichtig ihre Liebe gestehen.

Das Böse verschwindet also nicht aus der Welt, aber aus den Beziehungen zwischen amerikanischen und russischen Geheimdiensten – deren Kampf gegeneinander aus Spionagefilmen anderer Genres bis heute nicht wegzudenken ist. Die in der Spionagekomödie vorherrschende Harmonie zwischen den einst verfeindeten Diensten spiegelt ohne Zweifel den politischen Kurs der Perestrojka-Zeit und der frühen El'cin-Jahre.

Politisches Barometer

Lässt sich an den Spionagefilmen also ablesen, wie sich das politische Klima im Land entwickelt? Auffällig ist, dass in den Produktionen der frühen 1990er Jahre die politischen Führer der Vergangenheit klar negativ konnotiert sind, die Chefs der Geheimpolizei hingegen keine Rolle spielen – Stalins „Henker" Genrich Jagoda (1934–1936), Nikolaj Ežov (1936–1938) und Lavrentij Berija (1938–1953) werden nicht einmal erwähnt. Anders verhält es sich mit „Lenins Henker" Feliks Dzeržinskij, dem Gründer der sowjetischen Geheimpolizei:[10] Er kommt in allen genannten Filmen in irgendeiner Weise vor.

In *Agenty KGB* wirft die Mutter des Protagonisten diesem vor, er sei genauso willensschwach wie sein verstorbener Vater, ein Amateurdichter und -sänger. Auf dem Höhepunkt des Streits ruft der Sohn „Lass gefälligst meinen Vater in Ruhe!" und spottet über Dzeržinskij, worauf die Mutter, ihrerseits eine pensionierte KGB-Funktionärin, den Sohn ohrfeigt und entgegnet: „Lass gefälligst Dzeržinskij in Ruhe!". Dass die Unterhaltung im Anschluss friedlich fortgesetzt wird, lässt sich als eine Art metaphorische Versöhnung der „lyrischen" und der „totalitären" sowjetischen Vergangenheit verstehen.

Dzeržinskij ist in Alarcóns Film auch anderweitig präsent: Das monumentale Denkmal des ersten sowjetischen Geheimpolizei-Chefs auf dem Moskauer Ljubjanka-Platz, das bei der Ankunft des Protagonisten in seinem Büro im KGB-Hauptgebäude kurz zu sehen ist, steht in scharfem Kontrast zu der Lenin-Skulptur, die im Keller desselben Gebäudes

---

[10] Zum Kult um Dzeržinskij siehe Anton Weiss-Wendt: Putin's Russia and the Falsification of History: Reasserting Control Over the Past. London, New York 2020, S. 162. – Julie Claire Elkner: Constructing the Chekist: The Cult of State Security in Soviet and Post-Soviet Russia (Dissertation). Cambridge, MA 2009. – Julie Fedor: Russia and the Cult of State Security: The Chekist Tradition, From Lenin to Putin. London, New York 2011. – Tomas Snegon [Tomáš Sniegoň]: Železnyj Feliks kak ideal čekista vo vremena ‚cholodnj voiny'. Kul't Feliksa Dzeržinskogo i „miloserdnoj" ČK vo vremena bor'by s kul'tom ličnosti. In: Uroki Oktjabrja i praktiki sovetskoj sistemy. 1920–1950-e gody. Moskva 2018, S. 85–92.

aufbewahrt wird – just in jenem Raum, in dem der Protagonist wenige Minuten später die Kantinenmitarbeiterin verführt. Zweierlei lässt sich daraus schließen: zum einen, dass Symbole der sowjetischen Staatsmacht, darunter auch Bilder der führenden sowjetischen Politiker, zu diesem Zeitpunkt allenfalls noch als Stoff für zotige Witze taugen. Und zum anderen, dass Dzeržinskij von dieser Regel ausgenommen und keineswegs zum Abschuss freigegeben ist.

Auch bei Gajdaj und Nikonenko bleibt der symbolische Übervater aller sowjetischen Spione präsent, obwohl sein Denkmal 1991 demontiert wurde. In *Na Deribasovskoj* ist er auf einem großen Porträt im Büro von Oberst Petrenko zu sehen, dem Vorgesetzten des Protagonisten, mit dem dieser wiederholt lange – reale und imaginäre – Gespräche führt. Anders als der Oberst selbst, der als gutmütig-humorige Figur dargestellt wird, strahlt Dzeržinskijs Bild einen gravitätischen Ernst aus, als sei es eine Leihgabe aus einem anderen, weitaus pathetischeren Filmgenre. Tatsächlich schließt Gajdaj mit diesem Detail an eine lange Tradition an: Das Porträt des Staatsführers, das hinter dem Rücken des Geheimdienstlers an der Wand hängt, wurde schon im sowjetischen Spionagefilm gern eingesetzt. Im Finale von Aleksandr Mačerets Klassiker *Ošibka inženera Kočina* zum Beispiel zeigt die Kamera während einer langen Verhörszene, wie Stalin von seinem Porträt aus über die Schulter des Ermittlers hinweg den verkleideten Feind „beobachtet“. Porträts von Dzeržinskij tauchen in sowjetischen Kriminal- und Agentenfilmen regelmäßig auf.

Die postsowjetischen Filmemacher nehmen diesen Kunstgriff auf. In *Choču v Ameriku* ist das Nachleben des gestürzten Dzeržinskij-Denkmals etwas anders gestaltet: Hier bewahrt der KGB-General eine kleine Replik des Monuments im Kühlschrank auf, zusammen mit einem zwölf Jahre alten Scotch. Für ihn ist die „totalitäre“ sowjetische Vergangenheit, metaphorisch gesprochen, nur vorübergehend auf Eis gelegt.

Dass gerade die Figur Dzeržinskijs als Symbol der sowjetischen Geheimpolizei überdauerte, hängt sicher auch mit seiner relativen Nähe zu Lenin und Ferne von Stalin zusammen. Denn während Stalin in sowjetischen Filmen bereits seit 1956 nicht mehr gezeigt wurde, galt Lenin weiterhin als Lichtgestalt. Dzeržinskij, solchermaßen mit dem Gründervater der sowjetischen Nation assoziiert, stand in einer Zeit historischer Umbrüche und allgemeiner Unsicherheit daher wohl auch für Kontinuität – im positiven wie negativen Sinn.

Sex und Politik I: Gender trouble

Neben der politischen Grundstimmung zieht sich auch ein anderes Thema durch die drei besprochenen Komödien: die Geschlechterfrage, genauer: die Frage nach der sozialen Rolle von Frauen. In der Sowjetunion folgte der Umgang mit diesem Thema bekanntlich engen Regeln: Frauen waren im offiziellen Diskurs und in der staatstragenden Kunst Teil der werktätigen Bevölkerung, die den Kommunismus aufbaute, und als solche dem Mann ebenbürtig. Zugleich war die sowjetische Sexualmoral – mit Ausnahme eines kurzen Zeitraums von der Revolution bis in die frühen 1920er Jahre, als Sexualität und Familie im Zeichen der freien Liebe diskutiert und auch in der Kunst thematisiert wurden – eher restriktiv. Für Frauen war darin nur die Rolle der treuen Gattin und liebenden Mutter vorgesehen. Die allegorische Verknüpfung dieser Rolle mit dem Bild der „Mutter Heimat" hat wohl mit dazu geführt, dass Ehebruch auch mit politischer Unzuverlässigkeit assoziiert wurde – eine Idee, die im Übrigen schon in Anton Čechovs *Djadja Vanja* formuliert wird: „. . . wer seinen Ehegatten betrügt, der verrät womöglich auch sein Vaterland."[11]

Besonderes Gewicht bekam diese Vermischung und Verschmelzung von privater Moral und politischer Loyalität im Kontext des Zweiten Weltkriegs. Die populärste Agentenfigur der Sowjetära, Max Otto von Stierlitz (alias Maksim Isaev) aus Tat'jana Lioznovas TV-Serie *Semnadcat' mgnovenij vesny,* ist selbstverständlich ein treusorgender Gatte, und auch die weiblichen sowjetischen Agentinnen der Zeit lassen sich grundsätzlich nicht auf gefährliche Liebschaften ein: Charmeoffensiven zum Zweck der Einflussnahme auf eine „Zielperson" sind für beide Geschlechter erlaubt, physische Intimität nicht. Ausnahmen von dieser Regel gibt es, doch sie bekommen den handelnden Figuren selbst dann schlecht, wenn ihre Loyalität durch die verbotene Liebe nicht korrumpiert wird: In Vladimir Basovs *Ščit i meč* (Schild und Schwert, 1968) etwa müssen sowohl der mit einer Deutschen verheiratete sowjetische Agent Aleksej Zubov als auch dessen schwangere Frau selbst sterben. Einen gezielten Einsatz körperlicher Reize schreibt der sowjetische Spionagefilm allenfalls weiblichen Schurken oder feindlichen Agentinnen zu; gezeigt wird er allerdings prüderiehalber kaum – so etwa in Gamburgs *Špionskie strasti* (1967) und Igor' Gostevs *Zagon* (Das Gehege, 1987).

Ganz anders sieht es in den postsowjetischen Spionagekomödien aus. In *Agenty KGB* hatte die Mutter des Protagonisten ein Verhältnis mit dem Sekretär des britischen Premierministers, in *Choču v Ameriku* beuten hochrangige Geheimdienstmitarbeiter auf amerikanischer wie russischer Seite ganz offen die ihnen unterstellten weiblichen Agentinnen als „Verführungswerkzeuge" aus. In *Na Deribasovskoj* vergisst der russische Superspion, was sein Lehrmeister, Oberst Petrenko ihm beigebracht hat, und verliert den Kopf wegen einer CIA-Agentin. Diese weist dagegen alle sexuellen Avancen ihres sowjetischen Kollegen zurück und gewährt ihm erst am Ende des Films, als sie von seinen aufrichtigen Gefühlen überzeugt ist, einen Kuss.

In allen drei Filmen kommt mit den Themen Liebe und Sexualität auch ein Generationenwechsel ins Spiel: Jüngere, rangniedrigere Agenten emanzipieren sich von ihren Vorgesetzten. Alarcóns Protagonist lässt die Wohnung seiner Mutter und vermutlich auch seinen Posten beim Geheimdienst hinter sich. Gajdajs Superheld aus Odessa kappt mit der Entscheidung für seinen „Liebeswahn" nicht nur die Verbindung zu seinem Vorgesetzten, sondern auch die zu Dzeržinskij. Bei Nikonenko sind es die junge CIA-Agentin und der geniale russische Jungwissenschaftler, die das Raumschiff retten, während ihre Chefs Wodka trinken. Hier schwingt ein optimistisches Bild der Zukunft mit, in der eine jüngere Generation mit anderen Moralvorstellungen das Ruder übernimmt.

Dazu gehört auch, dass die Spionagekomödien der 1990er Jahre neben dem politischen Umbruch zumindest andeutungsweise eine Art „feministischer Revolution" in Szene setzen. Anders als ihre Vorgesetzten agieren die jungen Spione und der genialische Jung-Erfinder tatsächlich auf Augenhöhe miteinander, sowohl als Vertreter ihrer Nationen als auch ihres jeweiligen Geschlechts. Nikonenko erfindet zu seinem Raumschiff, das die Protagonisten vor einem Terroranschlag bewahren, sogar eine rein weibliche Crew hinzu. Vor dem Hintergrund der Genrekonventionen war dies nahezu revolutionär: Der Spionagefilm ist hier keine rein männliche, patriarchale Domäne mehr.

---

[11] Bezeichnenderweise taucht dieses Čechov-Zitat auch in Alarcóns *Agenty KGB* auf, dort als Vorwurf, den der Protagonist sich von seiner Mutter anhören muss.

Moralvorstellungen und Rollenmodelle

Die Striptease-Tänzerinnen und Prostituierten der genannten Filmen sind zunächst einmal als Absage an die offizielle sowjetische Moral zu verstehen. Prostitution war in der Sowjetunion ein Verbrechen, das mit Haftstrafen für die Frauen und ihrer Verbannung geahndet wurde.[12] Dementsprechend wurden Prostituierte auch im Film wenn überhaupt, dann grundsätzlich als suspekte oder irregeleitete Charaktere dargestellt. Und nicht nur das: Sexualität an sich, ja selbst Nacktheit war auf sowjetischen Leinwänden verpönt. Zu ändern begann sich dies erst nach Vasilij Pičuls *Malen'kaja Vera* (Kleine Vera, 1988), der erstmals eine explizite Sexszene auf der Leinwand zeigte, und Petr Todorovskijs *Interdevočka* (Intergirl, 1989) über eine junge Devisenprostituierte.
Alarcóns Komödie, deren Handlung sich größtenteils in einem Bordell abspielt, vertritt eine radikale Gegenposition zum sowjetischen Moralkodex: Den im Zentrum stehenden KGB-Agenten interessiert schlichtweg nicht, welcher Arbeit seine Liebste nachgeht. Gajdajs Film wiederum spielt ganz direkt auf *Interdevočka* an: Bei seinem ersten Auftritt ist der Top-Agent maskiert, er spielt die Rolle einer Devisenprostituierten, die am Eingang eines teuren Hotels auf Kundschaft wartet. Ziel der Aktion ist die Verfolgung eines Triebtäters, der (seinerseits als Milizionär verkleidet) Prostituierten auflauert – womit der Film ganz nebenbei auch deren Berufsstand aufwertet: Auch Prostituierte verdienen den Schutz des Staats![13]
Der Blick der genannten Filme auf den weiblichen Körper bleibt bei alledem ein verdinglichender, und die weiblichen Figuren agieren durchweg in einer patriarchalen, männlich dominierten Realität. Gleichwohl bleibt festzuhalten, dass hier – verglichen mit den bis dahin gültigen Konventionen der sowjetischen und russischen Kultur – eine weitaus größere Offenheit für das Thema Sexualität (und nicht zuletzt weibliche Sexualität) herrscht.
Die extensive Präsenz von Hollywood-Produktionen auf russischen Kinoleinwänden, die mit der kulturellen Öffnung der Perestrojka-Zeit einherging, blieb nicht ohne Wirkung auf die männlichen Figuren des heimischen Spionage-Genres. Insbesondere die berühmteste Agentenfigur aller Zeiten, James Bond, in der Sowjetunion quasi *persona non grata*, wurde nun auch in Russland bekannt. In den Filmen der 1990er Jahre schlägt sich das deutlich nieder. So zeigt der manische Milizionär, dem der Superagent am Anfang von *Na Deribasovskoj* auflauert, in der Konfrontation mit dem Helden eine Reihe von Stahlzähnen, die stark an James Bonds Widersacher mit dem Spitznamen Jaws erinnert. In einer anderen Szene gewinnt der Protagonist beiläufig ein ganzes Spielcasino, das der russischen Mafia gehört, und stellt damit einmal mehr seine Überlegenheit unter Beweis.

---

[12] Igor Kon: The Sexual Revolution in Russia: From the Age of the Czars to Today. New York 1995. – Igor' Golosenko, Sergej Golod: Sociologičeskie issledovanija prostitucii v Rossii. Sankt Peterburg 1998. – Natalija Lebina: Sovetskaja povsednevnost': normy i anomalii: ot voennogo kommunizma k bol'šomu stilju. Moscow 2015. – Clifford Gaddy: The Size of the Prostitution Market in the USSR. Durham, NC 1990.

[13] Vermutlich hatte unter anderem Garry Marshalls Liebeskomödie *Pretty Woman* (1990) einen gewissen Einfluss auf die Verbreitung und Darstellung dieses Themas in der russischen Populärkultur. Auch in Nikonenkos *Choču v Ameriku* gibt es eine strukturelle Parallele zu *Pretty Woman:* In beiden Fällen begegnen sich Personen, die an entgegengesetzten Enden des gesellschaftlichen Spektrums stehen und treten in einen für beide Seiten fruchtbringenden Kontakt – in *Pretty Woman* ist es der reiche Geschäftsmann und die Prostituierte, in *Choču v Ameriku* die verruchte Agentin und die Astronautinnen, die den gesellschaftlichen Fortschritt verkörpern.

Solche Bond-Anklänge sind mehr als nur Anspielungen für Kenner, sie haben auch eine narrative und eine axiologische Dimension. Dass die russische Überlegenheit auf humorvolle Weise gezeigt wird, ändert nichts an der Sache selbst, aber der Umstand, dass der Regisseur sich für die ironische Rhetorik der friedlichen Konkurrenz und gegen die aggressive Sprache des Krieges entscheidet, ist durchaus von Bedeutung. Der lässige Bond-Stil passt gut zur Idee eines friedlichen Wettbewerbs der Systeme, wie er in der späten Sowjetunion propagiert wurde. Nicht zufällig waren sowohl die Vermischung von erotischen Motiven mit einem Spionageplot als auch die Verbindung der Genres Spionagefilm und Komödie von Beginn an ein Markenzeichen der Bond-Serie. Insgesamt ist die Botschaft der russischen Spionagekomödien der 1990er Jahre also eine von Frieden und Versöhnung („make love, not war"). Zugleich findet sich bei Gajdaj bereits das Motiv einer verdeckten Expansion der russischen oder ex-sowjetischen Welt: Emigranten aus der UdSSR, darunter auch Angehörige der sowjetischen Mafia, haben sich lange vor der Mission des Helden schon in den USA niedergelassen und diese symbolisch „besetzt"; selbst die amerikanische Spionin stammt ursprünglich aus Odessa, wie der Zuschauer am Ende des Films erfährt.

Parodie, Satire, Slapstick

Bei allen ideologischen und ästhetischen Differenzen waren die Spionagekomödien der 1990er doch in mehrerlei Hinsicht noch Teil des sowjetischen Films: Die beteiligten Regisseure hatten ihre Karrieren weit vor dem Ende der UdSSR begonnen, die Schauspieler waren teils lange bekannt, und einige von ihnen hatten auch in sowjetischen Filmen schon Geheimagenten gespielt.[14] Dies änderte sich erst in den 2000er Jahren. Regisseure und Hauptdarsteller von Spionagekomödien, deren Debüt in diese Zeit fiel, agierten in einem vollkommen anderen ethischen und ästhetischen Kontext.

In der sowjetischen Tradition wandten Literatur und Kunst, darunter auch der Film, sich stets an ein möglichst großes Publikum, setzten bei diesem aber ein gewisses Bildungsniveau voraus und transportierten auch selbst bestimmte kulturelle Standards. „Slang", „Gossenjargon", Obszönitäten waren verpönt, „vulgäre Unterhaltung" nicht erwünscht. Im Lauf der 1990er Jahre fielen diese Vorgaben weg, Film und Fernsehen rückten näher an den Massengeschmack heran. Die Spionagekomödie war von dieser Entwicklung nicht ausgenommen.

Ein Tribut an diesen Geschmack sind unter anderem die starken situationskomischen Züge, die Gajdajs Film von 1992 mit seinem Nachfolger teilt, Marjus Vajsbergs *Gitler kaput!* (*Hitler kaputt!*, 2008): Wenn *Na Deribasovskoj* sich als Langversion einer „Anekdote aus Odessa" interpretieren lässt, so ähnelt *Gitler kaput!* einem abendfüllenden filmischen Stierlitz-Witz.[15] Doch während Gajdaj den Konventionen des „sauberen" sowjetischen Kinos durchweg treu blieb, schwelgt Vajsberg geradezu in „niedrigen",

---

[14] Beispiele sind etwa Armen Džigarchanjan (1935–2020), Leonid Kuravlev (1936–2022) und Ljus'ena Ovčinnikova (1931–1999), die in Alarcóns Film mitspielen, Oleg Tabakov (1935–2018) bei Nikonenko und Emmanuil Vitorgan (*1939) bei Gajdaj.

[15] Beide Witz-Genres waren in der späten Sowjetzeit außerordentlich populär, siehe z.B. Michail Mel'ničenko: Sovetskij anekdot: ukazatel' sjužetov. Moskva 2014, S. 822–837, 977–993. – Vgl. auch Aleksandra Archipova: „Štirlic šel po koridoru . . .": kak my pridumyvaem anekdoty. Moskva 2013.

vulgären Sprechweisen und Bildern. Stilistisch hat *Gitler kaput!* einiges mit der Ästhetik des (in Russland damals noch neuen) Reality TV gemeinsam.[16]

Entsprechend grell ist auch die Hauptfigur gezeichnet, SS-Standartenführer Olaf Schulenberg – eine Parodie auf Lioznovas Max Otto von Stierlitz.[17] Im Unterschied zu dem bekannten Helden aus *Semnadcat' mgnovenij* ist Schulenberg kein nobler Intellektueller, sondern ein Witzbold und Trickster, ein groteskes Zerrbild der Wünsche, Vorlieben, Gewohnheiten und Marotten seines sowjetischen Vorgängers.

Dieser ist geprägt durch sein Doppelleben: als hochrangiger SS-Mann Stierlitz genießt er sein Leben in einer ausnehmend behaglichen Villa in einem bürgerlichen Berliner Vorort, als sowjetischer Geheimagent Isaev beneidet er die Kraniche, die im Frühjahr nach Russland fliegen, und träumt von einfachen, im Feuer gebackenen Kartoffeln.

Schulenberg lebt in einer Luxuswohnung über mehrere Stockwerke, er besitzt einen Fernseher, der den Moskauer Wetterbericht sendet – ein ständiger Anlass für Heimweh, obwohl das Wetter in Moskau immer schlecht ist –, in einem der Zimmer nimmt er genüssliche russische Dampfbäder und schwimmt anschließend in einem Eisloch, in einem anderen tanzt er Szenen aus *Schwanensee*. Damit nicht genug, gelangt er durch eine Kellertür direkt in ein Dorf in Zentralrussland, wo er mit seinem Freund, einem russischen Bauern, reden und Wodka trinken kann.

Als Standartenführer und Person des öffentlichen Lebens sieht sich der sowjetische Agent gezwungen, seine Zeit in den kostspieligen Varietés und Nachtclubs zu verschwenden, wo sich auch die Nazi-Elite tummelt. Eigentlich hasst er diesen Lebensstil, aber um sein Inkognito zu wahren, passt er sich an und scheut dafür weder Kosten noch Mühen.

Auch das Bild der nationalsozialistischen Führung, Hitler eingeschlossen, ist bei Vajsberg kräftig überzeichnet – allerdings in einem eher skurrilen Sinn. Sie sind zwar per definitionem Schurken, werden aber über weite Strecken nicht als Ungeheuer, blutrünstige Schlächter und Massenmörder dargestellt, sondern als komische, manchmal sogar sympathische Figuren. Auch in diesem Punkt folgt Vajsberg Lioznova, wenn auch in übertriebener Weise: Seine Nazis haben zwar verschiedene gravierende Suchtprobleme, verhalten sich in vielem aber wie ganz gewöhnliche Büroangestellte – sie sind müde von der Arbeit, sehnen sich nach Ferien mit der Familie (auch Hitler und Eva Braun müssen einmal ausspannen) und wirken insgesamt recht sensibel. Umso weitere Wege muss der Film gehen, um ihren trotz allem bösartigen Charakter zu zeigen. Dies geschieht vor allem an den entgegengesetzten thematischen Polen Tod und Liebe.

So zeigt die Eingangsszene die Erschießung eines jüdischen Mannes auf offener Straße in Berlin. Der an sich tragische Vorfall hat hier Züge einer Farce: Das Erschießungskommando feuert anscheinend minutenlang, aber das Opfer entkommt in bester Slapstick-Tradition am Ende unverletzt. Trotz dieses komischen Ansatzes bleibt aber klar, wer die Täter und wer die Opfer sind, und der Protagonist, der die Szene zufällig beobachtet, sympathisiert mit dem entkommenen Juden.

Eine eher indirekte Markierung der Nazi-Figuren als Bösewichte erfolgt über deren sexuelle Orientierung. Für Vajsberg steht das homosexuelle Begehren offensichtlich in

---

[16] Die erste Reality-Show im russischen Fernsehen wurde 2001 ausgestrahlt. Es war eine Abwandlung des *Big Brother*-Formats mit dem Titel *Za steklom* (Hinter Glas). – Zu *Gitler kaput* siehe auch Moritz Gathmann: Die nackte russische Kanone, in: Der Spiegel, 17.10.2008.

[17] Dass die Handlung hier zur Zeit des Zweiten Weltkriegs spielt, unterscheidet *Gitler kaput!* von den übrigen besprochenen Filmen, dieser Unterschied fällt jedoch für die Genrezugehörigkeit nicht ins Gewicht.

einer Reihe mit weiteren Lastern – Alkohol, Drogensucht, Glücksspiel etc. –, die den typischen Lebensstil eines hochrangigen Nazi-Agenten ausmachen. Die historische Realität des nationalsozialistischen Deutschland, wo Homosexuelle ebenso verfolgt wurden wie andere als „minderwertig" betrachtete Gruppen, spielte für diese Drehbuch-Idee offenbar keine Rolle. Im Übrigen ist mehr oder weniger explizite Homophobie ein Merkmal aller besprochenen Filme; homosexuelle Neigungen dienen hier meist zur negativen Charakterisierung einer Figur.

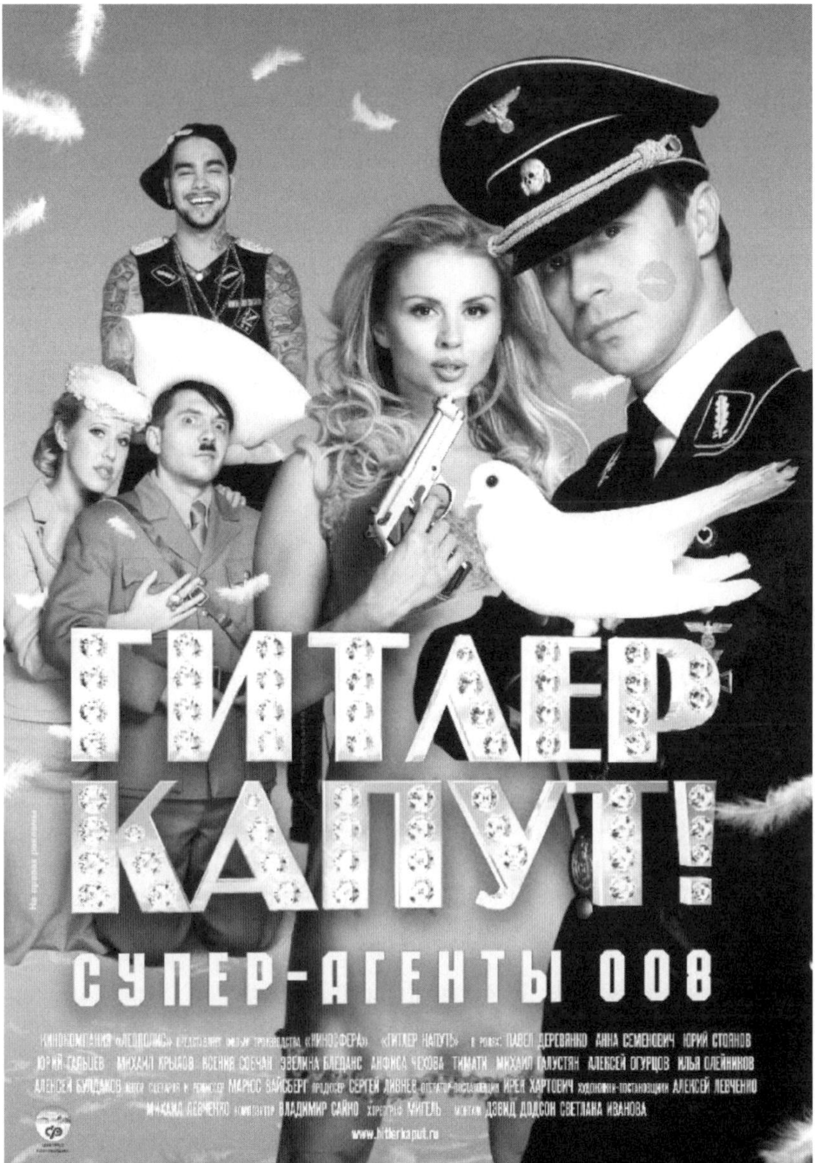

Gitler kaput!

Sex und Politik II: „Perversion", „Normalität", Gewalt

Anders als seine deutschen Widersacher empfindet der russische Top-Spion für die gleichgeschlechtliche Liebe nur Abscheu – dies ist denn auch der einzige Punkt, in dem es ihm nicht gelingt, sich zu verstellen. Einmal mehr ist damit die Liebe, wie schon in den Spionagekomödien aus den 1990er Jahren, das Maß aller Dinge, und auch hier steht sie über allen politischen Losungen und über der Pflicht des Staatsdieners.

Vajsbergs Film zeigt gegen Ende, dass zwischen gewöhnlichen Sowjetbürgern und Deutschen letztlich kein unüberwindlicher Gegensatz besteht: Während die Geheimagenten sich mit Intrigen, Erschießungen, Folter und Nachtclubs die Zeit vertreiben, spielen sowjetische und deutsche Soldaten an der Front miteinander Karten. Das Bild des sowjetischen Staats und seiner Geheimdienste wird zudem auch durch ihre falsche Einstellung in Liebesfragen beschädigt: Nachdem Schulenberg sich den sexuellen Avancen seines Vorgesetzten erfolgreich entzogen hat, verliebt er sich bald in die Funkerin Zina (gespielt von „Kurvenstar" Anna Semenovič), die aus Moskau als Assistentin zu ihm geschickt wird. Die Verhaftung der bereits schwangeren Geliebten des Agenten ist ein offensichtliches Zitat aus *Semnadcat' mgnovenij,* die folgende Wendung der Handlung geht jedoch in die entgegengesetzte Richtung: Der Protagonist erhält den Befehl, Berlin unverzüglich zu verlassen – ohne seine Assistentin.

Dies ist der Punkt, an dem der russische Spion rebelliert. Statt dem Befehl zu folgen, hält er sich lieber an die Moral seines Vorgängers Stierlitz und rettet, eher er flieht, die geliebte Frau. Sein Kollege, der ihm den Befehl aus Moskau übermittelt hat, wird im Übrigen durch ein verdächtig laszives Detail in der Einrichtung seiner Wohnung charakterisiert: ein Salvador Dalís (von Mae West inspirierter) „Lippenliege" nachempfundenes Sofa in Form eines riesigen, roten weiblichen Munds. Nach Auffassung des Protagonisten deutet das klar auf zweifelhafte sexuelle Neigungen seines Kollegen hin: Er muss ein Onanist sein!

Schulenberg und seine Geliebte Zina stehen somit in mehrerlei Hinsicht zwischen den Fronten: zwischen zwei Geheimdiensten, dem deutschen und dem sowjetischen, und zwischen Anhängern zweier Sexualpraktiken – Homosexualität und Onanie –, die aus ihrer Sicht (und der des Filmemachers) gleichermaßen pervers sind. Damit wird nun auch die moralische Autorität des sowjetischen Geheimdiensts und mit ihm des sowjetischen Staates untergraben.[18] Folgerichtig führt die Rückkehr der Hauptfiguren in die Heimat nicht zu einem glücklichen Ende: Im Moment des Grenzübertritts entdecken sie hinter dem Rücken des sowjetischen Postens ein Stalinporträt – und ein Bild Zinas auf einem Fahndungsplakat. Bei Vajsberg steht das Konterfei des sowjetischen Führers somit eindeutig für das Böse.

Zugleich ist die einzige Person, für die der russische Spion tatsächlich Sympathie empfindet, sein amerikanischer Kollege, ein Spion, der *under cover* als Hitlers DJ arbeitet.

---

[18] Inspiriert war *Gitler kaput!* wohl unter anderem von der Hollywood-Actionkomödie *Top Secret!* (1984) von Jim Abrahams und den Brüdern David und Jerry Zucker („ZAZ"). Darin kommt ein amerikanischer Rock 'n' Roll-Sänger zu einer Tournee in die DDR, die im Film als eine Art Neuauflage Nazi-Deutschlands dargestellt wird. Vajsbergs Schulenberg, gespielt von Pavel Derevjanko, hat deutliche Ähnlichkeit mit Val Kilmer, dem Star von *Top Secret!*, und auch im Plot gibt es Parallelen.

Der Antagonismus zwischen amerikanischen und sowjetischen Agenten ist damit einmal mehr aufgehoben.
Hinter den burlesken Ideen und der grobschlächtigen Komik des Films berührt Vajsberg mit seiner Geschichte durchaus auch ernste Fragen wie die nach den Handlungsmöglichkeiten des Einzelnen im Angesicht zweier totalitärer Regime. Einen realistischen „glücklichen" Ausweg hat Vajsberg dem Zuschauer nicht zu bieten. Die Schlusssequenz des Films greift die Erschießungsszene vom Anfang wieder auf: nun sind es der russische Top-Agent und seine Assistentin, die vor einer Mauer stehen und keine Chance haben zu fliehen. Die Kamera zeigt sowjetische und deutsche Soldaten, die gemeinsam auf sie zulaufen, bereit, das Feuer zu eröffnen; der Spion und seine Geliebte tauschen einen letzten Kuss – und wieder erscheint ein *deus ex machina*: In der Wand hinter ihnen öffnet sich plötzlich dieselbe magische Tür, die der Zuschauer bereits aus Schulenbergs Keller kennt, und dessen Freund, der Bauer, bittet die Liebenden herein. Mit dieser weiteren phantastischen Wendung entkommen sie Stalins Falle an der Grenze und entschwinden in ein utopisches ländliches Idyll, in dem Hedonismus, ein gesundes, „natürliches" Privatleben und „richtige" Liebe herrschen.
Darin scheint Vajsbergs Gegenbild zur totalitären Sowjetunion unter Stalin auf, die bei ihm in eindeutig negativem Licht gezeigt wird. Letzteres ist insofern bemerkenswert, als die offizielle Geschichtspolitik bereits die sowjetische Armee und den obersten Kriegsherrn Stalin glorifizierte, als *Gitler kaput!* im Jahr 2008 ins Kino kam. Der Film ist somit der wohl einzige Fall, in dem eine russische Spionagekomödie gegen den kulturellen Mainstream angeht – allein schon durch die komische „Entweihung" des Themas Großer Vaterländischer Krieg.[19]

Reich der Lüge

Auch Fedor Stukovs Fernsehserie *Adaptacija* (Adaption, 2017–2019) bleibt auf der Plot-Ebene nah an den Vorläuferfilmen dieses Genres. Da sich seit dem Erscheinen von *Gitler kaput!* und erst recht seit der Entstehung der Spionagekomödien der 1990er Jahre das politische Umfeld stark verändert hatte, ist dies an sich schon bemerkenswert.
Im Mittelpunkt von *Adaptacija* steht ein US-amerikanischer Spion, der nach Russland entsendet wird, um Informationen über neueste Technologien in der Erdgasförderung zu sammeln. Mit der Ankunft des Agenten an seinem Einsatzort bei einer *Gazprom*-Niederlassung in Sibirien treten Elemente von Komödie und Melodrama in den Vordergrund. Der Amerikaner feiert sensationelle Erfolge am Arbeitsplatz und bei der Damenwelt. Spionage und Gegenspionage spielen nur noch eine untergeordnete Rolle; die entsprechenden Aktivitäten im Film münden letztlich in eine Zusammenarbeit von CIA und FSB, zu Ungunsten der Konkurrenz aus China.
Die Idee der Zusammenarbeit zwischen amerikanischen und russischen Agenten beschränkt sich hier nicht auf die Ebene des Scripts, sie wurde auch in verschiedenen Phasen der Produktion der Serie verfolgt, nicht zuletzt beim Casting: Die männliche Rolle

---

[19] Wie ungewöhnlich dies war, zeigt ein Vergleich der Zahlen. Hal Erickson (Military Comedy Films: A Critical Survey and Filmography of Hollywood Releases Since 1918. Jefferson, NC 2012) zählt in seiner kritischen Studie über 200 Filme; in Russland wurden im 20. und 21. Jahrhundert dagegen nur einige wenige Kriegskomödien gedreht.

wurde zwar mit einem russischen Schauspieler besetzt, die unmittelbaren Vorgesetzten des Agenten beim CIA spielen jedoch zwei amerikanische Schauspieler, Bruce Lester Johnson und Peter Jacobson. Stukov hat in dieser Hinsicht also die für die 1990er Jahre so typische Praxis der internationalen Koproduktion wiederbelebt.

Entsprechend harmonisch wirkt das Bild der internationalen Beziehungen, das die Serie präsentiert. Der örtliche FSB-Chef, in dem man den Gegenspieler des amerikanischen Agenten vermuten würde, ist ein komplexer, listenreicher Charakter, der aber augenscheinlich vor allem gegen die Korruption in Russland kämpft. Seine Hauptfeinde sind folglich nicht amerikanische Agenten, sondern die korrupten *Gazprom*-Manager. Andererseits ist auch der oberste örtliche *Gazprom*-Vertreter bei Stukov kein eindeutiger Schurke: Gelegentlich verstößt er zwar gegen das Gesetz und tut Dinge, die dem Alltagsverstand verdächtig scheinen, aber er hat durchaus seinen Charme. Generell sind auch die Gangster und Kidnapper in der Serie auf den zweiten Blick gar nicht so unsympathisch.

Diese gesellschaftliche „Harmonie" sagt auch etwas über die Zeit aus, in der die Serie entstand. In ihr spiegelt sich die Verachtung jeglichen Anspruchs auf Wahrheit, die das politische Leben in Russland schon zu dieser Zeit beherrschte. Auf die Filmhandlung übertragen, entspricht dem die Poetik der totalen Täuschung: Die Figuren in *Adaptacija* belügen und betrügen einander von der ersten bis zur letzten Szene.

Dass der amerikanische Agent seiner Liebsten nicht die Wahrheit darüber sagt, wer er ist, gehört zu seinen beruflichen Pflichten und fällt insofern nicht weiter auf. Doch auch sie verschweigt ihm, dass sie verheiratet ist. Der lokale *Gazprom*-Manager behauptet fälschlich, über eine neue Gasfördertechnik zu verfügen, um seine Position in der Firma zu sichern. Sein Gegenspieler, der hochrangige FSB-Beamte, erscheint mal als Kämpfer gegen die Korruption, mal als Verräter an den eigenen Leuten, der nur ein komfortables Leben in den USA anstrebt, es ist unmöglich zu sagen, welches Image „echt" ist. Eine derart fluide Identität wäre in einem sowjetischen Agentenfilm undenkbar gewesen. Der russische Mitbewohner und Freund des amerikanischen Spions arbeitet zufällig auch für den FSB und berichtet in dieser Funktion ohne zu zögern über dessen Privatleben. Dessen ungeachtet bleiben die beiden beste Freunde und helfen einander in schwierigen Momenten. Der Protagonist schließlich denunziert kurz nach seiner Ankunft in Russland seinen Landsmann, einen Pfarrer und Vater von acht Kindern: Um Verdacht von sich abzulenken, bezichtigt er diesen der Spionage, der Pfarrer wird verhaftet. Abgesehen von einigen Albträumen, in denen der Pastor gefoltert wird, hat dieser Vorfall für den Helden der Serie keinerlei Konsequenzen, die Geschichte gerät in Vergessenheit, die Figur wird weiterhin positiv gezeichnet. Der Vorgesetzte des Protagonisten wiederum ordnet kaltblütig dessen Tötung an, als die Mission in Sibirien zu scheitern droht – die Reihe der Beispiele ließe sich fortsetzen.

Im Ergebnis erscheinen Betrug und Täuschung in *Adaptacija* quasi als Norm. Von den sowjetischen Filmen, die geradezu manisch um die Idee der Wahrheit kreisten, ist Stukovs Serie mit ihrem raffinierten Verwirrspiel meilenweit entfernt. Aber auch von den postsowjetischen Spionagekomödien der 1990er Jahre, in denen dieselbe Idee in paradox überzeichneter Form noch präsent ist (sowjetischer und amerikanischer Geheimdienst hätten „keine Geheimnisse mehr" voreinander, sagt ein KGB-General etwa bei Alarcón), trennt sie schon ein Abgrund.

Adaption. Ein amerikanischer Spion bei Gazprom. Montag-Donnerstag 20 Uhr

Zu den Kontinuitäten des Genres, die auch Stukov bedient, gehört dagegen neben dem groben Humor und dem – nun wieder eher angedeuteten als offen gezeigten – Sex auch das erwähnte Motiv des Führerporträts. In *Adaptacija* zeigt die Kamera regelmäßig die Bilder von Dzeržinskij und Vladimir Putin im Büro des FSB-Beamten: auch sie werden so Teil der „harmonischen Realität"; der lokale FSB-Chef als mächtigster Mann der Filmhandlung steht mit ihnen in einer Reihe. Dzeržinskij wiederum, der in den Spionagekomödien der 1990er Jahre noch eine ambivalente bis negative Rolle spielte, ist endgültig rehabilitiert. Und auch der örtliche *Gazprom*-Chef hat in seinem Büro ein Porträt von sich selbst und Vladimir Putin, womit auf der Bildebene selbst der korrupte Manager legitimiert wird.

Von *Adaptacija* wurden bislang nur zwei Staffeln gedreht; eine Fortsetzung ist derzeit eher unwahrscheinlich. Immerhin konnte das russländische Fernsehpublikum in den zwei Jahren, in denen sie ausgestrahlt wurde, ungeachtet aller internationalen Spannungen und aller Verschiebungen im medialen und filmischen Amerikabild dabei zuschauen, wie eine russische Frau und ein amerikanischer Mann zueinanderfinden. „Make love, not war" blieb auch in diesen Zeiten die Kerndevise der Spionagekomödie.

Resümee

Zwischen dem Beginn der 1990er und dem Ende der 2010er Jahre wurden in Russland etwa 80–90 Agentenfilme und Fernsehserien mit Spionagethematik produziert.[20] Die meisten gehören nicht nur einem anderen Genre an als die hier behandelten Komödien, sie vertreten auch eine ganz andere zentrale Botschaft. Die Produktionen sowohl der 2000er als auch der 2010er Jahre lassen häufig die ideologischen und narrativen Schemata des Kalten Krieges wiederaufleben. Ein Beispiel ist etwa Vadim Ostrovskijs TV-Serie *Pokušenie* (Der Anschlag, 2004), die im Jahr 1999 spielt und von einem fiktiven Attentat auf Premierminister Vladimir Putin handelt, oder Jurij Bykovs Serie *Spjaščie* (Die Schläfer, 2017) über eine geheime Operation der CIA, die 2013–2014 eine „Farbrevolution" in Russland anzuzetteln versucht.

Andererseits entstand im selben Zeitraum in Russland auch eine Vielzahl von Kino- und Fernsehfilmen, die ein durch und durch friedliches Alltagsleben inszenieren. Die postsowjetische Spionagekomödie „borgt sich" gewissermaßen diesen friedlichen Ansatz der „zivilen" Genres und unterwandert damit die Gattung des ernsthaften Spionagefilms. Diese Politik des „Verrats" ist kein generelles Merkmal der Spionagekomödie, sondern eine Besonderheit gerade ihrer postsowjetischen Vertreter.

Dass dieses Genre im Russland der 1990er Jahre aufblühte und dass es den Ost-West-Konflikt und speziell dessen militärische Dimension mehr oder weniger ignorierte, ist nicht weiter verwunderlich: Die Filmemacher folgten einfach Michail Gorbačevs neuem politischen Kurs, nicht selten aus schierem Opportunismus.[21] Vajsbergs Film von 2008

---

[20] Eine Liste der in Russland produzierten Agentenfilme mit Kurzbeschreibungen findet sich auf der Seite <www.kino-teatr.ru/kino/movie/ros/g32>.

[21] Offensichtlich gilt dies etwa für Sergej Nikonenko, der heute ein vehementer Unterstützer von Russlands Krieg gegen die Ukraine ist, wie auch für eine Reihe von Schauspielern (Oleg Tabakov, Leonid Kuravljev, Dmitrj Charat'jan, der Top-Agent aus *Na Deribasovskoj*).

und Stukovs Serie aus den Jahren 2017–2019 entstanden dagegen bereits in einem ganz anderen politischen Umfeld, sie positionieren sich eher gegen den Geist ihrer Zeit. Eine mögliche Erklärung dafür ist, dass die konservative Erinnerungspolitik und das allgemeine restaurative bis reaktionäre Klima, das Russlands Umgang mit der Vergangenheit schon in dieser Zeit mehr und mehr bestimmte, auch eine generelle Treue zu Konventionen förderte. Es gehört zu den Wesensmerkmalen der postsowjetischen Kultur in Russland, dass sie einmal von der politischen Führung gutgeheißene Diskurse, Bilder und kulturelle Werte nur mit größter Mühe wieder vergisst. Möglicherweise hat dies auch dazu geführt, dass die Drehbuchautoren und Regisseure der späteren Spionagekomödien sich nicht vom Diskurs der Perestrojka mit seinem Verlangen nach „peace and love" lösen konnten – so wie ihre Vorgänger in den 1990ern nicht von der Gestalt Dzeržinskijs loskamen.
Allgemein gesprochen, ist einer der großen kulturellen Trends der postsowjetischen Zeit in Russland die „Harmonisierung" der eigenen Geschichte, die grundsätzlich jedes historische Ereignis für notwendig/unausweichlich erklärt und ihm eine intrinsisch positive Bedeutung zuschreibt.[22] Es ist einfacher, Geschichte zu überhöhen, als sie zu verdammen oder zu vergessen. Deshalb können Symbole des Terrors wie die Figur Dzeržinskijs in bestimmten Kontexten problemlos neben „Ideologemen" wie „peace and love" stehen: Als narratives Material sind sie von gleichem Wert. Unter den hier untersuchten Filmen ist Vajsbergs überdrehte Satire *Gitler kaput!* mit ihrer Attacke gegen Stalins Regime der einzige, der aus diesem Harmonisierungsmuster ausschert.

Aus dem Englischen von Olga Radetzkaja, Berlin

Schlagwörter:
Russland, Literatur, Film, Spionagekomödie, Kalter Krieg, Geheimdienste

[22] Der Begriff der „Harmonisierung" ist hier nicht identisch mit dem der „Normalisierung", der in den 1960er Jahren im Zuge der Debatte um Ernst Noltes Buch über den „Faschismus in seiner Epoche" aufkam (Ernst Nolte: Der Faschismus in seiner Epoche: die Action française, der italienische Faschismus, der Nationalsozialismus. München 1963). Während Normalisierung laut Gavriel Rosenfeld auf eine bloße Angleichung hinausläuft (ein bestimmtes historisches Erbe werde dann „wie jedes andere" betrachtet, siehe Gavriel Rosenfeld: Hi Hitler!: How the Nazi Past Is Being Normalized in Contemporary Culture. Cambridge 2015, S. 7), impliziert Harmonisierung die Tendenz zu einem positiven oder zumindest „neutralen" Geschichtsbild.

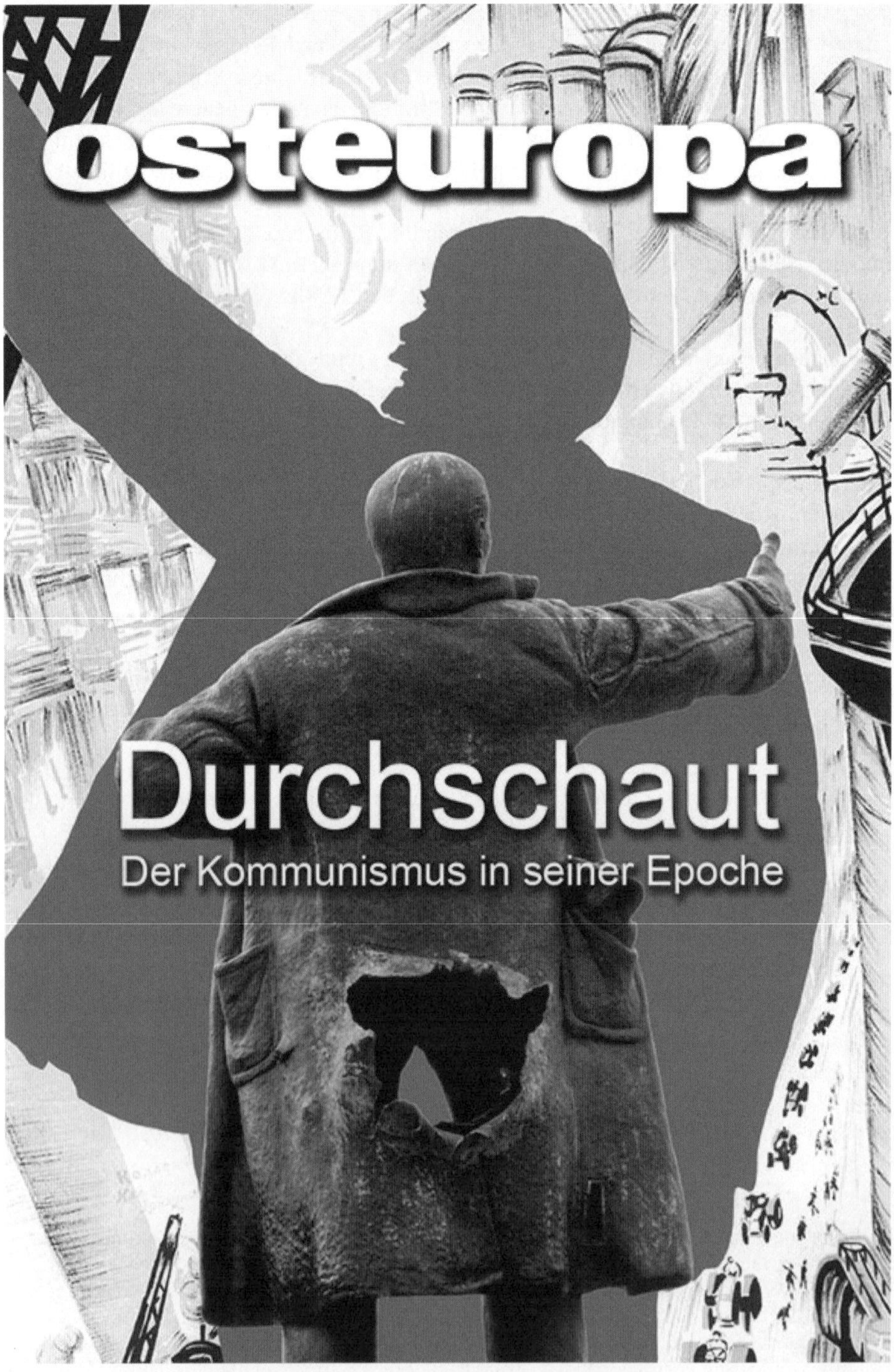
osteuropa
Durchschaut
Der Kommunismus in seiner Epoche

Julie Fedor, George Fforde

Forschungen über den KGB

Ein Kompass durch Archive und Literatur

Das Erbe des sowjetischen Geheimdienstes KGB prägt Russlands Innen- und Außenpolitik. Institutionelle Strukturen haben sich erhalten, Werte und Weltbilder werden von einer Generation zur nächsten weitergegeben, ebenso die Techniken der Infiltration, Desinformation und der Attentate. Die Ukraine, die über die größten KGB-Bestände außerhalb Russlands verfügt, und die baltischen Staaten haben ihre Archive geöffnet, der Wissenschaft und der Öffentlichkeit neue Quellen aus der Zeit von 1954 bis 1991 zugänglich gemacht und dadurch eine wahre Archivrevolution ausgelöst. Die neuen Erkenntnisse über die sowjetischen Geheimdienste dienen auch als Hintergrundwissen, um Russlands Politik der Gegenwart zu analysieren.

Von der düsteren Warte des Jahres 2022 aus lohnt es sich, einen Blick auf das Erbe des sowjetischen Geheimdienstes KGB zu werfen. Strukturen und Praktiken der Tschekisten haben den Zerfall der Sowjetunion Ende 1991 überlebt und sich im Dienste neuer autoritärer Herrschaft wieder formiert. In Belarus und Russland haben die Angriffe der Geheimdienste auf die Zivilgesellschaft seit Jahren an Schärfe gewonnen. Staatsmedien fabrizieren wieder „Feinde". Es gibt mehr politische Häftlinge als in der späten Sowjetunion. Es wird gefoltert, Personen werden beseitigt. Politische Gegner werden selbst im Exil verfolgt, Opfer von Attentaten, vergiftet oder erschossen.[1] Diese Praktiken hatte bereits der KGB in seinem Arsenal. Hinzu kommen transnationale: An der belarussisch-polnischen Grenze werden Flüchtlinge als politische Waffe instrumentalisiert. In Russlands Angriffskrieg gegen die Ukraine, dessen euphemistische Bezeichnung „militärische Spezialoperation" selbst eine tschekistische Handschrift trägt, werden Menschen in „Filtrationslager" gebracht und Massendeportationen durchgeführt. Entführungen und Geiselnahmen gehen einher mit Desinformationskampagnen und unterschiedlichen

---

Julie Fedor (1970), Dr. phil., Historikerin, Universität Melbourne
Von ihr erschien in OSTEUROPA: Russlands „Unsterbliches Regiment". Der Staat, die Gesellschaft und die Mobilisierung der Toten, in: OE, 5/2017, S. 61–85.
George Fforde (1989), wissenschaftlicher Mitarbeiter des Forschungsprojekts „KGB Empire: Security Archives in the Former Eastern Bloc", Universität Melbourne
Die Forschung für den vorliegenden Aufsatz wurde großzügig gefördert aus Mitteln des Australian Research Council Discovery Project „KGB Empire: Security Archives in the Former Eastern Bloc" (DP200101728).

[1] Ein Beispiel für die Verfolgung im Exil ist die durch den belarussischen KGB erzwungene Umlenkung eines Passagierflugs nach Minsk im Mai 2021, um den oppositionellen Blogger Raman Pratasevič festzunehmen. – Zu den Attentaten Mark Urban: Die Akte Skripal. Der neue Spionagekrieg und Russlands langer Arm in den Westen. München 2018. – Markus Wehner: Der Tiergartenmord, in diesem Band, S. 79–90.

Formen hybrider Kriegsführung. Russlands Ex-Präsident Dmitrij Medvedev beschwor kürzlich die Geschichte tschekistischer Attentate auf ukrainische Nationalisten im Exil als „Episoden aus der glorreichen Vergangenheit". Erneut werde den Ukrainern nun eine „Lehre erteilt".[2] All dies zeigt, dass es wichtiger denn je ist, die Geschichte der sowjetischen Sicherheitsdienste zu verstehen und zu wissen, wie dieses Erbe die Entwicklung heute beeinflusst.

In den letzten Jahren haben sich neue Chancen zur Erforschung der Geschichte der sowjetischen Staatssicherheitsorgane eröffnet. Die Ukraine und die baltischen Staaten haben ihr Material der Forschung zugänglich gemacht und damit eine neue „Archivrevolution" ausgelöst.[3] Von besonderer Bedeutung ist, dass die Ukraine 2015 die größte Sammlung derartigen Materials außerhalb Russlands für die Öffentlichkeit freigab. 2018 öffnete Lettland Akten, die eine einzigartige Sammlung von KGB-Karteikarten umfassen. Inzwischen wird dieses Archivgut digitalisiert, um die „Archivrevolution" unumkehrbar zu machen.[4]

Im vorliegenden Text geht es um die Frage, wie sowjetische Staatssicherheitsarchive in Putins Russland von staatlichen Stellen und staatsnahen Akteuren genutzt werden. Im Mittelpunkt steht Material zum KGB von 1954–1991. Diese Periode ist bislang weitgehend vernachlässigt worden. Der Fokus historischer Studien lag auf dem Terror und dem Massenmord der Stalinära.[5] Die Zeit danach erfährt erst jüngst Aufmerksamkeit.[6]

---

[2] Medvedev nannte die Ermordung von Jevhen Konovalec in Rotterdam 1938. Der NKVD-Agent Pavel Sudoplatov hatte dem Opfer eine als Pralinenschachtel getarnte Bombe als „Geschenk aus Kiew" überreicht. Medvedev sagte, künftig werde es „mehr solcher ‚Geschenke' für die Nazi-Verbrecher" geben. D. Medvedev: O fejkach i nastojaščej istorii. Telegram, 5.4.2022.

[3] Nachdem die KPdSU im März 1990 ihr Machtmonopol verloren hatte, begann der KGB, einen Teil seiner Akten zu vernichten und andere aus den Grenzgebieten der Sowjetunion herauszuschaffen. Mark Kramer: Archival Policies and Historical Memory in the Post-Soviet Era, in: Demokratizacija, 3/2012, S. 204–215. – Polly Corrigan: Political Police Archives in Ukraine and Georgia. A Research Note, in: Europe-Asia Studies, 1/2020, S. 117–131.

[4] Diesem Ziel diente die Publikation archivalischer Sammlungen. Andrij Kogut: Počemu u Ukrainy polučilos', in: Ders. u.a. (Hg.): Otkrytyj dostup k archivam KGB. Ukrainskij opyt dlja stran Vostočnogo partnerstva. Analitičeskij doklad. Kyjiv 2017, S. 2–4, hier S. 3.

[5] Paul Gregory: Terror by Quota. State Security from Lenin to Stalin. An Archival Study. New Haven, CT 2009. – David R. Shearer, Vladimir Khaustov: Stalin and the Lubianka. A Documentary History of the Political Police and the Security Organs in the Soviet Union, 1922–1953. New Haven, CT 2015. – David R. Shearer: Policing Stalin's Socialism. Repression and Social Order in the Soviet Union, 1924–1953. New Haven, CT 2009. – Paul Hagenloh: Stalin's Police: Public Order and Mass Repression in the USSR, 1926–1941. Baltimore, MD 2009. – Amir Weiner, Aigi Rahi-Tamm: Getting to Know You. The Soviet Surveillance System, 1939–57, in: Kritika, 1/2012, S. 5–45. – Donald Rayfield: Stalin and His Hangmen. The Tyrant and Those who Killed for Him. Palo Alto, CA 2004. Molly Pucci: Security Empire. The Secret Police in Communist Eastern Europe. New Haven, London 2020. – Mitunter wird die spätsozialistische Epoche als ereignislos und uninteressant abgetan. Nikita Petrov konstatiert, dass es dieser Periode „an dramatischen Ereignissen mangele, welche doch [. . .] dem biographischen Material einen besonderen Charme verleihen". Est' li u FSB videnie svoej istorii. Agentura.ru, 28.12.2021, <https://agentura.ru/history/est-li-u-fsb-videnie-svoej-istorii/>.

[6] Die historische Erforschung der Chruščev- und Breznev-Periode hat innovative Erkenntnisse hervorgebracht. Juliane Fürst, Josie McLellan (Hg.): Dropping out of Socialism. The Creation of Alternative Spheres in the Soviet Bloc. Lanham, MD 2016. – Brian LaPierre: Hooligans in Khrushchev's Russia. Defining, Policing, and Producing Deviances during the Thaw. Madison, WI 2012. – Miriam Dobson: Khrushchev's Cold Summer. Gulag Returnees, Crime, and the Fate of Reform after Stalin. Ithaca, NY 2009. – Susanne Schattenberg: Trust, Care, and Familiarity in the Politburo. Brezhnev's Scenario of Power, in: Kritika, 4/2015, S. 835–858.

Neue Geschichtsschreibung zum KGB

Neuere geschichtswissenschaftliche Untersuchungen, die sich auf das freigegebene Material aus KGB-Archiven in der Ukraine, Lettland und anderen Ex-Sowjetrepubliken stützen, konzentrieren sich tendenziell eher auf nationalgeschichtliche Aspekte als darauf, die Funktionsweise der sowjetischen Staatssicherheit vergleichend zu untersuchen. Dabei bietet ein thematischer Zugang zum KGB-Material aus der „Peripherie“ die Chance, eine stark russozentrische historiographische Forschung zu bereichern.[7]

Literatur zur Inlandstätigkeit des KGB

Eine Reihe neuerer Arbeiten nutzt Material aus den ukrainischen und baltischen KGB-Archiven, um neues Licht auf die Erfahrungen verschiedener Segmente der sowjetischen Bevölkerung zu werfen, die in poststalinistischer Zeit ins Visier der Sicherheitsdienste gerieten. Gleichzeitig gewähren solche Arbeiten einen vergleichenden Einblick in die Praktiken des KGB in verschiedenen Teilen des sowjetischen Imperiums.

Mark Harrisons *One Day We Will Live Without Fear. Everyday Lives in the Soviet Police State* leistet einen wichtigen Beitrag zum besseren Verständnis der Entwicklung der sowjetischen Geheimpolizei. Harrison untersucht an KGB-Akten aus dem Litauischen Sonderarchiv Aktivitäten des Geheimdienstes von der Stalin- bis zur Breżnev-Ära in Litauen und in der UdSSR. Die oftmals banalen oder absurden Episoden illustrieren die Weltanschauung und die operativen Vorgaben der sowjetischen Dienste.[8]

Olga Bertelsen analysiert Dokumente aus KGB- und anderen Archiven, etwa Parteiakten und Tagebücher, um zu zeigen, wie der lokale KGB ethnische Differenzen in einem verdächtigen Milieu problematisierte und Gemeinschaften zu spalten versuchte.[9] Entgegen der weit verbreiteten Vorstellung, wonach die Repressionen nach Stalin generell nachgelassen hätten, blieben Gruppen wie ukrainische und jüdische Literaten jenseits der Metropolen Moskau und Leningrad auch während der Tauwetterperiode und danach unvermindert politischer Gewalt ausgesetzt.

Zahlreiche Studien befassen sich mit dem Vorgehen des KGB gegen Religionsgemeinschaften. Die Sozialanthropologin Tat'jana Vagramenko liefert im Rahmen des Projekts „Hidden Galleries“ unter Leitung von James Kapaló,[10] anhand von ukrainischen KGB-Akten eine „dichte Beschreibung“ geheimdienstlicher Operationen gegen die Zeugen Jehovas. Vagramenko entwickelt innovative Methoden, um aus der, wie sie es nennt, „Undichtigkeit“ (leakiness) von KGB-Quellen – ihren Ungereimtheiten, Ambivalenzen

---

7 Ähnliches konstatierte Vojtech Mastny zu den sowjetisch-indischen Beziehungen: „Nicht selten stammt das aufschlussreichste Belegmaterial [. . .] aus solch unwahrscheinlichen Orten wie Berlin oder Budapest“, da Moskau detaillierte Informationen mit seinen Verbündeten ausgetauscht habe. Vojtech Mastny: The Soviet Union's Partnership with India, in: Journal of Cold War Studies, 3/2010, S. 50–90, hier S. 51.

8 Mark Harrison: One Day We Will Live Without Fear. Everyday Lives in the Soviet Police State. Stanford, CA 2016.

9 Olga Bertelsen: Crossing Ethnic Barriers Enforced by the KGB. Kharkiv Writers' Lives in the 1960s–70s, in: East/West. Journal of Ukrainian Studies, 1/2020, S. 7–54. – Dies.: In the Labyrinth of the KGB. Ukraine's Intelligentsia in the 1960s–1970s. Lanham 2022.

10 James Kapaló, Tatiana Vagramenko (Hg.): Hidden Galleries. Material Religion in the Secret Police Archives in Central and Eastern Europe. Zürich 2020.

und verzerrten Urteilen – Erkenntnisse zu gewinnen. Ihre Arbeit zeigt, dass die Aktivitäten des KGB über die reine Infiltration hinausgingen. Er kontrollierte die Organisation nahezu vollständig und produzierte auch mal religiöses Material.[11]
Vagramenko war daran beteiligt, bahnbrechende ethnographische Methoden für die Arbeit mit fotografischen Archivalien zu entwickeln,[12] die helfen, durch die „ethischen und interpretatorischen Dilemmata" zu navigieren, die sich bei der Arbeit mit geheimpolizeilichem Material auftun.[13] Mit dem Aktenmaterial rekonstruiert sie das Leben der Betroffenen eher als eine Geschichte des Widerstands und weniger als eine Geschichte der Opfer. Indem sie durch die „Risse" der KGB-Dokumente blickt, macht sie die „Lebensgeschichten" hinter den archivalischen „Aktengeschichten" sichtbar.
Der Historiker Dmitrij Vedeneev analysiert KGB-Aktivitäten, die sich gegen verschiedene konfessionelle Gruppen in der Ukrainischen SSR richteten. Er stützt sich auf operative Berichte und Analysen von Agenten, um die Mechanismen, Strategien und Motive des Geheimdienstes besser zu verstehen.[14] Etliche Wissenschaftler vor allem aus der Ukraine haben mit Material aus den Archiven des ukrainischen Inlandsgeheimdienstes SBU (Služba bezpeky Ukrajiny), Nachfolger des ukrainischen KGB, Profile einzelner Vertreter religiöser Gemeinschaften erstellt.[15] Zu den bemerkenswerten Arbeiten über die Aktivitäten des KGB gegen Religionsgemeinschaften gehören jene von Felix Corley. Er stützt sich auf Material aus den Staatssicherheitsarchiven in der Ukraine, Lettland, Litauen und Tschechien, die einen Bezug zur Abteilung für religiöse Angelegenheiten der Fünften Hauptverwaltung des KGB haben, die für die Bekämpfung politischer Gegner verantwortlich war. In seiner kommentierten Aktenedition beschreibt Corley ausführlich die Zusammenarbeit des KGB mit dem leitenden Klerus und bietet Einblick in die Rekrutierung von Geistlichen und deren Einsatzfelder.[16]

---

[11] Tatiana Vagramenko: KGB „Evangelism". Agents and Jehovah's Witnesses in Soviet Ukraine, in: Kritika, 4/2021, S. 757–786.

[12] Tatiana Vagramenko, Gabriela Nicolescu: The Hand at Work or How the KGB File Leaks in the Exhibition, in: Martor. The Museum of the Romanian Peasant Anthropology Review, 26/2021, S. 24–46.

[13] Kapaló, Hidden Galleries [Fn. 10], S. 10. – Eine ethnographische Studie, die Material mit persönlichen Lebensgeschichten in Form von Oral History aus KGB-Archiven kombiniert, bietet Vieda Skultans: Arguing with the KGB Archives. Archival and Narrative Memory in Post-Soviet Latvia, in: Ethnos. Journal of Anthropology, 3/2001, S. 320–343.

[14] Dmitrij Vedeneev: Ateisty v mundirach. Sovetskie specslužby i religioznaja sfera Ukrainy. Moskva ^{2}2021. Der Band enthält Auszüge aus verschiedenen archivalischen Texten, darunter biographisches Material zu Geheimdienstmitarbeitern und Profile Geistlicher, die Repressionen unterworfen waren.

[15] Oleksandr Fedčuk: Cerkovna dijal'nist' mytropolyta Feofila (Buldovs'koho) (na materijalach Haluževoho deržavnoho archivu SBU), in: Naukovyj visnyk Užhorods'koho universytetu. Serija Istorija, 1/2020, S. 80–89. – Oleksandr Korotaiev: All-Union Council of Evangelical Christians and Baptists as a Product of Work of Soviet Special Services, in: Occasional Papers on Religion in Eastern Europe, 6/2021, S. 70–90.

[16] Felix Corleys Studien The Antonov Files. Patriarch Filaret and the KGB (2018). – The Mikhailov Files. Patriarch Kirill and the KGB (2018). – The Latvian KGB's Clergy Agents (2018) sind über Academia.edu zugänglich.

Mark Harrison
One Day We Will
Live Without Fear
Everyday Lives Under the Soviet Police State

Eine andere geschichtswissenschaftliche Strömung nutzt KGB-Akten, um Fragen der Geschlechtergeschichte zu beleuchten. In den letzten Jahren sind mehrere Arbeiten zur Geschichte der Homosexualität in der UdSSR entstanden.[17] Jessica Wernekes Fallstudie über die Verhaftung eines lettischen Juden in Riga im Jahr 1957 widmet sich dem kaum erforschten Thema der sowjetischen Anti-Pornographie-Gesetzgebung und ihrer Durchsetzung. Auf der Basis der lettischen KGB-Akten kommt Werneke zu dem Schluss, dass der Angeklagte nicht wegen Pornographie, sondern wegen Zionismus verurteilt wurde. Die selektive und zufällige Anwendung des Strafgesetzbuches durch den KGB ist ein Hinweis darauf, dass sich in den baltischen Staaten wegen ihrer peripheren Lage und des westlichen Einflusses ein Einstellungswandel zu Homosexualität vollzogen hat.[18]
Wie stark sich die Alltagsarbeit des KGB regional unterschied und vor allem, vor welchen spezifischen Herausforderungen er im Baltikum stand, zeigt Tomas Blusiewiczs Studie über die Bemühungen in den 1960er und 1970er Jahren, Schmuggel zu unterbinden. Mit dem operativen Material des KGB aus dem Litauischen Sonderarchiv sowie Zolldaten aus dem Russländischen Staatlichen Wirtschaftsarchiv gelangt Blusiewicz zu der Feststellung, dass Zonen wie Klaipėda und die Fährroute Helsinki–Tallinn dem KGB größere Sorgen bereiteten als der Hafen von Odessa, wo nach eigenen Angaben ein größeres Warenvolumen geschmuggelt wurde. Der Grund lag wohl an der größeren strategischen Verletzlichkeit des Baltikums und seiner relativen Durchlässigkeit für ausländische Besucher, auf die offenbar der Großteil der Schmuggelware entfiel. Der KGB reagierte mit einer ideologischen Disziplinierung und einer skrupulösen Kontrolle der Besatzung sowjetischer Handelsschiffe und des Hafenpersonals im Allgemeinen und der Angehörigen der baltischen Titularnationen im Besonderen. Das führte, wie Blusiewicz nachweisen kann, lediglich zu einer Verschärfung der Spannungen vor Ort und im Baltikum.[19]

Literatur zu Positionen und Praktiken des KGB

Zur Arbeitsweise und dem institutionellen Selbstverständnis des KGB gibt es ebenfalls neue Literatur. Auch hier ist Mark Harrisons *One Day We Will Live Without Fear* ein Schlüsseltext. Mit Material aus dem litauischen KGB-Archiv nimmt Harrison Kontinuität und Wandel tschekistischer Praktiken in den Blick.
Ein zentrales Thema ist die KGB-Praxis der *profilaktika* und die Frage, wie sich in der veränderten Arbeit der politischen Polizei ein Wandel der sozialen Ordnung widerspiegelt. Edward Cohn ist einer der führenden Experten auf diesem Gebiet. Die Prophylaxe, deren simpelster Ausdruck das ermahnende „Gespräch“ (beseda) war, die aber auch in Form einer öffentlichen Anhörung stattfinden konnte, diente nicht nur dazu, der

---

[17] Rustam Alexander: The Queer Life of Lieutenant Petrenko. The KGB and Male Homosexuality in the Ukrainian SSR of the 1960s, in: Europe-Asia Studies (online), 31.5.2022, <www.tandfonline.com/doi/full/10.1080/09668136.2022.2072813>. – Feruza Aripova: Queering the Soviet Pribaltika. Criminal Cases of Consensual Sodomy in Soviet Latvia (1960s–1980s), in: Emily Channell-Justice (Hg.): Decolonizing Queer Experience. LGBT+ Narratives from Eastern Europe and Eurasia. Lanham 2020, S. 95–114.

[18] Jessica Werneke: Photography, Pornography, and the Criminal Case of Joseph A. Schneider: A Case Study in Soviet Anti-Pornography Legislation and Enforcement in the Late 1950s, in: Journal of Baltic Studies, 4/2021, S. 585–612.

[19] Tomasz Blusiewicz: Illegal, Anti-Socialist and Petty Bourgeois. How Maritime Smuggling in the Baltic Undermined the Soviet Economy, in: Zeitschrift für Ostmitteleuropaforschung, 4/2019, S. 551–575.

Begehung eines Verbrechens zuvorzukommen. Vielmehr sollte sie die (bewusste oder unbewusste) Ausbreitung antisowjetischer Verhaltensformen oder gar sozialer Unruhen eindämmen.[20]

Um Eindämmung und den Schutz des übergeordneten Systems ging es dem KGB auch beim Umgang mit Staatsgeheimnissen. An KGB-Material aus litauischen und ukrainischen Archiven zeigt Evgenia Lezina, dass der Spielraum, den der KGB zwischen den 1950er Jahren und der Gorbačev-Ära zur Festlegung und Durchsetzung von Geheimhaltungsregeln hatte, wuchs. Je intensiver die Bevölkerung in Kontakt mit Ausländern kam und damit die Sorge vor wirtschaftlicher und ideologischer Sabotage wuchs, desto stärker wurden diese Regeln verschärft, ehe sie beim Versuch, die neuen operativen Vorgaben der Perestrojka umzusetzen, förmlich explodierten.[21]

Die Rolle des KGB in der Perestrojka wird seit langem kontrovers diskutiert. Simon Miles nimmt eine bislang wenig genutzte Quelle unter die Lupe: die Berichte und Stellungnahmen vor allem von unteren Chargen des KGB im KGB-Hausblatt *Sbornik KGB SSSR*. Diese Beiträge zeigen nach Miles' Auffassung, dass es Zeit für eine differenziertere Darstellung der Haltung des KGB zu Gorbačevs Reformen ist. So hätten diese Reformen für den KGB als Institution nicht nur konzeptionelle und praktische Herausforderungen bedeutet, sondern auch Raum für ernsthafte Versuche eröffnet, sich an das Ethos der Liberalisierung anzupassen.[22]

Neue Literatur über Auslandsaktivitäten des KGB

Analytiker der politischen Entwicklung des Putin-Regimes verweisen regelmäßig auf den KGB-Hintergrund der amtierenden Führung. Auch überschneidet sich die Interpretation der strategischen Kultur Russlands teilweise mit der Forschung zum Selbstbild des KGB.[23] Unter Rückgriff auf den erwähnten *Sbornik KGB SSSR* interpretiert Sanshiro Hosaka die Entwicklungen des Modus operandi des KGB seit den 1950er Jahren als Abwendung von einer „passiven Verteidigung" hin zu einer „offensiven Spionageabwehr". Infolge einer veränderten Bedrohungswahrnehmung – hervorgerufen vor allem durch den Zustrom von Ausländern während der Tauwetterperiode – verschmolz der KGB zunehmend die Ziele und Methoden eines Auslandsnachrichtendienstes mit inländischer Spionageabwehr zu einem geschlossenen System „aktiver Maßnahmen". So pflegten Mitarbeiter der inneren Spionageabwehr vermehrt Auslandskontakte, während umgekehrt im Ausland verstärkt Mittel wie Diversion und kompromittierendes Material (kompromat)

---

20 Edward Cohn: A Soviet Theory of Broken Windows. Prophylactic Policing and the KGB's Struggle with Political Unrest in the Baltic Republics, in: Kritika, 4/2018, S. 769–792, – Ders.: Prophylactic Policing and the Epidemiology of Dissent in the Soviet-Era Baltic States, in: Breanne Fahs u. a. (Hg.): Transforming Contagion. Risky Contacts among Bodies, Nations, and Disciplines. New Brunswick, NJ 2019, S. 189–203.

21 Evgenia Lezina: Soviet State Security and the Regime of Secrecy. Guarding State Secrets and Political Control of Industrial Enterprises and Institutions in the Post-Stalin Era, in: Securitas Imperii, 37/2020, S. 38–69. – Mark Harrisons Monographie Secret Leviathan. Secrecy and State Capacity under Soviet Communism. Stanford 2023 [i.E.].

22 Simon Miles: The Problems of Perestroika. The KGB and Mikhail Gorbachev's Reforms, in: Slavic Review, 4/2021, S. 816–838.

23 Brian D. Taylor: The Code of Putinism. Oxford 2018. – Bobo Lo: Russia and the New World Disorder. London 2015.

zum Einsatz kamen. Solche „aktiven Maßnahmen“ gehören bis heute zum Instrumentenkasten des russländischen Geheimdienstes.[24]

Wie Sergei Zhuk in seiner Studie über die Einbindung des KGB in schulische Austauschprogramme mit den USA veranschaulicht, gewannen in diesem neuen operativen Umfeld Ausbildung und formales Know-how der Geheimdienstmitarbeiter an Gewicht.[25] Ein weiteres, besonders interessantes Beispiel für das Vertrauen, das der KGB in Desinformations- und Desorientierungsmaßnahmen gegenüber seinen äußeren Feinden setzte, liefert Benjamin Fischer in einem Aufsatz über einen 1979 erschienenen Spionageroman eines populären sowjetischen Autors, der die Neutralisierung einer CIA-Operation durch den KGB in Moskau nachzeichnet. Nicht weniger faszinierend als die operativen Details und der literarische Zugriff des KGB ist die Tatsache, dass das Ende des Romans absichtlich eine überraschende Auflösung für „Feindleser“ mit einer Kenntnis des Falles bereithält.[26]

Einen weiteren Beitrag zur historischen Entwicklung aktiver Maßnahmen und zur Frage ihres Einflusses auf die strategische Kultur des Kreml von heute liefert Yaacov Falkov. Er charakterisiert diese strategische Kultur als „geheimdienstverherrlichend“ (intelligence-exalting). Auf der Basis von strategischen und operativen Veröffentlichungen der KGB-Führung, für die er als Quelle die *Arbeiten der Hochschule des KGB* nutzt (online verfügbar auf der Webseite <kgbdocuments.eu> des Litauischen Sonderarchivs) zeigt Falkov auf, dass der „unendliche, geheime Krieg“ die Determinante der Bedrohungsanalyse und Konfliktaustragung Russlands ist. Diese Doktrin geht von einem permanenten existenziellen Konflikt zwischen den Staatssystemen aus und erfordert sowohl den offensiven Einsatz von Nachrichtendiensten als auch den Vorrang von Nachrichtendiensten bei der strategischen Koordinierung.[27]

Neue Erkenntnisse darüber, wie tschekistische Weltbilder reproduziert werden, präsentieren Mette Skak in ihrer Studie über prägende generationelle Erfahrungen von Geheimdienstlern und Filip Kovacevic über die Weitergabe tschekistischer Normen an die Absolventen von FSB-Bildungseinrichtungen.[28] Dass der Einsatz „aktiver Maßnahmen“ zur Tradition des sowjetischen KGB gehört und er heute ein paradigmatisches Phänomen in Russlands strategischer Kultur darstellt, unterstreichen Sicherheitsexperten. Kimberley Marten vertritt die These, dass die Methode des KGB, kompromittierendes Material über Angehörige der Regierung zu sammeln und einzusetzen, das Ende der Sowjetunion überlebt hätte. Sie erfülle nicht zuletzt den Zweck, einen „sanften

---

[24] Sanshiro Hosaka: Repeating History. Soviet Offensive Counterintelligence Active Measures, in: International Journal of Intelligence and CounterIntelligence, 15.12.2020, S. 1–30. – Olga Bertelsen (Hg.): Russian Active Measures – Yesterday, Today, Tomorrow. Stuttgart 2021.

[25] Sergei Zhuk: The „KGB People“. Soviet Americanists and Soviet-American Academic Exchanges, 1958–1985, in: Soviet & Post-Soviet Review, 2/2017, S. 133–167.

[26] Benjamin Fischer: Lubyanka’s Nightingale and the Novel That Exposed CIA Operation TRIGON, in: International Journal of Intelligence and CounterIntelligence, 4/2021, S. 643–662.

[27] Yaacov Falkov: Intelligence-exalting strategic cultures. A case study of the Russian approach, in: Intelligence and National Security, 1/2022, S. 90–108.

[28] Mette Skak: Russian Strategic Culture. The Generational Approach and the Counter-Intelligence State Thesis, in: Roger E. Kanet (Hg.): Routledge Handbook of Russian Security. London, New York 2019, S. 86–96. – Filip Kovacevic: How Russia Trains Its Spies. The Past and Present of Russian Intelligence Education, in: Liam Francis Gearon (Hg.): The Routledge International Handbook of Universities, Security and Intelligence Studies. London, New York 2019, S. 187–195.

Staatsstreich" vorzubereiten. Dieses Mittel sei auch gegen El'cin zur Anwendung gekommen. Der KGB habe so „undercover" seine Existenz in veränderter institutioneller Gestalt gesichert und eine wichtige Rolle bei Putins Machtübernahme gespielt.[29] David Gioe, Richard Lovering und Tyler Pachesny stellen die These auf, dass die Bedeutung von Informationsoperationen und ideologischer Disziplin in der tschekistischen Praxis darin begründet ist, die Gefährdung des Regimes durch offene Informationsräume zu reduzieren.[30]

„Desinformation" als Schlüsselelement aktiver Maßnahmen und des Informationskriegs wird im Westen weithin mit Geheimdienstpraktiken der Sowjetunion und Russlands in Verbindung gebracht. Vorbehalte gegen die Anwendbarkeit des Begriffs äußern Vera Tolz und Stephen Hutchings.[31] Der Begriff „Desinformation" werde heute benutzt, um einen scharfen Gegensatz zwischen einem der Wahrheit verpflichteten „Selbst" und einem betrügerischen „Anderen" zu kreieren. Tolz und Hutchings zeigen, dass die polemische Funktion des Begriffs historisch gewachsen ist und den strengen operativen Ausdruck *dezinformacija* überschattet, der eher mit faktischer Ambivalenz als mit Unwahrheit spielt.

Etliche Arbeiten befassen sich mit Aktivitäten des KGB gegen Diaspora-Gruppen im Westen. Dazu gibt es inzwischen eine große Menge an Archivmaterial.[32] Das gestattet es, die Mechanismen der KGB-Subversion en detail zu untersuchen.[33] In der Ukraine wurde die Frage nach der Glaubwürdigkeit solcher Quellen aufgeworfen.[34] Im Rahmen eines Projekts der University of Alberta *Trapped in Archives of Repression. Personal Letters in Ex-KGB Archives* („Gefangen in Archiven der Repression. Persönliche Briefe in Ex-KGB-Archiven"), entsteht eine umfangreiche Online-Datenbank privater Korrespondenz zwischen Angehörigen der ukrainisch-kanadischen Diaspora und Verwandten in der Sowjetunion. Dazu gehört ein durchsuchbares Korpus von Briefen, die seinerzeit vom ukrainischen KGB beschlagnahmt worden waren.

Der KGB und „verbrüderte" Geheimdienste

Ein weiterer fruchtbarer Forschungszweig sind Untersuchungen zu den „Bruderdiensten" des Warschauer Paktes. Studien über die Interaktionen zwischen dem KGB, dem Ministerium für Staatssicherheit, dem polnischen SB und anderen Diensten profitieren von der allgemein besser zugänglichen Archivlandschaft. Die transnationale Forschung bringt zwangsläufig eine große Komplexität mit sich. Solche Studien werfen nicht nur

---

[29] Kimberly Marten: The „KGB State" and Russian Political and Foreign Policy Culture, in: Journal of Slavic Military Studies, 2/2017, S. 131–151.

[30] David V. Gioe, Richard Lovering, Tyler Pachesny: The Soviet Legacy of Russian Active Measures. New Vodka from Old Stills? In: International Journal of Intelligence and Counter-Intelligence, 3/2020, S. 514–539.

[31] Vera Tolz, Stephen Hutchings: Performing Disinformation. A Muddled History and Its Consequences. LSE Blogs – Communication History (blog), 8.10.2021, <https://blogs.lse.ac.uk/ medialse/2021/10/08/performing-disinformation-a-muddled-history-and-its-consequences/>.

[32] Dazu gehört ehemals geheime interne KGB-Literatur: B.S. Šul'ženko, I.V. Chamazjuk, V.T. Dan'ko: Ukrainskie buržuaznye nacionalisty. Moskva Vysšaja škola KGB pri Sovmin SSSR 1963, <www.kgbdocuments.eu/assets/books/other/ukrainian_burgeois_nationalists.pdf>.

[33] Ieva Zake: Soviet Campaigns against „Capitalist Ideological Subversives" during the Cold War. The Latvian Experience, in: Journal of Cold War Studies, 3/2010, S. 91–114.

[34] Ruslan Zabilyj: Jak KGB „dopysuvav" spohady povstanciv'. Istoryčna pravda, 15.3.2011. – Osyp Zinkevyč: Pro spohady Danyla Šumuka i „vsenajuče" KDB. Istoryčna pravda, 18.3.2011.

ein Licht auf die strukturellen, taktischen und ideologischen Konturen dieser Beziehungen, sondern das Material aus polnischen, deutschen, bulgarischen, tschechischen und anderen Archiven fördert indirekt auch das Wissen über den KGB. Das demonstriert das Budapester *Cold War History Research Centre*.

Ein hervorragendes Beispiel hierfür sind auch die Untersuchungen von Douglas Selvage über die Zusammenarbeit zwischen dem KGB und der Hauptverwaltung Aufklärung (HVA) der DDR zur Desinformation über die HIV-AIDS-Epidemie sowie über die Kooperation und Kommunikation verschiedener Dienste im Zusammenhang mit den Menschenrechtlern der Helsinki-Gruppen, wofür er Bestände des MfS-Archivs nutzte.[35] Der Sammelband *Der „große Bruder"* beleuchtet die Präsenz des KGB und seine Aktivitäten in der DDR.[36] Das Engagement des sowjetischen Nachrichtendienstes im gesamten Ostblock ist Gegenstand einer umfangreichen Literatur. Dazu gehören die Arbeiten von Pavel Žáček, Christopher Nehring, Dariusz Gregorczyk und Witold Bagieński, die dafür Material aus den Archiven des tschechoslowakischen, bulgarischen bzw. polnischen Geheimdienstes sichteten.[37]

Diese Skizze ist keineswegs ein umfassender Überblick über die neuere Forschung zum KGB, geschweige denn zu den Sicherheitsapparaten der UdSSR oder des Sowjetblocks. Auch viele neuere Arbeiten aus anderen Disziplinen und Forschungsbereichen haben den KGB zum Gegenstand, etwa aus den Bereichen Medizingeschichte, Militärpolitik, Anthropologie oder Literatur. In etlichen Monographien zur sowjetischen Geschichte werden Quellen aus KGB-Archiven verarbeitet. So webt Juliane Fürst Material aus KGB-Akten in ihre Oral-History-Studie zur sowjetischen Hippie-Bewegung ein.[38]

Außerhalb unserer Betrachtung bleiben hier die jüngsten journalistischen Publikationen über Russlands Sicherheitsapparate. Deren Aktivitäten im In- und Ausland wie Attentate auf Überläufer oder die Ermordung von Oppositionellen haben zu einer großen öffentlichen Aufmerksamkeit und intensiveren Beschäftigung mit dem Thema geführt. Bedeutend sind die umfangreichen investigativen Arbeiten von Catherine Belton, Peter Pomerantsev, Andrej Soldatov und Irina Borogan.[39]

---

[35] Douglas Selvage: Operation „Denver". The East German Ministry of State Security and the KGB's AIDS Disinformation Campaign, 1985–1986 (Part 1), in: Journal of Cold War Studies, 4/2019, S. 71–123. – Ders.: Operation „Denver". The East German Ministry for State Security and the KGB's AIDS Disinformation Campaign, 1986–1989 (Part 2), in: Journal of Cold War Studies, 3/2021, S. 4–80. – Ders.: From Helsinki to „Mars", in: Journal of Cold War Studies, 4/2021, S. 34–94.

[36] Douglas Selvage, Georg Herbstritt (Hg.): Der „große Bruder". Studien zum Verhältnis von KGB und MfS 1958 bis 1989. Göttingen 2022.

[37] Pavel Žáček: The KGB and the Czechoslovak State Security Apparatus in August 1968, in: Journal of Slavic Military Studies, 4/2016, S. 626–657. – Christopher Nehring: Active and Sharp Measures, in: Journal of Cold War Studies, 4/2021, S. 3–33. – Dariusz J. Gregorczyk: Cold War Cooperation. The KGB and Poland's Security Service in Operation Kaskada and Operation Kama, in: International Journal of Intelligence and CounterIntelligence, 2/2022, S. 279–291. – Witold Bagieński: The Polish People's Republic and KGB Intelligence Cooperation After 1956, in: Securitas Imperii, 37/2020, S. 70–84.

[38] Juliane Fürst: Flowers through Concrete. Explorations in Soviet Hippieland. Oxford 2021, S. 11.

[39] Catherine Belton: Putin's People. How the KGB Took Back Russia and Then Took on the West. London 2020. – Dt.: Putins Netz. Wie sich der KGB Russland zurückholte und dann den Westen ins Auge fasste. Hamburg 2022. – Peter Pomerantsev: This Is Not Propaganda. Adventures in the War against Reality. London 2019. – Dt.: Das ist keine Propaganda. Wie unsere Wirklichkeit zertrümmert wird. München 2020. – Andrei Soldatov, Irina Borogan: The Compatriots. The Brutal and Chaotic History of Russia's Exiles, Emigrés, and Agents Abroad. New York 2019.

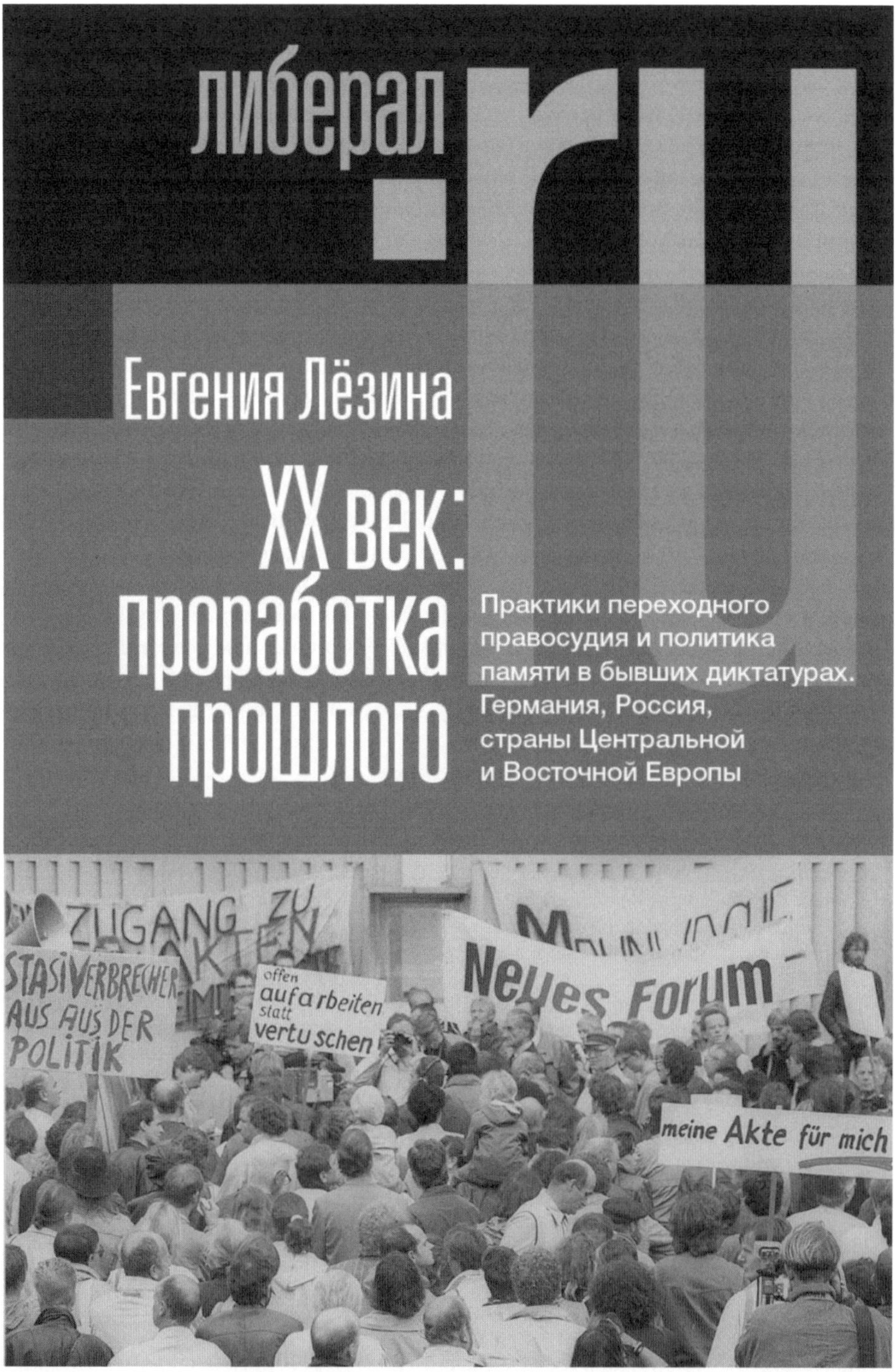

Evgenija Lezina: Vergangenheitsbewältigung im 20. Jahrhundert. Transformative Rechtsprechung in Deutschland, Russland und Ostmitteleuropa. Moskau 2021

Nutzung sowjetischer Staatssicherheitsarchive im Autoritarismus

Dem Nachleben der KGB-Dokumente im heutigen Russland schenkte die Wissenschaft bisher keine Aufmerksamkeit. Dagegen existiert eine umfangreiche Literatur zur Lage in Ostmitteleuropa, wie etwa Personalakten aus Staatssicherheitsarchiven im politischen Kampf der postkommunistischen Eliten genutzt werden, wie die Gesellschaften mit diesem Problem umgehen oder darüber, ob und in welcher Form die Identität von Spitzeln öffentlich gemacht werden soll. Auch werden die methodischen Probleme erörtert, die mit der Interpretation dieser Akten verbunden sind.[40] All diese Fragen wurden im Fall Russlands weniger diskutiert, wo die Archivrevolution der späten 1980er und frühen 1990er Jahre in den Ansätzen stecken blieb.

Diese Archivrevolution war ein wesentlicher Bestandteil des Zusammenbruchs des Sowjetkommunismus gewesen. Sie war nicht nur das Ergebnis, sondern in verschiedener Hinsicht auch Mitursache der Revolution von 1989/1991. Russische Historiker wie Nikita Petrov hatten gehofft, dass die KGB- und Parteiarchive und damit „Materialien von außerordentlicher Bedeutung für das Verständnis der wahren Geschichte unseres Landes“ für die Wissenschaft künftig frei verfügbar sein würden.[41] Die El'cin-Regierung hatte versprochen, die meisten dieser Akten der Öffentlichkeit zugänglich zu machen.[42] Viele hatten es jedoch schon damals für sehr wahrscheinlich gehalten, dass der Zugang zu den Archiven nicht von Dauer sein werde. Dies war einer der Hauptgründe für die Entscheidung, erhebliches Material an die *Library of Congress* und andere Institutionen in den USA zu übergeben. So sollte gewährleistet sein, dass sie auch im Falle eines Scheiterns von Russlands Demokratisierung „sicher und für immer in öffentlichen Besitz übergehen“ würden.[43]

---

[40] Péter Apor u.a. (Hg.): Secret Agents and the Memory of Everyday Collaboration in Communist Eastern Europe. London, New York 2017. – Valentina Glajar u.a. (Hg.): Secret Police Files from the Eastern Bloc. Between Surveillance and Life Writing. Rochester, New York 2016. – José M. Faraldo: The „Centres of Remembrance“ in Post-Communist Europe, in: Jens Boel u.a.: Archives and Human Rights. London, New York 2021. – Alison Lewis: Reading and Writing the Stasi File. On the Uses and Abuses of the File as (Auto)biography, in: German Life and Letters, 4/2003, S. 377–397. – Vieda Skultans: Arguing with the KGB Archives. Archival and Narrative Memory in Post-Soviet Latvia, in: Ethnos. Journal of Anthropology, 3/2001, S. 320–343. – Lavinia Stan (Hg.): Transitional Justice in Eastern Europe and the Former Soviet Union. Reckoning with the Communist Past. London, New York 2009.

[41] Nikita Petrov: Desjatiletie archivnych reform v Rossii, in: Indeks/Dos'e na cenzuru, 14/2001. In einer Publikation von 1992 wagten die Historiker von „Memorial“, Arsenij Roginskij und Nikita Ochotin, eine Einschätzung der Dimensionen und der Verteilung der KGB-Akten in Russland und wiesen auf die Hindernisse hin, die der Freigabe dieser Akten entgegenstanden. Im Rückblick kam Nikita Petrov 2017 zu dem Ergebnis, dass dieser Prozess der Schließung eine unabhängige Erforschung der tschekistischen Archive in Russland praktisch unmöglich mache. Arsenij Roginskij, Nikita Ochotin: Die Archive des KGB. Ein Jahr nach dem Putsch, in: OSTEUROPA, 11–12/2017, S. 53–75. – Dazu im Rückblick: Nikita Petrov: „Back in the USSR“. Die Archive der Geheimdienste im Jahr 2018, in: OSTEUROPA, 11–12/2017, S. 77–81.

[42] Vera Tolz: Access to KGB and CPSU Archives in Russia, in: RFE/RL Research Report, 16/1992, S. 1.

[43] Abby Smith: Russian History. Is It in the Archives? In: Francis X. Blouin, William G. Rosenberg (Hg.): Archives, Documentation, and Institutions of Social Memory. Essays from the Sawyer Seminar. Ann Arbor 2007, S. 451–458, hier S. 455. Anlässlich des Gipfeltreffens von George Bush und Boris El'cin im Juni 1992 in Washington fand in der Library of Congress die Ausstellung

Die Archivrevolution in Russland erwies sich als kurzlebig. Die „archivalische Gegenrevolution"[44] begann bereits Mitte der 1990er Jahre, noch unter Präsident El'cin. Für Nikita Petrov ist 1995 das Jahr des „großen Wendepunktes" in der Archivpolitik, insbesondere was die Archive der Sicherheitsdienste und die Freigabepolitik betrifft. Der Sicherheitsapparat machte seinen privilegierten Anspruch als Hüter des nationalen Gedächtnisses wieder geltend und läutete damit das Totenglöckchen für die Demokratisierung Russlands.[45] Diese Entwicklung war eng damit verbunden, dass Eliten aus dem sowjetischen Sicherheitsapparat das Ruder im Staat übernahmen. Das führte zu einer Art tschekistischer Restauration, die sich auch in einer veränderten offiziellen Haltung zur sowjetischen Vergangenheit niederschlug. Die Geschichte des Staatssicherheitsapparates kam zu neuen Ehren. Die Tschekisten reklamierten den Anspruch auf Interpretationshoheit über die Geschichte und damit auch die Kontrolle über das dokumentarische Erbe für sich.[46] Dies zeigte sich deutlich in dem Versuch, den Historiker Jurij Dmitriev zu stigmatisieren, zu kriminalisieren und zum Schweigen zu bringen. Dabei handelte es sich offensichtlich um die Vergeltung dafür, dass Dmitriev ein Massengrab des NKVD von 1937/1938 im karelischen Sandarmoch entdeckte, die Namen von Tausenden Opfern rekonstruierte und dank seiner Bemühungen eine Gedenkstätte errichtet wurde, die jedes einzelne Opfer würdigt.[47] Ende 2021 wurde *Memorial*, die führende NGO zur Erforschung der Geschichte staatlicher Gewalt und zum Monitoring der Menschenrechtslage in Russland, endgültig „liquidiert". Auch wenn die Geschichtspolitik des Putin-Regimes primär darauf zielt, die Narrative über den Zweiten Weltkrieg zu kontrollieren, gilt auch der Geschichte der sowjetischen Sicherheitsorgane die Aufmerksamkeit des Staates.[48] Die Anstrengungen des Putin-Regimes, die staatliche Kontrolle

„Revelations from the Russian Archives" statt. Abby Smith notiert: „In gewisser Weise [. . .] war die öffentliche Ausstellung dieser Papiere an sich schon eine Form der Desakralisierung" (ebd., S. 457). Jeffrey Burds erinnert daran, dass im April 1993 das russische nationalistische Blatt „Den'" die USA „als einen Siegerstaat" charakterisiert habe, der „dem besiegten Staat Material und geistige Werte in einer Menge und Qualität entzieht, die ausreicht, um den besiegten Staat jeder Möglichkeit des Widerstands zu berauben und jede Chance auf ein nationales Wiedererstehen von vornherein auszuschließen". Jeffrey Burds: Ethnicity, Memory, and Violence. Reflections on Special Problems in Soviet and East European Archives, ebd., S. 466–479, hier S. 472.

44 Nikolay Koposov: Memory Laws, Memory Wars. Cambridge 2017.

45 Nikita Petrov: Počemu oni segodnja prazdnujut? In: Karta. 21/1997, S. 47–48.

46 Yevgenia Albats: The State within a State. The KGB and Its Hold on Russia. London 1994. – Julie Fedor: Russia and the Cult of State Security. The Chekist Tradition from Lenin to Putin. London 2011. – Andrei Soldatov, Irina Bogoran: The New Nobility. The Restoration of Russia's Security State and the Enduring Legacy of the KGB. New York 2011.

47 Dmitrievs akribische Arbeit ist von großer Bedeutung für das Verständnis der Vergangenheit in Russland. Seine Arbeit wurde durch eine systematische Kampagne gegen ihn unterbrochen. Seit Dezember 2016 befindet er sich unter falschen Anschuldigungen in Haft. Sergej Lebedev: Das Zeugnis der Toten. Jurij Dmitriev: Wanderer im Archiv, in: OSTEUROPA, 8–9/2017, S. 3–15, <https://zeitschrift-osteuropa.de/site/assets/files/18296/oe170901.pdf>.

48 2007 wurde der Gesellschaftsrat beim FSB (Obščestvennyj sovet pri FSB) mit dem Ziel gegründet, der „Verfälschung" der Geschichte Russlands und ihrer Sicherheitsorgane entgegenzuwirken. Položenie ob Obščestvennom sovete pri Federal'noj službe bezopasnosti Rossijskoi Federacii, 12.5.2007, <https://osfsb.ru/materialy/obshchestvennyy-sovet/polozhenie-ob-obshchestvennom-sovete-pri-federalnoy-sluzhbe-bezopasnosti-rossiyskoy-federatsii/>. Die „Verfälschung der Geschichte" der sowjetischen Staatssicherheitsorgane war bereits in der Sowjetzeit ein Thema. V.N. Chaustov: Kritika anglo-amerikanskoj fal'sifikacii roli i dejatel'nosti VChK (1917–1921 gg.), in: Trudy Vyssej školy KGB, 41–42/1987, S. 78–91,

über die Darstellung der Vergangenheit wiederherzustellen, Diskussionen zu unterbinden und alternative Interpretationen zu unterdrücken, sind in der Wissenschaft ausgiebig analysiert worden. Besonders eklatant ist die staatliche Kampagne gegen *Memorial.* Unter anderem wurde der Organisation vorgeworfen, sie verbreite „Spekulationen über das Thema der Repressionen" und erzeuge „ein falsches Bild der Sowjetunion als eines terroristischen Staates", wie es ein Vertreter der Staatsanwaltschaft im Dezember 2021 ausdrückte.[49]

Weniger Aufmerksamkeit ist bislang der „proaktiven" Art zuteil geworden, wie Material aus den Archiven des KGB und anderen staatlichen Einrichtungen vom Putin-Regime und seinen Unterstützern benutzt werden. Ausgangspunkt zur Behandlung dieses Aspekts sind eher theoretische und konzeptionelle Überlegungen zum Archiv. In ihrer Studie über die Archive der Geheimpolizei Guatemalas forderte Kirsten Weld ein „archivalisches Denken":

> Um archivalisch zu denken, [. . .] müssen wir die Archive – mit ihrer Geschichte, ihren Kontingenzen, ihrem Schweigen und ihren Lücken und mit ihrer Politik – in den Mittelpunkt unserer Forschungsfragen stellen, anstatt sie einfach in Fußnoten und Klammern zu setzen.[50]

Peter Fritzsche erinnerte in seinem bekannten Beitrag „Das Archiv" daran, dass Archive von den Erben produziert werden. Gruppen erfahren etwas über sich, indem sie „einen bestimmten historischen Entwicklungsverlauf kultivieren". Archive seien „für die Infrastruktur des modernen Nationalstaates von entscheidender Bedeutung", weil „die Identität an Zeit und Raum" binden. Durch bestimmte Techniken könnten „Artefakte und Dokumente dazu gebracht werden, spezielle Geschichten über soziale Identität zu erzählen".[51]

Für Antoinette Burton, eine der postkolonialen Forschung verpflichtete Historikerin, sind Archive „nicht nur Quellen oder Aufbewahrungsorte [. . .], sondern [. . .] vollwertige historische Akteure", nicht zuletzt „aufgrund der Art und Weise, in welcher die kolonialen Archive als Technologien der imperialen Macht, Eroberung und Hegemonie dienten" und zur „Sicherstellung [. . .] von Regimen der Glaubwürdigkeit und Wahrheit" benutzt wurden.[52] Diese Beobachtungen treffen eindeutig auch auf die KGB-Archive zu, die ohne Zweifel selber Technologien der Macht, Dominanz und Kontrolle waren. Zu erinnern ist auch an James M. O'Tooles Reflexionen zur kulturellen Rolle von Archiven und der Art und Weise, wie Archive spezielle Bedeutungen gewinnen,

---

<www.kgbdocuments.eu/assets/books/journals/tvs/tvs_41_42.pdf>.

[49] Siehe die Dokumentation <https://zeitschrift-osteuropa.de/blog/themenschwerpunkt/fokus-memorial/>. Zur Kampagne auch: Ulrich Schmid: Anatomie einer Diskreditierung. Russlands Staatsmedien und „Memorial", in: OSTEUROPA, 9–10/2021, S. 225–240. – Michail Mjagkov von der Russländischen Militärhistorischen Gesellschaft vertrat die Position, dass man „Memorial" nicht benötige. Personen, die Zugang zu Unterlagen über ihre Angehörigen, die Opfer von Repression wurden, zu erhalten wünschten, können diese in den Archiven des FSB erhalten. Plochaja pamjat'. Čto privelo k likvidacii „Meždunarodnogo Memoriala". Izvestija, 28.12.2021.

[50] Kirsten Weld: Paper Cadavers. The Archives of Dictatorship in Guatemala. Durham, NC 2014, S. 13.

[51] Peter Fritzsche: The Archive, in: History and Memory, 1–2/2005, S. 13–44, hier S. 16–17.

[52] Antoinette Burton: Introduction. Archive Fever, Archive Stories, in: Dies. (Hg.): Archive Stories. Facts, Fictions, and the Writing of History. Durham, NC 2005, S. 7.

indem sie – insbesondere in Zeiten des politischen Umbruchs – mit verschiedenen Emotionen aufgeladen werden. O'Toole untersucht Fälle, in denen Dokumente in Artefakte verwandelt und so zu Objekten öffentlicher Aufmerksamkeit werden, wodurch „viele Bedeutungsschichten in Dokumenten zu Instrumenten des sozialen Gedächtnisses" werden.[53] Archive sind also sowohl Werkzeuge, die unterschiedlich benutzt werden können, als auch Objekte, zu denen Menschen besondere Beziehungen entwickeln und deren Nutzung prägen. Angesichts dessen lautet eine der Schlüsselfragen, vor denen wir stehen: Welche Geschichten erzählen die KGB-Archive in Putins Russland, genauer gesagt: Welche Geschichten lassen staatliche Stellen oder staatsnahe Akteure die Archive erzählen? Wie werden die Spuren, die der sowjetische Sicherheitsapparat hinterlassen hat, genutzt und zum Sprechen gebracht? Welche moralischen und politischen Lehren werden aus ihnen gezogen?

Eine der interessantesten Quellen zur Erforschung der Kulturgeschichte der Staatssicherheitsarchive in Russland sind die zahlreichen Erinnerungen ehemaliger Geheimdienstler, die in den vergangenen drei Jahrzehnten erschienen sind. Diese Memoiren sind eher aus Eitelkeit publizierte Schundliteratur. Wenn Wissenschaftler sie bislang überhaupt zur Kenntnis nahmen, waren das Historiker, die zu internationalen Beziehungen, Geheimdiensten oder Spionage forschen. Hie und dann gelang es ihnen, eine wertvolle Kleinigkeit aus dieser Literatur zutage zu fördern. Was diese Memoiren aber zuhauf bieten, sind Informationen über das Weltbild und Selbstbild dieser Geheimdienstler und sie verraten etwas über Kontinuität und Brüche der Identität.[54] In überraschend vielen Erinnerungen geht es um Archive. Die Ex-Geheimdienstler schildern recht emotional, wie sie Zugang zu NKVD-Archivdokumenten über den Großen Terror erhielten, und denken darüber nach, was diese Erfahrung für sie und ihre Identität bedeutete.[55] Die persönliche Erfahrung ist der Ausgangspunkt, um die großen Fragen der tschekistischen Geschichte zu reflektieren. Viele versuchen, Generationen und Kohorten von Tschekisten voneinander abzugrenzen. Angehörige der Andropov-Ära versuchen sich einerseits von der stalinistischen Generation abzugrenzen, betrachten sich andererseits jedoch gleichzeitig als deren legitime Erben.[56]

In diesen Memoiren finden sich auch Überlegungen zu der Frage, wem Zugang zu den Geheimdienstakten gewährt werden sollte, und zur Abwägung zwischen dem Persönlichkeitsrecht der Täter und den Interessen der Opfer sowie ihrer Nachkommen. Etliche Memoirenschreiber lassen sich darüber aus, dass Normalbürger heute zu ihrem eigenen Wohl vor den unangenehmen Wahrheiten geschützt werden müssten, die diese Archive bergen, da z.B. das Familienmitglied, das sie für ein Opfer hielten, in Wirklichkeit keineswegs unschuldig gewesen sei.[57] Andere betonen die moralische Verantwortung, Ex-Informanten vor der Enttarnung schützen zu müssen.[58]

---

[53] James M. O'Toole: Between Veneration and Loathing. Loving and Hating Documents, in: Blouin, Archives [Fn. 43], S. 43–53, hier S. 44.

[54] Erving Goffman: The Presentation of Self in Everyday Life. New York 1959.

[55] Oleg M. Nečiporenko: Žizn' v konspiracii. Moskva 2011, S. 205.

[56] Abik Elkin: Janis Trubin'š: „Ot prošlogo ne otrekajus'!" rus.delfi.lv, 12.1.2007.

[57] Nikolaj M. Goluško: V specslužbach trech gosudarstv. Moskva 2012, S. 194.

[58] Elkin, Janis Trubin'š [Fn. 56]. – KGB-Chef Viktor Čebrikov beschrieb auf einer Sitzung des Politbüros am 24./25. März 1988, wie er im KGB-Archiv Dokumente aus den 1930er Jahren las: „Diese Materialien hatten eine fürchterliche Wirkung auf mich. [. . .] Natürlich durchliefen meine Wahrnehmung und mein Verstand eine schmerzvolle Transformation, mein

Auch in Putins Biographie gibt es eine Archiv-Geschichte: Bekanntlich war Putin als KGB-Offizier in Dresden stationiert, als Demonstranten versuchten, das örtliche Stasi-Archiv zu besetzen, um die Vernichtung der Akten zu verhindern. Anfang Dezember 1989 stand Putin einer Menschenmenge gegenüber, die in das KGB-Archiv eindringen wollte.[59] Diese Geschichte wurde im Laufe der Zeit immer wieder neu erzählt und ausgeschmückt. Russlands Staatsmedien haben Mythenbildung betrieben. In einer Fernseh-Sondersendung über Putins Präsidentschaft wurde diese Szene als ein Moment hervorgehoben, in dem Putin sich mutig der aufgebrachten Menge entgegengestellt habe und es ihm dank seiner außergewöhnlichen Überzeugungskraft und diplomatischen Fähigkeiten gelungen sei, die KGB-Archive vor dem Mob zu retten und Blutvergießen zu vermeiden.[60] Die Größe der Menge wurde in diesem Bericht stark übertrieben; die Rede ist von 5000 Menschen, von denen viele betrunken und aggressiv gewesen seien. Eine Untersuchung des Vorfalls ergab, dass tatsächlich 15 Personen beteiligt gewesen waren.[61] Diese Geschichte enthält einen wichtigen Topos, der fester Bestandteil des aktuellen staatlichen Diskurses in Russland über Archive ist: die Vorstellung, dass Archive vor dem Mob geschützt werden müssen und dass Putin als weiser Hüter des Archivs besser als das Volk wisse, was das Beste ist.

Metaphorische Darstellung tschekistischer Archive

Um zu verstehen, wie ein bestimmtes Bild von den Geheimdienstarchiven gezeichnet wird und wie sie mit Bedeutung aufgeladen werden, lohnt sich ein Blick auf die verschiedenen Metaphern, die für sie in Umlauf sind. Welche Bedeutung wird solchen Archiven – auch als „Material der Erinnerung" – von verschiedenen Seiten zugeschrieben?[62]

Jene, die zum Beispiel in Polen nach 1989 gegen die Öffnung der Akten waren, bezeichneten diese Archive oft als *szambo* („Jauchegrube", „Kloake"). Sie betrachteten diese Akten als ein widerliches Abfallprodukt des Systems, nicht nur als ein wertloses, sondern geradezu als toxisches. Roman Graczyk beschreibt den Standpunkt der polnischen Lustrationsgegner so, dass für sie die Akten in Beton eingegossen und auf dem Meeresgrund versenkt werden sollten.[63] Die Fäkalsymbolik ist semantisch mit dem Konzept der „Lustration" (lustracja) oder Reinigung verbunden. Den Lustrationsgegnern in Polen ging es eher um das Argument, diese Akten seien derart kontaminiert, dass sie sich keinesfalls als glaubwürdiges Beweismaterial verwenden ließen. Vielmehr sollten sie als

---

Bewusstsein wandelte sich. Ein ähnlicher Wandel vollzieht sich gerade bei Millionen Menschen. Das ist kein einfacher Prozess." Čebrikov zog daraus den Schluss: „Es gibt Dinge, die geheim bleiben sollten. Ich würde es so formulieren: Es sollte Kreml-Geheimnisse geben. Niemand sollte etwas darüber erfahren." Er empfahl strenge Vorschriften für den Umgang mit geheimem Archivmaterial. Document No. 21: Notes of CC CPSU Politburo Session, in: Svetlana Savranskaya, Thomas Blanton, Vladislav Zubok (Hg.): Masterpieces of History. The Peaceful End of the Cold War in Europe, 1989. Budapest, New York 2010, S. 269–270.

59 Natalija Geworkjan u.a.: Aus erster Hand. Gespräche mit Wladimir Putin. München 2000, S. 93.

60 Putin rasskazal, kak razrešil načinajuščijsja konflikt v Drezdene v 1989 godu. RIA Novosti, 15.5.2018.

61 Putin i mif o mnogotysjačnoj tolpe v Drezdene. Radio Free Europe/Radio Liberty, 6.12.2019, <www.youtube.com/watch?v=_NgXe--K0yk>.

62 Alexander Etkind: Warped Mourning. Stories of the Undead in the Land of the Unburied. Stanford, CA 2013, S. 40.

63 Roman Graczyk: Tropem SB. Jak czytać teczki. Kraków 2007, S. 5–7, 15–17.

hochgefährliches Material behandelt werden, das dauerhaft vernichtet werden müsse. Adam Michnik, einer der entschiedensten Gegner der Öffnung der Geheimdienstakten in Polen, sagte:

> Es zeigt sich, dass das von dieser [politischen] Polizei gesammelte Material nun die Grundlage für die Beurteilung eines Menschen bildet. Es ist nicht mehr wichtig, was ich zu jener Zeit schrieb, wie ich mich verhielt, was ich auf Meetings sagte, was ich im Untergrund tat [. . .] – was zählt, ist das, was die Agenten und Offiziere der politischen Polizei über mich geschrieben haben. Heute dienen diese Papiere als Grundlage, um mich als Mensch zu beurteilen. Wozu hat der KGB denn Material über Leute wie uns gesammelt? Ging es darum, die faktische Wahrheit zu ermitteln? Waren diese Leute Historiker, die die Glaubwürdigkeit dieser Dokumente untersuchten? Nein. Sie sammelten dieses Material, um an „Kompromat" zu gelangen, an kompromittierendes Material, mit dem sie jeden Bürger erpressen konnten.[64]

Es gibt eine breite Literatur, die Michniks zentrale These über die grundsätzliche Unzuverlässigkeit dieser Archivalien und die methodischen und ethischen Herausforderungen, denen sich der Historiker beim Umgang mit solchem Material und bei der Übersetzung der Sprache der KGB-Archive gegenübersieht, aufgreift und fortführt. In der Tat war diese Sprache selbst ein „Instrument zur Konstruktion und Aufrechterhaltung einer virtuellen Realität".[65]

Für den Historiker István Rév ist dieses Dilemma unausweichlich. Ein Historiker der Repression habe „keine andere Wahl, als das zu nutzen, was diese schlechten Zeiten hinterlassen haben", er müsse sich „auf die Dokumente verlassen, die die Geheimdienste fabriziert haben". Insofern sei die Frage, wie man mit „kontaminierten" oder „verunreinigten" Quellen umgehe, für jeden, der sich mit den Erinnerungsspuren beschäftigt, die der kommunistische Repressionsapparat hinterlassen hat, von zentraler Bedeutung.[66] Historiker werden bei der Suche nach einem sensiblen und produktiven Umgang mit dieser „vieldeutigen, vielschichtigen und vielstimmigen historischen Quelle"[67] bei Anthropologen, Ethnologen und Literaturwissenschaftlern fündig.[68]

---

64 Adam Michnik: The Rebirth of Civil Society. LSE Ideas of 1989 Public Lecture Series, 20.10.1999. Audioversion (polnisch) <https://digital.library.lse.ac.uk/objects/lse:hex983bet>. Das Zitat findet sich im Abschnitt 41:35–43:00.

65 Alexander Gribanov: Preface, in: Joshua Rubenstein, Alexander Gribanov (Hg.): The KGB File of Andrei Sakharov. New Haven, CT 2005.

66 Ob man „Heiligenviten" auf der Basis von NKVD-Akten schreiben solle, hat in Russland für Kontroversen gesorgt. Lidija Golovkova: „Die Heiligkeit eines Menschen auf der Grundlage einer Ermittlungsakte zu beurteilen, sollte grundsätzlich nicht geschehen. [. . .] In einigen Jahren wird man uns dafür auslachen, dass wir Heilige auf der Grundlage einer Ermittlungsakte als Hauptinformationsquelle kanonisiert haben." Zit. nach Kirill Milovidov: „Zaboiščiki" i „literatory". Kak v NKVD fabrikovalis' priznanija i otrečenija, in: Preobraženskoe sodružestvo malych pravoslavnych bratstv, 26.2.2013.

67 Vagramenko, KGB „Evangelism [Fn. 11], S. 761.

68 Katherine Verdery: Secrets and Truth. Ethnography in the Archive of Romania's Secret Police. Budapest 2014. – Cristina Vatulescu: Police Aesthetics. Literature, Film, and the Secret Police Archives in Soviet Times. Stanford, CA 2010. – Vagramenko, KGB [Fn. 11].

Die Geheimdienstakten stellen ein wertvolles Kulturerbe dar. Ein ukrainisches Archivhandbuch des SBU bezeichnet die ukrainischen KGB-Archive als eine „Schatzkammer des nationalen Gedächtnisses“.[69] Tatsächlich enthalten sie mitunter das einzige erhaltene Exemplar literarischer Manuskripte oder anderer Materialien, die Aufschluss über kulturelle Phänomene geben, die seinerzeit unterdrückt wurden.[70] In diesem Falle sind paradoxerweise die einzigen Spuren dessen, das zerstört wurde, jene, die von der Institution, die diese Zerstörung durchgeführt hat, produziert oder bewahrt wurden.

Für viele Beobachter sind die Geheimdienstarchive das Herzstück des repressiven Staatssystems. Einer der schärfsten Kämpfer gegen den Tschekismus, der russische Dissident Vladimir Bukovskij, bezeichnet die Archive als den „Wesenskern des KGB, das Herz des Drachens, das hinter sieben Siegeln verborgen ist“. Er sieht darin den Teil des Systems, der ins Visier genommen und ans Licht gebracht werden muss, um ihn abzutöten und die ansonsten unvermeidliche Regeneration des Systems zu verhindern.[71] Diese Metapher beruht auf Bildern aus dem Reich der Phantasie, die Kräfte des KGB erscheinen als etwas Magisches und Groteskes, der KGB als etwas Lebendiges, das in der Lage ist, sich auf schauerliche Weise zu reproduzieren. Einer ähnlichen Sprache bedient sich der ukrainische Dissident Les' Tanjuk. Er beschreibt das KGB-Archiv als eine Sammlung von fabrizierten Materialien, die es „den Toten ermöglichen, sich der Lebenden zu bemächtigen“, und die das tschekistische System in die Lage versetzen, sich selbst zu reproduzieren, indem es seine Gestalt verändert.[72]

Gewiss stellen diese Akten eine besondere Kategorie historischer Zeugnisse dar. Aufgrund ihres geheimen Charakters umgibt sie eine mystische Aura. Gregory Afinogenov hat in diesem Zusammenhang das Genre der „archivalischen Enthüllung“ in der sowjetischen Geschichte kritisiert, welches um die „Trope der russischen archivalischen Geheimhaltung“ herum konstruiert sei.[73] Diese Aura ist eine der Eigenschaften, die die Geheimdienstarchive zu einem besonders mächtigen Instrument der Überzeugungsarbeit und Manipulation machen. Erik R. Scott sieht ein Risiko bei der Nutzung von KGB-Dokumenten als Quellen darin, dass Wissenschaftler diese Dokumente

> aufgrund ihres streng vertraulichen Charakters, der eine verborgene Wahrheit suggeriert, sowie aufgrund der fast naturalistischen Details, mit denen sie Ereignisse, Gespräche und sogar Alltagsgewohnheiten aufzeichnen, als eine autoritativere Darstellung der Vergangenheit behandeln.[74]

---

[69] Vasyl' Danylenko u.a. (Hg.): Haluževyj Deržavnyj Archiv SBU. Putivnyk (Služba bezpeki Ukraïny). Charkiv 2009, S. 10.

[70] Vitaly Shentalinsky: The KGB's Literary Archive. London 1997.

[71] Vladimir Bukovskij: Moskovskij Process. Moskva 1996, S. 35.

[72] Les' Tanjuk: KGB. Sozdanie fantomnogo prostranstva, ili Mertvyj chvataet živogo, in: Elena Oznobkina (Hg.): KGB – včera, segodnja, zavtra. III Meždunarodnaja konferencija. Sbornik dokladov. Moskva 1994, S. 30–40.

[73] Gregory Afinogenov: Russia's Secret Archives. A Genealogy, in: Kritika, 3/2020, S. 467–487, v.a. S. 467f.

[74] Erik R. Scott: The Black Sea Coast as a Landscape of Cold War Intelligence, in: Kritika. 3/2022, S. 581–604.

Putins Archive

Vladimir Putin spricht viel über Archive. Zunehmend gibt er sich als Chefhistoriker und Oberster Archivführer des Landes.[75] Derrida würde ihm „Archivfieber" diagnostizieren. Der selbsternannte Chefinterpret ist Hohepriester der Archive seines Staates und verteidigt fast im Alleingang die Vergangenheit, die Souveränität und das Überleben Russlands. Im Dezember 2019 nahm Putin eine, wie es in Russlands Staatsmedien hieß, „öffentliche Analyse" von Archivdokumenten zur Vorgeschichte des Zweiten Weltkriegs vor, was zu Schlagzeilen führte wie „Litauen und Polen in Angst vor Putins historischer Wahrheit".[76] Putin nutzt Archivdokumente als außenpolitisches Instrument. Regelmäßig präsentiert er in ritualisierter Form seinen Amtskollegen derartige Dokumente als Teil seiner Bemühungen, die wirtschaftliche und politische Integration der Gemeinschaft Unabhängiger Staaten zu verstärken. Besonders gerne nutzt er sie, um „feindliche" Nachbarstaaten zu diskreditieren.

Auch Boris El'cin nutzte Archivdokumente als Mittel der Außenpolitik. Er aber tat dies als Teil einer Politik, die darauf abzielte, die Beziehungen zu den Ländern, die unter sowjetischer Vorherrschaft gestanden hatten, auf eine neue Grundlage zu stellen. Putin setzt sich nachdrücklich dafür ein, dass Archivdokumente ins Zentrum der historischen Bildung gerückt werden sollten.[77] Im Jahr 2021 unterstützte er die Idee, im schulischen Geschichtsunterricht zusätzlich den Umgang mit Archivdokumenten zu behandeln.[78]

Putins Verständnis eines Archivs ist dabei ein sehr traditionelles. Seine Auffassung wurzelt tief im 19. Jahrhundert, als das Archiv als Aufbewahrungsstätte für authentische Fragmente der Vergangenheit, als „Hort der Wahrheit" galt. Diese Auffassung – die seit Jahrzehnten kein vernünftig ausgebildeter Historiker mehr vertritt – teilt Putin wahrscheinlich mit den meisten Politikern. Auffällig ist jedoch die hasserfüllte, aggressive Sprache, derer sich Putin bei historischen Themen bedient. In seiner Rede vor der Föderalversammlung im Januar 2020 sagte er im Zusammenhang mit der Ankündigung, ein Dokumentationszentrum zur Geschichte des Zweiten Weltkriegs einzurichten:

> Was werden wir unseren Kindern sagen, wenn die Lüge wie eine Seuche über die ganze Welt kriecht? Den unverschämten Lügen und den Versuchen, die Geschichte umzuschreiben, müssen wir Fakten entgegensetzen. [. . .] Wir werden [den Geschichtsfälschern] ihr dreckiges Maul stopfen (zatkem poganyj rot), [. . .] mit wahren, fundierten Informationen.[79]

---

[75] Mark Edele: Fighting Russia's History Wars. Vladimir Putin and the Codification of World War II, in: History and Memory, 2/2017, S. 90–124.

[76] Im Artikel heißt es, Litauens Führung sei durch Putins „Gegenoffensive ‚an der historischen Front'" verängstigt: „Für ein Land wie Litauen, das ganz und gar auf historischen Fälschungen aufgebaut ist, ist es unerträglich, dass seine grundlegenden Mythen auf den Prüfstand gestellt werden, unerträglich." Litvu i Pol'šu ispugala istoričeskaja pravda Putina. Sputnik Litva, 26.1.2020.

[77] Putin ne otkroet jaščik Pandory. Nezavisimoe voennoe obozrenie, 28.4.2017. – Ähnlich: S.E. Naryškin: Čestnaja istorija – ključ k formirovaniju doveritel'nych otnošenij meždu narodami, in: Sergej E. Naryškin, Anatolij V. Torkunov (Hg.): Velikaja Pobeda. V 15 tomach. T. 6: Za čestnuju istoriju. Moskva 2015, S. 12, <https://historyrussia.org/images/img-knigi/pobeda/t6.pdf>.

[78] Putin podderžal predloženie o dopolnitel'nom kurse istorii v školach. OTR-online.ru, 1.9.2021.

[79] Poslanie Prezidenta Federal'nomu Sobraniju, 15.1.2020, <www.kremlin.ru/events/president/news/62582>. – Putin poobeščal zatknut' „poganyj rot" tem, kto perepisyvaet istoriju. RIA Novosti, 18.1.2020.

Putin hat einige seiner heftigsten Invektiven für historische Themen reserviert. Für ihn ist ein Archivdokument ein Knebel, der Stoff, mit dem man Kritiker mundtot machen kann. In diesem Universum gewinnt das Archivdokument die Aura objektiver Wahrheit. Im Archivdokument ist Russlands wahre Vergangenheit und Identität im Angesicht ihrer existenziellen Bedrohung durch „die Geschichtsfälscher" fest verankert. Die fixe Idee der „Geschichtsfälschung" ist eine der zentralen semantischen Figuren in der russländischen Staatsideologie und ein Element jener Verschwörungstheorie, in der Russland „im Belagerungszustand" erscheint.[80] Das Konzept des Archivs als unanfechtbarer Quelle für „die Fakten" und dafür, „wie die Vergangenheit wirklich war", untermauert diese Sichtweise und ermöglicht es, staatliche Eingriffe in die Sphäre der historischen Forschung und Bildung als Kreuzzug im Namen der historischen Wahrheit zu deklarieren.
Eine der auffälligsten Formen, in denen das Putin-Regime in den letzten Jahrzehnten Material aus den Staatssicherheitsarchiven einsetzt, ist deren Instrumentalisierung als Waffe im „Erinnerungskrieg" zwischen Russland und seinen Nachbarn. Im Vorfeld von Jahrestagen hat das Putin-Regime ad hoc Dokumente freigegeben und veröffentlicht. Ein Beispiel ist die Publikation von Dokumenten der Auslandsaufklärung *Sekrety pol'skoj politiki 1935–1945 gg. Rassekrečennye dokumenty Služby vnešnej razvedki Rossijskoj Federacii.* Diese „Geheimnisse der polnischen Politik 1935–1945" enthalten Protokolle aufgezeichneter Gespräche und andere durch Spionage erlangte Informationen oder geheime Berichte von Informanten, die ausgewählt wurden, um Polen in einem möglichst schlechten Licht darzustellen.[81] Im Vorwort wird so getan, als ob die Dokumente ein objektives, transparentes Spiegelbild der Vergangenheit wären, als ob sie nichts als Fakten enthielten und eine Art Portal in die Vergangenheit bildeten:

> Die Sammlung richtet sich an einen breiten Leserkreis, von Schülern und Studenten bis zu Personen, die ein berufliches Interesse an den verschlossenen Seiten der Geheimdiplomatie und Spionageabwehr haben. Aus den spröden Zeilen der Agentenberichte [. . .], die nur Fakten enthalten, ersteht vor dem besonnenen und unvoreingenommenen Leser eine Leinwand von Ereignissen [. . .]. Die Materialien sind frei von alternativen Lesarten und Interpretationen, sie werden in der Form veröffentlicht, in der sie in den operativen Akten abgelegt wurden, bis hin zur Beibehaltung des Stils und der Rechtschreibung des Autors.[82]

Historiker bemängeln an solchen Dokumentensammlungen, dass sie in der Regel keinen wissenschaftlichen Apparat aufweisen, der sie für Forscher wirklich nützlich machen würde. Enthusiastischer zeigen sich journalistische Kreise. So stellt der Rezensent eines anderen Bandes dieser Dokumentenedition anerkennend fest, dass sich der persönliche Kommentar des Herausgebers auf das Vorwort beschränke und dass die „Sprache der Geheimdienstberichte bei weitem objektiver ist als die Sicht irgendeines Autors auf die

---

[80] Julie Fedor: „Historical Falsification" as a Master Trope in the Official Discourse on History Education in Putin's Russia, in: Journal of Educational Media, Memory, and Society, 1/2021, S. 107–135.

[81] Lev F. Sockov (Hg.): Sekrety pol'skoj politiki 1935–1945 gg. Rassekrečennye dokumenty Služby vnešnej razvedki Rossijskoj Federacii. Moskva 2010.

[82] Iz archiva SVR Rossii. 26.12.2016, <http://svr.gov.ru/upload/26122016.pdf>.

historischen Ereignisse".[83] Auch hier werden Geheimdienstdokumente als etwas behandelt, das einen besonderen Anspruch auf Objektivität erheben könne. Die Dokumente dienen dazu, eine Geschichte über den staatlichen Sicherheitsapparat zu erzählen und sein mythisches Bild als allwissende, allsehende, supereffiziente Institution zu festigen, der stets im Interesse Russlands gehandelt habe. In den letzten Jahren sind zahlreiche Sammlungen dieser Art erschienen. Sie alle zielen darauf ab, Polen, die Ukraine und die baltischen Staaten zu diskreditieren.[84]

Sprachrohre des Putin-Regimes

Neben offiziellen Dokumentensammlungen dieser Art, die vom Auslandsgeheimdienst SVR, dem FSB, dem Außen- und dem Verteidigungsministerium publiziert werden, gibt der russländische Staat regelmäßig Dokumente aus den Sicherheitsarchiven auf indirektem Wege an die Öffentlichkeit. An erster Stelle wäre hier Aleksandr Djukovs *Stiftung „Historisches Gedächtnis"* (Fond „Istoričeskaja pamjat'") zu nennen.[85] Diese Einrichtung wurde 2008 gegründet. Als Propagandisten wirken hier Historiker, die über privilegierten Zugang zu Dokumenten aus dem Zentralarchiv des FSB und einschlägige Veröffentlichungsrechte verfügen.[86] Dies steht ganz in der Tradition des KGB, der einzelnen Historikern oder Literaten Zugang zu geheimem Archivmaterial gewährte, damit diese Propagandaschriften produzierten.[87]
Dokumente aus den Archiven des KGB und anderer sowjetischer Staatsarchive werden heute auch dazu verwendet, um Geschichten über ausländische Politiker zu fabrizieren. Oder diese sollen dadurch diskreditiert werden, dass ihnen Verbindungen zum KGB unterstellt werden. Ein prominentes Beispiel ist die Kampagne gegen die ehemalige litauische Staatspräsidentin Dalia Grybauskaitė (2009–2019). Nachdem sie sich 2014 nachdrücklich für die Ukraine eingesetzt und Russlands aggressive Politik angeprangert hatte, wurde in Russland ein Propagandafeldzug gegen Grybauskaitė gestartet, in dessen Zentrum die Behauptung stand, sie sei eine ehemalige KGB-Agentin. Dabei handelte es sich um eine ausgeklügelte und offensichtlich koordinierte Kampagne, bei der unter anderem die Webseite des litauischen KGB-Archivs gehackt wurde und angeblich echte Dokumente auf die Webseite gestellt wurden, die diese Behauptung stützen sollten.[88]

---

83 Archivy SVR: u SSSR bylo vremja podgotovit'sja k voine. Vesti.ru, 21.6.2011.

84 Die meisten Dokumente beziehen sich auf die Geschichte des Zweiten Weltkriegs. Ein laufendes Großprojekt konzentriert sich auf die Veröffentlichung von Dokumenten zu Gräueltaten an der Zivilbevölkerung in den von den Nationalsozialisten besetzten Gebieten. Siehe dazu die Webseite der regierungsnahen Organisation „Poiskovoe dviženie Rossii: Bez sroka davnosti" („Ohne Verjährungsfrist"): <https://безсрокадавности.рф/>.

85 In letzter Zeit hat sich Djukov verstärkt Belarus zugewandt. Dort war das Jahr 2022 zum „Jahr der historischen Erinnerung" ausgerufen. Djukov wirkte an verschiedenen Initiativen mit. Genprokuratura Belarusi zaključila soglašenie s gibridnoj strukturoj Kremlja. Reform.by, 20.1.2022.

86 Aleksandr Djukov (Hg.): Rezidenty soobščajut . . . Sbornik dokumentov o političeskoj obstanovke v Latvii, Litve i Ėstonii, avgust 1939 g.–avgust 1940 g. Moskva 2020.

87 Erinnert sei an Nikolaj Jakovlev: CRU protiv SSSR. Moskva 1970 [engl.: Nikolai Yakovlev: CIA target: the USSR. Moscow 1982], Semen Cvigun, Lev Nikulin und Yulian Semenov.

88 Im März 2015 stellten Hacker Dokumente über Grybauskaitė auf die Webseite des litauischen „Forschungszentrums über Völkermord und Widerstand". Grybauskaitė habe als Agentin „Magnolia" auch sexuelle Dienstleistungen erbracht. Aleksej Filatov: „Krasnaja Dalia". Specnaz Rossii, 31.5.2016.

Russlands Außenministerium verwies sarkastisch auf Grybauskaitės „Komplexe“ wegen ihrer „sowjetischen Vergangenheit“ und deutete an, dass diese das treibende Motiv hinter ihrem Bestreben seien, sich als „heiliger als der Papst“ zu gerieren.[89] Im Dezember 2014 wurde je eine Kopie der englischen Übersetzung von Rūta Janutienės skandalumwobener Grybauskaitė-Biographie *Red Dalia* im Intranet-Postfach der Europaparlamentarier deponiert. Es stellte sich heraus, dass dies der maltesische Euroskeptiker Kevin Ellul Bonici getan hatte. Russlands staatlicher Fernsehsender *Rossija-1* strahlte einen Bericht über diese Geschichte aus,[90] und die Zeitschrift *Specnaz* mutmaßte hämisch, dass der Grund für Grybauskaitės „pathologische Russophobie“ die „unzähligen Leichen in ihrem eigenen Keller“ seien.

Der unvollständige Charakter vieler KGB-Akten über die operative Arbeit von Agenten spielt der russländischen Staatspropaganda in die Hände, da dies Spekulationen und Verleumdungen Tür und Tor öffnet.

Tschekistische Verschwörungstheorien

Geheimdienste und ihre Archive üben eine besondere Anziehungskraft auf Verschwörungstheoretiker aus. Da der Kern konspirativen Denkens immer eine Kontrollphantasie ist – der Glaube, dass jemand im Verborgenen die Fäden zieht –, passt alles, was mit Sicherheits- und Geheimdiensten zu tun hat, bestens zu dieser Denkweise. Die spezifische Natur der KGB-Archive macht sie zu einem nützlichen Objekt für Verschwörungstheorien, ob sie sich nun um gefälschte oder vernichtete Dokumente drehen oder um geheime Dokumente, die angeblich den Schlüssel zum Verständnis der Welt und insbesondere der jüngeren Geschichte enthalten, vor allem zur Erklärung des Zusammenbruchs der Sowjetunion.[91] Auch hier sind die Geschichten, die Menschen im Zusammenhang mit den Archiven erzählen, aufschlussreich. So geistert etwa die Geschichte herum, dass nach dem Zusammenbruch der Sowjetunion litauische Agentenakten von der sowjetischen KGB-Zentrale an die CIA weitergegeben worden seien. In dieser Geschichte liegt die Betonung darauf, dass die Litauer von dem ganzen Vorgang völlig ausgeschlossen gewesen seien; sie treten nur als Sklaven auf, die von einem Herrn an den anderen weitergereicht worden seien.[92]

Zahlreiche Verschwörungsgeschichten ranken sich um gefälschte und in sowjetischen Archiven deponierte Dokumente. Nicht selten sind es ehemalige Tschekisten, die solche Verschwörungsgeschichten verbreiten. So behauptet Valentin Sidak, Ex-Berater des

---

89 Zit. nach: Gribauskaite obeščaet pomošč’ Kievu. BBC News Ukrajina, 24.11.2014, <www.bbc.com/ukrainian/ukraine_in_russian/2014/11/141124_ru_s_gribauskaite_visit_to_kyiv>.

90 Filatov, Krasnaja Dalia [Fn. 88].

91 Aleksandr Ostrovskij: Solženicyn. Proščanie s mifom. Moskva 2004. (Hier wird behauptet, Solženicyn sei ein KGB-Projekt gewesen, mit dessen Hilfe die KPdSU zu Fall gebracht werden sollte.) – Ders.: Glupost’ ili izmena? Rassledovanie gibeli SSSR. Moskva 2011. (Hier wird nachzuweisen versucht, der KGB sei in die Unabhängigkeitsbewegungen in Litauen und Lettland verwickelt gewesen.) – Vjačeslav S. Šironin: Agenty perestrojki. Rassekrečennoe dos’e KGB. Moskva 2010 (wo die These vertreten wird, die Partei habe den KGB vorsätzlich daran gehindert, seinen Job zu machen und den Staat zu schützen). Der Titel von Oleg Chlobustovs Buch: KGB SSSR 1954–1991. Tainy gibeli Velikoj deržavy. Moskva 2012 [= Der KGB der UdSSR. Geheimnisse des Todes einer Großmacht] ist typisch für das Genre.

92 Maksim Leonov: Druz’ja! K čemu ves’ ėtot šum? Klaipedskaja associacija rossijskich graždan, 21.4.2015, <https://klaipedaš1945.org/istoriya/druz-ya-k-chemu-ves-e-tot-shum/>.

KGB-Vorsitzenden Vladimir Krjučkov und Leiter des sowjetischen KGB-Sekretariats, in seinen Büchern, das geheime Zusatzprotokoll zum Molotov-Ribbentrop-Pakt sei eine Fälschung, die Ende der 1950er Jahre in den Archiven deponiert worden sei. Die Plausibilität seiner These begründet er mit seiner spezifischen tschekistischen Expertise.[93]

KGB-Dokumente online

Abschließend seien die wichtigsten Sammlungen von KGB-Archivdokumenten genannt. Der Schwerpunkt liegt auf online zugänglichem Material.

Ukraine

Eines der wichtigsten Ereignisse im Zuge der „neuen Archivrevolution" ist die Öffnung der umfangreichen Bestände des Staatsarchivs des Sicherheitsdienstes der Ukraine (Haluževyj Deržavnyj Archiv SBU; HDA SBU) für die Öffentlichkeit und die Forschung. Über vier Millionen KGB-Akten wurden Anfang 2014 in der Ukraine freigegeben; jede Akte umfasst um die 250 Seiten.[94] Im Zusammenhang mit dem Gesetzespaket zur Entkommunisierung, das am 9. April 2015 verabschiedet wurde, ging die Zuständigkeit für die Staatssicherheitsarchive aus der Sowjetzeit formell auf das *Ukrainische Institut für Nationales Gedenken* (Ukrajins'kyj instytut nacional'noji pam'jati) über.[95] Der Zugang zu diesen Dokumenten ist unbeschränkt und unterliegt größtenteils nicht den gleichen Einschränkungen in Bezug auf den Schutz personenbezogener Daten wie die freigegebenen lettischen oder litauischen Dokumente. Das HDA SBU hat Material und Leitfäden zum Zugang ins Netz gestellt, welche Archivrecherchen und wissenschaftliche Forschung erleichtern. Manche Materialien liegen allerdings nach wie vor in anderen staatlichen Archiven wie in jenem des Innenministeriums, zu dem der Zugang weniger einfach ist. Archivführer und ähnliches Material sind – auch in englischer Sprache – online verfügbar,[96] ebenso wie das ukrainischsprachige Handbuch zum HDA SBU.[97] Seit 1994 werden in der Halbjahreszeitschrift *Z archiviv VUChK-GPU-NKVD-KGB* Dokumente aus den Beständen sowie kritische Aufsätze über die Archivbestände des HDA SBU veröffentlicht. Die meisten Ausgaben sind online verfügbar.[98]

---

93 Aleksej Kungurov: Sekretnye protokoly, ili Kto poddelal pakt Molotova–Ribbentropa. Moskva 2009. – Vladislav Šved: SSSR – vse moglo byt' inače. Šef KGB znal o predatel'stve genseka, no promolčal, in: Stoletie, 28.12.2013. – Aleksandr Ševjakin: KGB protiv SSSR. 17 mgnovenij izmeny. Moskva 2011. – Oleg Platonov: Vojna s vnutrennim vragom. Istorija i ideologija russkogo patriotizma. Moskva 2012. – Ders.: Gosudarstvennaja izmena. Moskva 2006. – Vjačeslav Šironin: KGB–CRU. Moskva 1997.

94 Čuvstvitel'naja informacija i psevdonimy čekistov. Kak rassekrečivajut archivy KGB na postsovetskom prostranstve. Nastojaščee vremja, 20.12.2017.

95 Law of Ukraine: On Access to Archives of Repressive Agencies of Totalitarian Communist Regimes 1917–1991 № 316-VIII 9.4.2015, <https://uinp.gov.ua/dokumenty/normatyvno-pravovi-akty-rozrobleni-v-instytuti/zakony/law-of-ukraine-on-access-to-archives-of-repressive-agencies-of-totalitarian-communist-regime-of-1917-1991>.

96 Volodymyr Birchak u.a.: KGB Archives for Media Handbook. Kyjiv 2018, <http://deconstruction.cdvr.org.ua/wp-content/uploads/2018/12/kgb-archives-eng.pdf>.

97 Haluževyj Deržavnyj Archiv SBU. Putivnyk. Charkiv 2009, <https://ssu.gov.ua/uploads/documents/2020/06/22/putivnik-fondami-gda-sbu.pdf>.

98 <www.reabit.org.ua/magazine/>.

Eine weitere Online-Sammlung digitalisierter Dokumente ist das elektronische *Archiv der ukrainischen Befreiungsbewegung* (avr.org.ua), das im Herbst 2022 fast 33 000 Dokumente umfasste. Es handelt sich um ein gemeinsames Projekt des *Zentrums zur Erforschung der Befreiungsbewegung* der Ivan-Franko-Universität L'viv und des *Nationalen Museums „Lonc'kyj-Gefängnis" – Gedenkstätte für die Opfer der Besatzungsregime*. Das Online-Archiv umfasst Material zur Organisation Ukrainischer Nationalisten (OUN) und zur Ukrainischen Aufstandsarmee (UPA), zum Ukrainischen Obersten Befreiungsrat (UHVR), zur Dissidentenbewegung und zur nationalen Bewegung in der zweiten Hälfte des 20. Jahrhunderts sowie Dokumente zum sowjetischen Sicherheitsapparat (NKVD-MGB-KGB) und zur Gestapo. Das SBU-Archiv, das *Institut für die Geschichte der Ukraine*, die Ukrainische Akademie der Wissenschaften und das *Ukrainische Institut für Nationales Gedenken* haben eine Reihe von kommentierten Quellensammlungen veröffentlicht, die ebenfalls online verfügbar sind. Die meisten beziehen sich auf die stalinistische Periode, andere enthalten aber auch Dokumente zur Katastrophe in Tschernobyl.[99]

Lettland

Das Material des MVD und des KGB der lettischen SSR liegt vor allem im Lettischen Staatsarchiv (Latvijas Valsts Arhīv, LVA). Die Archive der sowjetischen Staatssicherheit in Lettland wurden 2004 von Journalisten als „der vielleicht geheimnisvollste und brisanteste Teil des vom KGB hinterlassenen Erbes" bezeichnet.[100] Während der Status der Archive und das öffentliche Outen ehemaliger KGB-Mitarbeiter in Lettland politisch heikle Themen waren, setzte die Einrichtung einer Regierungskommission zum Umgang mit den KGB-Akten im Jahr 2014 einen Prozess in Gang, der ab 2018 zur Freigabe des KGB-Materials und zu dessen Digitalisierung durch das Lettische Staatsarchiv führte.[101]

In den lettischen Archiven findet sich etwas Besonderes: ein Konvolut von Karteikarten mit Angaben zu rund 10 000 Agenten. Es handelt sich um die größte Sammlung dieser Art, die im postsowjetischen Raum freigegeben wurde.[102] Laut Nikita Petrov wurden Agentenakten aus den Archiven der baltischen Staaten normalerweise entfernt; diese Sammlung blieb jedoch erhalten.[103] Die Freigabe der Karteikarten im Jahr 2018 wurde offenbar absichtlich auf den 20. Dezember, den „Tag des Tschekisten", gelegt. Hin und wieder wurde der Verdacht geäußert, die Kartei sei absichtlich in Lettland zurückgelassen

---

99 Valerij Vasyl'jev u.a. (Hg.): Vidlunnja Velikoho Teroru. Zbirnyk dokumentiv u tr'och tomach. T. 1: Partijni zbory ta operatyvni narady spivrobitnykiv upravlin' NKVS URSR (lystopad 1938–lystopad 1939 rr.). Kyjiv 2017, <www.reabit.org.ua/files/store/285.pdf>. – Oleh Bažan u.a.(Hg.): Čornobyl's'ke dos'je KGB. Vid budivnyctva do avariji. Zbirnyk dokumentiv pro katastrofu na Čornobyl's'kij AES. Kyjiv v 2020, <https://uinp.gov.ua/public/storage/app/public/files/nodes/3591/file/2/tQRiZ15928104776xybM.pdf>.

100 Zaveščanie Štirlica. rus.delfi.lv, 14.12.2004.

101 Uldis Krēsliņš: Card Index of Former Latvian SSR KGB Agents. Trauma and the Path to Public Reconciliation, in: Folklore. Electronic Journal of Folklore, 83/2021, S. 155–178, <www.folklore.ee/folklore/vol83/kreslins.pdf>.

102 Nikita Petrov: Kartoteka agentury latvijskogo KGB kak istoričeskij istočnik. Memorial International, 20.2.2019, <www.youtube.com/watch?v=P9R5L-9Ppv0&list=PLij4j4U2dbqy4Keq_q3PBK9bwVU4NERA5&index=34>.

103 Ebd.

worden, um die lettische Gesellschaft zu spalten.[104] Diese Dokumente sind in Russland noch als Verschlusssache eingestuft. Dort arbeitende Historiker wurden gewarnt, dass es strafbar sei, diese Dokumente herunterzuladen oder auf dem Computer zu haben.[105]
Neben dieser Kartei mit Klarnamen und Pseudonymen von Agenten enthält die Online-Sammlung Personalverzeichnisse des lettischen KGB, einige vollständige operative Akten sowie Schulungsakten sowie Beispiele für die Standardlexik des KGB in einem Wörterbuch der Spionageabwehr. Diese digitalisierten Akten sind über die lettischsprachige Website *LPSR VDK dokumentu arhīvs* (https://kgb.arhivi.lv) zugänglich. Der Umfang der Digitalisierung und die Nutzung der Dokumente für Forschungszwecke sind nur an rechtliche Beschränkungen zur Weitergabe personenbezogener Daten gebunden.[106] Der Zugang zu zwei umfangreichen Beständen an nicht digitalisierten Geheimdienstakten im Lettischen Staatsarchiv ist auf Anfrage möglich.

Litauen

Das *Litauische Sonderarchiv* (Lietuvos Ypatingasis Archyvas, LYA) wurde in den 1990er Jahren geschaffen, als Materialien des KGB, des Innenministeriums und der Kommunistischen Partei der Litauischen SSR zusammengeführt wurden. Es ist heute eines von neun Staatsarchiven und umfasst etwa 17 500 Meter zugängliches Material und fast zwei Millionen Akten.[107] Das *Litauische Sonderarchiv* hat das meiste KGB-Material im Baltikum. Die jüngere Forschung zum KGB basiert in erheblichem Maße auf Quellen aus diesem Archiv. Seit 2006 werden ausgewählte Akten digitalisiert und vom staatlich finanzierten *Forschungszentrum über Völkermord und Widerstand* auf der Webseite *KGB Documents online* (https://kgbdocuments.eu) eingestellt.[108] Die Veröffentlichung der Dokumente ist eine Reaktion auf die russländische Propaganda, welche die Folgen der sowjetischen Besatzung leugnet.[109]
Hier gibt es nicht nur Informationen über die Strukturen und Aktivitäten des KGB in Litauen sowie über die Kategorien der Materialien, sondern auch eine umfangreiche Datenbank, die nach Schlagworten chronologisch, geographisch und thematisch durchsuchbar ist. Außerdem bietet die Webseite teilweise kommentierte Geheimdienstdokumente aus der Endphase der sowjetischen Herrschaft. Wenngleich sich das Gros des Materials auf die Litauische SSR bezieht, enthält die Sammlung auch zahlreiche Berichte, Mitteilungen und Instruktionen zwischen den Tschekisten vor Ort und in Moskau. Über die Webseite sind alle Ausgaben des KGB-Hausblatts *Sbornik KGB SSSR* von 1984 bis 1990, Auszüge und bibliographische Hinweise aus früheren Ausgaben sowie die meisten „Arbeiten der Hochschule des KGB“ (Trudy Vyssej školy KGB) von 1971 bis 1989 zugänglich.[110] Eine litauischsprachige Schwester-Webseite <www.kgbveikla.lt> wurde 2011 eingerichtet.

---

[104] Krēsliņš, Card Index [Fn. 101], S. 162.
[105] Kak v raznych stranach otkryvaly dostup k archivam KGB. Tass.ru, 20.12.2018.
[106] Par vietni. LPSR VDK dokumentu arhīvs. <https://kgb.arhivi.lv/par-vietni>.
[107] Darius Gudelis u.a.: Lithuanian State Archives – 100 / Litovs'komu deržavnomu archivu – 100 rokiv, in: Iryna Tjurmenko (Hg.): Historical and Cultural Heritage. Preservation, Access, Use. Kyïv 2021, S. 5–16, <https://er.nau.edu.ua/handle/NAU/53347>.
[108] Saulius Grybkauskas: KGB Documents Online Collection. COURAGE Registry, <http://cultural-opposition.eu/registry/?uri=http://courage.btk.mta.hu/courage/individual/n10173>.
[109] KGB Documents Online. About us <https://kgbdocuments.eu/>.
[110] Ebd.

Zusammen bilden sie die größte Online-Sammlung von Dokumenten des sowjetischen Geheimdienstes.

Estland

Die Dokumente der Staatssicherheit der ESSR befinden sich im *Estnischen Nationalarchiv* (Eesti Rahvusarhiiv) in Tallinn. Detaillierte Informationen über die physischen Bestände sind nur auf Estnisch verfügbar.[111] Örtliche Wissenschaftler haben nachgewiesen, dass der estnische KGB ab 1989 nicht nur sensible Akten wie operative und Personalakten beiseite schaffte, sondern dass die Staatssicherheitsorgane nach 1991 noch Zeit hatten, Archive zu verlagern und „Säuberungen" durchzuführen. U.a. wurde eine Agentenkartei, die der lettischen ähnelte, vernichtet.[112]
Infolgedessen sind die Archivbestände des KGB in Estland zwar für die Öffentlichkeit und die wissenschaftliche Forschung zugänglich, aber sie sind quantitativ und qualitativ begrenzter. Die vorhandenen operativen und personenbezogenen Dokumente beschränken sich auf Material aus der Mitte des 20. Jahrhunderts.[113] Für 15 von 19 Aktenbestände des Estnischen Nationalarchivs gelten Beschränkungen zu Freigabe personenbezogener Informationen. Allerdings können Forscher eine Ausnahmegenehmigung beantragen.[114] Erhalten haben sich zwei wichtige Bestände von Straf- und Vernehmungsakten des KGB, die sich am Ende der UdSSR in verschiedenen Bearbeitungsstadien befanden. Anders als die analogen Archive in der Ukraine, in Lettland und Litauen hat das Estnische Nationalarchiv seine Geheimdienstaktenbestände noch nicht systematisch digitalisiert und online gestellt (eine Digitalisierung ist auf Anfrage möglich), doch bedeutende estnische KGB-Dokumentensammlungen sind durch in den USA ansässige Einrichtungen wie das *Wilson Center*, die *Hoover Institution* und das *United States Holocaust Memorial Museum* ins Netz gestellt worden.

Moldova und Georgien

Obwohl die KGB-Sammlungen in Georgien und Moldova weder so umfangreich noch so gut zugänglich sind wie die anderen Archive, sind die Geheimdienstakten cum grano salis doch frei verfügbar. In Georgien waren nach dem Zusammenbruch der Sowjetunion etwa 230 000 KGB-Akten verblieben, doch ein Großteil fiel während des Bürgerkriegs in Tbilissi 1991–1992 einem Brand der KGB-Zentrale zum Opfer; Löschwasser und Feuchtigkeit im Staatsarchiv, wo die Akten provisorisch zwischengelagert wurden, taten ein Übriges.[115] 2006 und 2007 wurden Gesetze verabschiedet, durch die die restlichen Bestände für die Öffentlichkeit freigegeben wurden. Dank der Bemühungen von

---

111 ENSV Riikliku Julgeoleku Komitee ja Siseministeeriumi dokumentide kollektsioonid. Rahvusarhiiv, <www.ra.ee/erafondiloend/index.php/structure/index?id=181>.
112 Meelis Saueauk: Regime Archives, in: Memory of Nations. Democratic Transition Guide (The Estonian Experience). National Endowment for Democracy [2017], S. 16–21, hier S. 17.
113 Dokumenty KGB v baltijskich stranach. Doklady. Tallinn: Eesi Riigiarhiivi Filiaal [Parteiarhiiv] 1996.
114 Personal Data Protection Act, 15.2.2007, in: Riigi Teataja, <www.riigiteataja.ee/en/eli/507032016001/consolide>.
115 Anton Vacharadze: Regime Archives, in: Memory of Nations. Democratic Transition Guide (The Georgian Experience). National Endowment for Democracy [2018], S. 12–18, hier S. 12.

NGOs wie dem *Institut zur Entwicklung der Informationsfreiheit* wurden die Akten im Archiv des Innenministeriums zusammengeführt und digitalisiert.[116] Abgesehen von den Materialien, die auf der Webseite des Archivs online gestellt wurden, ist der Zugang zu den physischen Beständen durch Gesetze zum Schutz personenbezogener Daten eingeschränkt, was der Produktivität wissenschaftlicher Forschung jedoch keinen Abbruch getan hat.[117]

In Moldova führte die Einsetzung einer Präsidialkommission zur Untersuchung und Bewertung des kommunistischen totalitären Regimes im Jahr 2010 zur Übergabe von rund 25 000 KGB-Akten der Moldauischen SSR an das Nationalarchiv, das seither mit der Digitalisierung befasst ist.[118] Dennoch sind die meisten KGB-Akten auf mehrere Archive verteilt, darunter das Archiv des Innenministeriums, das *Archiv Sozial-Politischer Organisationen der Republik Moldova* und die *Archive des Nachrichten- und Sicherheitsdienstes der Republik Moldova*. Das Gros der Akten (etwa 70 000) befindet sich im Bestand der letztgenannten Institution. Anträge auf eine Einsicht in Archivdokumente werden auf individueller Basis bewilligt.[119]

Logo des Ukrainischen Instituts für Nationales Gedenken, Kiew

---

[116] Parliament of Georgia. Law of Georgia No 5571 „On the National Archival Fund and the National Archives“, Chapter VI, Article 22, Paragraph 4(b). 20.12.2011, <https://matsne.gov.ge/en/document/download/22420/18/en/pdf>.

[117] Timothy K. Blauvelt: Between Centre and Periphery. The Gamsakhurdia and Kostava Affair, in: Li Bennich-Björkman, Saulius Grybkauskas (Hg.): Moscow and the Non-Russian Republics in the Soviet Union Nomenklatura, Intelligentsia and Centre-Periphery Relations. Abingdon 2021, S. 227–242.

[118] Igor Casu: Assessment of the Openness of State Archives. Moldova. Institute for Development of Freedom of Information (IDFI), 2019, <http://open-archives.org/uploadimages/ countryfiles/Moldova_The_National_Archive(ANRM)_En-2019.pdf>.

[119] Security and Intelligence Service of the Republic of Moldova: Archive Files, <https://sis.md/en/content/archive-files>.

USA

Umfangreiche Sammlungen von KGB-Dokumenten befinden sich auch im *Wilson Center*, der *Hoover Institution* an der Stanford University sowie dem Archiv des *United States Holocaust Memorial Museum*. Diese wurden nach dem Zusammenbruch der Sowjetunion von ukrainischen,[120] litauischen,[121] lettischen,[122] estnischen[123] und georgischen[124] Archiven übernommen. Dazu kam die Überlassung von privaten Beständen wie dem *Mitrochin-Archiv* oder der Sammlung von Notizbüchern von Aleksandr Vasil'ev. Das Gros dieser Bestände ist übersetzt, digitalisiert und von Experten wie Filip Kovacevic, Amir Weiner, Mark Harrison und Robert Service analysiert und kommentiert worden.[125]

Sonstiges

Die Webseite <sovietblocksecurity.eu> wird vom *European Network of Official Authorities in Charge of the Secret-Police Files* betrieben, einem Netzwerk von Nationalarchiven, die Dokumente der kommunistischen Staatssicherheit Bulgariens, der Tschechoslowakei, der DDR, Ungarns, Polens und Rumäniens besitzen, digitalisieren und publizieren. Betreut wird das Projekt vom polnischen *Institut für Nationales Gedenken*. *Memorial International* stellte mit dem bis heute zugänglichen Projekt *Ėto prjamo zdes': Moskva. Topografija terrora* („Genau hier: Moskau. Topographie des Terrors")[126] eine interaktive Online-Karte zur Verfügung, auf der die Stätten des Terrors in Moskau aus der gesamten Sowjetzeit

---

[120] Chernobyl Nuclear Accident, 1986. Wilson Center Digital Archive, <https://digitalarchive.wilsoncenter.org/collection/610/chernobyl-nuclear-accident-1986>. Diese Sammlung umfasst mehrere Dutzend Dokumente aus dem SBU-Archiv und anderen ukrainischen Archiven. Die Suche zum Stichwort „Soviet Union, Committee for State Security (KGB)" im Wilson Center Digital Archive ergibt eine Liste von 179 Einheiten.

[121] Lietuvos TSR Valstybės Saugumo Komitetas [Lithuanian KGB] selected records. Hoover Institution via Online Archive of California, Collection Guide, <https://oac.cdlib.org/findaid/ark:/13030/kt2n39r888/?query=KGB>.

[122] Latvian State Archives KGB (State Security Committee) records from Fond 1986 relating to war crime investigations and trials in Latvia. United States Holocaust Memorial Museum, <https://collections.ushmm.org/search/catalog/irn506414#?rsc=192041&cv=0&c=0&m=0&s =0&xywh=-2575%2C-293%2C8934%2C5853>. Diese digitalisierte Auswahl umfasst acht Boxen mit Fotokopien von Dokumenten, die das Archiv des Museums 1997 vom Lettischen Staatsarchiv erwarb.

[123] Eesti NSV Riikliku Julgeoleku Komitee records. Hoover Institution via Online Archive of California, Collection Guide, <www.oac.cdlib.org/findaid/ark:/13030/c8ft8jdv/>.

[124] Sak'art'velos SSR sakhelmtsipo usisroebis komiteti [Georgian KGB] records. Hoover Institution via Online Archive of California, Collection Guide, <www.oac.cdlib.org/findaid/ark:/13030/c81v5d8w/>.

[125] Filip Kovacevic: A New Twist in the Old Case. A Document from the Lithuanian KGB Archive and the Cold War Espionage of GRU Officer Pyotr Popov, in: Sources and Methods. Wilson Center Blog of the History and Public Policy Program, 28.4.2022, <www.wilsoncenter.org/blog-post/new-twist-old-case-document-lithuanian-kgb-archive-and-cold-war-espionage-gru-officer>. – Amir Weiner: Hoover Archives' KGB Files Examined by Stanford Historian Weiner. News from the Hoover Institution Library & Archives, 2.10.2012, <www.hoover.org/news/hoover-archives-kgb-files-examined-stanford-historian-weiner>. – Hoover Fellow Uncovers Evidence of KGB Counter-Intelligence in Hoover's Lithuanian Archives. News from the Hoover Institution Library & Archives News, 18.8.2015, <www.hoover.org/news/hoover-fellow-uncovers-evidence-kgb-counter-intelligence-hoovers-lithuanian-archives>. – Robert Service on the Estonian KGB Records. Blog of the Hoover Institution Library and Archive, 14.3.2013, <http://hooverinstitutionla.blogspot.com/ 2013/03/ robert-service-on-estonian-kgb-records.html>.

[126] <https://topos.memo.ru/>.

verzeichnet sind. Der YouTube-Kanal von *Memorial* bietet ebenfalls eine Fülle an Fachwissen und ist Zeugnis für den Einfallsreichtum, die Entschlossenheit und den Mut russischer Historiker und Aktivisten.[127]

Dem Ex-Dissidenten Vladimir Bukovskij gelang es 1992, zahlreiche KPdSU- und KGB-Dokumente heimlich zu kopieren, als er nach dem gescheiterten Staatsstreich vom August 1991 Zugang zu den Archiven erhielt. Dieses Material ist auf Russisch und in englischer Übersetzung online verfügbar.[128] Der Politikwissenschaftler Denis Karagodin nutzt verschiedene ausgeklügelte Methoden, um an sowjetische Staatssicherheitsdokumente – etwa an Material über Mitverantwortliche für die stalinistischen Massenrepressionen – zu gelangen, die er auf der Webseite <https://karagodin.org> veröffentlicht, darunter Crowdsourcing über die Nachkommen von Opfern oder Anfragen bei ukrainischen Archiven.[129]

Die Website *Istorija otečestvennych specslužb i pravoochranitel'nych organov* (Geschichte der einheimischen Geheimdienste und Strafverfolgungsbehörden),[130] die von dem Ex-Geheimdienstmitarbeiter Oleg B. Mozochin betrieben wird, enthält Dokumente aus der gesamten Sowjetzeit und ist gleichzeitig ein Online-Enzyklopädie der sowjetischen Staatssicherheit.[131] Dem Projekt steht eine Online-Forum für Amateurhistoriker und „Spionage-Nerds" zur Seite.[132] Ein weiteres Online-Archiv betreibt Violetta Ničkova, die Enkelin des ehemaligen Ersten Stellvertretenden Vorsitzenden des KGB der UdSSR Semen Cvigun.[133] Es basiert auf Material aus dem Familienarchiv, einschließlich der Tagebücher von Cviguns Frau, die unter dem Pseudonym Rozalija Ermol'eva publizierte. Das Material deckt ab den frühen 1950er Jahren einen Zeitraum von etwa 50 Jahren ab.

Der ukrainische Journalist und Historiker Ėduard Andrjuščenko betreibt die russischsprachige Webseite *Archivy KGB*, auf der er seine Funde in den Archiven des HDA SBU vorstellt.[134] Filip Kovacevic analysiert und kommentiert in seinem Blog *The Chekist Monitor* Funde aus KGB-Archiven, die in englischer Übersetzung präsentiert werden.[135] Etliche KGB-Schulungshandbücher sind über <www.interpretermag.com/new-kgb-manuals> abrufbar.

Aus dem Englischen von Andrea Huterer, Berlin

Schlagwörter:

Russland, Sowjetunion, KGB, Geheimdienst, Archive, Ukrainekrieg, Desinformation, hybride Kriegsführung

[127] Playlist Istorija soveckich specslužb. 1917–1991 <www.youtube.com/playlist?list =PLij4j4U2dbqwmnk_hIHV_3x9Q8j3jZCja>. Ein anderes Beispiel wäre Otkrytyj spisok (ru.openlist.wiki) über einzelne Opfer politischer Repressionen in der Sowjetunion.

[128] The Bukovsky Archives, <https://bukovsky-archive.com/>.

[129] Siehe z.B. <https://karagodin.org/?p=29230>.

[130] <https://shieldandsword.mozohin.ru/>.

[131] <https://mozohin.ru/>. A.G. Tepljakov: Soblazn ochranitel'stva. Istoriki, pisateli i čekisty protiv kritiki bol'ševistskogo terrora, in: Istoričeskij kur'er, 1/2019, S. 1–14, hier S. 3–4, <https://nkvd.tomsk.ru/content/editor/DOCUMENTS/Statyi/ISTKURER/Teplyakov-A-G-Soblazn-ohranitelstva.pdf>. Tepljakov kritisiert, dass Mozochin nicht das nötige Fachwissen habe, das nötig sei, um die Dokumente kompetent zu analysieren und zu kommentieren.

[132] Istoričeckij forum . . . iz istorii organov gosudarstvennoj bezopasnosti, <https://forum.mozohin.ru/index.php>.

[133] General Cvigun. Častnye chroniki, <https://generaltsvigun.ru/>.

[134] <www.currenttime.tv/kgb>.

[135] <https://thechekistmonitor.blogspot.com/>.

Abstracts

Chekists and Siloviki

The Pillars of Power in Russia

Margarete Klein, Nils Holger Schreiber

War and Militarisation
Notes on Russian Domestic and Foreign Policy

Russia's invasion of Ukraine in February 2022 is the result of a militarisation of foreign policy that has been evident since 2008. This was accompanied by a domestic militarisation process that has intensified greatly over the course of the year. Since the failure of the planned campaign for quick conquest, the entirety of Russian society has been geared towards war. Nonetheless, the country's capability to make up for the army's high losses remains limited. The failures in Ukraine to date not only reduce Russia's ability to project power in other conflicts in the post-Soviet space and beyond. It also undermines the regime's legitimacy. But this will not bring an end to the war against Ukraine. Rather, the survival of the regime depends on success in the war. It will use all means available to conventional and hybrid warfare to win.

Hans-Henning Schröder

Not a Bit of Peace
War and Negotiations. A Contribution to the Discussion

Russia's war against Ukraine is in its second year. Militarily, Ukraine cannot win the war against Russia. But a Russian victory is also unlikely because the West supports Ukraine. It will come down to negotiations to end this war. The leadership around Putin is not ready for this. It will engage in negotiations only if Ukraine is able to repel Russia's spring offensive and bring pressure to bear on the attacking forces. After that, an extensive negotiation process will be necessary, during which a ceasefire and its monitoring will have to be determined, as well as the status of occupied Ukrainian territories. As during the CSCE process in the 1970s, this will require staying power, confidence building, negotiations at several levels, and the involvement of indirect warring parties such as the United States, the members of the European Union, Turkey, and China. The aim will be to restore Ukraine's territorial status quo ante within the framework of a new European security order.

Western Intelligence Services and Russia's War against Ukraine An Interview with Georg Mascolo

Russia's war against Ukraine has confronted Western intelligence services with an emergency scenario. Their skills and capabilities for gaining information about Russia's intentions and the military situation are being put to the test. The intelligence services' successes can help win the war. Their failures contribute to losing the war. Western intelligence services are supporting Ukraine with their findings, helping with logistics, and monitoring sanctions. The German Federal Intelligence Service (BND) is considered a institution unto itself when it comes to gathering intelligence about Russia. At the same time, it faces shortcomings as an intelligence service. In the political decision-making process, it plays a subordinate role. Confrontation with Russia will continue after the war as well. Understanding what the Kremlin is thinking and planning remains crucial.

Andreas Hilger
From the Cheka to the FSB
A Short History of Moscow's Intelligence Services

Russia's intelligence services are rooted in the tradition of their Soviet predecessors. In 1917, there was the Cheka – the "Extraordinary Commission for the Struggle against Counter-Revolution, Speculation, and Sabotage". Despite historic watershed moments such as de-Stalinization or the dissolution of the Soviet Union, the continuities in bureaucratic organisation, the services' position in the political system, and their self-image and their view of the world are striking. The Chekists see themselves in a permanent struggle against internal and external enemies. However, despite their considerable material resources and privileged access to power, the services were unable to prevent the collapse of the Soviet Union or provide a solution to the socio-economic, technological, and political problems facing today's Russia.

Mark Galeotti
(In)visible hand
Russia's intelligence services in action abroad

Russia's intelligence services are more than intelligence agencies that gather information. They are executive organs. Their mission is to disrupt, distract, and demoralize. They act in concert on behalf of the state leadership and at the same time compete for the president's favour. They execute his orders, but also strive to influence his world view. Their increasingly ruthless actions since 2014 anticipated Russia's attack on Ukraine.

Markus Wehner
The Tiergarten Murder: A Reconstruction
Russian State Terrorism in Germany

On 23 August 2019, Selimkhan Khangoshvili, a Georgian citizen of Chechen nationality, was shot dead in the Kleiner Tiergarten park in Berlin. The perpetrator was caught. He was traveling under a fake identity and, as it later turned out, was an employee of the Russian intelligence service FSB. The victim had fought Russian forces as a field commander during the Second Chechen War. The perpetrator was sentenced to life imprisonment for murder at the end of 2021, with the court establishing a particular burden of guilt, as requested by Germany's federal prosecutor. The court spoke of state terrorism and assigned the role of principal to President Vladimir Putin. The German government reacted to the state-sponsored contract killing by expelling four diplomats.

Reiner Haunreiter
Shield and Sword 2.0
Russia's Special Services Abroad

The Federal Security Service (FSB), the Foreign Intelligence Service (SVR), and the Military Intelligence Service (GRU) are important instruments of rule in Russia. They serve to preserve the system at home and assert Russian interests abroad. GRU and FSB operations in Europe, including assassinations and murders, have drawn global attention. After Russia's attack on Ukraine, hundreds of agents were expelled from the European Union. This number serves to indicate the strong presence of these services in the EU. Germany and the EU lack effective counter-espionage measures. At the same time, contact with Russia's services should be re-established.

Jan Claas Behrends
Chekist, Statist, Imperialist
Notes on Vladimir Putin's Self-Image

Vladimir Putin is a model representative of the Chekist world view. This view is characterised by friend-foe thinking, paranoia, and xenophobia, as well as a fixation on the authoritarian power-state as a prerequisite for Russia's status as an imperial great power. By this logic, the employment of "active measures" and the use of violence, including murder, to assert one's own interests are legitimate. Analysis of early sources shows that there never was a "liberal Putin".

Andreas Heinemann-Grüder
Russia's Irregular Armies
The "Wagner" Example

The importance of irregular military companies in Russia's policy to extend its influence has increased since the annexation of Crimea and the war against Ukraine in 2014-2015. Russia's military companies are an expression of how business and siloviki have merged to form so-called "silo-archs". They are the Russian regime's shock troops for ousting Western powers and pro-Western politicians in the Middle East and Africa. At the same time, they are war profiteers and serve as task forces for missions involving increased risk and a need for secrecy. These military companies act in coordination with the Ministry of Defence, the FSB, the Foreign Intelligence Service, and the presidential administration in the Kremlin. Thus, they are not private. They practice an exterminatory way of war that is based on and further develops experience gained in the Chechen wars.

Michael Rochlitz
A Future Gambled Away
Russia's Economy under Pressure from Intelligence Services

Russia's economy has been stagnant since 2008. Under the interim presidency of Dmitry Medvedev from 2008 to 2011, there were attempts to modernise the economy. Since Vladimir Putin's return to the presidency in March 2012, economic growth has ceased to be a priority. Instead, a small group of intelligence officers around President Putin has relied on repression to control society and manage confrontation with the West. With the war in Ukraine, this development has reached a new zenith. The long-term economic consequences for Russia are catastrophic.

Ulrich Schmid
Stierlitz and His Grandsons
Russia's Intelligence Services in Literature and Film

Most recently, the work of the intelligence services has gained in importance as a source of material for cultural productions in Russia. As the Putin regime hardens its political course, the image of the intelligence services in Russian society is increasingly being cast in a positive light. New television series follow a dual line of tradition. On the one hand, the cult series "17 Moments of Spring" pursues a style-defining function. On the other hand, viewing habits rooted in Hollywood are also taken into account. A critical literary or cinematic examination of the various intelligence services' activities is not possible in Russia at present.

Valerii V'iugin
Make Love, Not War
Russian spy comedies, 1990s–2010s

The spy comedy is a rather new and rare genre, which began developing in Russia only in the 1990s. It reflects the spirit of political opening, the end of the Cold War, but also deeper continuities. In these films, confrontation between the blocs, especially between the United States and the Soviet Union or Russia, dissolves into friendship or friendly rivalry. Often a love story is in the foreground. At the same time, constants such as the image of Dzerzhinsky, the founder of the Soviet intelligence service, show that the authorities of the past have not been buried. The films' different approaches to these constants reveal the social and political climate of their times.

Julie Fedor, George Fforde
Research on the KGB
A Compass for the Archives and the Literature

The legacy of the KGB, the Soviet intelligence service, shapes Russia's domestic and foreign policy. Institutional structures have been preserved, values and worldviews have been passed down from one generation to the next, as are techniques of infiltration, disinformation, and assassination. Ukraine, which has the largest KGB holdings outside of Russia, and the Baltic states have opened up their archives, thus making new sources from the period 1954-1991 available to scholars and the public. This has sparked a veritable archival revolution. The new findings about the Soviet intelligence services also serve as background knowledge for analysing contemporary Russian politics.